精彩案例欣赏

使用 <style> 标签添加内部 CSS 样式

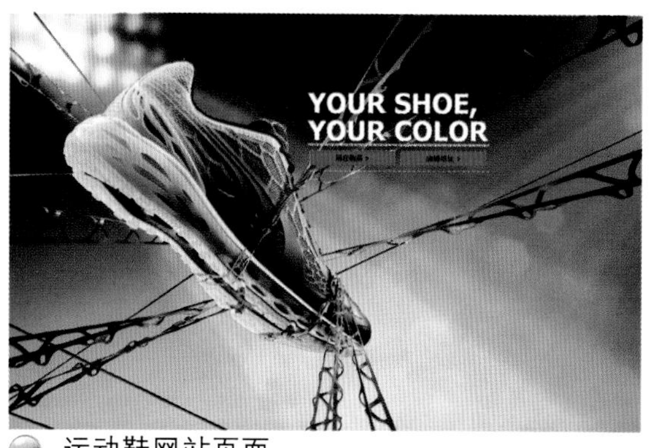

运动鞋网站页面

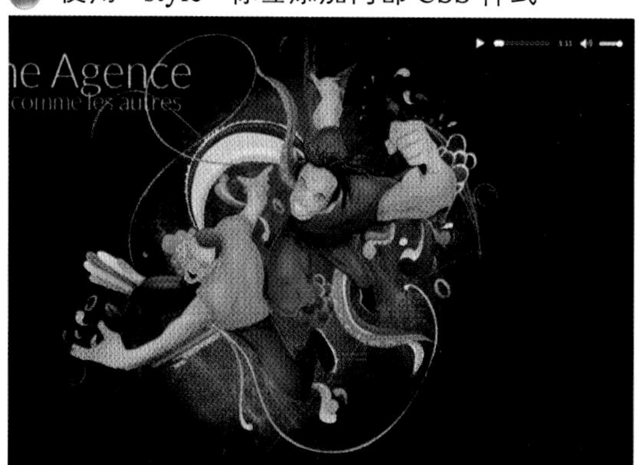

在网页中嵌入音频

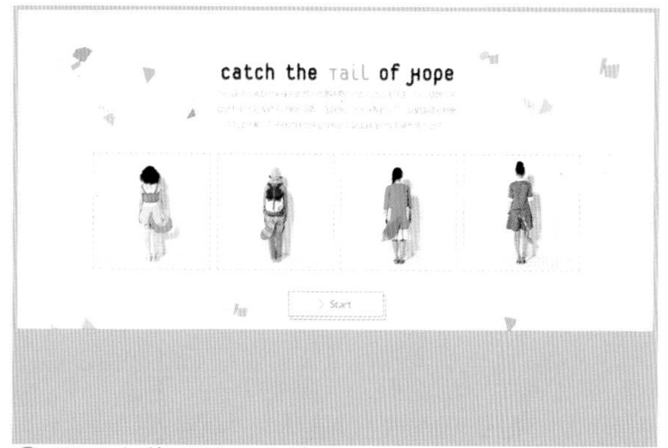

设置女装网站图片效果

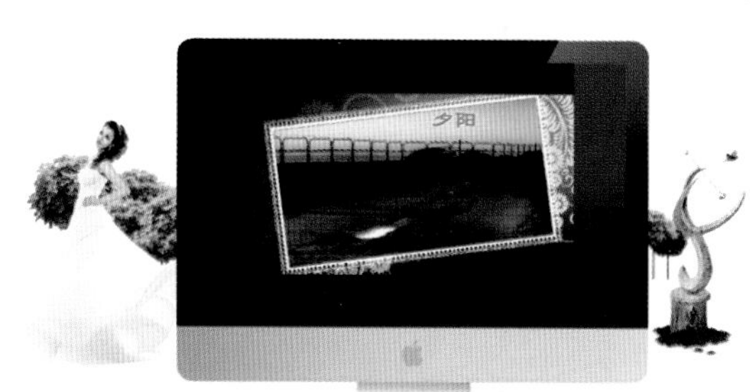

在网页中嵌入视频

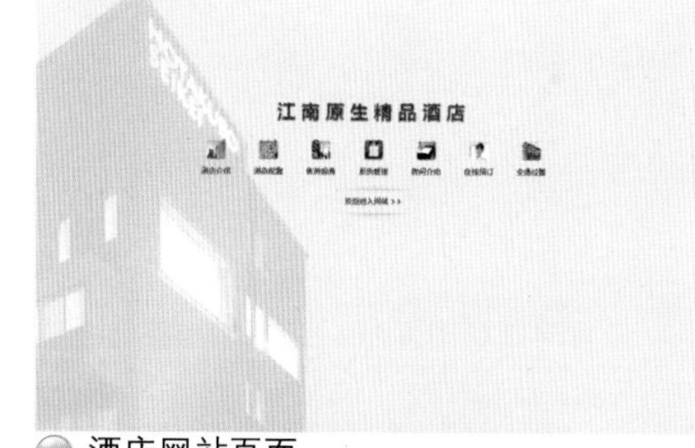

酒店网站页面

设置活动网站页面文字

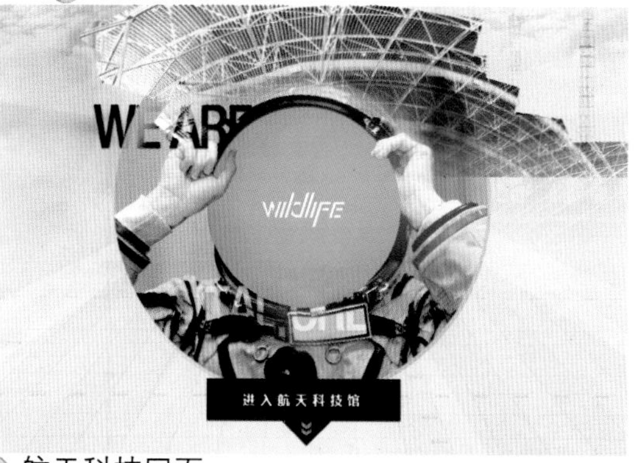

航天科技网页

精彩案例欣赏

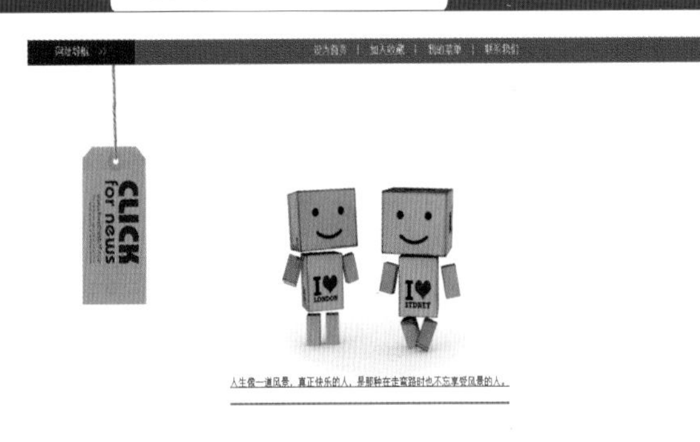

个人卡通网站欢迎页

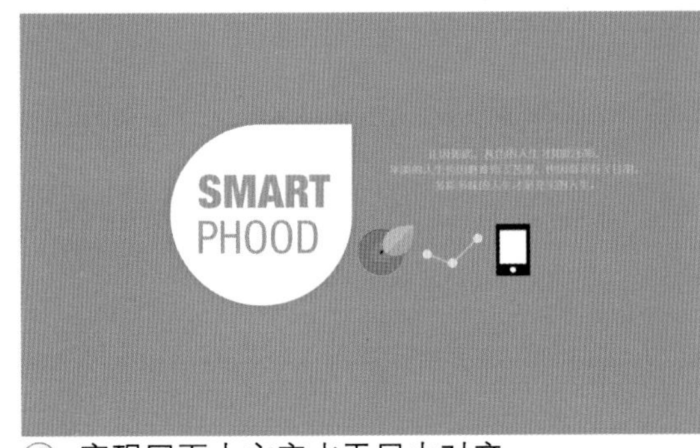

实现网页中文字水平居中对齐

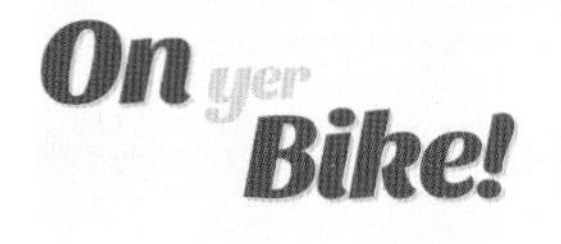

设置网页中的重要文字加粗

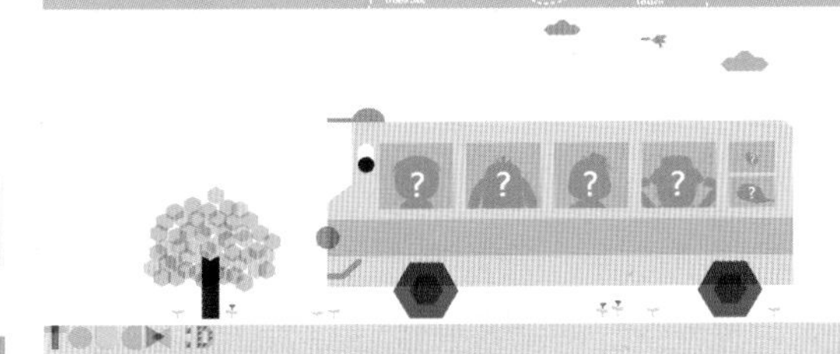

在卡通网页中使用特殊字体

设置网站欢迎页面中的字体大小

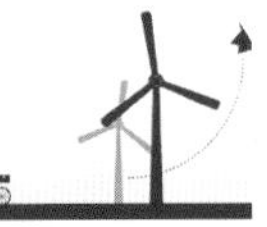

设置网页中的英文大小写

控制网页中文字间距

游戏攻略

- 天龙坐骑获取途径介绍 麒麟坐骑属性分享
- 天龙装备强化攻略 装备强化成功率详解
- 天龙魂石获取途径详解 魂石搭配经验分享
- 天龙所有魂石分类总结 各职业魂石选择攻略
- 天龙装备五行介绍 BOSS五行技能分析
- 天龙装备天赋获取途径分享 天赋选择攻略
- 天龙装备五行系统介绍 怪物五行特效展示
- 天龙装备升阶指南 装备升阶材料获取攻略
- 天龙装备锻造界面解析 装备强化攻略
- 天龙各职业装备宝石镶嵌完美攻略

更改某一个项目列表符号

精彩案例欣赏

首页 展示 收藏 关于我们 联系我们

实现跟随浏览器窗口缩放的图片

制作游戏网站导航

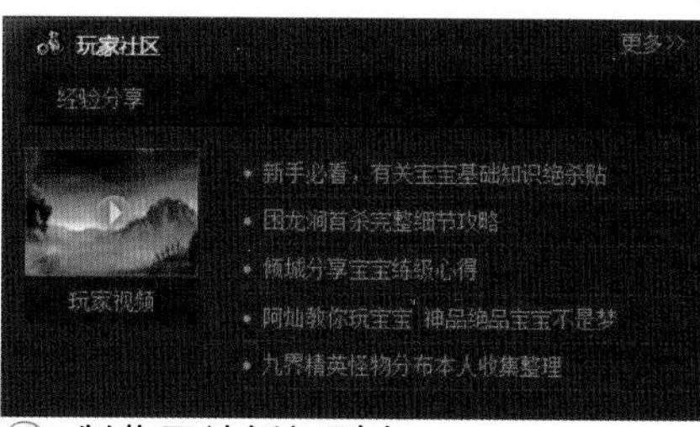

制作网站新闻列表

实现图文介绍页面文本绕图

实现重复显示的背景图像

设置卡通网站中的图片边框

文本介绍网页固定的背景

精彩案例欣赏

卡通网站动感导航菜单

设置图片网站背景图像

制作图片展示网页

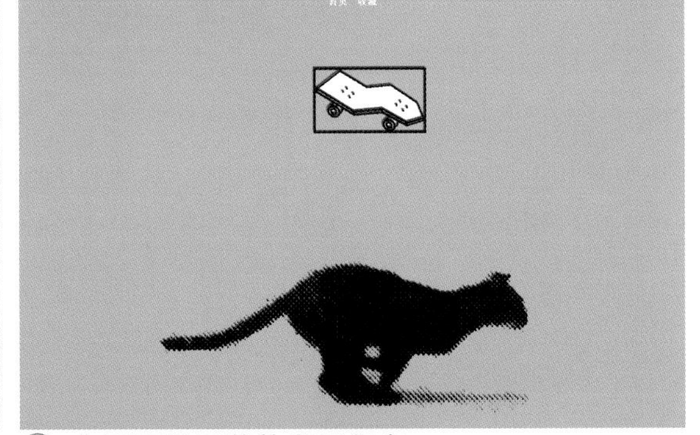

为网页设置整体背景颜色

制作设计网站导航菜单

设计作品展示页面

设置网页中图像的垂直对齐效果

背景翻转导航菜单

精彩案例欣赏

玩具网站倾斜导航

在网页中实现四图横向滚动效果

制作个性网站欢迎页面

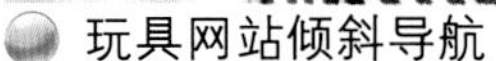

使用背景图像美化表格

实现隔行变色的表格

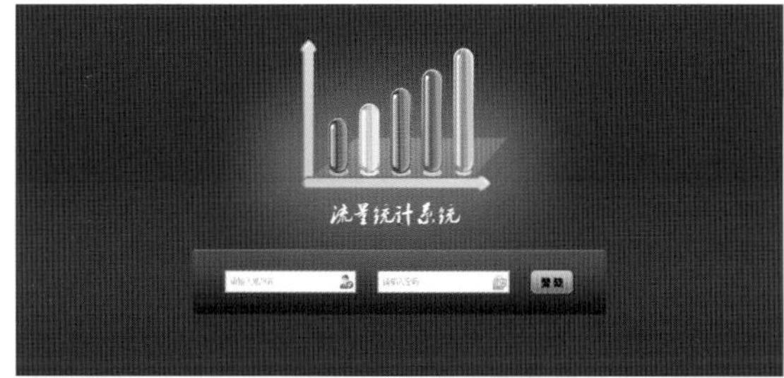

文本字段提示语效果

制作圆角登录框

图像列表符号的应用

制作网站登录页面

精彩案例欣赏

制作图片网页

固定不动的网站导航菜单

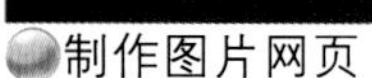

为网页中图像添加多彩边框

制作图片列表页面

游戏网站

全屏页面切换效果

儿童用品网站

控制网页元素背景图像大小

精彩案例欣赏

制作下拉导航菜单

制作作品展示网页

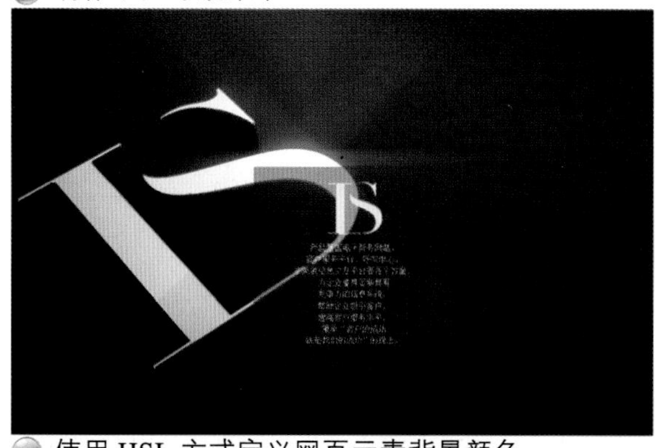

使用 HSL 方式定义网页元素背景颜色

为网页中的元素赋予内容

企业网站

网页动态交互导航 菜单

为网页元素添加阴影效果

制作适用手机浏览的网页

光盘内容

全书所有操作实例均配有操作过程演示，共 121 个近 230 分钟视频（光盘\视频）

全书共包括 121 个操作实例，读者可以全面掌握使用 DIV+CSS 3 进行网页样式设置和布局的技巧。

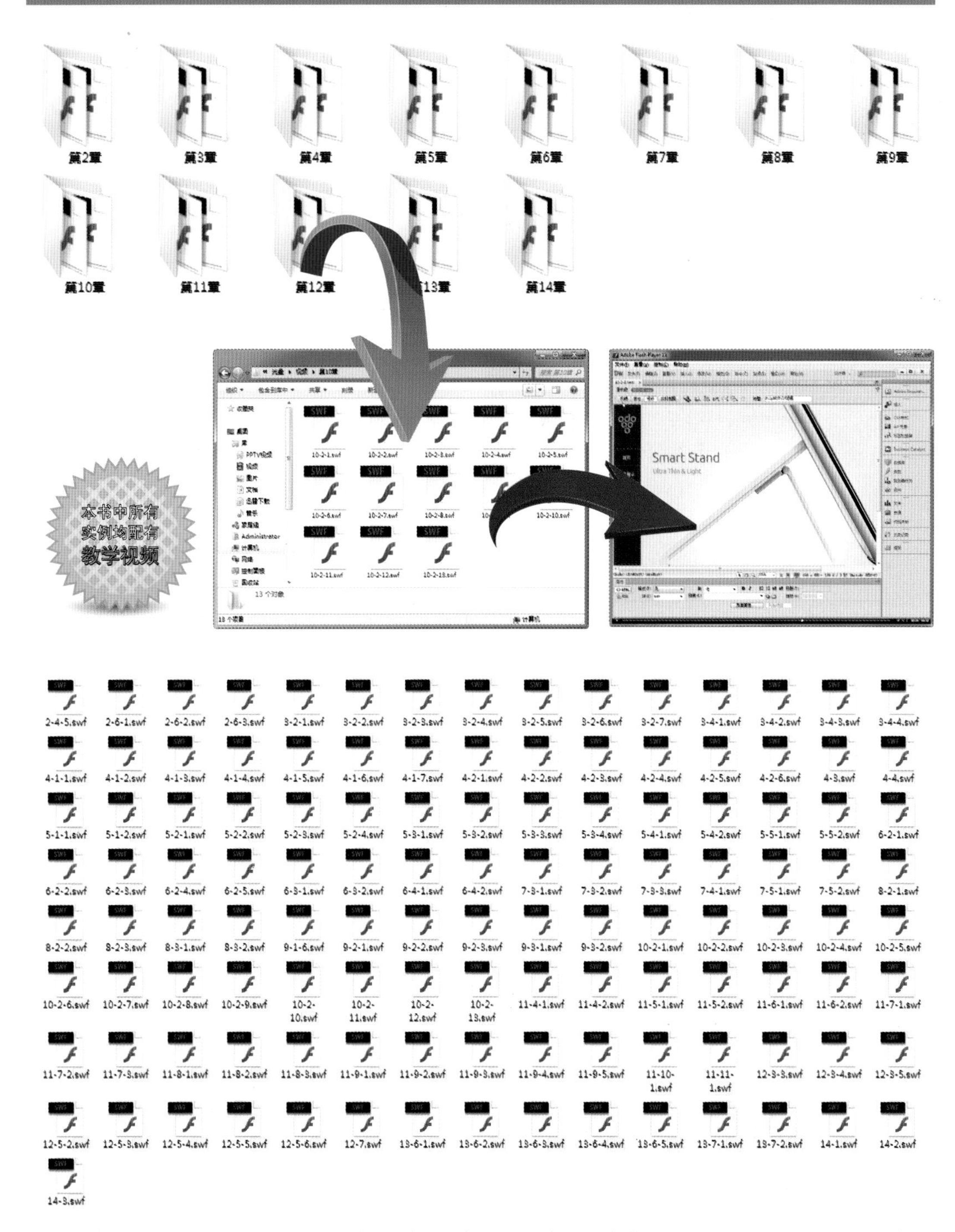

光盘中提供的视频为 SWF 格式，这种格式的优点是体积小，播放快，可操控。除了可以使用 Flash Player 播放外，还可以使用暴风影音、快播等多种播放器播放。

网页设计殿堂之路

畅利红 编著

DIV+CSS 3网页样式与布局全程揭秘（第2版）

清華大學出版社
北京

内 容 简 介

本书是一本介绍DIV+CSS网站建设的经典之作，系统地介绍了CSS样式的基础理论和实际应用技术，并结合实例来讲解使用DIV+CSS布局制作网页的方法和技巧。在介绍使用CSS样式进行设计的同时，还结合实际网页制作中可能遇到的问题，提供了解决问题的思路、方法和技巧，使初学者能够全面、快速地掌握DIV+CSS布局制作网页的方法。

本书通过知识点与实例相结合的方式，让读者能够清晰明了地理解DIV+CSS布局制作网页的相关技术内容，从而达到学以致用的目的。全书共分14章，从初学者的角度出发，全面讲解了DIV+CSS布局制作网页的相关知识，其中包括网页和网站的相关开发知识、CSS样式入门、使用CSS设置文本和段落样式、使用CSS设置背景和图片样式、使用CSS设置列表样式、使用CSS设置超链接样式、使用CSS设置表单元素样式、使用DIV+CSS布局网页和商业案例实战等内容。

本书附赠1张DVD光盘，其中包含书中所有实例的源文件和最终文件，以及所有实例的教学视频，以方便读者学习和参考。

本书结构清晰、实例经典、技术实用，适合初中级网页设计爱好者，以及希望学习Web标准和对原有网站进行重构的网页设计者，同时也可作为高等院校相关专业的参考用书。

图书在版编目(CIP)数据

DIV+CSS 3网页样式与布局全程揭秘 / 畅利红编著. —2版. —北京：清华大学出版社，2014
（2019.1 重印）
(网页设计殿堂之路)

ISBN 978-7-302-36469-6

Ⅰ.①D… Ⅱ.①畅… Ⅲ.①网页制作工具 Ⅳ.①TP393.092

中国版本图书馆CIP数据核字(2014)第099318号

责任编辑：李 磊
封面设计：王 晨
责任校对：成凤进
责任印制：李红英

出版发行：清华大学出版社
网 址：http://www.tup.com.cn，http://www.wqbook.com
地 址：北京清华大学学研大厦A座 邮 编：100084
社 总 机：010-62770175 邮 购：010-62786544
投稿与读者服务：010-62776969，c-service@tup.tsinghua.edu.cn
质 量 反 馈：010-62772015，zhiliang@tup.tsinghua.edu.cn
印 刷 者：北京鑫丰华彩印有限公司
装 订 者：三河市溧源装订厂
经 销：全国新华书店
开 本：190mm×260mm 印 张：23.5 彩 插：4 字 数：572千字
(附DVD光盘1张)
版 次：2012年3月第1版 2014年10月第2版 印 次：2019年1月第4次印刷
定 价：49.00元

产品编号：059420-01

DIV+CSS 是一种全新的网页排版布局方法，与早期的表格布局方式是完全不一样的，使用 DIV+CSS 排版布局网页能够真正做到 Web 标准所要求的网页内容与表现相分离，从而使网站的维护更加方便和快捷。目前绝大多数的网站已经开始使用 DIV+CSS 布局制作，因此学习 DIV+CSS 布局制作网站已经成为网页设计制作人员的必修课。

本书力求通过简单易懂、边学边练的方式与读者一起探讨使用 Web 标准进行网页设计制作的各方面知识，逐步使读者理解什么是网页内容与表现的分离，掌握使用 DIV+CSS 布局制作网站页面的方法。希望通过本书使读者快速、全面地掌握使用 DIV+CSS 布局制作网页的方法和技巧。

本书内容

本书全面讲解了使用 DIV+CSS 进行网页布局制作的方法和技巧，其详细的讲解步骤配合图标，使得讲解内容清晰易懂、一目了然。书中不仅应用了大量的实例对知识点进行深入的剖析和讲解，还结合作者多年的网页设计经验和教学经验进行点拨，使读者能够学以致用。另外，书中还对 CSS 3、HTML 5 和常见的网页特效进行了讲解，力求使读者全面掌握网页设计和制作的相关知识。本书共分为 14 章，各章内容介绍如下。

第 1 章　网页和网站开发相关知识，主要介绍网页与网站的基础知识，包括网页与网站的关系、网页的基本构成元素和网页设计的术语等内容，并且对表格布局和 DIV+CSS 布局的优缺点进行了介绍，使读者对 DIV+CSS 网站建设有更深入的了解。

第 2 章　HTML、XHTML 和 HTML 5，重点介绍 HTML 与 XHTML 的相关基础知识，了解 HTML 与 XHTML 的区别，还介绍了有关 HTML 5 的知识，使读者对最新的 HTML 5 有所了解。

第 3 章　CSS 样式入门，主要介绍有关 CSS 样式的基础知识，包括 CSS 样式的优势和作用、CSS 样式语法、CSS 选择符、CSS 3 新增的选择符和应用 CSS 样式的 4 种方式等内容，使读者对 CSS 样式有全面的认识和理解。

第 4 章　使用 CSS 设置文本和段落样式，介绍了 CSS 样式在文本和段落样式设置方面的相关属性，以及 CSS 类选区和在网页中应用特殊字体的方法，并通过实例练习的方法使读者更容易理解和应用。

第 5 章　使用 CSS 设置背景和图片样式，介绍了使用 CSS 样式对背景颜色、背景图像和图片样式进行设置的属性和方法，并且介绍了使用 CSS 样式实现图文混排的方法和背景图片在网页中的特殊应用。

第 6 章　使用 CSS 设置列表样式，介绍了网页中列表的相关标签和知识，并通过实例的方式讲解了使用 CSS 样式对有序列表、无序列表和定义列表进行设置的方法，还介绍了如何使用 CSS 样式对列表进行设置，从而制作出横向和竖向的导航菜单效果。

第 7 章　使用 CSS 设置超链接样式，主要介绍网页超链接的相关知识以及 CSS 超链接伪类，并通过实例的方式讲解了网页中多种超链接效果的 CSS 样式设置方法，还介绍了如何通过 CSS 样式对网页光标指针进行设置和超链接在网页中的特殊应用。

第 8 章　使用 CSS 设置表格样式，介绍了表格模型和相关标签，重点讲解了如何使用 CSS 样式对网页中的表格进行设置，从而使网页中的表格更加美观。

第 9 章　使用 CSS 设置表单元素样式，介绍了常用的表单元素和标签，重点讲解了使用 CSS 样式对表单进行设置，还通过实例的方式讲解了表单在网页中的特殊应用效果。

第 10 章　CSS 滤镜的应用，介绍了 CSS 滤镜的基础知识和 CSS 滤镜语法，并且通过实例与知识点相结合分别介绍了各种 CSS 滤镜的使用方法和技巧。

第 11 章　CSS 高级应用与 CSS 3 属性，介绍了 CSS 样式的高级应用，包括 CSS 样式的简写和 CSS 样式优化。还重点介绍了 CSS 3 的新增属性，并且通过实例的形式展示了 CSS 3 新增属性的强大功能和效果。

第 12 章　使用 DIV+CSS 布局网页，DIV+CSS 布局是目前最流行的网页布局方式，本章主要介绍 DIV+CSS 布局的相关知识，包括 CSS 盒模型、常用的 CSS 定位方式和 CSS 布局方式等内容，使读者能够掌握 DIV+CSS 布局的方法。

第 13 章　CSS 与 JavaScript 实现网页特效，介绍了 JavaScript 的基础知识和基本语法，讲解了如何使用 Dreamweaver 中的 Spry 来实现常见的网页特效，以及使用 JavaScript 与 CSS 样式相结合实现网页特效的方法。

第 14 章　商业案例实例，本章通过 3 个不同类型的商业案例的设计和制作，向读者全面介绍使用 DIV+CSS 布局制作网页的方法和技巧。

本书特点

本书形式新颖、内容丰富、结构清晰，从实际应用的角度出发，全面而系统地介绍了使用 DIV+CSS 布局制作网页的各方面知识，将知识点与实际应用案例相结合，真正做到学以致用，使读者能够全面掌握 DIV+CSS 网页布局制作技术。

本书主要有以下特点：

知识全面，系统。本书内容完全从网页创建的实际角度出发，将 CSS 样式的应用进行归类，每个 CSS 属性的语法、属性和参数都有完整而详细的说明，信息量大，知识结构完善。

本书的编排采用循序渐进的方式，适合初学者逐步掌握复杂的 DIV+CSS 网页布局制作。

典型实例讲解。每章都配有大量的实例练习，将基础知识综合贯穿起来，力求达到理论知识与实际操作完美结合的效果。

本书由具有丰富工作经验的设计师编写，并且在每个实例后都配有相关的提问和解答，旨在引导读者能够快速掌握 DIV+CSS 网页布局制作。

本书作者

本书由畅利红编著，另外李晓斌、张晓景、解晓丽、孙慧、程雪翩、王媛媛、胡丹丹、刘明秀、陈燕、王素梅、杨越、王巍、王状、赵为娟、邢燕玲、聂亚静等人也参与了编写工作。本书在写作过程中力求严谨，由于水平有限，疏漏之处在所难免，望广大读者批评指正。

编　者

目　录

第 7 章 使用 CSS 设置超链接样式 ················· 143

第 8 章 使用 CSS 设置表格样式 ························ 164

第 9 章 使用 CSS 设置表单元素样式 ·············· 179

第 10 章　CSS 滤镜的应用 …… 199

第 11 章　CSS 高级应用与 CSS3 属性 ………… 223

第 13 章　CSS 与 JavaScript 实现网页特效……305

第 14 章　商业案例实战……338

第 1 章　网页和网站开发知识

随着互联网的日益成熟，越来越多的个人和企业制作了自己的网站。网站作为一种全新的形象展示方式已经被广大用户所接受。一般网页上都会有文字和图像信息，复杂一些的网页上还会有声音、视频和动画等。要想制作出精美的网站，不仅需要熟练地掌握网站建设相关软件，还需要了解网页和网站的开发基础知识，只有对这些知识进行深入的学习，才能够快速掌握网页的设计技巧和方法。

本章知识点

- ☑ 了解网页与网站的相关知识
- ☑ 理解表格布局特点
- ☑ 理解 DIV+CSS 布局的优点
- ☑ 理解 Web 标准的相关知识
- ☑ 了解网站开发流程

1.1　了解网页

网页作为上网的主要依托，由于人们频繁地使用网络而变得越来越重要，网页设计也得到了发展。网页设计讲究的是排版布局，其目的就是为每一个浏览者提供一种布局更合理、功能更强大、使用更方便的形式，使他们能够愉快、轻松、快捷地了解网页所提供的信息。

1.1.1　网页与网站的关系

进入网站首先看到的是网站的主页，主页集成了指向二级页面及其他网站的链接，浏览者进入主页后可以浏览最新的信息，找到感兴趣的主题，通过单击超链接跳转到其他网页。

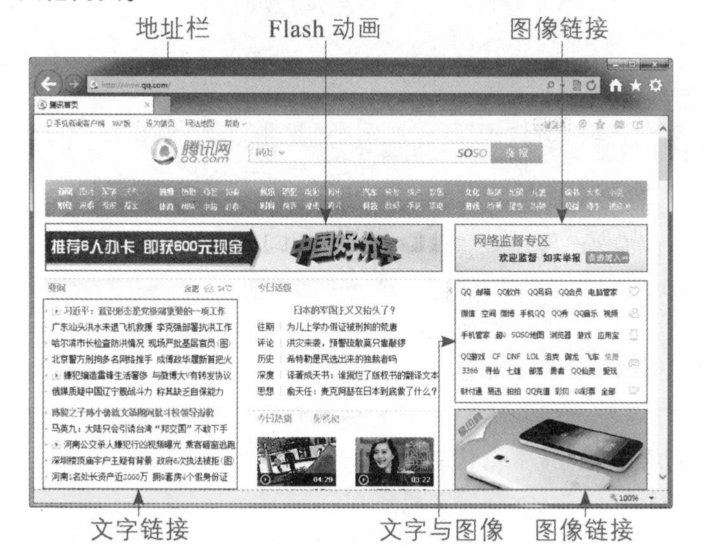

当浏览者输入一个网址或者单击了某个链接，在浏览器中就会看到文字、图像、动画、视频、音频等内容，能够承载这些内容的被称为网页。网页的浏览是互联网应用

最广的功能，网页是网络的基本组成部分。

网站则是各种内容网页的集合，按照其功能和大小来分，目前主要有门户类网站和企业网站两种。门户类网站内容庞大而又复杂，例如新浪、搜狐、网易等门户网站。企业网站一般只有几个页面，例如小型公司的网站，但都是由最基本的网页元素组合到一起的。

在这些网站中，有一个特殊的页面，它是浏览者输入某个网站的网址后，首先看到的页面，因此这样的一个页面通常被称为“主页（Homepage）”，也称为“首页”。首页中承载了一个网站中所有的主要内容，访问者可按照首页中的分类，来精确、快速地找到自己想要的信息内容。

1.1.2 网页的基本构成元素

网页由网址（URL）来识别与存取，当访问者在浏览器的地址栏中输入网址后，通过一段复杂而又快速的程序，网页文件会被传送到访问者的计算机内，然后浏览器把这些 HTML 代码“翻译”成图文并茂的网页。

虽然网页的形式与内容不相同，但是组成网页的基本元素是大体相同的，一般包含文本、图像、超链接、动画、表单、音频、视频等内容。

文本和图像

文本和图像是网页中两个基本的构成元素，目前所有网页中都有它们的身影。

超链接

网页中的链接又可分为文字链接和图像链接两种，只要访问者用鼠标来单击带有链接的文字或图像，就可自动链接到对应的其他文件，这样才能够让网页链接成为一个整体，超链接也是整个网络的基础。

动画

网页中的动画也可以分为 GIF 动画和 Flash 动画两种。动态的内容总是要比静止的内容能够吸引人们的注意力，因此精彩的动画能够让网页更加丰富。

表单

表单是一种可在访问者和服务器之间进行信息交互的技术，使用表单可以完成搜索、登录、发送邮件等交互功能。

音频 / 视频

随着网络技术的不断发展，网站上已经不再是单调的图像和文字内容，越来越多的设计人员会在网页中加入视频、背景音乐等，让网站更加富有个性和魅力。

1.2　如何设计网页

每天无数的信息在网络上传播，而形态各异、内容繁杂的网页就是这些信息的载体。如何设计网站页面，对于每一个网站来说都是至关重要的。了解网页的作用和组成后，接下来将介绍如何设计出色的网页。

1.2.1　什么是网页设计

随着时代的发展、科技的进步、需求的不断提高，网页设计已经在短短数年内跃升成为一个新的艺术门类，而不再仅仅是一门技术。相比其他传统的艺术设计门类而言，它更突出艺术与技术的结合、形式与内容的统一、交互与情感的诉求。

在这种时代背景的要求下，人们对网页设计产生了更深层次的审美需求。网页不光是把各种信息简单地堆积起来，能看或者表达清楚就行，更要考虑通过各种设计手段与技术技巧，让受众能更多、更有效地接收网页上的各种信息，从而对网站留下深刻的印象，催生消费行为，提升企业品牌形象。

随着互联网技术的进一步发展与普及，目前网站更注重审美的要求和个性化的视觉表达，这对网页设计师这一职业提出了更高层次的要求。一般来说，平面设计中的审美观点都可以套用到网页设计上来，例如利用各种色彩的搭配营造出不同氛围、不同形式的美。

但网页设计也有自己的独特性，在颜色的使用上，它有自己的标准色——“安全色”；在界面设计上，要充分考虑到浏览者使用的不同浏览器、不同分辨率的各种情况；在元素的使用上，它可以充分利用多媒体的长处，选择最恰当的音频与视频相结合的表达方式，给用户以身临其境的感觉和比较直观的印象。说到底，这还只是一个比较模糊抽象的概念，在网络世界中，有许许多多设计精美的网页值得去欣赏和学习。

以上的网页，也仅仅是互联网海洋中众多优秀网页作品的一朵朵小浪花而已，但从以上作品不难看出，一般来说，好的网站应该给人这样的感觉：干净整洁、条理清晰、水准专业、引人入胜。优秀的网页设计作品是艺术与技术的高度统一，它应该包含视听元素与版式设计两项内容；以主题鲜明、形式与内容相统一、强调整体为设计原则，具有交互性、多维性、综合性、版式的不可控性、技术和艺术结合的紧密性等 5 个特点。

1.2.2　网页设计的特点

与当初的纯文字和数字的网页相比，现在的网页无论是在内容上，还是在形式上都已经得到了极大的丰富，网页设计主要具有以下特点。

- **交互性**

网页设计不同于传统媒体的地方在于信息的动态更新和即时交互性。即时的交互是网络媒体成为热点媒体的主要原因，也是设计网页时必须考虑的问题。网页设计人员可以根据网站各个阶段的经营目标，配合网站不同时期的经营策略，以及用户的反馈信息，经常对网页进行调整和修改。

- **版式的不可控性**

网页的设计并没有固定的或统一的标准，其具体表现为：一是网页页面会根据当前浏览器窗口大小自动格式化输出；二是网页的浏览者可以控制网页页面在浏览器中的显示方式；三是不同种类、不同版本的浏览器观察同一网页页面时效果会有所不同；四是浏览者的浏览器工作环境不同，显示效果也会有所不同。把所有这些问题归结为一点，即网页设计者无法控制页面在用户端的最终显示效果，这正是网页设计的不可控性。

- **技术与艺术结合的紧密性**

设计是主观和客观共同作用的结果，设计者不能超越自身已有经验和所处环境提供的客观条件来进行设计。优秀的设计者正是在掌握客观规律的基础上，进行自由的想象和创造。网络技术主要表现为客观因素，艺术创意主要表现为主观因素，网页设计者应该积极主动地掌握现有的各种网络技术规律，注重技术和艺术的紧密结合，这样才能穷尽技术之长，实现艺术想象，满足浏览者对网页的高质量需求。

- **多媒体的综合性**

目前网页中使用的多媒体视听元素主要有文字、图像、声音、动画和视频等。随着网络带宽的增加、芯片处理速度的提高以及跨平台的多媒体文件格式的推广，必将促使设计者综合运用多种媒体元素来设计网页，以满足和丰富浏览者对网页不断提高的要求。多种媒体的综合运用已经成为网页设计的特点之一，也是网页设计未来的发展方向之一。

- **多维性**

多维性源于超链接，主要体现在网页设计中导航的设计上。由于超链接的出现，网页的组织结构更加丰富，浏览者可以在各种主题之间自由跳转，从而打破了以前人们接收信息的线性方式。例如，可以将页面的组织结构分为序列结构、层次结构、网状结构和复合结构等。但页面之间的关系过于复杂，不仅增加了浏览者检索和查找信息的难度，也会给设计者带来更大的挑战。为了让浏览者在网页上迅速找到所需的信息，设计者必须考虑快捷而完善的导航以及超链接设计。

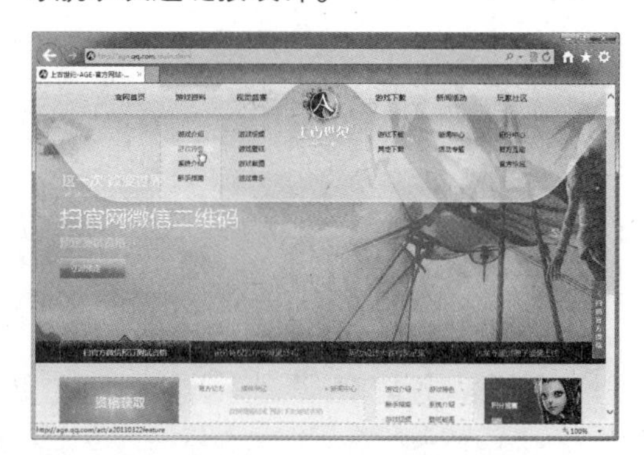

1.2.3 网页设计相关术语

在相同的条件下，有些网页不仅美观，打开的速度也非常快，而有些网页却要等很久，这说明网页设计不仅仅需要页面精美、布局整洁，很大程度上还要依赖于网络技术。因此，网站不仅仅是设计者审美观和阅历的体现，更是设计者知识面和技术等综合素质的展示。

本节将介绍一些与网页设计相关的术语，只有了解这些网页设计术语，读者才能对网页设计相关知识理解得更加全面。

互联网

互联网也称因特网，英文为 Internet，整个互联网是由许许多多遍布全世界的计算机组织而成的。当一台计算机在连接上网的一瞬间，它就已经是互联网的一部分了。网络是没有国界的，通过互联网，浏览者可以随时将文件信息传递到世界上任何互联网所能包含的角落，当然也可以接收来自世界各地的实时信息。

在互联网上查找信息，"搜索"是最好的办法。例如可以使用搜索引擎，它提供了强大的搜索能力，用户只需要在文本框中输入几个查找内容的关键字，就可以找到成千上万与之相关的信息。

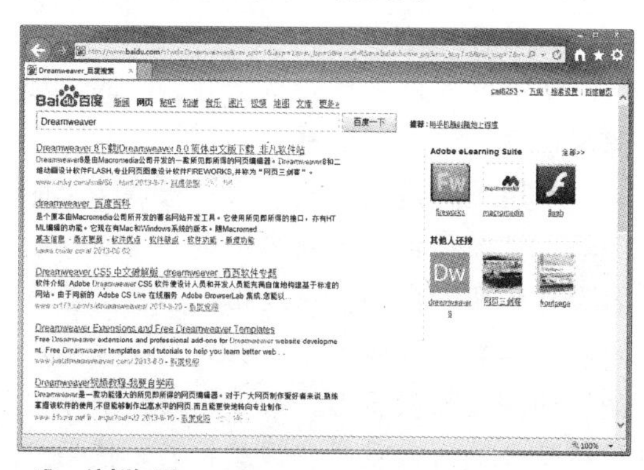

浏览器

浏览器是安装在计算机中用来查看互联网中网页的一种工具，每一个用户都要在计算机上安装浏览器来"阅读"网页中的信息，这是使用互联网的最基本的条件，就好像我们要用电视机来收看电视节目一样。目前大多数用户所用的 Windows 操作系统中已经内置了浏览器。

静态网页

静态网页是相对于动态网页而言的，并不是说网页中的元素都是静止不动的。静态网页是指浏览器与服务器端不发生交互的网页，网页中的 GIF 动画、Flash 动画等都会发生变化。静态网页的执行过程大致如下。

（1）浏览器向网络中的服务器发出请求，指向某个静态网页。

（2）服务器接到请求后将其传输给浏览器，此时传送的只是文本文件。

（3）浏览器接到服务器传来的文件后解析 HTML 标签，将结果显示出来。

动态网页

动态网页除了静态网页中的元素外，还包括一些应用程序，这些程序需要浏览器与服务器之间发生交互行为，而且应用程序的执行需要服务器中的应用程序服务器才能完成。目前的动态网页主要使用 ASP、PHP、JSP 和 .NET 等程序。

URL

URL 是 Uniform Resource Locater 的缩写，中文为"统一资源定位器"，它就是网页在互联网中的地址，要访问该网站是需要 URL 才能够找到该网页的地址的。例如"搜狐"的 URL 是 www.sohu.com，也就是它的网址。

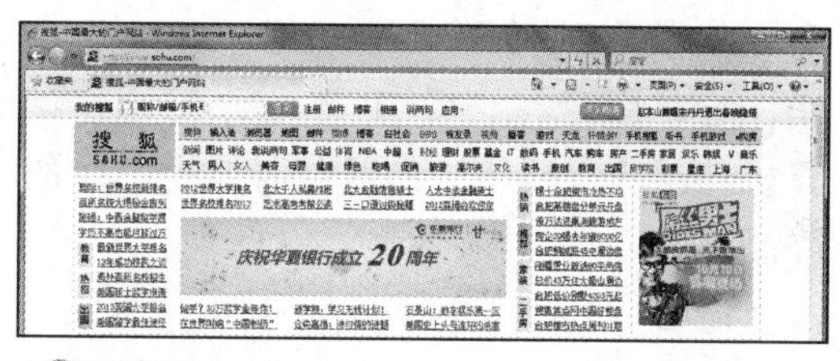

HTTP

HTTP 是 Hypertext Transfer Protocol 的缩写，中文为"超文本传输协议"，它是一种最常用的网络通信协议。如果想链接到某一特定的网页时，就必须通过 HTTP 协议，不论是用哪一种网页编辑软件，在网页中加入什么资料，或是使用哪一种浏览器，利用 HTTP 协议都可以看到正确的网页效果。

TCP/IP

TCP/IP 是 Transmission Control Protocol/Internet Protocol 的缩写，中文为"传输控制协议/网络协议"，它是互联网

所采用的标准协议，因此只要遵循 TCP/IP 协议，不管计算机是什么系统或平台，均可以在互联网的世界畅行无阻。

- FTP

FTP 是 File Transfer Protocol 的缩写，中文为“文件传输协议”。与 HTTP 协议相同，它也是 URL 地址使用的一种协议名称，以指定传输某一种互联网资源。HTTP 协议用于链接到某一网页，而 FTP 协议则是用于上传或是下载文件的情况。

- IP 地址

IP 地址是分配给网络上计算机的一组由 32 位二进制数值组成的编号，以对网络中的计算机进行标示。为了方便记忆地址，采用了十进制标记法，每个数值小于等于 225，数值中间用“.”隔开，一个 IP 地址对应一台计算机并且是唯一的。这里提醒大家注意的是所谓的唯一是指在某一时间内唯一，如果使用动态 IP，那么每一次分配的 IP 地址是不同的，在使用网络的这一时段内，这个 IP 是唯一指向正在使用的计算机的；另一种是静态 IP，它是固定将这个 IP 地址分配给某计算机使用的。网络中的服务器就是使用的静态 IP。

- 域名

IP 地址是一组数字，人们记忆起来不够方便，因此给每个计算机赋予了一个具有代表性的名字，这就是主机名，主机名由英文字母或数字组成，将主机名和 IP 对应起来，这就是域名，方便了大家记忆。

域名和 IP 地址是可以交替使用的，但一般域名还是要通过转换成 IP 地址才能找到相应的主机，这就是上网的时候经常用到的 DNS 域名解析服务。

- 虚拟主机

虚拟主机（Virtual Host/Virtual Server）是使用特殊的软硬件技术，把一台计算机主机分成一台台“虚拟”的主机，每一台虚拟主机都具有独立的域名和 IP 地址（或共享的 IP 地址），有完整的 Internet 服务器（WWW、FTP、E-mail 等）功能。在同一台计算机硬件、同一个操作系统上，运行着为多个用户打开的不同服务器程序，并互不干扰；而各个用户拥有自己的一部分系统资源（IP 地址、文件存储空间、内存、CPU 时间等）。虚拟主机之间完全独立，并可由用户自行管理，在外界看来，每一台虚拟主机和一台独立主机的表现完全一样。

虚拟主机属于企业在网络营销中比较简单的应用，适合初级建站的小型企事业单位。这种建站方式，适合用于企业宣传、发布比较简单的产品和经营信息。

- 租赁服务器

租赁服务器是通过租赁 ICP 的网络服务器来建立自己的网站。

使用这种建站方式，用户无需购置服务器，只需租用服务商的线路、端口、机器设备和所提供的信息发布平台就能够发布企业信息，开展电子商务。它能替用户减轻初期投资的压力，减少对硬件长期维护所带来的人员及机房设备投入，使用户既不必承担硬件升级负担，又同样可以建立一个功能齐全的网站。

- 主机托管

主机托管是企业将自己的服务器放在 ICP 的专用托管服务器机房，利用服务商的线路、端口、机房设备为信息平台建立自己的宣传基地和窗口。

使用独立主机是企业开展电子商务的基础。虚拟主机会被共享环境下的操作系统资源所限，因此，当用户的站点需要满足日益发展的要求时，虚拟主机将不再满足用户的需要，这时候用户需要选择使用独立的主机。

1.2.4 常见网站类型

网站就是把一个个网页系统地链接起来的集合，例如常见的网易、新浪和搜狐等门户网站。网站按照其内容和形式可以分为很多种类型，本节就简单介绍各种不同类型的网站。

个人网站

个人网站是以个人名义开发创建的具有较强个性的网站。一般是个人为了兴趣爱好或为了展示自己等目的而创建，具有较强的个性化特点，无论是从内容、风格还是样式上，都形色各异、包罗万象。

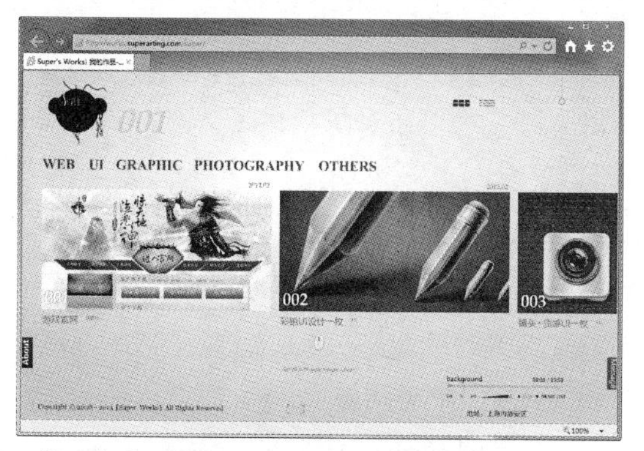

企业网站

随着网络的普及和飞速发展，企业拥有自己的网站已经是必然的趋势。企业网站作为电子商务时代企业对外的窗口，起着宣传企业、提高企业知名度、展示和提升企业形象、方便用户查询产品信息和提供售后服务等重要作用，因而越来越受到企业的重视。

行业网站

行业网站只专注于某一特定领域，并通过提供特定的服务内容，有效地把对这一特定领域感兴趣的用户与其他网站区分开来，并长期持久地吸引住这些用户，从而为其发展电子商务提供理想的平台。

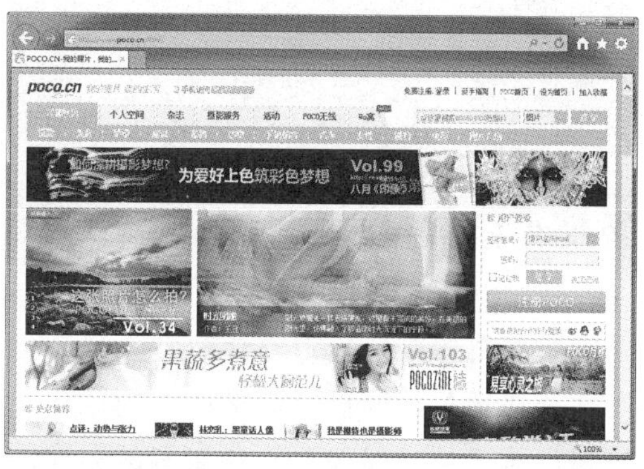

影视网站

影视网站具有很强的时效性，重视视觉性的布局，要求具有丰富信息。在这类网站中，经常运用 Flash 动画、生动的图像及视频片段等。影视类网站的色彩设计多用透明度及饱和度高的颜色，以给人的视觉带来强烈的刺激。在影视类网站中，深色的背景下透明度高的紫色组合会给人幻想的感觉，这种配色方法经常使用。动作片常用银色和蓝色的组合，爱情片则常用白色和粉红色的组合。

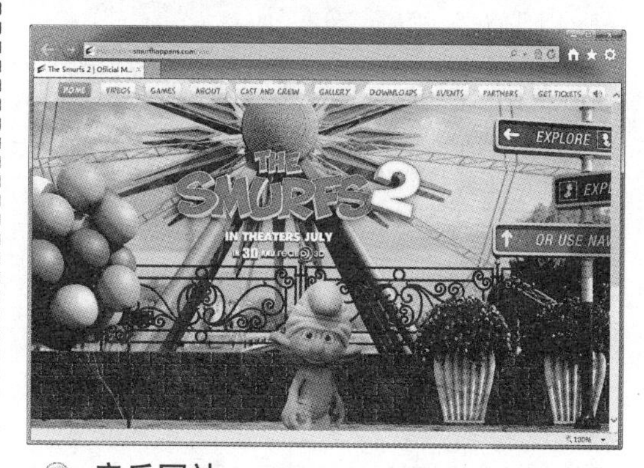

音乐网站

音乐网站需要能够展现音乐带来的精神上的自由、感动和趣味。歌手、乐队网站需要根据音乐的不同安排有区别的图像。其他与音乐有关的网站都比较重视个性，利用背景音乐或制作可以听到的音乐来表现音乐网站的特性。

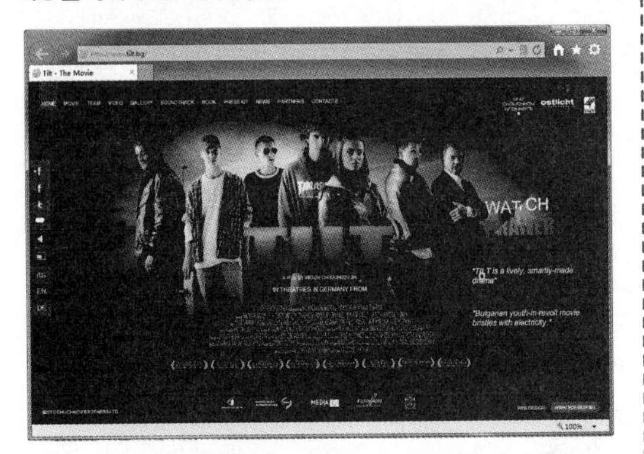

休闲游戏网站

对于那些已经被复杂的现实生活和物质文明搞得焦头烂额、疲惫不堪的现代人来说，休闲游戏就像是一种甜蜜的休息，因此受到了越来越多人的喜爱。休闲游戏网站就是需要给浏览者带来快乐、欢笑和感动。网站通常运用鲜艳、丰富的色彩，夸张的卡通虚拟形象和丰富的 Flash 动画，勾起浏览者对网站内容的兴趣，从而达到推广该休闲游戏的目的。

电子商务网站

随着网络与计算机技术的发展，信息技术作为工具被引入商务活动领域，从而产生了电子商务。电子商务就是利用信息技术将商务活动的各实体即企业、消费者和政府联系起来，通过互联网将信息流、商流、物流与资金流完整地结合，从而实现商务活动的过程。由于电子商务网站的内容以商品交易为主，因此内容主要是商品目录和交易方式等信息，且图文比例适中。在页面设计上，多采用分栏结构，设计与配色简洁明了、方便实用。

综合门户类网站

门户网站将信息整合、分类，通常门户网站涉及的领域非常广泛，是一种综合性的网站，如新浪、搜狐和网易等。此外这类网站还具有非常强大的服务功能，例如电子邮箱、搜索、论坛和博客等。门户类网站比较显著的特点是信息量大，内容丰富，且多为简单的分栏结构。

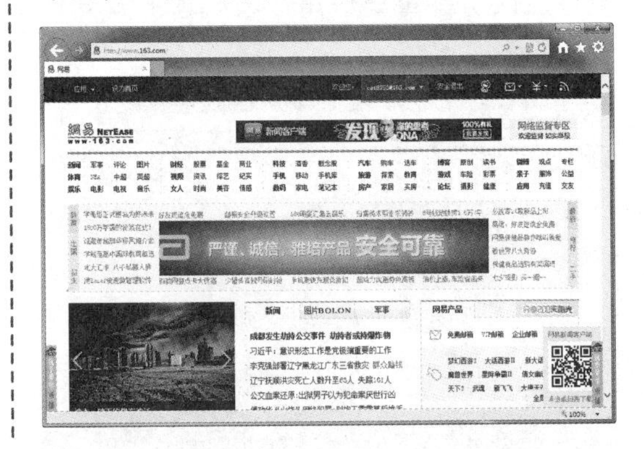

1.3 关于表格布局

传统表格布局方式实际上是利用了 HTML 中的表格元素 <table> 具有的无边框特性，由于表格元素可以在显示时使单元格的边框和间距设置为 0，可以将网页中的各个元素按版式划分放入表格的各单元格中，从而实现复杂的排版组合。

1.3.1 表格布局的特点

目前仍有较多的网站在使用表格布局，表格布局使用方法简单，制作者只要将内容按照行和列拆分，用表格组装起来即可实现设计版面布局。

由于对网站外观“美化”要求的不断提高，设计者开始用各种图片来装饰网页。由于大的图片下载速度缓慢，一般制作者会将大图片切分成若干个小图片，浏览器会同时下载这些小图片，这样就可以在浏览器上尽快将大图片打开。因此表格成为把这些小图片组装成一张完整图片的有力工具。如下图所示为使用表格布局的页面和该页面的 HTML 代码。

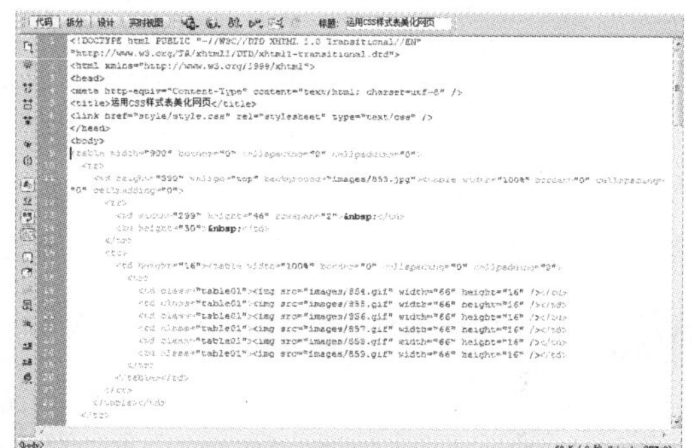

1.3.2 冗余的嵌套表格和混乱的结构

采用表格布局的页面，为了实现设计的布局，制作者往往在单元格标签 <td> 内设置高度、宽度和对齐等属性，有时还要加入装饰性的图片，图片和内容混杂在一起，使代码视图显得非常臃肿。

因此当页面布局需要调整时，往往都要重新制作表格，尤其当有很多页面需要修改时，工作量将变得难以想象。

表格在版面布局上很容易掌控，通过表格的嵌套可以很轻易地实现各种版式布局，但即使是一个 1 行 1 列的表格，也需要 <table>、<tr> 和 <td> 这 3 个标签，最简单的表格代码如下所示。

```
<table>
<tr>
<td>这里是内容</td>
</tr>
</table>
```

如果需要完成一个比较复杂的页面时，HTML 文档内将会充满 <tr> 和 <td> 标签。同时，由于浏览器需要把整个表格下载完成后才会显示，因此如果一个表格过长、内容过多，那么访问者往往要等很长时间才能看到页面中的内容。

同时，由于浏览器对 HTML 的兼容，因此就算嵌套错误甚至不完整的标签都能显示出来。有时仅仅为了实现一条细线而插入一个表格，表格充斥着文档，使得 HTML 文档的字节数直线上升。对于使用宽带或专线浏览页面的访问者来说，这些字节也许不算什么，但是当访问者使用手持设备（如手机）浏览网页时，这些代码往往会花费很多的流量和等待时间。

如此多的冗余代码，对于服务器端也是一个不小的压力，也许一个只有几个页面、每天只有十几个人访问的个人站点对流量不会太在意，但是对于一个每天都有几千人甚至上万人在线的大型网站来说，服务器的流量就是一个必须关注的问题了。

一方面，浏览器各自开发属于自己的标签和标准，使得制作者常常要针对不同的浏览器而开发不同的版本，这无疑就增加了开发的难度和成本。

另一方面，在不支持图片的浏览设备上（如屏幕阅读机），这种表格布局的页面将变得一团糟。正是由于上述种种弊病，使得制作者开始关注 Web 标准。

1.4 关于 DIV+CSS 布局

复杂的表格使得网页布局极为困难，修改更加烦琐，最后生成的网页代码除了表格本身的代码，还有许多没有意义的图像占位符及其他元素，文件量庞大，最终导致浏览器下载解析速度变慢。W3C 组织早在几年前就开始推荐使用 DIV+CSS 布局网站页面，这种布局方式可以大大地减少网页代码，并且将网页结构与表现相互分离。

1.4.1 DIV+CSS 布局的特点

DIV+CSS 布局又可以称为 CSS 布局，重点在于使用 CSS 样式对网页中元素的位置和外观进行控制。DIV+CSS 布局的重点不再放在表格元素的设计中，取而代之的是 HTML 中的另一个元素——Div。Div 可以理解为“图层”或是一个“块”，是一种比表格简单的元素，语法上只有从 <div> 开始和 </div> 结束，Div 的功能仅仅是将一段信息标记出来用于后期的 CSS 样式定义。

Div 在使用时不需要像表格一样通过其内部的单元格来组织版式，通过 CSS 强大的样式定义功能可以比表格更简单、更自由地控制页面版式及样式。如下图所示为使用 DIV+CSS 布局的页面和该页面的 HTML 代码。

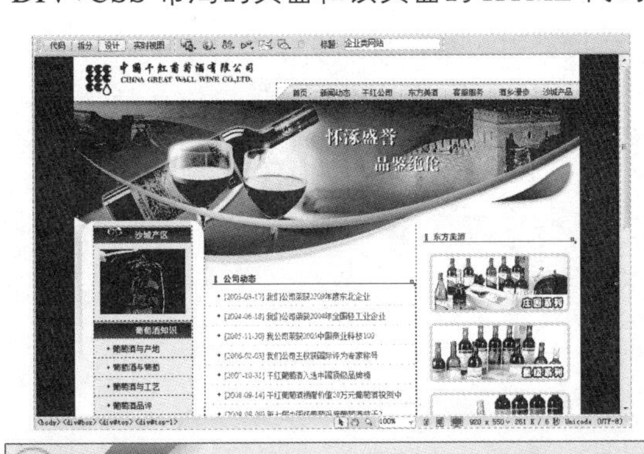

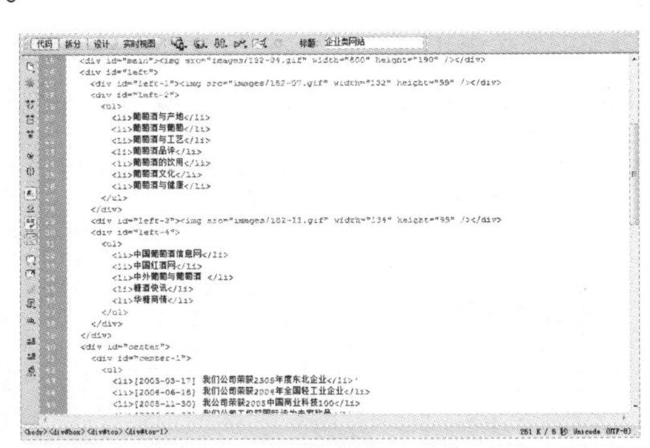

> **提示** W3C 组织是制定网络标准的一个非赢利组织，W3C 是 World Wide Web Consortium（万维网联盟）的缩写，像 HTML、XHTML、CSS、XML 的标准就是由 W3C 来制定的。它创建于 1994 年，主要研究 Web 规范和指导方针，致力于推动 Web 发展，保证各种 Web 技术能很好地协同工作。

1.4.2 DIV+CSS 布局的优势

CSS 样式是控制页面布局样式的基础，是真正能够做到网页表现与内容分离的一种样式设计语言。相对传统 HTML 的简单样式控制而言，CSS 能够对网页中对象的位置排版进行像素级的精确控制，支持几乎所有的字体、字号样式，以及拥有对网页对象盒模型样式的控制能力，并能够进行初步的页面交互设计，是目前基于文本展示的最优秀的表现设计语言。归纳起来，使用 DIV+CSS 布局的优势主要有以下几点。

- **完善的浏览器支持**

目前 CSS 2 样式是众多浏览器支持最完善的版本，最新的浏览器均以 CSS 2 为 CSS 支持原型进行设计，使用 CSS 样式设计的网页在众多平台及浏览器下样式最为接近。

- **分离网页表现与结构**

CSS 真正意义上实现了设计代码与内容分离，而在 CSS 的设计代码中通过 CSS 的内容导入特性，又可以使设计代码根据设计需要进行二次分离。如为字体专门设计一套样式，为版式等设计一套样式，根据页面显示的需要重新组织，使得设计代码本身也便于维护与修改。

- **功能强大的样式控制**

对网页对象的位置排版能够进行像素级的精确控制，支持所有字体、字号样式，具有优秀的盒模型控制能力以及简单的交互设计能力。

- **优越的继承性**

CSS 的语言在浏览器的解析顺序上，具有类似面向对象的基本功能，浏览器能够根据 CSS 的级别先后应用多个 CSS 样式定义，良好的 CSS 代码设计可使得代码之间产生继承及重载关系，能够达到最大限度的代码重用，降低代码量及维护成本。

1.5　Web 标准

在学习使用 DIV+CSS 对网页进行布局制作之前，还需要清楚什么是 Web 标准。Web 标准也称为网站标准，通常所说的 Web 标准是指进行网站建设所采用的基于 XHTML 语言的网站设计语言。

1.5.1　什么是 Web 标准

Web 标准，即网站标准。目前通常所说的 Web 标准一般指进行网站建设所采用的基于 XHTML 语言的网站设计语言。Web 标准中典型的应用模式是 DIV+CSS。实际上，Web 标准并不是某一个标准，而是一系列标准的集合。

Web 标准由一系列的规范组成。由于 Web 设计越来越趋向于整体与结构化，对于网页设计制作者来说，理解 Web 标准首先要理解结构和表现分离的意义。刚开始的时候理解结构和表现的不同之处可能很困难，特别是不习惯思考文档的语义结构。但是理解这点是很重要的，因为当结构和表现分离后，用 CSS 样式表来控制表现就是很容易的一件事了。

网站标准的目的是：提供最多利益给最多的网站用户；确保任何网站文档都能够长期有效；简化代码、降低建设成本；让网站更容易使用，能适应更多不同用户和更多网络设备；当浏览器版本更新，或者出现新的网络交互设备时，确保所有应用能够继续正确执行。

1.5.2　Web 标准的内容

Web 标准不是某一个标准，而是一系列标准的集合。网页主要由三部分组成：结构（Structure）、表现（Presentation）和行为（Behavior）。对应的标准也分三个方面：结构化标准语言、表现标准语言和行为标准。

结构化标准语言

主要包括 HTML、XHTML 和 XML，推荐遵循的是 W3C 于 2000 年 10 月 6 日发布的 XML 1.0，目前使用最广泛的是 XHTML。

表现标准语言

主要包括 CSS 样式，目前推荐遵循的是 W3C 于 1998 年 5 月 12 日发布的 CSS 2。

行为标准

主要包括对象模型（如 W3C DOM）和 ECMAScript 等。

1.5.3 结构、表现、行为和内容

Web 标准是由 W3C（World Wide Web Consortium）和其他标准化组织制定的一套规范集合，包含一系列标准，例如我们所熟悉的 HTML、XHTML、JavaScript 以及 CSS 等。确立 Web 标准的目的在于创建一个统一的用于 Web 表现层的技术标准，以便于通过不同浏览器或终端设备向最终用户展示信息内容。

结构

1. XML

XML 的英文全称是 The Extensible Markup Language。目前推荐遵循的是 W3C 于 2000 年 10 月 6 日发布的 XML1.0。和 HTML 一样，XML 同样来源于 SGML，但 XML 是一种能定义其他语言的语言。XML 最初的设计目的是弥补 HTML 的不足，以强大的扩展性满足网络信息发布的需要，后来逐渐用于网络数据的转换和描述。

2. HTML

HTML 的英文全称是 Hyper Text Markup Language，中文称为超文本标记语言，广泛用于现在的网页，HTML 目的是为文档增加结构信息，例如表示标题、表示段落。浏览器可以解析这些文档的结构，并用相应的形式表现出来。例如：浏览器会将 <strong>…</strong> 之间的内容用粗体显示。设计师也可以通过 CSS 样式来定义某种结构以什么形式表现出来。

HTML 元素构成了 HTML 文件，这些元素是由 HTML 标签（tags）所定义的。HTML 文件是一种包含了很多标签的纯文本文件，标签告诉浏览器如何去显示页面。

3. XHTML

XHTML 称为可扩展超文本标记语言，英文全称为 Extensible Hyper Text Markup Language。XML 虽然数据转换能力非常强大，完全可以替换 HTML，但面对成千上万已经存在的网站，直接采用 XML 还为时尚早。因此，在 HTML 4.0 的基础上，使用 XML 的规则对其进行扩展，得到了 XHTML。简单地说，建立 XHTML 的目的就是实现 HTML 向 XML 的过渡。

表现

CSS 称为层叠样式表，英文全称是 Cascading Style Sheets。目前一般遵循的是 W3C 于 1998 年 5 月 12 日发布的 CSS 2。W3C 创建 CSS 标准的目的是以 CSS 取代 HTML 表格式布局和其他表现的语言。纯 CSS 布局与结构化的 XHTML 相结合能够帮助网页设计师分离结构和外观，使站点的访问和维护更加容易。

随着互联网的发展，网页的表现方式更加多样化，需要新的 CSS 规则来适应网页的发展，所以在最近几年 W3C 已经开始着手 CSS 3 标准的制定，目前 CSS 3 还处于草案阶段，但已经可以领略到 CSS 3 的特殊效果，本书也将对 CSS 3 的相关内容进行介绍。

行为

1. DOM

DOM 称为文档对象模型，英文全称为 Document Object Model，是一种 W3C 颁布

的标准，用于对结构化文档建立对象模型，从而使得用户可以通过程序语言（包括脚本）来控制其内部结构。DOM 解决了 Netscape 的 JavaScript 和 Microsoft 的 Jscript 之间的冲突，为网页设计师和网页开发人员提供一个标准的方法，来访问站点中的数据、脚本和表现层对象。

2. ECMAScript

ECMAScript 是 ECMA（European Computer Manufacturers Association）制定的标准脚本语言（JavaScript），目前遵循的是 ECMAScript-262 标准。

- 内容

内容就是制作者放在页面内真正想要访问者浏览的信息，可以包含数据、文档或者图片等。注意这里强调的“真正”，是指纯粹的数据信息本身，而不包含辅助的信息，如导航菜单、装饰性图片等。内容是网页的基础，在网页中具有重要的地位。

1.5.4　遵循 Web 标准的好处

首先最为明显的好处就是用 Web 标准制作的页面代码量小，可以节省带宽。这只是 Web 标准附带的好处，因为 Div 的结构本身就比 Table 简单，Table 布局的层层嵌套造成代码臃肿，文件尺寸膨胀。通常情况下，相同表现的页面用 DIV+CSS 比用 Table 布局节省 2/3 的代码，这是遵循 Web 标准最直接的好处。

一些测试表明，通过内容和设计分离的结构进行页面设计，使浏览器对网页的解析速度大大提高，相对老式的内容和设计混合编码而言，浏览器在解析过程中可以更好地分析结构元素和设计元素，良好的网页浏览速度使来访者更容易接受。

提示

在很多西方国家，由于 Web 标准页面的结构清晰、语义完整，利用一些相关设备能很容易地正确提取信息给残障人士。因此，方便盲人阅读信息也成为 Web 标准的好处之一。

1.6　网站开发流程

在开始建设网站之前就应该有一个整体的战略规划和目标，规划好网页的大致外观后，就可以进行设计了。而当整个网站测试完成后，就可以发布到网上了。大部分站点需要定期进行维护，以实现内容的更新和功能的完善。

1.6.1　网站策划

一件事情的成功与否，其前期策划举足轻重。网站建设也是如此。网站策划是网站设计的前奏，主要包括确定网站的用户群和定位网站的主题，还有形象策划、制作规划和后期宣传推广等方面的内容。网站策划在网站建设的过程中尤为重要，它是制作网站迈出的重要一步。作为建设网站的第一步，网站策划应该切实遵循“以人为本”的创作思路。

网络是用户主宰的世界，由于可选择对象众多，而且寻找起来也相当便利，所以网络用户明显缺乏耐心，并且想要迅速满足自己的要求。如果他们不能在一分钟之内弄明白如何使用一个网站，那么可能会认为这个网站不值得再浪费时间，然后就会离开，因此只有那些经过周密策划的网站才能吸引更多的访问者。

1.6.2 规划网站结构

一个网站设计得成功与否、很大程度上取决于设计者规划水平的高低。网站规划包含的内容很多，如网站的结构、栏目的设置、网站的风格、网站导航、颜色搭配、版面布局、文字图片的运用等。只有在制作网站之前把这些方面都考虑到了，才能在制作时胸有成竹。

1.6.3 素材收集整理

网站的前期策划完成以后，接下来就是按照确定的主题进行资料和素材的收集、整理了。这一步也是特别重要的，有了好的想法，如果说没有内容来充实，是肯定不能实现的。但是资料、素材的选择是没有什么规律的，可以寻找一些自己认为好的东西，同时也要考虑浏览者的情况，因为每个人的喜好都不同，如何权衡取舍，就要看设计者如何把握了。收集的资料一定要整理好，归类清楚，以便以后使用。

提示

制作商业网站时，通常客户会提供相关的素材图像和资料，所以资料收集这一步可以省略，但是把客户提供的资料归类并整理好还是很有必要的。

1.6.4 网页版式与布局分析

当资料收集、整理完成后，就可以开始进行具体的网页设计工作了。在进行网页设计时，首先要做的就是设计网页的版式与布局。现在网页的布局设计变得越来越重要，因为访问者不愿意再看到只注重内容的站点。虽然内容很重要，但只有当网页布局和网页内容成功结合时，这种网页或站点才是受人欢迎的。只取任何一面都有可能无法留住“挑剔”的访问者。关于网页的版式与布局，主要有以下几个方面的内容。

- **页面尺寸**

由于页面尺寸和显示器大小及分辨率有关系，网页的局限性就在于无法突破显示器的范围，而且因为浏览器也将占去不少空间，所以留给页面的空间会更小。在网页设计过程中，向下拖动页面是唯一给网页增加更多内容的方法。但有必要提醒大家的是，除非能够肯定网站的内容能吸引大家拖动，否则不要让访问者拖动页面超过三屏。如果需要在同一页面显示超过三屏的内容，那么最好是在页面上创建内部链接，方便访问者浏览。

- **整体造型**

造型就是创造出来的物体形象。这里是指页面的整体形象，这种形象应该是一个整体，图形与文本的结合应该是层叠有序的。虽然显示器和浏览器都是矩形，但对于页面的造型，可以充分运用自然界中的其他形状以及一些基本形状的组合，如矩形、圆形、三角形、菱形等。

- **网页布局方法**

网页布局的方法有两种，第一种为纸上布局，第二种为软件布局。

纸上布局法，许多网页制作者不喜欢先画出页面布局的草图，而是直接在网页设计软件中边设计布局边添加内容。这种不打草稿的方法很难设计出优秀的网页，所以在开始制作网页时，要先在纸上画出页面的布局草图。

软件布局法，如果制作者不喜欢用纸来画出布局图，那么还可以利用软件来完成这些工作，例如可以使用 Photoshop，它所具有的对图像的编辑功能正适合设计网页布局。利用 Photoshop 可以方便地使用颜色、图形，并且可以利用层的功能设计出用纸张无法实现的布局概念。

1.6.5　确定网站主色调

色彩是艺术表现的要素之一。在网页设计中，根据和谐、均衡和重点突出的原则，将不同的色彩进行组合、搭配来构成美丽的页面。同时应该根据色彩对人们心理的影响，合理地加以运用。按照色彩的记忆性原则，一般暖色较冷色的记忆性强，色彩还具有联想与象征的特质，如红色象征鲜血、太阳；蓝色象征大海、天空和水面等。网页的颜色应用并没有数量的限制，但不能毫无节制地运用多种颜色。一般情况下，先根据整体风格的要求定出一到两种主色调，有 CIS（企业形象识别系统）的，更应该按照其中的 VI 进行色彩运用。

在色彩的运用过程中，还应该注意的一个问题是由于国家和种族、宗教和信仰的不同，以及生活的地理位置、文化修养的差异等，不同的人群对色彩的喜好程度有着很大的差异。如儿童喜欢对比强烈、个性鲜明的纯颜色；生活在草原上的人喜欢红色；生活在闹市中的人喜欢淡雅的颜色；生活在沙漠中的人喜欢绿色。设计者在设计时要考虑主要读者群的背景和构成，以便于选择恰当的色彩组合。

1.6.6　设计网站页面

在版式布局完成的基础上，将确定需要的功能模块（功能模块主要包含网站标志、主菜单、新闻、搜索、友情链接、广告条、邮件列表、版权信息等）、图片、文字等放置到页面上。需要注意的是，这里必须遵循突出重点、平衡协调的原则，将网站标志、主菜单等最重要的模块放在最显眼、最突出的位置，然后再考虑次要模块的摆放。

一个网站中包含多个页面，在使用 Dreamweaver 制作网页之前，需要先设计出网页的效果图，通常都是使用 Photoshop 设计网页效果图。

1.6.7 切割和优化网页

当我们已经确定网页的设计稿后，就可以使用 Photoshop 将页面中需要的素材图片切下保存为 jpg 或 gif 等格式，以便在 Dreamweaver 中制作网站页面时使用。

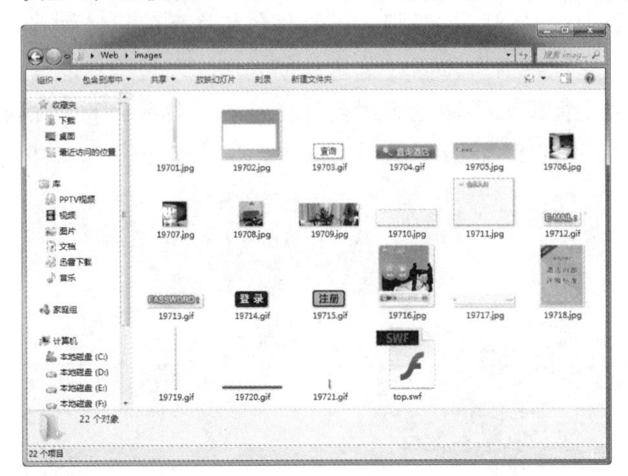

1.6.8 制作 HTML 页面

这一步就是具体的制作阶段，也就是大家常说的网页制作。目前主流的网页可视化编辑软件是 Dreamweaver，它具有强大的网页编辑功能，适合专业的网页设计制作人员。

网站的建设是从搭建 DIV 开始的，就好像盖一幢房子一样，需要先划分好房屋每一部分的区域。搭建 DIV 的方法是，在 HTML 页面中先使用一些空白的 DIV，说明某个位置应该放置某一部分的内容，通过这些 DIV 将网页分为不同的部分。当然最好的方法是在网页中插入一个 DIV 后，就定义相应的 CSS 样式对该部分内容进行控制。

此处显示 id "top" 的内容
此处显示 id "banner" 的内容
此处显示 id "left" 的内容
此处显示 id "right" 的内容
此处显示 id "bottom" 的内容

```
<body>
<div id="box">
  <div id="top">此处显示  id "top" 的内容</div>
  <div id="main">
    <div id="banner">此处显示  id "banner" 的内容</div>
    <div id="left">此处显示  id "left" 的内容</div>
    <div id="right">此处显示  id "right" 的内容</div>
  </div>
  <div id="bottom">此处显示  id "bottom" 的内容</div>
</div>
</body>
```

1.6.9 使用 CSS 样式控制网页外观

在 Dreamweaver 中使用 DIV 搭建好网页的基本框架后，就可以通过 CSS 样式对各部分的外观效果进行控制了。CSS 样式主要用于定义网页中的各部分及元素的样式，例如背景效果、文字大小和颜色、元素的位置、元素的边框等。

CSS 样式是网页设计制作中非常重要的工具，也是本书的重点，在后面的章节中将详细介绍使用 CSS 样式对网页进行控制的各种方法和技巧。

1.6.10　为网页应用 JavaScript 特效

通过 JavaScript 可以在网页中实现许多特殊效果，目前很多网站中都应用了 JavaScript 效果。通过这些效果的添加，可以使网页变得更加丰富、生动，更能够吸引浏览者的注意。

1.6.11　网站后台程序开发

完成网站 HTML 静态页面的制作后，如果还需要动态功能，就需要开发动态功能模块。网站中常用的功能模块有新闻发布系统、搜索功能、产品展示管理系统、在线调查系统、在线购物、会员注册管理系统、统计系统、留言系统、论坛及聊天室等。

1.6.12　申请域名和服务器空间

网页制作完毕，最后要发布到 Web 服务器上，才能够让众多的浏览者观看。首先需要申请域名和空间，然后才能上传到服务器上。

可以用搜索引擎查找相关的域名空间提供商，在他们的网站上可以进行在线域名查询，从而找到最适合自己的而且还没有被注册的域名。

提示

当确定域名时，有一些需要注意的事项：（1）一般来说域名的长度越短越好；（2）域名的意义以越简单越常用越好；（3）域名要尽可能给人留下良好的印象；（4）一般来说组成域名的单词数量越少越好（少于 3 个为佳），主要类型有英文、数字、中文、拼音和混合；（5）是否是以前被广泛使用过的域名，是否在搜索引擎中有好的排名或者多的连接数；（6）是否稀有，是否有不可替代性。

有了自己的域名后，就需要一个存放网站文件的空间，而这个空间在互联网上就是服务器。一般情况下，可以选择虚拟主机或独立服务器的方式。

1.6.13　测试并上传网站

网站制作完成以后，暂时还不能发布，需要在本机上进行内部测试，并进行模拟浏览。测试的内容包括版式、图片等显示是否正确，是否有死链接或者空链接等，发现有显示错误或功能欠缺后，需要进一步修改，如果没有发现任何问题，就可以上传发布了。上传发布是网站制作最后的步骤，完成这一步骤后，整个过程就结束了。

1.7　本章小结

本章主要介绍网页和网站开发的相关基础知识，包括网页与网站的关系、网页的基本构成元素、网页设计的特点、网页设计相关术语和常见网站类型等内容，使读者对网页与网站有一个更深入的了解和认识。在本章中还介绍了有关 Web 标准的相关知识，表格布局的特点和 DIV+CSS 布局的特点，以及为什么要使用 DIV+CSS 布局。本章所介绍的基础概念较多，读者需要认真理解。

第 2 章　HTML、XHTML 和 HTML 5

网页中包括文本、图像、动画、多媒体和表单等多种复杂的元素，但是其基础架构仍然是 HTML 语言。HTML 是互联网上用于设计网页的主要语言，注意 HTML 只是一种标记语言，与其他程序设计语言不同的是，HTML 只能建议浏览器以什么方式或结构显示网页内容。本章将介绍 HTML 和 XHTML 的基础知识，以及 HTML5 的相关知识。如果想要精通网页的设计及制作，就必须对 HTML 和 XHTML 有较深入的了解和认识。

本章知识点

- ☑ 了解 HTML 与 XHTML 的关系
- ☑ 认识 HTML 的语法和标签
- ☑ 了解 XHTML 结构和要求
- ☑ 了解 HTML 5 的基础知识
- ☑ 掌握 HTML5 常用标签的使用

2.1　HTML 与 XHTML

HTML 与 XHTML 非常相似，XHTML 是从 HTML 基础上发展而来的，在 HTML 语言基础上加入一些规范和标准，使网页代码更加规范，便于向 XML 语言过渡。

2.1.1　HTML 与 XHTML 的区别

HTML 发展到现在，存在着一些缺点和不足，已经不能适应现在越来越多的网络设备和应用的需要。因此 HTML 需要发展才能解决这个问题，于是 W3C 又制定了 XHTML，XHTML 是 HTML 向 XML 过渡的桥梁。

HTML 和 XHTML 语言都是搭建网页的基本语言，HTML 是超文本标记语言，英文全称是 Hyper Text Markup Language，它能够构成网站的页面，是一种表示 Web 页面符号的标记性语言。

XHTML 是 HTML 的扩展，称为可扩展的超文本标记语言，英文全称是 Extensible Hyper Text Markup Language，它是一种由 XML 演变而来的语言，比 HTML 语言更加严谨。

2.1.2　使用 XHTML 的优点

XHTML 是面向结构的语言，其设计目的不像 HTML 仅仅是为了网页的设计和表现，XHTML 主要用于对网页内容进行结构设计，严谨的语法结构有利于浏览器进行解析处理。

XHTML 另一方面也是 XML 的过渡语言。XML 是完全面向结构的设计语言，XHTML 能够帮助用户快速适应结构化的设计，以便于平滑过渡到 XML，并能与 XML

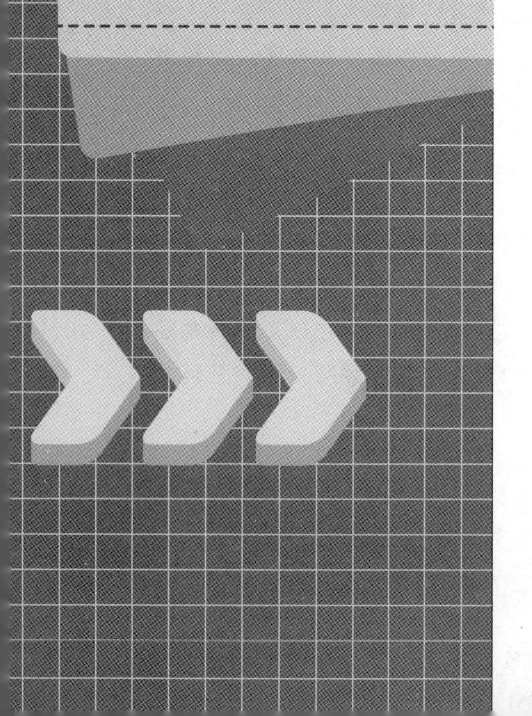

和其他程序语言之间进行良好的交互，帮助扩展其功能。

使用XHTML的另一个优势是它非常严密。当前网络上的HTML使用极其混乱，不完整的代码、私有标签的定义、反复杂乱的表格嵌套等，使得页面的体积越来越庞大，而浏览器为了要兼容这些HTML也跟着变得非常庞大。

XHTML能与其他基于XML的标记语言、应用程序及协议的行良好的交互工作。XHTML是Web标准家族的一部分，能很好地用在无线设备等其他用户代理上。

在网站设计方面，XHTML可以帮助制作者去掉表现层代码的毛病，帮助制作者养成标记校验测试页面工作的习惯。

2.2 HTML基础

HTML主要运用标签使页面文件显示出预期的效果，也就是在文本文件的基础上，加上一系列的网页元素展示效果，最后形成后缀名为.htm或.html的文件。当读者通过浏览器阅读HTML文件时，浏览器负责解释插入到HTML文本中的各种标记，并以此为依据显示文本的内容，一般将HTML语言编写的文件称为HTML文本，HTML语言即网页页面的描述语言。

2.2.1 了解HTML

在介绍HTML语言之前，不得不介绍World Wide Web（万维网）。万维网是一种建立在互联网上的全球性的、交互的、多平台的、分布式的信息资源网络。它采用HTML语法描述超文本（Hypertext）文件。Hypertext一词有两个含意：一个是链接相关联的文件；另一个是内含多媒体对象的文件。

从技术上讲，万维网有3个基本组成，分别是URLs（全球资源定位器）、HTTP（超文本传输协议）和HTML（超文本标记语言）。

其中URLs（Universal Resource Locators）提供在Web上进入资源的统一方法和路径，使用户所要访问的站点具有唯一性，相当于实际生活中的门牌地址。

HTTP是一种网络上传输数据的协议，是英文Hyper Text Transfer Protocol的缩写，专门用于传输万维网上的信息资源。

HTML语言是英文Hyper Text Markup Language的缩写，它是一种文本类、解释执行的标记语言，是在标准一般化的标记语言（SGML）的基础上建立的。SGML仅描述了定义一套标记语言的方法，而没有定义一套实际的标记语言。而HTML就是根据SGML制定的特殊应用。

HTML语言是一种简易的文件交换标准，有别于物理的文件结构，它旨在定义文件内对象的描述文件的逻辑结构，而并不是定义文件的显示。由于HTML所描述的文件具有极高的适应性，所以特别适合于万维网的环境。

HTML于1990年被万维网所采用，至今经历了众多版本，主要由万维网国际协会（W3C）主导其发展。而很多编写浏览器的软件公司也根据自己的需要定义HTML标记或属性，所以导致现在的HTML标准较为混乱。

由于HTML语言编写的文件是标准的ASCII文本文件，可以使用任何的文本编辑器来打开HTML文件。

HTML 文件可以直接由浏览器解释执行，而无须编译。当用浏览器打开网页时，浏览器读取网页中的 HTML 代码，分析其语法结构，然后根据解释的结果显示网页内容，正因为如此，网页显示的速度与网页代码的质量有很大的关系，保持精简和高效的 HTML 源代码是十分重要的。

2.2.2 HTML 的作用

HTML 语言作为一种网页编辑语言，易学易懂，能制作出精美的网页效果，其主要在网页中实现的功能如下。

- **格式化文本**

使用 HTML 语言格式化文本，例如设置标题、字体、字号、颜色; 设置文本的段落、对齐方式等。

- **插入图像**

使用 HTML 语言可以在页面中插入图像，使网页图文并茂，还可以设置图像的各种属性，例如大小、边框、布局等。

- **创建列表**

HTML 语言可以创建列表，将信息用一种易读的方式表现出来。

- **创建表格**

使用 HTML 语言可以创建表格，表格为浏览者提供了快速找到需要信息的显示方式。

- **插入多媒体**

使用 HTML 语言可以在页面中加入多媒体，可以在网页中加入音频、视频和动画，还能设定播放的时间和次数。

- **创建超链接**

HTML 语言可以在网页中创建超链接，通过超链接检索在线的信息，只需用鼠标单击，就可以链接到任何一处。

- **创建表单**

使用 HTML 语言还可以实现交互式表单和计数器等网页元素。

2.2.3 HTML 的基础结构

编写 HTML 文件的时候，必须遵循 HTML 的语法规则。一个完整的 HTML 文件由标题、段落、列表、表格、单词和嵌入的各种对象组成。这些逻辑上统一的对象统称为元素，HTML 使用标签来分割并描述这些元素。实际上整个 HTML 文件就是由元素与标签组成的。HTML 文件基础结构如下。

```
<html>                                    <!--HTML文件开始-->
<head>                                  <!--HTML文件的头部开始-->
</head>                                 <!--HTML文件的头部结束-->
<body>                                  <!--HTML文件的主体开始-->
</body>                                 <!--HTML文件的主体结束-->
</html>                                   <!--HTML文件结束-->
```

- **<html>…</html>**

告诉浏览器 HTML 文件的开始和结束，其中包含 <head> 和 <body> 标签。HTML 文档中所有的内容都应该在两个标签之间，一个 HTML 文档总是以 <html> 开始，以 </html> 结束的。

- **<head>…</head>**

网页的头标签，用来定义 HTML 文档的头部信息，该标签是成对使用的。

- <body>…</body>

HTML文件的主体标签，绝大多数内容都放置在这个区域中。通常该标签在</head>标签之后，和</html>标签之前。

2.2.4 HTML的基本语法

绝大多数元素都有起始标签和结束标签，在起始标签和结束标签之间的部分是元素体，例如<body>…</body>。第一个元素都有名称和可选择的属性，元素的名称和属性都在起始标签内标明。

- **普通标签**

一般标签是由一个起始标签和一个结束标签所组成的，其语法格式如下。

```
<x>控制文字</x>
```

其中，x代表标签名称。<x>和</x>就如同一组开关：起始标签<x>为开启某种功能，而结束标签</x>（通常为起始标签加上一个斜线/）为关闭功能，受控制的文字信息便放在两个标签之间，例如下面的标签形式。

```
<b>加粗文字</b>
```

标签之中还可以附加一些属性，用来实现或完成某些特殊效果或功能，其语法格式如下。

```
<xa1="v1", a2="v2",……an="vn">控制文字
</x>
```

其中，a_1，a_2……，a_n为属性名称，而v，v_2……，v_n则是其所对应的属性值。属性值加不加引号，目前所使用的浏览器都可接受，但根据W3C的新标准，属性值是要加引号的，所以最好养成加引号的习惯。

- **空标签**

虽然大部分的标签是成对出现的，但也有一些是单独存在的，这些单独存在的标签称为空标签，其语法格式如下。

```
<x>
```

同样，空标签也可以附加一些属性，用来完成某些特殊效果或功能，其语法格式如下。

```
<x a1="v1", a2="v2", a3="v3",……
an="vn">
```

W3C定义的新标准（XHTML1.0/HTML 4.0）建议：空标签应以/结尾，即<x />。如果附加属性，则语法格式如下。

```
<x a1="v1", a2="v2", a3="v3",……
an="vn" />
```

例如下面的代码为水平线<hr />标签设置color属性。

```
<hr color="#0000FF" />
```

目前所使用的浏览器对于空标签后面是否要加/并没有严格要求，即在空标签最后加/和没有加/不影响其功能，但是如果希望文件能满足最新标准，最好加上/。

其实HTML还有其他更为复杂的语法，使用技巧也非常多，作为一种语言，它有很多的编写原则并且以很快的速度发展着，现在已有很多专门的书籍来介绍它。如果读者希望深入地掌握HTML语言，可以参考专门介绍HTML语言的相关书籍。

2.3 HTML常用标签

标签是HTML语言最基本的单位，每一个标签都是由“<”开始，由“>”结束，标签通过指定某块信息为段落或标题等来标示文档中的某一部分内容。本节介绍在HTML语言中常用的一些标签。

2.3.1 区块标签

在 HTML 文档中常用的分区标签有两个，分别是 <div> 标签和 <span> 标签。

其中，<div> 标签称为区域标签（又称为容器标签），用来作为多种 HTML 标签组合的容器，对该区域进行操作和设置，就可以完成对区域中元素的操作和设置。

Div 是本书的重点，在后面的章节中将进行详细介绍，通过使用 <div> 标签，能让网页代码具有很高的可扩展性，其基本应用格式如下。

```
<body>
  <div>这里是第一个区块的内容</div>
  <div>这里是第二个区块的内容</div>
</body>
```

在 <div> 标签中可以包含文字、图像、表格等元素，但需要注意的是，<div> 标签不能嵌套在 <p> 标签中使用。

<span> 标签用来作为片段文字、图像等简短内容的容器标签，其意义与 <div> 标签类似，但是和 <div> 标签是不一样的，<span> 标签是文本级元素，默认情况下是不会占用整行的，可以在一行时显示多个 <span> 标签。<span> 标签常用于段落、列表等项目中。

2.3.2 文本标签

文本标签主要用来设置网页中的文字效果，例如文字的大小、文字的加粗等显示方式。文本标签也是写在 <body> 标签内部的，其基本应用格式如下。

```
<body>
  <h1>这里将显示为标题1的格式</h1>
  <b>这里将显示为加粗的文字</b>
</body>
```

文本标签在页面中虽然不起眼，但应用还是比较广泛的，它们主要是将一些比较重要的文本内容用醒目的方式显示出来，从而吸引浏览者的目光，让浏览者能够特别注意到这些重要的文字内容，常用的文本标签介绍如下。

- <h1> 至 <h6> 标签

  这 6 个标签为文本的标题标签，该标签是成对使用的。<h1>…</h1> 标签是显示字号最大的标题，而 <h6>…</h6> 标签则是显示字号最小的标题。

- <font> 标签

  该标签用于设置文本的字体、字号和颜色，分别对应的属性为 face、size 和 color，该标签也是成对使用的。

- <b> 标签

  文本加粗标签，用于显示需要加粗的文字，该标签也是成对使用的。

- <strong> 标签

  该标签用于显示加重的文本，即粗体的另一种方式，与使用 <b> 标签的效果是相同的，该标签也是成对使用的。

- <i> 标签

  文本斜体标签，用于显示需要显示为斜体的文字，该标签也是成对使用的。

- <em> 标签

  文本强调标签，用于显示需要强调的文本，强调的文本会显示为斜体的效果，该标签也是成对使用的。

2.3.3 格式标签

格式标签主要用于对网页中的各种元素进行排版布局，格式标签放置在 HTML 文档中的 <body> 与 </body> 标签之间，通过格式标签可以定义文字段落、对齐方式等，其基本应用格式如下。

```
<body>
  <center>这里显示的文字将会居中</center>
  <p>这里显示的是一个文本段落</p>
</body>
```

常用的格式标签介绍如下。

- **
 标签**

  该标签是换行标签，用于强制文本换行显示，该标签是空标题，单独出现。

- **<p> 标签**

  该标签用于定义一个段落，该标签是成对使用的。在 <p> 与 </p> 标签之间的文本将以段落的格式在网页中显示。

- **<center> 标签**

  该标签是居中标签，可以使页面元素居中显示，该标签是成对使用的。

- **<ul> 标签**

  <ul> 和 </ul> 标签用于在网页中创建项目列表，在 <ul> 和 </ul> 标签之间使用 <li> 和 </li> 标签创建列表项。

- **<ol> 标签**

  <ol> 和 </ol> 标签用于在网页中创建有序列表，在 <ol> 和 </ol> 标签之间使用 <li> 和 </li> 标签创建列表项。

- **<dl> 标签**

  <dl> 和 </dl> 标签是在网页中创建定义列表；<dt> 和 </dt> 标签则是创建列表中的上层项目；<dd> 和 </dd> 标签则是创建列表中的下层项目。其中 <dt></dt> 标签和 <dd></dd> 标签一定要放在 <dl></dl> 标签中才可以使用。

2.3.4 图像标签

图像是网页中不可缺少的重要元素之一，在 HTML 中使用 <img/> 标签对图像进行处理。在 <img /> 标签中，src 属性是不可缺少的，该属性用于设置图像的路径，设置图像路径后，在 <img /> 标签所在的位置，在网页中就能够显示出路径所链接的图像，其基本应用格式如下。

```
<img src="images/banner.jpg" />
```

<img /> 标签除了有 src 属性以外，还包含其他的一些属性，介绍如下。

- **width 属性**

  该属性用于设置图像的宽度。

- **height 属性**

  该属性用于设置图像的高度。

- **border 属性**

  该属性用于设置图像边框的宽度，该属性的取值为大于或等于 0 的整数，它以像素为单位。

- **align 属性**

  该属性用于设置图像与其周围文本的对齐方式，共有 4 个属性值，分别为 top、right、bottom 和 left。

- **alt 属性**

  该属性用于设置图像禁止显示时的文字。

2.3.5 表格标签

在 HTML 中表格标签是开发人员常用的标签，尤其是在 DIV+CSS 布局还没有兴起的时候，它是表格中网页布局的主要方法。表格的标签是 <table>…</table>，在表格中可以放入任何元素，其基本应用格式如下。

```
<table>
  <tr>
    <td>这是一个一行一列的表格</td>
</tr>
</table>
```

常用表格标签和属性介绍如下。

- <table> 标签

该标签为表格标签，在 <table> 与 </table> 标签之间必须由 <tr>…</tr> 单元行标签和 <td>…</td> 单元格标签组成。

- <caption> 标签

该标签为表格标题标签，用于设置表格的标题，该标签是成对使用的。

- width 属性

该属性用于设置表格的宽度。

- height 属性

该属性用于设置表格的高度。

- border 属性

该属性用于设置表格的边框。

- bgcolor 属性

该属性用于设置表格的背景颜色。

- align 属性

该属性用于设置表格的水平对齐方式。

- cellpadding 属性

该属性用于设置表格中单元格边框与其内部内容之间的距离。

- cellspacing 属性

该属性用于设置表格中单元格之间的距离。

2.3.6 超链接标签

链接可以说是 HTML 超文本文件的命脉，HTML 通过链接标签来整合分散在世界各地的图像、文字、影像和音乐等信息，此类标记的主要用途为标示超文本文件链接。<a></a> 是超链接标签，其基本应用格式如下。

```
<a href="http://www.sohu.com">搜狐首页</a>
```

超链接一般是设置在文字或图像上的，通过单击设置超链接的文字或图像，可以跳转到所链接的页面，超链接标签 <a>…</a> 的主要属性介绍如下。

- href 属性

该属性在超链接指定目标页面的地址，如果不想链接到任何位置，则可以设置为空链接，即 href="#"。

- target 属性

该属性用于设置链接的打开方式，有 4 个可选值，分别是 _blank、_parent、_self 和 _top。_blank 打开方式将链接地址在新的浏览器窗口中打开；_parent 打开方式将链接地址在父框架页面中打开，如果该网页并不是框架页面，则在当前浏览器窗口中打开；_self 打开方式将链接地址在当前的浏览器窗口中打开；_top 打开方式将链接地址在整个浏览器窗口中打开，并删除所有框架。

- name 属性

该属性用于创建锚点链接。

2.4 XHTML 基础

XHTML 是当前 HTML 版本的发展和延伸。HTML 语法要求比较松散，这样对网页编写者来说比较方便，但对于机器来说，语言的语法越松散，处理起来就越困难，对于传统的计算机来说，还有能力兼容松散语法，但对于许多其他设备，比如手机，难度就比较大。因此产生了由 DTD 定义规则，语法要求更加严格的 XHTML。

2.4.1 了解 XHTML

XHTML 的英文全称是 Extensible Hyper Text Markup Language，中文称为可扩展的超文本标记语言。与 HTML 相比较，XHTML 具有更加规范的书写标准、更好的跨平台能力。

HTML 是一种基本的网页设计语言，XHTML 是一种基于 XML 的标记语言，看起来与 HTML 非常相似，只有一些细节的重要区别，XHTML 就是一个扮演着类似 HTML 角色的 XML，所以从本质上说，XHTML 是一个过渡技术，融合了部分 XML 的强大功能及大多数 HTML 的简单特性。

XHTML 1.0 是在 HTML 4.0 的基础上进行优化和改进的新语言，它与 HTML 最主要的不同之处在于：XHTML 元素一定要有正确的嵌套，XHTML 元素必须要关闭，标签名称必须使用小写字母，XHTML 文档必须拥有根元素。

2.4.2 XHTML 文档的基本结构

首先看一个最简单的 XHTML 页面实例，其代码如下。

```
<!DOCTYPE html PUBLIC "-//W3C//DTD XHTML 1.0 Transitional//EN" "http://www.w3.org/TR/
xhtml1/DTD/xhtml1-transitional.dtd">
<html xmlns="http://www.w3.org/1999/xhtml">
<head>
<meta http-equiv="Content-Type" content="text/html; charset=utf-8" />
<title>无标题文档</title>
</head>
<body>
文档内容部分
</body>
</html>
```

在这段代码中，包含了一个 XHTML 页面必须具有的页面基本结构，以下所有元素都是 XHTML 页面所必须具有的基本元素。

- **网页类型声明**

文档类型声明部分由 <!DOCTYPE> 元素定义，其对应的页面代码如下。

```
<!DOCTYPE html PUBLIC "-//W3C//DTD
 XHTML 1.0 Transitional//EN" "http://
www.w3.org/TR/xhtml1/DTD/xhtml1-
 transitional.dtd">
```

- **<html> 元素和名字空间**

<html> 元素是 XHTML 文档中必须使用的元素，所有的文档内容（包括文档头部内容和文档主体内容）都要包含在 <html> 元素之中，<html> 元素的语法结构

如下。

```
<html>文档内容部分</html>
```

名字空间是 <html> 元素的一个属性，写在 <html> 元素起始标签里面，其在页面中的相应代码如下。

```
<html xmlns="http://www.w3.org/1999/
xhtml">
```

名字空间属性用 xmlns 来表示，用来定义识别页面标签的网址。

- **网页头部**

网页头部元素 <head> 也是 XHTML 文档中必须使用的元素，其作用是定义页面头部的信息，其中可以包含标题元素、<meta> 元素等，<head> 元素的语法结构如下。

```
<head>头部内容部分</head>
```

- **网页标题**

页面标题元素 <title> 用来定义页面的标题，其语法结构如下。

```
<title>页面标题</title>
```

在预览和发布页面时，页面标题中包含的文本会显示在浏览器的标题栏中。

- **网页主体**

主体元素 <body> 用来定义页面所要显示的内容，页面的信息主要通过页面主体来传递，在 <body> 元素中，可以包含所有页面元素，<body> 元素的语法结构如下。

```
<body>页面主体</body>
```

提示

起始标签 <html> 和结束标签 </html> 一起构成一个完整的 <html> 元素，其包含的内容要写在起始和结束标签之间。

提示

<head> 元素所包含的内容不会显示在浏览器的窗口中，但是部分内容会显示在浏览器的特定位置，例如标题栏等。

提示

在制作页面的时候，经常要在 <body> 元素中定义相关属性，用来控制页面的显示效果。在使用 DIV+CSS 布局制作网页时，通常都需要首先使用 CSS 样式对 <body> 标签样式进行设置，从而实现对页面整体外观的设置。

2.4.3 3 种不同的 XHTML 文档类型

文档类型（DOCTYPE）的选择将决定页面中可以使用哪些元素和属性，同时将决定级联样式能否实现，下面详细讲解关于 DOCTYPE 的定义和选择问题。

文档类型又可以写为 DOCTYPE，是 Document Type 的简写，在页面中用来说明页面所使用的 XHTML 是什么版本。制作 XHTML 页面，一个必不可少的关键组成部分就是 DOCTYPE 声明，只有确定了一个正确的 DOCTYPE，XHTML 里的标志和级联样式才能正常生效。

在 XHTML 1.0 中有 3 种 DTD（文档类型定义）声明可以选择：transitional（过渡的）、strict（严格的）和 frameset（框架的）。

- **transitional**

这是一种要求不是很严格的 DTD，允许用户使用一部分旧的 HTML 标签来编写 XHTML 文档，帮助用户慢慢适应 XHTML 的编写，过渡的 DTD 的写法如下。

```
<!DOCTYPE html PUBLIC "-//W3C//DTD
```

```
XHTML 1.0 Transitional//EN" "http://
www.w3.org/TR/xhtml1/DTD/xhtml1-
transitional.dtd">
```

- **strict**

这是一种要求严格的 DTD，不允许使用任何表现层的标志和属性，例如
等，严格的 DTD 的写法如下。

```
<!DOCTYPE html PUBLIC "-//
W3C//DTD XHTML 1.0 Strict//EN"
"http://www.w3.org/TR/xhtml1/
DTD/xhtml1-strict.dtd">
```

- **frameset**

这是一种专门针对框架页面所使用的 DTD，当页面中包含有框架元素时，就要采用这种 DTD，框架的 DTD 的写法如下。

```
<!DOCTYPE html PUBLIC "-//W3C//DTD
XHTML 1.0 Transitional//EN" "http://
www.w3.org/TR/xhtml1/DTD/xhtml1-
frameset.dtd">
```

使用严格的 DTD 来制作页面当然是最理想的方式，但对于没有深入了解 Web 标准的网页设计者，比较合适的是使用过渡的 DTD。因为这种 DTD 还允许使用表现层的标志、元素和属性。DOCTYPE 的声明一定要放置在 XHTML 文档的头部。

在 2001 年 5 月份，W3C 发布了 XHML 1.1 版，其规范与 1.0 版本中的严格类型基本相似，其 DTD 的写法如下。

```
<!DOCTYPE html PUBLIC "-//W3C//DTD
XHTML 1.1//EN" "http://www.w3.org/TR/
xhtml11/DTD/xhtml11.dtd">
```

2.4.4　严谨的代码

XHTML 的代码书写规范比 HTML 要严格许多，在使用 XHTML 语言进行网页制作时，必须要遵循一定的语法规范。具体的 XHTML 代码规范可以总结为如下几个方面。

- **所有标签都需要关闭**

在 XHTML 文档中，所有的标签都必须关闭，不允许没有关闭的标签存在于代码中。

正确的写法：

```
<p>文档内容</p>
文档内容</br>
<img src="images/banner.jpg" />
```

错误的写法：

```
<p>文档内容
文档内容<br>
<img src="images/banner.jpg">
```

- **标签和属性名称必须小写**

在 XHTML 文档中，对于标签和标签的属性都必须小写。

正确的写法：

```
<body>
<table width="100%" border="0"
cellspacing="0" cellpadding="0" >
    <tr>
        <td>内容</td>
    </tr>
</table>
</body>
```

错误的写法：

```
<BODY>
<TABLE WIDTH="100%" BORDER="0"
CELLSPACING="0" CELLPADDING="0" >
    <TR>
        <TD>文档内容</TD>
    </TR>
</TABLE>
</BODY>
```

- **属性值必须加英文双引号**

在 XHTML 文档中，属性的值需要用英文双引号 " " 括起来。

正确的写法：

```
<body>
<table width="100%" border="0"
```

```
cellspacing="0" cellpadding="0" >
  <tr>
    <td>文档内容</td>
  </tr>
</table>
</body>
```

错误的写法：

```
<body>
<table width=100% border=0
 cellspacing=0 cellpadding=0 >
  <tr>
    <td>文档内容</td>
  </tr>
</table>
</body>
```

● **标签必须正确嵌套**

在 XHTML 中，当标签进行嵌套时，必须按照打开标签的顺序进行关闭，正确的嵌套标签的代码示例如下。

```
<ul>
  <li></li>
</ul>
```

错误的嵌套标签的代码示例如下。

```
<ul>
  <li></ul>
</li>
```

在 XHTML 中还有一些严格强制执行的嵌套限制，这些限制包括以下几点。

（1）<a> 标签中不能包含其他的 <a> 标签。

（2）<pre> 标签中不能包含 <object>、<big>、<img>、<small>、<sub> 和 <sup> 标签。

（3）<button> 标签中不能包含 <input>、<textarea>、<label>、<select>、<button>、<form>、<iframe>、<fieldset> 和 <isindex> 标签。

（4）<label> 标签中不能包含其他的 <label> 标签。

（5）<form> 标签中不能包含其他的 <form> 标签。

● **页面注释**

XHTML 中使用 <!-- 和 --> 作为页面注释，在页面中相应的位置使用注释可以使文档结构更加清晰，其代码如下。

```
<!--这是一个注释 -->
```

● **特殊字符使用编码表示**

在 XHTML 页面内容中，所有的特殊字符都要用编码表示，例如“&”必须要用“&”的形式，例如下面的 HTML 代码：

```
<img src="pic.jpg" alt="abc & def">
```

在 XHTML 中必须要写成：

```
<img src="pic.jpg" alt="abc
&amp; def" />
```

● **推荐使用 CSS 样式控制页面外观**

在 XHTML 中，推荐使用 CSS 样式控制页面的外观，实现页面的结构和表现相分离，相应会有部分外观属性不推荐使用，例如 align 属性等。

● **推荐通过链接调用外部脚本**

在 XHTML 中使用 <!-- 和 --> 在注释中插入脚本，但是在 XML 浏览器中会被简单地删除，导致脚本或样式的失效，推荐使用外部链接来调用脚本，调用脚本的代码如下。

```
<script language="JavaScript1.2" type="text/
javascript" src="scripts/menu.js"></script>
```

提示

language 是指所使用的语言版本，type 是指所使用脚本语言的种类，src 是指脚本文件所在路径。

2.4.5 制作 HTML 页面

前面已经学习了 HTML 和 XHTML 的相关知识，并且了解了 HTML 与 XHTML 的区别，本节将在 Dreamweaver 中制作一个简单的 HTML 页面，掌握最基础的 HTML 制作方法。

实例 01+ 视频：制作简单的 HTML 页面

在 Dreamweaver 中新建的 HTML 页面默认的文档类型为 XHTML 1.0 Transitional，也就是说在 Dreamweaver 中新建 HTML 页面实际上也可以称为 XHTML 页面。

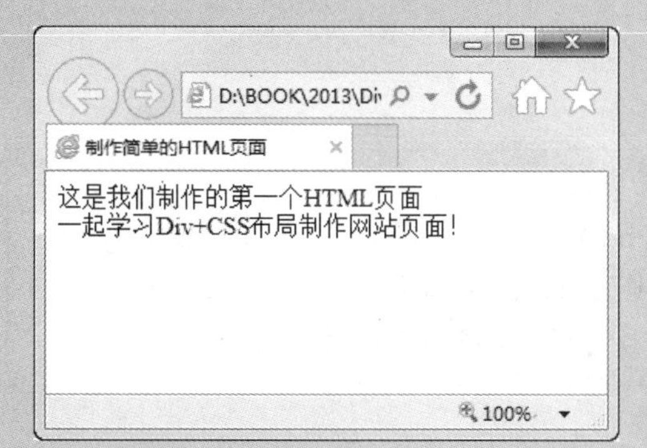

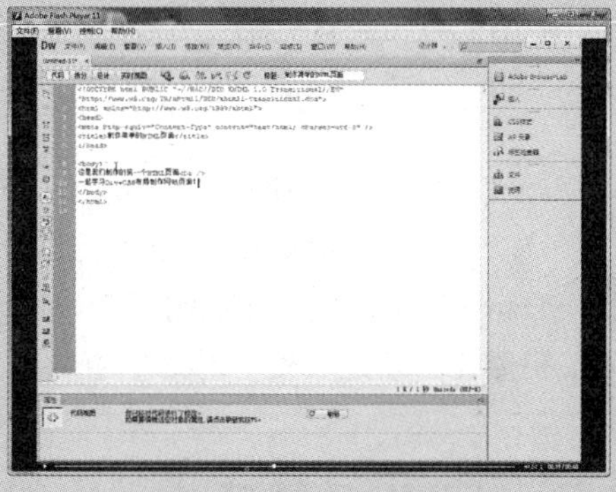

源文件：源文件 \ 第 2 章 \2-4-5.html

操作视频：视频 \ 第 2 章 \2-4-5.swf

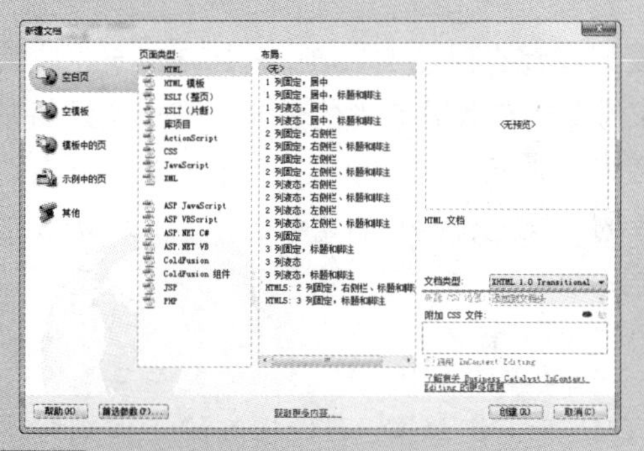

01 ▶执行“文件 > 新建”命令，弹出“新建文档”对话框，对相关选项进行设置。

```
<!DOCTYPE html PUBLIC "-//W3C//DTD XHTML 1.0 Transitional//EN"
"http://www.w3.org/TR/xhtml1/DTD/xhtml1-transitional.dtd">
<html xmlns="http://www.w3.org/1999/xhtml">
<head>
<meta http-equiv="Content-Type" content="text/html; charset=utf-8" />
<title>无标题文档</title>
</head>

<body>
</body>
</html>
```

02 ▶单击“创建”按钮，创建一个 XHTML 页面，单击“文档”工具栏上的“代码”按钮 代码 ，转换到代码视图，可以看到页面的代码。

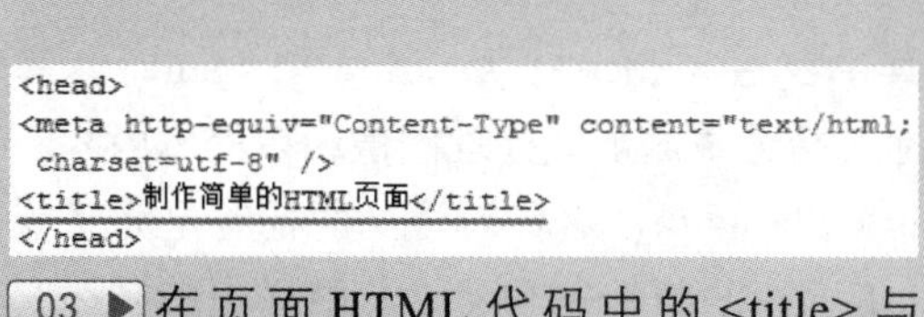

```
<head>
<meta http-equiv="Content-Type" content="text/html;
 charset=utf-8" />
<title>制作简单的HTML页面</title>
</head>
```

03 ▶在页面 HTML 代码中的 <title> 与 </title> 标签之间输入页面标题。

```
<body>
这是我们制作的第一个HTML页面<br />
一起学习Div+CSS布局制作网站页面！
</body>
```

04 ▶在 <body> 与 </body> 标签之间输入页面的主体内容。

05 ▶执行“文件 > 保存”命令，弹出“另存为”对话框，将其保存为“源文件 \ 第 2 章 \2-4-5.html”。

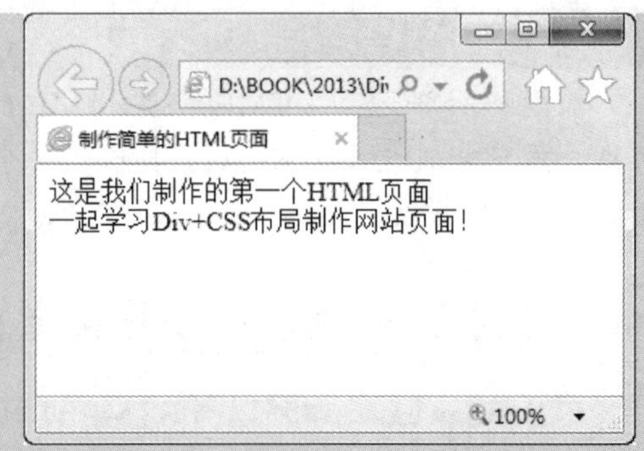

06 ▶完成第一个 HTML 页面的制作，在浏览器中预览该页面。

提问：如何新建其他类型的 HTML 页面？

答：在 Dreamweaver 中新建的 HTML 页面，默认为遵循 XHTML 1.0 Transitional 规范，如果需要新建其他规范的 HTML 页面，例如 HTML 5 的页面，需要在“新建文档”对话框中的“文档类型”下拉列表中进行选择。

2.5 HTML 5 基础

今天，网页设计师、程序开发人员和网页爱好者都在讨论 HTML 5，HTML 5 也成为互联网的热门词语。与 HTML 4 相比，HTML 5 的发展有着革命性的进步，基于良好的设计理念，HTML 5 不但增加了许多新的功能，而且对于涉及的每一个细节都有明确的规定。HTML 5 是下一代 HTML 的标准，尽管 HTML 5 的实现还有很长的路要走，但 HTML 5 正在改变 Web，本节将介绍 HTML 5 的相关基础知识。

2.5.1 了解 HTML 5

W3C 在 2010 年 1 月 22 日发布了最新的 HTML 5 工作草案。HTML 5 的工作组包括 AOL、Apple、Google、IBM、Microsoft、Mozilla、Nokia、Opera 以及数百个其他的开发商。制定 HTML 5 的目的是取代 1999 年 W3C 所制定的 HTML 4.01 和 XHTML 1.0 标准，希望在网络应用迅速发展的同时，网页语言能够符合网络发展的需求。

HTML 5 实际上指的是包括 HTML、CSS 样式和 JavaScript 脚本在内的一整套技术的组合，希望通过 HTML 5 能够轻松地实现许多丰富的网络应用需求，而减少浏览器对插件的依赖，并且提供更多能有效增强网络应用的标准集。

在 HTML 5 中添加了许多新的应用标签，其中包括 <video>、<audio> 和 <canvas> 等标签，添加这些标签是为了使设计者能够更轻松地在网页中添加或处理图像和多媒体内容。其他新的标签还有 <section>、<article>、<header> 和 <nav>，这些新添加的标签是为了能够更加丰富网页中的数据内容。除了添加许多功能强大的新标签和属性，同样也还有一些标签进行了修改，以方便适应快速发展的网络应用。同时也有一些标签和属性在 HTML 5 标准中已经被去除。

2.5.2 HTML 5 的简化操作

在 HTML 5 中对 HTML 代码的一些声明进行了简化操作，避免了不必要的复杂性，DOCTYPE 和字符集都进行了极大的简化，使设计者在编写网页代码时更加轻松和方便。

简化的 DOCTYPE 声明

DOCTYPE 声明是 HTML 文档中必不可少的内容，DOCTYPE 声明位于 HTML 文档的第一行，声明了 HTML 文档遵循的规范。声明 XHTML 1.0 Transitional 的 DOCTYPE 代码如下。

```
<!DOCTYPE html PUBLIC "-//W3C//DTD
XHTML 1.0 Transitional//EN" "http://
www.w3.org/TR/xhtml1/DTD/xhtml1-
transitional.dtd">
```

在 HTML 5 中对 DOCTYPE 声明代码进行了简化，代码如下。

```
<! DOCTYPE html>
```

如果使用了 HTML 5 的 DOCTYPE 声明，则会触发浏览器以标准兼容的模式来显示页面。HTML 5 中的 DOCTYPE 声明标志性地让人感觉到这是符合 HTML 5 规范的页面。

简化的字符集声明

字符集的声明也是非常重要的，它决定了网页文件的编码方式。在以前的 HTML 页面中，都是使用如下的方式来指定字符集的。

```
<meta http-equiv="Content-Type"
content="text/html; charset=utf-8" />
```

在 HTML 5 中，对字符集声明代码进行了简化，代码如下。

```
<meta charset="utf-8">
```

提示

在 HTML 5 中，以上两种方式都可以使用，这是由 HTML 5 的向下兼容原则决定的。

2.5.3 HTML 5 新增标签

在 HTML 5 中增加了许多新的有意义的标签，为了方便学习和记忆，在本节中将 HTML 5 中新增的标签进行分类介绍。

结构片断标签

1. <article>

<article> 标签用于在网页中标示独立的主体内容区域，可用于论坛帖子、报纸文章、博客条目和用户评论等。

2. <aside>

<aside> 标签用于在网页中标示非主体内容区域，该区域中的内容应该与附近的主体内容相关。

3. <section>

<section> 标签用于在网页中标示文档的小节或部分。

4. <footer>

<footer> 标签用于在网页中标示页脚部分，或者添加内容区块的脚注。

5. <header>

<header> 标签用于在网页中标示页首部分，或者内容区块的标头。

6. <nav>

<nav>标签用于在网页中标示导航部分。

文本标签

1. <bdi>

<bdi> 标签在网页中允许设置一段文本，使其脱离其父元素的文本方向设置。

2. <mark>

<mark> 标签在网页中用于标示需要高亮显示的文本。

3. <time>

<time> 标签在网页中用于标示日期或时间。

4. <output>

<output> 标签在网页中用于标示一个输出的结果。

应用和辅助标签

1. <audio>

<audio> 标签用于在网页中定义声音，如背景音乐或其他音频流。

2. <video>

<video> 标签用于在网页中定义视频，如电影片段或其他视频流。

3. <source>

<source> 标签为媒介标签（如 video 和 audio），在网页中用于定义媒介资源。

4. <track>

<track> 标签在网页中为例如 video 元素之类的媒介规定外部文本轨道。

5. <canvas>

<canvas>标签在网页中用于定义图形，例如图标和其他图像。该标签只是图形容器，必须使用脚本绘制图形。

6. <embed>

<embed> 标签在网页中用于标示来自外部的互动内容或插件。

进度标签

1. <progress>

<progress> 标签用于在网页中标示任务进度显示的进度条。

2. <meter>

在网页中使用 <meter> 标签，可以根据 value 属性赋值和最大、最小值的度量进行显示的进度条。

交互性标签

1. <command>

<command> 标签用于在网页中标示一个命令元素（单选、复选或者按钮）；仅当这个元素出现在 <menu> 标签里面时才会被显示，否则将只能作为键盘快捷方式的一个载体。

2. <datalist>

<datalist> 标签用于在网页中标示一个选项组，与 <input> 标签配合使用该标签，来定义 input 元素可能的值。

在文档和应用中使用的标签

1. <details>

<details> 标签在网页中用于标示描述文档或者文档某个部分的细节。

2. <summary>

<summary> 标签在网页中用于标示 <details> 标签内容的标题。

3. <figcaption>

<figcaption> 标签在网页中用于标示 <figure> 标签内容的标题。

4. <figure>

<figure> 标签用于在网页中标示一块独立的流内容（图像、图表、照片和代码等）。

5. <hgroup>

<hgroup> 标签在网页中用于标示文档或内容的多个标题，用于将 h1 至 h6 元素打包，优化页面结构在 SEO 中的表现。

<ruby> 标签

1. <ruby> 标签

<ruby> 标签在网页中用于标示 ruby 注释（中文注音或字符）。

2. <rp> 标签

<rp> 标签在 ruby 注释中使用，以定义不支持<budy>标签的浏览器所显示的内容。

3. <rt> 标签

<rt> 标签在网页中用于标示字符（中文注音或字符）的解释或发音。

- 其他标签

1. <keygen>

<keygen> 标签用于标示表单密钥生成器元素。当提交表单时，私密钥存储在本地，公密钥发送到服务器。

2. <wbr>

<wbr> 标签用于标示单词中适当的换行位置；可以用该标签为一个长单词指定合适的换行位置。

2.5.4　HTML 5 废弃标签

在 HTML 5 中也废弃了一些以前 HTML 中的标签，主要是以下几个方面的标签。

- 可以使用 CSS 样式替代的标签

在 HTML 5 之前的一些标签中，有一部分是纯粹用做显示效果的标签。而 HTML 5 延续了内容与表现分离，对于显示效果更多地交给 CSS 样式去完成。所以在这方面废弃的标签有：<basefont>、<big>、<center>、<font>、<s>、<strike>、<tt> 和 <u>。

- 不再支持 frame 框架

由于 frame 框架对网页可用性存在负面影响，因此在 HTML 5 中已经不再支持 frame 框架，但是支持 iframe 框架。所以 HTML 5 中废弃了 frame 框架的 <frameset>、<frame> 和 <noframes> 标签。

- 其他废弃标签

在 HTML 5 中其他被废弃的标签主要是因为有了更好的替代方案。

废弃 <bgsound> 标签，可以使用 HTML 5 中的 <audio> 标签替代。

废弃 <marquee> 标签，可以在 HTML 5 中使用 JavaScript 程序代码来实现。

废弃 <applet> 标签，可以使用 HTML 5 中的 <embed> 和 <object> 标签替代。

废弃 <rb> 标签，可以使用 HTML 5 中的 <ruby> 标签替代。

废弃 <acronym> 标签，可以使用 HTML 5 中的 <abbr> 标签替代。

废弃 <dir> 标签，可以使用 HTML 5 中的 <ul> 标签替代。

废弃 <isindex> 标签，可以使用 HTML 5 中的 <form> 标签和 <input> 标签结合的方式替代。

废弃 <listing> 标签，可以使用 HTML 5 中的 <pre> 标签替代。

废弃 <xmp> 标签，可以使用 HTML 5 中的 <code> 标签替代。

废弃 <nextid> 标签，可以使用 HTML 5 中的 GUIDS 替代。

废弃 <plaintext> 标签，可以使用 HTML5 中的 "text/plain" MIME 类型替代。

2.5.5　HTML 5 新增选择器

HTML 5 增强了选择器的功能。在 HTML 5 之前，如果要在网页中查找特定元素，只能使用 3 个函数：getElementById()、getElementsByName() 和 getElementsByTagName()。

- 根据类名匹配元素（DOM API）

HTML5中新增了getElementsByClassName()函数，是根据类名称匹配元素的，返回的是匹配到的数组，无匹配则返回空的数组。getElementsByClassName() 函数的使用方法如下。

```
var els = document.getElementsByClassName('font01');
```

支持 getElementsByClassName() 函数的浏览器包括 IE 9、Firefox 3.0+、Safari 3.2+、Chrome 4.0+ 和 Opera 10.1+。

- 根据 CSS 选择器匹配元素（Selectors API）

HTML 5 中还提供了两个根据 CSS 选择器匹配元素的函数：querySelector() 和 querySelectorAll()。

querySelector() 函数返回匹配到的第一

个元素，如果没有匹配则返回 null。querySelector() 函数的使用方法如下。

```
var els = document.querySelector("ul
li:nth-child(odd)");
var els = document.querySelector
("table.test> tr > td");
var els = document.querySelector
(".font01",".font02");
```

querySelectAll() 函数返回所有匹配到的元素数组，如果没有匹配则返回空的数组。querySelectAll() 函数的使用方法如下。

```
var els = document.querySelectAll
("ul li:nth-child(odd)");
var els = document.querySelectAll(
"table.test > tr > td");
var els = document.querySelectAll
(".font01",".font02");
```

querySelector() 和 querySelectAll() 函数的参数可以接受两个或两个以上，只要满足任何一个条件都是有效的。这两个函数支持的浏览器包括 IE 8+、Firefox 3.5+、Safari 3.2+、Chrome 4.0+ 和 Opera 10.1+。

2.5.6 HTML 5 的优势

对于用户和网站开发者而言，HTML 5 的出现意义非常重大。因为 HTML 5 解决了 Web 页面存在的诸多问题，HTML 5 的优势主要表现在以下几个方面。

化繁为简

HTML 5 为了做到尽可能简化，避免了一些不必要的复杂设计。例如，DOCTYPE 声明的简化处理，在过去的 HTML 版本中，第一行的 DOCTYPE 过于冗长，在实际的 Web 开发中也没有什么意义，而在 HTML 5 中 DOCTYPE 声明就非常简洁。

为了让一切变得简单，HTML5 下了很大的工夫。为了避免造成误解，HTML 5 对每一个细节都有非常明确的规范说明，不允许有任何的歧义和模糊出现。

向下兼容

HTML 5 有着很强的兼容能力。在这方面，HTML 5 没有颠覆性的革新，允许存在不严谨的写法。例如，一些标签的属性值没有使用英文引号括起来；标签属性中包含大写字母；有的标签没有闭合等。然而这些不严谨的错误处理方案，在 HTML 5 的规范中都有着明确的规定，也希望未来在浏览器中有一致的支持。当然对于 Web 开发者来说，还是遵循严谨的代码编写规范比较好。

对于 HTML 5 的一些新特性，如果旧的浏览器不支持，也不会影响页面的显示。在 HTML 规范中，也考虑了这方面的内容，如在 HTML 5 中 <input> 标签的 type 属性增加了很多新的类型，当浏览器不支持这些类型时，默认会将其视为 text。

支持合理

HTML 5 的设计者花费了大量的精力来研究通用的行为。例如，Google 分析了上百万份的网页，从中提取了 <div> 标签的 ID 名称，很多网页开发人员都这样标记导航区域。

```
<div id="nav">
  //导航区域内容
</div>
```

既然该行为已经大量存在，HTML 5 就会想办法去改进，所以就直接增加了一个 <nav> 标签，用于网页导航区域。

实用性

对于 HTML 无法实现的一些功能，用户会寻求其他方法来实现，如对于绘图、多媒体、地理位置和实时获取信息等应用，通常会开发一些相应的插件间接地去实现。HTML 5 的设计者研究了这些需求，开发了一系列用于 Web 应用的接口。

HTML 5 规范的制定是非常开放的，所有人都可以获取草案的内容，也可以参与进来提出宝贵的意见。因为开放，所以可以得到更加全面的发展。一切以用户需求为最终目的。所以当用户在使用 HTML 5 的新功能时，会发现正是期待已久的功能。

- **用户优先**

在遇到无法解决的冲突时，HTML 5 规范会把最终用户的诉求放在第一位。因此，HTML 5 的绝大部分功能都是非常实用的。用户与开发者的重要性远远高于规范和理论。例如，有很多用户都需要实现一个新的功能，HTML 5 规范设计者会研究这种需求，并纳入规范；HTML 5 规范了一套错误处理机制，以便当 Web 开发者写了不够严谨的代码时，接纳这种不严谨的写法。HTML 5 比以前版本的 HTML 更加友好。

2.6　HTML 5 的应用

虽然目前 HTML 5 已经正式发布，但是其强大的功能与应用早已提前曝光，例如在网页中不需要借助 Flash 或其他插件即可实现视频或音频的播放，甚至可以在网页中绘制图形，本节将通过几个 HTML 5 中新增的标签在网页中实现一些强大的功能。

2.6.1　<canvas> 标签

<canvas> 是 HTML 5 中新增的图形定义标签，通过该标签可以实现在网页中自动绘制出一些常见的图形，例如矩形、椭圆形等，并且能够添加一些图像。<canvas> 标签的基本应用格式如下。

```
<canvas id="myCanvas" width="600" height="200"></canvas>
```

HTML 5 中的 <canvas> 标签本身并不能绘制图形，必须与 JavaScript 脚本相结合使用，才能够在网页中绘制出图形。

实例 02+ 视频：在网页中实现绘图效果

HTML 5 中的 <canvas> 标签有一套绘图 API（即接口函数），自成体系。JavaScript 就是通过调用这些绘图 API 来实现绘制图形和动画功能的。接下来就通过实例练习介绍如何使用 <canvas> 标签在网页中实现绘图效果。

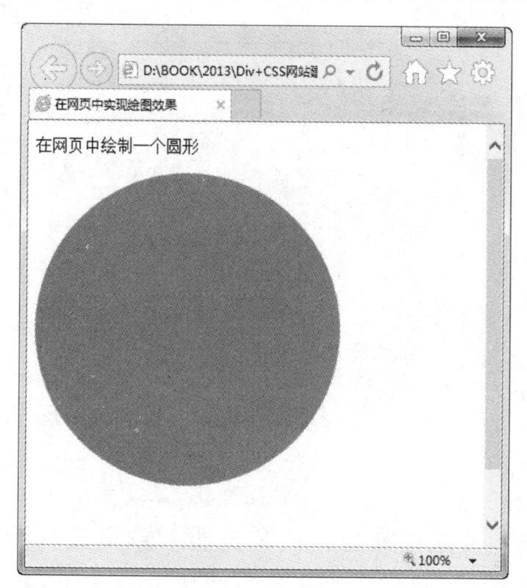

源文件：源文件 \ 第 2 章 \2-6-1.html

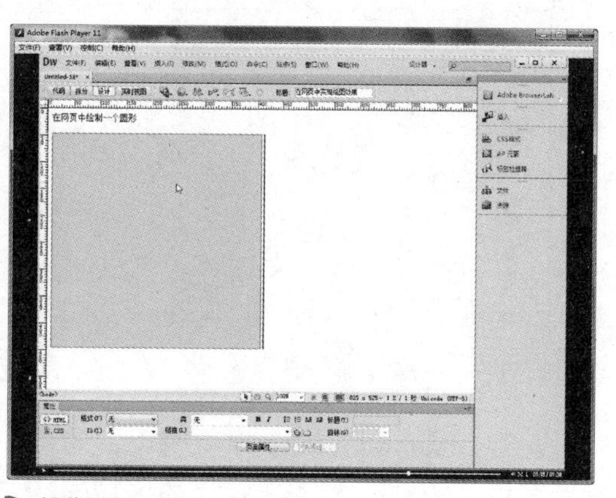

操作视频：视频 \ 第 2 章 \2-6-1.swf

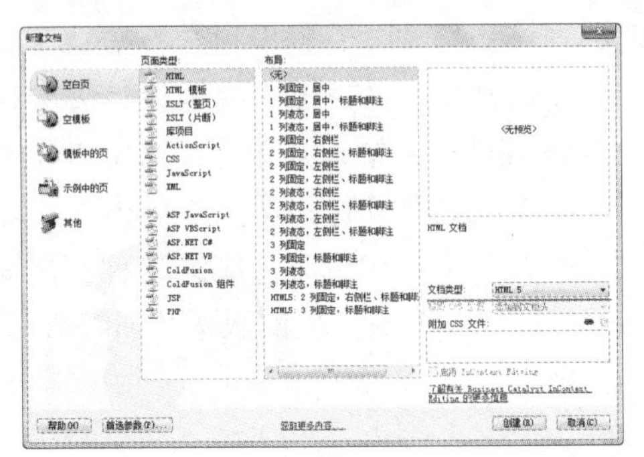

01 ▶执行“文件 > 新建”命令，弹出“新建文档”对话框，在“文档类型”下拉列表中选择“HTML 5”选项。

```
1  <!DOCTYPE HTML>
2  <html>
3  <head>
4  <meta charset="utf-8">
5  <title>无标题文档</title>
6  </head>
7
8  <body>
9  </body>
10 </html>
```

02 ▶单击“创建”按钮，创建一个 HTML 5 页面，切换到代码视图中，可以看到 HTML 5 页面的代码。

```
<!doctype html>
<html>
<head>
<meta charset="utf-8">
<title>在网页中实现绘图效果</title>
</head>

<body>
<p>在网页中绘制一个圆形</p>
<canvas id="myCanvas" width="400" height="400">
</canvas>
</body>
</html>
```

03 ▶将该页面保存为“源文件\第 2 章\2-6-1.html”。在 <body> 标签中输入文字，加入 <canvas> 标签，为其设置相应的属性。

```
<body>
<p>在网页中绘制一个圆形</p>
<canvas id="myCanvas" width="400" height="400">
</canvas>
<script language="javascript">
  var canvas = document.getElementById(
'myCanvas');
  var ctx = canvas.getContext('2d');
  ctx.beginPath();
  ctx.arc(150,150,150,0,Math.PI*2,true);
  ctx.fillStyle = '#FF6600';
  ctx.fill();
</script>
</body>
```

04 ▶在页面代码中添加相应的 JavaScript 脚本代码。

提示

在 JavaScript 脚本中，getContext 是内建的 HTML 5 对象，拥有多种绘制路径、矩形、圆形和字符以及添加图像的方法。fillStyle 方法将所绘制的图形设置为一种红橙色。

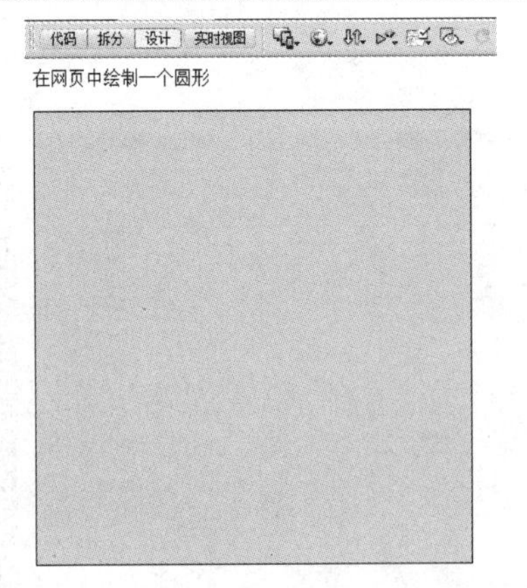

05 ▶返回 Dreamweaver 设计视图中，可以看到使用 <canvas> 标签所定义的区域显示为灰色。

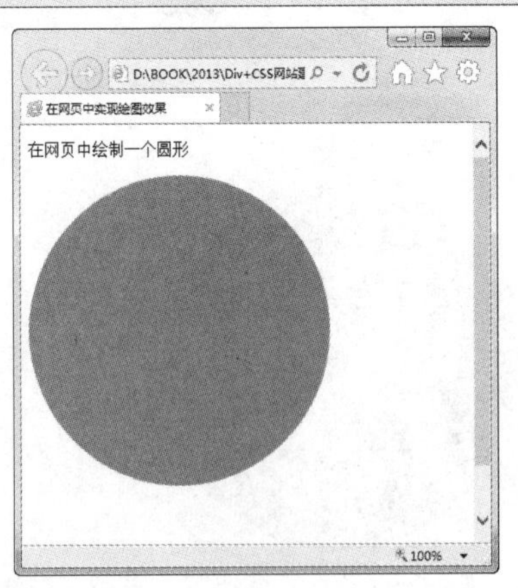

06 ▶保存页面，在浏览器中预览该页面的效果，即可看到网页中使用 <canvas> 标签所绘制的圆形效果。

提问：<canvas> 标签是如何实现绘图的？

答：<canvas> 标签本身并没有绘图功能，所有的绘图工作必须在 JavaScript 内部完成。前面介绍过，<canvas> 标签提供了一套绘图 API。在开始绘图之前，先要在 JavaScript 中获取 <canvas> 标签的对象，再获取一个上下文，接下来就可以使用绘图 API 中丰富的功能了。

2.6.2 <audio> 标签

网络上有许多不同格式的音频文件，但 HTML 标签所支持的音乐格式并不是很多，并且不同的浏览器支持的格式也不相同。HTML 5 针对这种情况，新增了 <audio> 标签来统一网页音频格式，可以直接使用该标签在网页中添加相应格式的音乐。

<audio> 标签的基本应用格式如下。

```
<audio src="song.wav" controls="controls"></audio>
```

<audio> 标签中可以设置的属性如下所示。

- autoplay

  设置该属性，可以在打开网页的同时自动播放音乐。

- controls

  设置该属性，可以在网页中显示音频播放控件。

- loop

  设置该属性，可以设置音频重复播放。

- preload

  设置该属性，则音频在加载页面时进行加载，并预备播放。如果设置 autoplay 属性，则忽略该属性。

- src

  该属性用于设置音频文件的地址。

实例 03+ 视频：在网页中嵌入音频

<audio> 标签是专门用来在网页中播放音频文件的，了解了 <audio> 标签的相关基础知识，接下来通过实例练习介绍如何使用 HTML 5 中的 <audio> 标签在网页中嵌入音频。

源文件：源文件 \ 第 2 章 \2-6-2.html

操作视频：视频 \ 第 2 章 \2-6-2.swf

01 ▶执行“文件 > 打开”命令，打开页面“源文件 \ 第 2 章 \2-6-2.html”，可以看到页面效果。

```
<!doctype html>
<html>
<head>
<meta charset="utf-8">
<title>在网页中嵌入音频</title>
<link href="style/2-6-2.css" rel="stylesheet"
type="text/css">
</head>
<body>
<div id="music">此处显示  id "music" 的内容</div>
</body>
</html>
```

02 ▶切换到代码视图中，可以看到该页面的代码。

```
<body>
<div id="music">
  <audio src="images/music.wav" controls>您当前
使用的浏览器不支持audio标签</audio>
</div>
</body>
```

03 ▶将光标移至名为 music 的 Div 中，将多余文字删除并加入 <audio> 标签，并为其设置相应的属性。

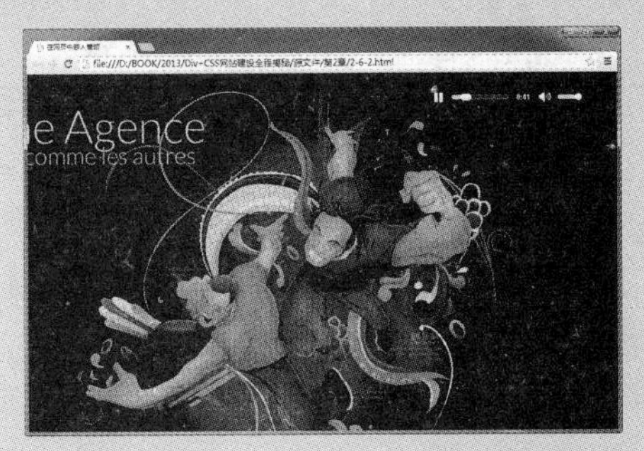

04 ▶保存页面，在 Chrome 浏览器中预览该页面的效果，可以看到播放器控件并播放音乐。

提问

提问：<audio> 标签支持哪几种音频格式？

答：目前，<audio> 标签支持 3 种音频格式文件，分别是 .ogg、.mp3 和 .wav 格式，有的浏览器已经能够支持 <audio> 标签，例如 Firefox 浏览器（但该浏览器目前还不支持 .mp3 格式的音频）。

2.6.3 <video> 标签

视频标签的出现无疑是 HTML 5 的一大亮点，但是旧的浏览器和 IE 8 不支持 <video> 标签，并且涉及视频文件的格式问题，Firefox 和 Safari/Chrome 的支持方式并不相同，所以在现阶段要想使用 HTML 5 的视频功能，浏览器兼容性是一个不得不考虑的问题。

<video> 标签的基本应用格式如下。

```
<video src="movie.mp4" controls="controls"></audio>
```

<video> 标签中可以设置的属性如下所示。

- **autoplay**

设置该属性，可以在打开网页的同时自动播放视频。

- **controls**

设置该属性，浏览器为视频提供播放控件，作者设置的脚本控件规定为不存在。

- **width**

该属性用于设置视频的宽度，默认的单位为像素。

- **height**

该属性用于设置视频的高度，默认的单位为像素。

- loop

  设置该属性，可以设置视频重复播放。

- preload

  设置该属性，可以规定是否预加载视频。

- src

  该属性用于设置视频文件的地址。

实例 04+ 视频：在网页中嵌入视频

HTML 5 中的 <video> 标签是专门用来在网页中播放视频文件的，了解了 <video> 标签的基础知识，接下来通过实例练习介绍如何使用 HTML 5 中的 <video> 标签在网页中嵌入视频。

源文件：源文件 \ 第 2 章 \2-6-3. html

操作视频：视频 \ 第 2 章 \2-6-3. swf

01 执行“文件 > 打开”命令，打开页面“源文件 \ 第 2 章 \2-6-3.html”，可以看到该网页的效果。

```
<!doctype html>
<html>
<head>
<meta charset="utf-8">
<title>在网页中嵌入视频</title>
<link href="style/2-6-3.css" rel="stylesheet"
type="text/css">
</head>
<body>
<div id="box">
  <div id="movie">此处显示  id "movie" 的内容</div>
</div>
</body>
</html>
```

02 切换到代码视图中，可以看到该页面的代码。

```
<body>
<div id="box">
  <div id="movie">
    <video controls width="484" height="273">

    </video>
  </div>
</div>
</body>
```

03 将光标移至名为 movie 的 Div 中，将多余文字删除，在该 Div 标签中加入 <video> 标签，并设置相关属性。

```
<body>
<div id="box">
  <div id="movie">
    <video controls width="484" height="273">
    <source type="video/mp4" src="images/movie.mp4">
    </video>
  </div>
</div>
</body>
```

04 在 <video> 标签之间加入 <source> 标签，并设置相关属性。

提示

在<video>标签中的controls属性是一个布尔值，显示play/stop按钮；width属性用于设置视频所需要的宽度。默认情况下，浏览器会自动检测所提供的视频尺寸；height属性用于设置视频所需要的高度。

```
<body>
<div id="box">
  <div id="movie">
    <video controls width="484" height="273" autoplay
="true">
    <source type="video/mp4" src="images/movie.mp4">
    </video>
  </div>
</div>
</body>
```

05 ▶为了使网页打开时视频能够自动播放，还可以在<video>标签中加入autoplay属性，该属性的取值为布尔值。

06 ▶保存页面，在Chrome浏览器中预览页面，可以看到使用HTML 5所实现的视频播放效果。

提问

提问：为什么使用Chrome浏览器预览页面？

答：因为HTML 5的<video>标签每个浏览器的支持情况不同，Firefox浏览器只支持.ogg格式的视频文件，Safari和Chrome浏览器只支持.mp4格式的视频文件，而IE 8及以下版本目前还并不支持<video>标签，所以在使用该标签时一定需要注意。

2.7 本章小结

HTML代码是所有网站页面的根本，本章主要介绍了HTML和XHTML的相关基础知识，以及两者之间有什么联系和不同，并且还对最新的HTML 5的基础知识进行了介绍，包括HTML 5的新增标签和强大的新功能。完成本章的学习，需要掌握HTML的相关知识，对HTML标签有基本的了解，为后面的学习打下良好的基础。

第 3 章　CSS 样式入门

CSS 是一种叫做样式表（Style Sheets）的技术，也有人称之为层叠样式表（Cascading style Sheets）。CSS 样式用来作为网页的排版与布局设计，在网页设计制作中无疑是非常重要的一环。CSS 样式是一种对 Web 文档添加样式的简单机制，是一种表现 HTML 或 XML 等文件外观样式的计算机语言。本章将介绍 CSS 样式的相关基础知识。

本章知识点

- ☑ 了解 CSS 样式的优势和作用
- ☑ 理解 CSS 样式的语法和规则
- ☑ 理解各种 CSS 选择符
- ☑ 掌握应用 CSS 样式的 4 种方法
- ☑ 理解 CSS 样式特性

3.1　初识 CSS 样式

CSS 样式是对 HTML 语言的有效补充，通过使用 CSS 样式，能够节省许多重复性的格式设置，例如网页文字的大小和颜色等。通过 CSS 样式可以轻松地设置网页元素的显示位置和格式，还可以使用 CSS 滤镜，实现图像淡化和网页淡入淡出等效果，大大提升网页的美观性。

3.1.1　为什么要使用 CSS 样式

在 HTML 中，虽然有 <b>、<u>、<i> 和 <p> 等标签可以控制文本或图像等内容的显示效果，但这些标签的功能非常有限，而且对有些特定的网站需求，使用这些标签是不能完成的，所以需要引入 CSS 样式。

CSS 样式称为层叠样式表，即多重样式定义被层叠在一起成为一个整体，在网页设置中是标准的布局语言，用来控制元素的尺寸、颜色和排版。

CSS 是由 W3C 发布的，用来取代基于表格布局、框架布局以及其他非标准的表现方法。

引用 CSS 样式的目的是将“网页结构代码”和“网页格式风格代码”分离开，从而使网页设计者可以对网页的布局进行更多的控制。利用 CSS 样式，可以将站点上的所有网页都指向某个 CSS 文件，设计者只需要修改 CSS 样式中的代码，整个网页上对应的样式都会随之发生改变。

CSS 是一组格式设置规则，用于控制 Web 页面的外观。通过使用 CSS 样式设置页面的格式，可以将页面的内容与表现形式分离。页面内容存放在 HTML 文档中，

而用于定义表现形式的CSS规则存放在另一个文件中。将内容与表现形式分离，不仅可以使维护站点的外观时更加容易，而且还可以使HTML文档代码更加简练，缩短浏览器的加载时间。

随着CSS的广泛应用，CSS技术也越来越成熟。CSS现在有3个不同层次的标准，即CSS 1、CSS 2和CSS 3。

CSS 1是CSS的第一层次标准，它正式发布于1996年12月，在1999年1月进行了修改。该标准提供简单的CSS样式表机制，使得网页的编写者可以通过附属的样式对HTML文档的表现进行描述。

CSS 2是1998年5月正式作为标准发布的，CSS 2基于CSS 1，包含了CSS 1的所有特点和功能，并在多个领域进行完善，将样式文档与文档内容相分离。CSS 2支持多媒体样式表，使得网页设计者能够根据不同的输出设备为文档制定不同的表现形式。

CSS 3目前还处于工作草案阶段，还没有正式对外发布，在该工作草案中制定了CSS 3的发展路线，详细列出了所有模块，并计划在未来逐步进行规范。

CSS 1主要定义了网页的基本属性，如字体、颜色、空白边等。CSS 2在此基础上添加了一些高级功能，如浮动和定位，以及一些高级选择器，如子选择器、相邻选择器等。

CSS 3开始遵循模块化开发，这将有助于理清模块化规范之间的不同关系，减少完整文件的大小。以前的规范是一个完整的模块，太过于庞大，而且比较复杂，所以新的CSS 3规范将其分成了多个模块。

3.1.2 在网页中使用CSS样式的优势

CSS样式是由许多CSS规则组成的文件，CSS规则是CSS样式最小的单位，规则定义一种或多种样式效果。每个规则标示选择网页中的哪些部分，以及对页面的该部分应用什么样的属性。

网页文档链接到该CSS样式，则意味着浏览器需要下载该CSS样式，并且在显示网页页面时应用这些CSS样式规则。CSS样式文件可以与任何数量的网页文档链接，因此，CSS样式可以控制整个网站或其一部分的外观。

CSS样式可以与几种不同的标记语言一起使用，这些标记语言包括HTML和XML。

HTML（超文本标记语言）由标记文档内特定元素的一系列标签组成。这些元素都具有默认的样式表现。默认的样式表现由浏览器提供基于HTML的正式规范。用户通过链接外部CSS样式文件，甚至通过在HTML文件内包括CSS样式，可以对HTML页面应用CSS样式，这样可以重新定义每个元素的样式。

HTML页面可以包含设置表达样式的属性和标签，但是与CSS相比，它的功能和效果非常有限。CSS样式可以与HTML表达标签一起使用，例如<font>标签或者color="#333333"属性，或者可以完全替代表达标签和属性。

如下图所示，该网页没有应用CSS样式，因此外观十分普通，字体都是浏览器的默认字体，颜色是基础的浏览器默认颜色，虽然外观看起来十分简陋，但所有信息清楚可见，页面也易于使用，只是缺乏CSS样式，使网页看起来不美观而已。

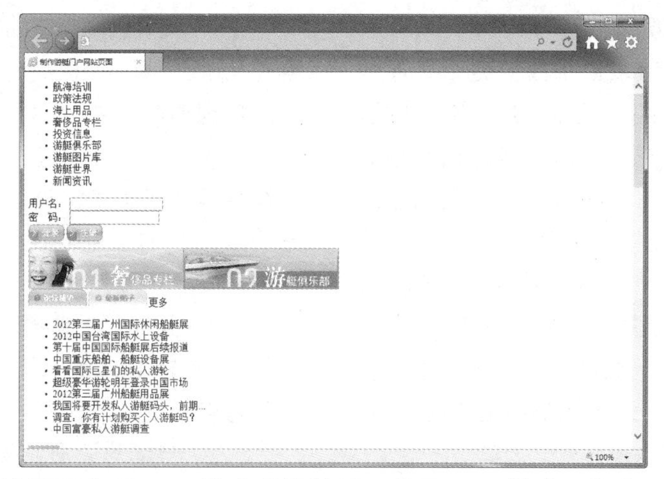

下图所示为该网页应用 CSS 样式后的效果。使用 CSS 样式不但为网页定义了引人注目的文字，而且使得页面的排版更加整齐、漂亮。为网页应用 CSS 样式的效果就是显著改进网页的外观，使得网站页面更友好、更易识别和便于使用。

CSS 样式还可以用来与 XML（扩展标记语言）一起使用。XML 语言通常不具有内在的表达定义，而 CSS 样式可以直接应用于 XML 文件，以实现添加表达样式的目的。

3.1.3　CSS 样式的作用

CSS 样式可以用来改变从文本样式到页面布局的一切，并且能够与 JavaScript 结合产生动态显示效果，CSS 样式在网页中的应用主要表现在以下几个方面。

设置文本格式和颜色

使用 CSS 样式可以设置很多的文本效果，主要包括如下几种。

（1）设置网页中的字体和字号。

（2）设置粗体、斜体、下划线和文本阴影等效果。

（3）改变文本颜色与背景颜色。

（4）改变超链接文本的颜色，去除超链接文本下划线。

（5）缩进文本或使文本居中。

（6）拉伸、调整文本大小和行间距。

（7）将文本部分转换成大写或小写，或者转换成大小写混合形式（仅限针对英文）。

（8）设置首写大写字母下沉和其他特效。

控制图形外观和布局

CSS 样式也可以用来改变整个页面的外观。在 CSS 2 中引入了 CSS 的定位属性，运用该属性，用户不使用表格就能够格式化网页。用户运用 CSS 样式影响页面图形布局的一些操作主要包括以下几种。

（1）设置背景图像，并且可以控制背景图像的位置、重复方式和滚动等属性。

（2）为网页元素添加边框效果。

（3）设置网页元素的垂直和水平边距，以及水平和垂直填充方式。

（4）创建图像周围甚至是其他文本周围的文本绕排。

（5）准确定位网页元素的位置。

（6）重新定义 HTML 中默认的表、表单和列表的显示方式。

（7）可以按照指定的顺序将网页中的元素进行分层放置，从而实现元素的互相叠加。

实现动态效果

网页设计的动态效果是交互性的，为了适合运用而改变。通过 CSS 样式表能创建响应用户的交互式设计，主要包括以下几个方面。

（1）鼠标经过链接时的效果。

（2）在 HTML 标签之前或之后动态插入内容。

（3）自动对页面元素编号。

（4）在动态 HTML（DHTML，Dynamic HTML）和异步 JavaScript 与 XML（AJAX，Asynchronous JavaScript and XML）中的完全交互式设计。

3.1.4 CSS 样式的局限性

CSS 的功能虽然很强大，但是它也有某些局限性。CSS 样式的主要不足是，它主要对标签文件中的显示内容起作用。显示顺序在某种程度上可以改变，可以插入少量文本内容，但是在源 HTML（或 XML）中做较大改变，用户需要使用另外的方法，例如使用 XSL 转换（XSLT）。

同样，CSS 样式的出现比 HTML 要晚，这就意味着，一些最老的浏览器不能识别用 CSS 所写的样式，并且 CSS 在简单文本浏览器中的用途也有限，例如为手机或移动设备编写的简单浏览器等。

CSS 样式是可以实现向后兼容的。例如，较老的浏览器虽然不能显示出样式，但是却能够正常地显示网页。相反，应该使用默认的 HTML 表达，并且如果设计者合理地设计了 CSS 和 HTML，即使样式不能显示，页面的内容也还是可用的。

3.1.5 CSS 样式基础语法

CSS 样式由选择符和属性构成，CSS 样式的基本语法如下。

```
CSS选择符{
属性1：属性值1;
属性2：属性值2;
属性3：属性值3;
……
}
```

下面是在 HTML 页面内直接引用的 CSS 样式，该方法必须把 CSS 样式信息包括在 <style> 和 </style> 标签中，为了使样式在整个页面中产生作用，应把该组标签及内容放到

<head> 和 </head> 标签中去。

例如，需要设置 HTML 页面上所有 <p> 标签中的文字都显示为红色，其代码如下。

```
<html>
<head>
<meta http-equiv="Content-Type" content="text/html; charset=utf-8" />
<title>CSS基本语法</title>
<style type="text/css">
<!--
p {color: red;}
-->
</style>
</head>
<body>
<p>这里是页面的正文内容</p>
</body>
</html>
```

<style> 标签中包括了 type="text/css"，这是让浏览器知道使用的是 CSS 样式规则。加入 <!-- 和 --> 这一对注释标记是防止有些老式浏览器不认识 CSS 样式表规则，可以把该段代码忽略不计。

在使用 CSS 样式的过程中，经常会有几个选择符用到同一个属性，例如规定页面中凡是粗体字、斜体字和 1 号标题字都显示为蓝色，按照上面介绍的写法应该将 CSS 样式写为如下的形式。

```
B { color: blue; }
I { color: blue; }
H1 { color: blue; }
```

这样书写十分麻烦，在 CSS 样式中引进了分组的概念，可以将相同属性的样式写在一起，CSS 样式的代码就会简洁很多，其代码形式如下。

```
B,I,H1 {color: blue ;}
```

用逗号分隔各个 CSS 样式选择符，将 3 行代码合并写在一起。

CSS 文件是纯文本格式文件，在编辑 CSS 时，可以使用一些简单的纯文本编辑工具，例如记事本。同样也可以使用专业的 CSS 编辑工具，例如 Dreamweaver。

3.1.6 认识 CSS 规则的构成

所有 CSS 样式的基础就是 CSS 规则，每一条规则都是一条单独的语句，它确定应该如何设计样式，以及应该如何应用这些样式。因此，CSS 样式由规则列表组成，浏览器用它来确定页面的显示效果。

CSS 由两部分组成：选择符和声明，其中声明由属性和属性值组成，所以简单的 CSS 规则形式如下。

```
                         声明
选择符 ―――――――― #box{   |
      属性 ―――――――― width:100%; ――――――属性值
                  height:900px;
              }
```

- **选择符**

选择符部分指定对文档中的哪个标签进行定义，选择符最简单的类型是“标签选择符”，直接输入 HTML 标签的名称，便可以对其进行定义。例如定义 XHTML 中的 <p> 标签，只要给出 < > 尖括号内的标签名称，用户就可以编写标签选择符了。

- **声明**

声明包含在 {} 大括号内，在大括号中首先给出属性名，接着是冒号，然后是属性值，结尾分号是可选项，推荐使用结尾分号，整条规则以结尾大括号结束。

- **属性**

属性由官方 CSS 规范定义。用户可以定义特有的样式效果，与 CSS 兼容的浏览器会支持这些效果，尽管有些浏览器识别不是正式语言规范部分的非标准属性，但是大多数浏览器很可能会忽略一些非 CSS 规范部分的属性，最好不要依赖这些专有的扩展属性，不识别它们的浏览器只是简单地忽略它们。

- **值**

声明的值放置在属性名和冒号之后。它确切定义应该如何设置属性。每个属性值的范围也在 CSS 规范中定义。

3.2 CSS 选择符

选择符也称为选择器，HTML 中的所有标签都是通过不同的 CSS 选择符进行控制的。选择符不只是 HTML 文档中的元素标签，它还可以是类（class）、ID（元素的唯一标示名称）或是元素的某种状态（如 a:hover）。根据 CSS 选择符用途可以把选择符分为通配选择符、标签选择符、类选择符、ID 选择符和伪类选择符等。

3.2.1 通配选择符

在进行网页设计时，可以利用通配选择符设置网页中所有的 HTML 标签使用同一种样式，它对所有的 HTML 元素起作用。通配选择符的基本语法如下。

```
* { 属性:属性值; }
```

- *****

表示页面中的所有 HTML 标签。

- **属性**

表示 CSS 样式属性名称。

- **属性值**

表示 CSS 样式属性值。

实例 05+ 视频：航天科技网页

通配选择符 * 是对 HTML 页面中所有的标签起作用的，在开始制作网页时，通常都需要先定义通配选择符 * 的 CSS 样式。接下来通过实例练习介绍通配选择符 * 的使用方法。

源文件：源文件 \ 第 3 章 \3-2-1. html

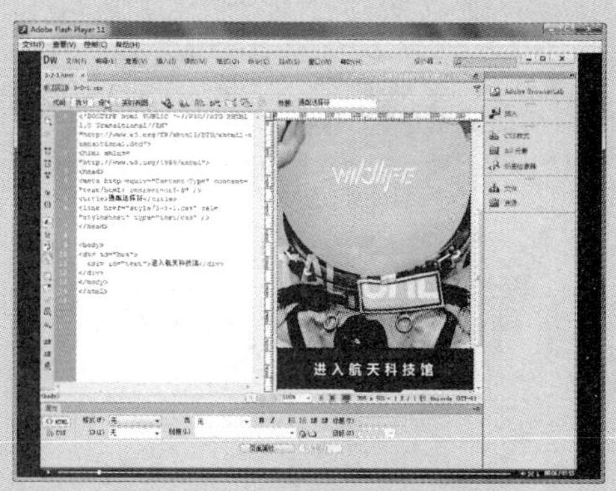

操作视频：视频 \ 第 3 章 \3-2-1. swf

01 ▶执行“文件 > 打开”命令，打开页面“素材 \ 第 3 章 \3-2-1.html”，可以看到页面效果。

02 ▶在浏览器中预览该页面，可以看到预览效果。

通过在页面的设计视图和在浏览器中预览，可以看出页面内容并没有顶到浏览器的四边边界，这是因为网页中许多元素默认的边界和填充属性值并不为 0，包括 <body> 标签，所在页面内容并没有沿着浏览器窗口的四边边界显示。

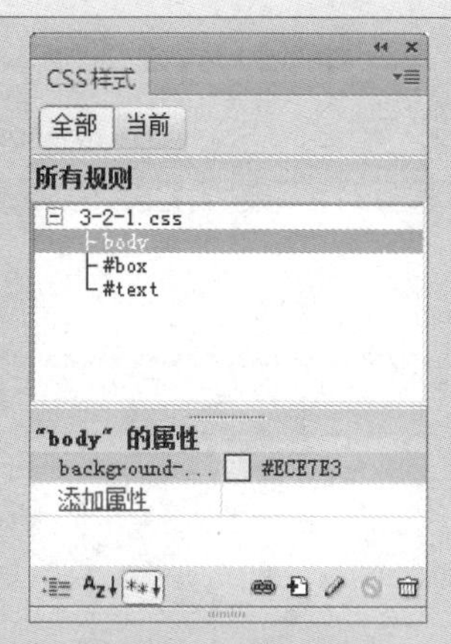

03 ▶打开“CSS 样式”面板，可以看到定义的 CSS 样式。

```
* {
    margin: 0px;
    padding: 0px;
    border: 0px;
}
```

04 ▶转换到该网页所链接的外部 CSS 样式文件 3-2-1.css 中，创建通配符 * 的 CSS 样式。

05 ▶返回设计页面中，可以看到页面效果。

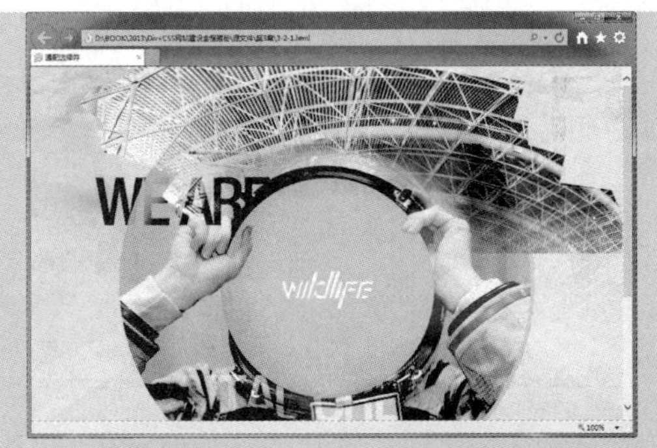

06 ▶保存页面，并保存外部 CSS 样式表文件，在浏览器中预览页面，可以看到页面效果。

提问

提问：通配符 CSS 样式的作用是什么？

答：在 HTML 页面中许多 HTML 标签的边界和填充值默认并不为 0，例如 <body> 标签的默认边界值并不为 0，<ul> 标签的默认边界值也不为 0，这就导致在网页制作过程中不太好控制，通配符 * 表示 HTML 页面中的所有标签，通过通配符 CSS 样式的设置，将网页上所有标签中的默认边界、填充和边框都设置为 0。在制作的过程中，如果某些元素需要设置边界、填充和边框，再单独进行设置，这样便于控制。

3.2.2 标签选择符

HTML 文档是由多个不同标签组成的，标签选择符可以用来控制标签的应用样式。例如 P 选择符，可以用来控制页面中所有 <p> 标签的样式风格。标签选择符的基本语法如下。

```
标签名称 { 属性:属性值;}
```

标签名称表示 HTML 标签名称，如 <p>、<h1>、<body> 等 HTML 标签。

实例 06+ 视频：酒店网站页面

标签选择符是 CSS 样式中非常重要的选择符之一，通过标签选择符可以定义 HTML 页面中特定的标签 CSS 样式，使用最多的是定义 <body> 标签的 CSS 样式，从而对网页的整体效果进行控制。接下来通过实例练习介绍如何通过对 <body> 标签的 CSS 样式进行设置，从而控制网页的整体外观效果。

源文件：源文件 \ 第 3 章 \3-2-2.html

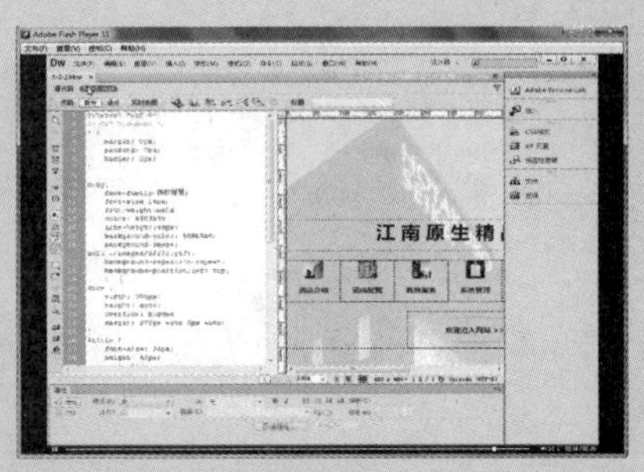

操作视频：视频 \ 第 3 章 \3-2-2.swf

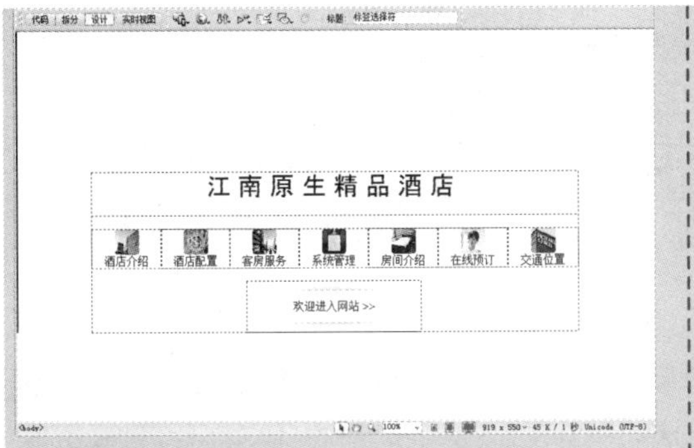

01 ▶执行“文件 > 打开”命令，打开页面“素材 \ 第 3 章 \3-2-2.html”，可以看到页面效果。

02 ▶在浏览器中预览该页面，可以看到预览效果。

在该网页中因为没有定义 body 标签的 CSS 样式，所以页面的背景显示为默认的白色背景，页面中的字体和字体大小也都显示为默认的效果。

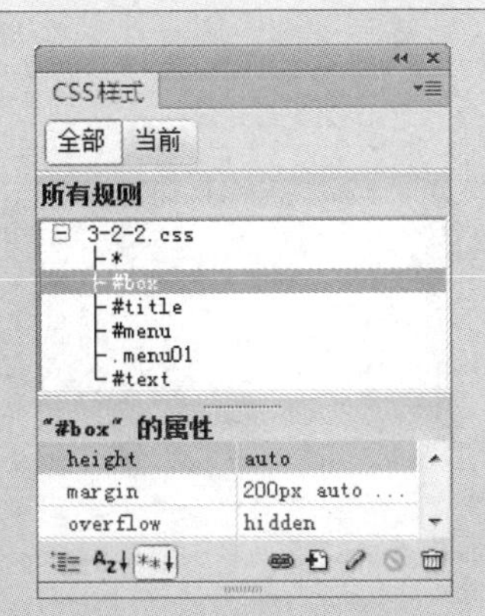

03 ▶打开“CSS 样式”面板，可以看到定义的 CSS 样式。

```
body {
    font-family: 微软雅黑;
    font-size: 14px;
    font-weight: bold;
    color: #3E3A39;
    line-height: 45px;
    background-color: #EBE5D8;
    background-image: url(../images/32201.gif);
    background-repeat: no-repeat;
    background-position: left top;
}
```

04 ▶转换到该网页所链接的外部 CSS 样式文件 3-2-2.css 中，创建 <body> 标签的 CSS 样式。

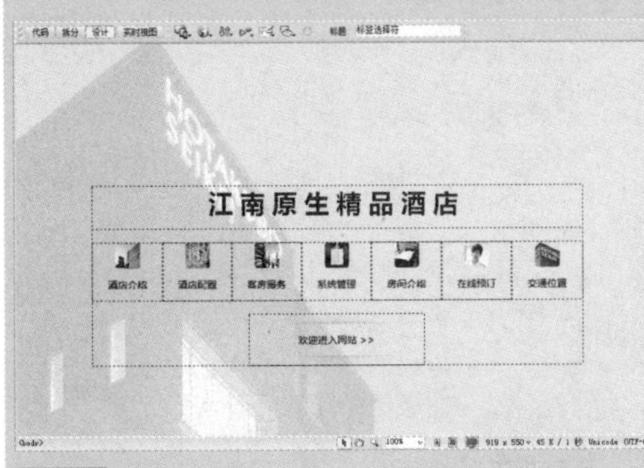

05 ▶返回设计页面中，可以在设计视图中看到页面效果。

06 ▶保存页面，并保存外部 CSS 样式表文件，在浏览器中预览页面，可以看到页面效果。

提问

提问：同一标签可以定义多个 CSS 样式吗？

答：原则上是不可以的，HTML 标签在网页中都是具有特定作用的，并且有些标签在一个网页中只能出现一次，例如 <body> 标签，如果定义了两次 <body> 标签的CSS样式，则两个CSS样式中的相同属性设置会出现覆盖的情况。

3.2.3 ID 选择符

ID 选择符定义的是 HTML 页面中某一个特定的元素，即一个网页中只能有一个元素使用某一个 ID 的属性值。ID 选择符的基本语法如下。

```
#ID名称 { 属性:属性值; }
```

ID 名称表示 ID 选择符的名称，其具体名称由 CSS 定义者自己命名。

实例 07+ 视频：制作科技网站页面

在正常情况下，ID 的属性值在文档中具有唯一性，只有具备 ID 属性的标签，才可以使用 ID 选择符定义样式。了解了 ID 选择符的基本语法格式，接下来通过实例练习介绍 ID 选择符在网页制作中的使用方法。

源文件：源文件 \ 第 3 章 \3-2-3. html

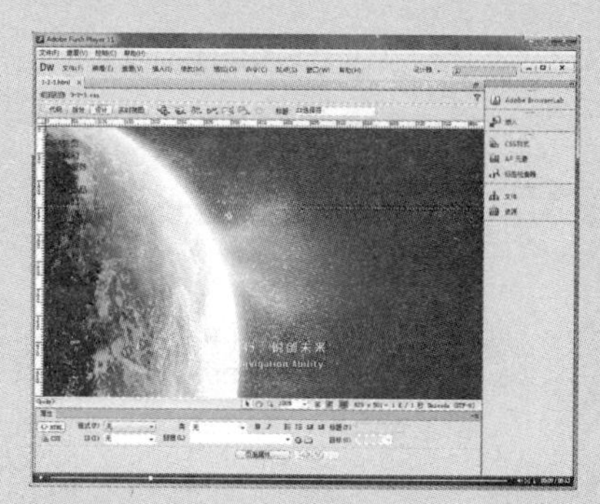

操作视频：视频 \ 第 3 章 \3-2-3. swf

01 执行“文件 > 打开”命令，打开页面“素材 \ 第 3 章 \3-2-3.html”，可以看到页面效果。

```
<body>
<div id="menu">
  <p> </p>
  <p>网站首页</p>
  <p>关于我们</p>
  <p>我们的服务</p>
  <p>合作客户</p>
  <p>我们的作品</p>
  <p>联系我们</p>
</div>
<div id="box"><img src="images/32302.png"
 width="233" height="50" /></div>
</body>
```

02 切换到代码视图中，可以看到页面的 HTML 代码。

提示

在该网页中，因为没有定义 ID 名称为 menu 的 Div 的 CSS 样式，所以其内容在网页中显示的效果为默认的效果，并不符合页面整体风格的需要。

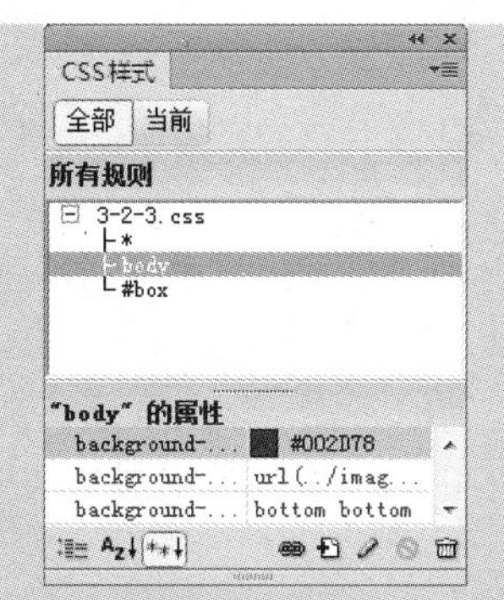

03 ▶打开“CSS 样式”面板，可以看到定义的 CSS 样式。

```
#menu {
    width: 120px;
    height: 100%;
    text-align: right;
    padding-right: 20px;
    font-size: 14px;
    font-weight: bold;
    line-height: 50px;
    color: #FFF;
    background-color: #F60;
    position: absolute;
    top: 0px;
    right: 0px;
}
```

04 ▶转换到该网页所链接的外部 CSS 样式文件 3-2-3.css 中，创建名称为 #menu 的 ID CSS 样式。

05 ▶返回设计页面中，可以看到页面中 ID 名称为 menu 的 Div 的效果。

06 ▶保存页面，并保存外部 CSS 样式表文件，在浏览器中预览页面，可以看到页面效果。

提示

ID 选择符与类选择符有一定的区别，ID 选择符并不像类选择符那样，可以给任意数量的标签定义样式，它在页面的标签中只能使用一次；同时，ID 选择符比类选择符还具有更高的优先级，当 ID 选择符与类选择符发生冲突时，将会优先使用 ID 选择符。

提问

提问：ID 选择符的写法有什么要求？

答：ID CSS 样式是网页中唯一的特定针对 ID 名称的元素，尽量不要在一个网页中设置多处 ID 名称相同的元素，ID CSS 样式的命名必须以井号（#）开头，并且可以包含任何字母和数字组合。

3.2.4　类选择符

在网页中通过使用标签选择符，可以控制网页中所有该标签显示的样式，但是根据网页设计过程中的实际需要，标签选择符对设置个别标签的样式还是力不能及的，因此，就需要使用类（class）选择符，来达到特殊效果的设置。

类选择符用来为一系列的标签定义相同的显示样式，其基本语法如下。

```
.类名称 { 属性:属性值;}
```

类名称表示类选择符的名称，其具体名称由 CSS 定义者自己命名。在定义类选择符时，需要在类名称前面加一个英文句点（.）。

```
.font01 {  color: black;}
.font02 {  font-size: 12px;}
```

以上定义了两个类选择符，分别是 font01 和 font02。类的名称可以是任意英文字符串，也可以是以英文字母开头与数字组合的名称，通常情况下，这些名称都是其效果与功能的简要缩写。

可以使用 HTML 标签的 class 属性来引用类选择符。

```
<p class="font01">class属性是被用来引用类选择符的属性</p>
```

以上所定义的类选择符被应用于指定的 HTML 标签中（如 <p> 标签），同时它还可以应用于不同的 HTMl 标签中，使其显示出相同的样式。

```
<p class="font01">段落样式</p>
<h1 class="font01">标题样式</h1>
```

实例 08+ 视频：设置活动网站页面文字

类 CSS 样式在网页中的应用非常广泛，可以应用于页面中的任意元素，并且可以多次应用。需要注意的是，类 CSS 样式必须应用于网页中的元素，才能对该元素起作用，而标签 CSS 样式和 ID CSS 样式都是针对网页中特定元素的，并不需要应用。

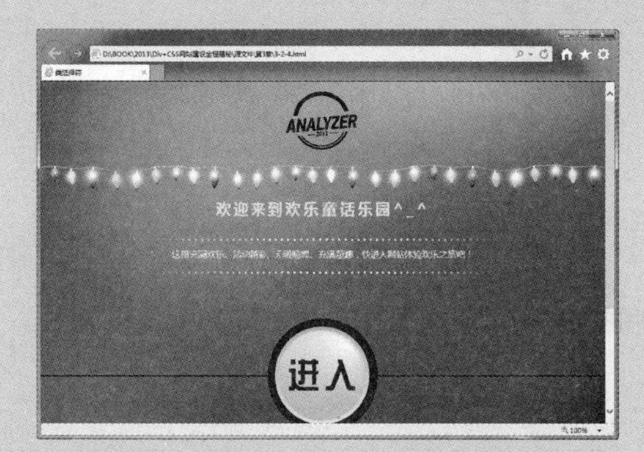

源文件：源文件 \ 第 3 章 \3-2-4. html

操作视频：视频 \ 第 3 章 \3-2-4. swf

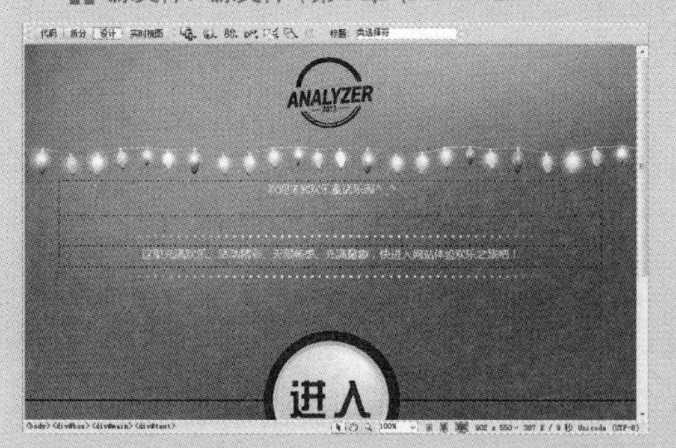

01 ▶ 执行“文件 > 打开”命令，打开页面“素材 \ 第 3 章 \3-2-4.html”，可以看到页面效果。

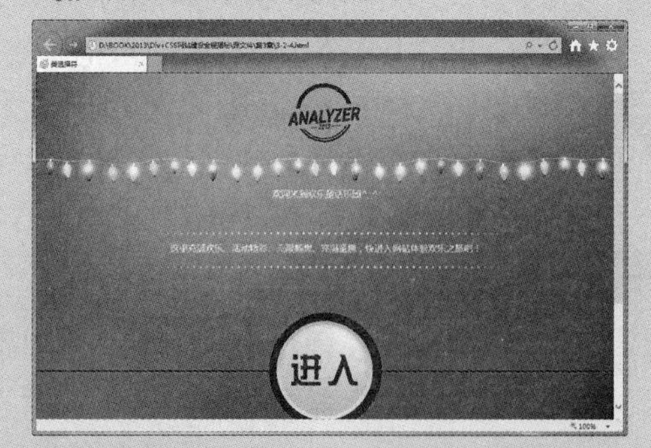

02 ▶ 在浏览器中预览该页面，可以看到预览效果。

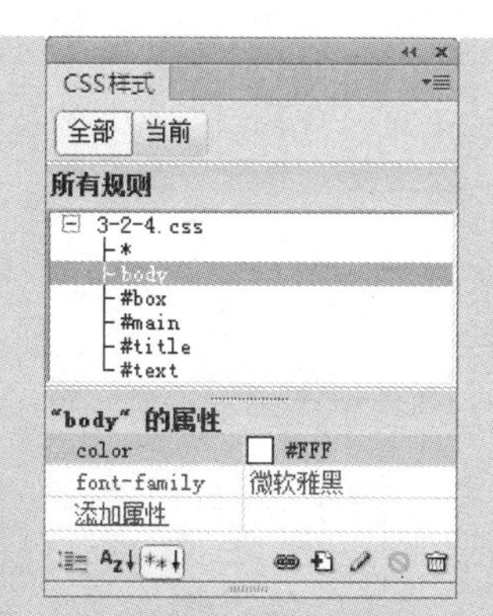

03 ▶打开“CSS 样式”面板，可以看到定义的 CSS 样式。

```
.font01 {
	font-size: 28px;
	font-weight: bold;
	color: #FF6;
	line-height: 50px;
	letter-spacing: 5px;
}
```

04 ▶转换到该网页所链接的外部 CSS 样式文件 3-2-4.css 中，创建名称为 .font01 的类 CSS 样式。

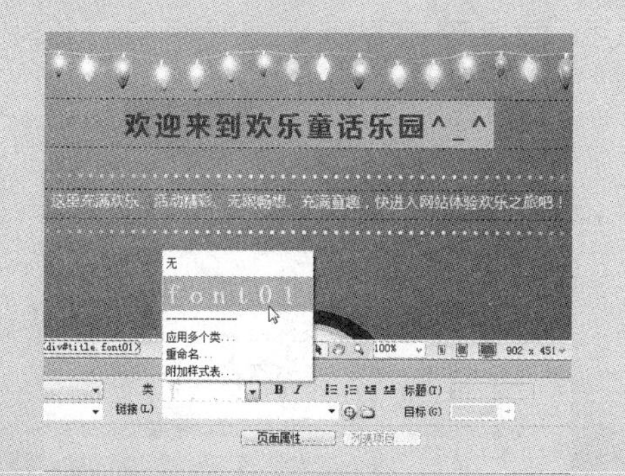

05 ▶返回设计页面中，选中页面中相应的文字，在“属性”面板的“类”下拉列表中选择刚定义的 font01 类 CSS 样式应用。

06 ▶保存页面，并保存外部 CSS 样式表文件，在浏览器中预览页面，可以看到页面效果。

提问

提问：类 CSS 样式有什么特点？

答：在新建类 CSS 样式时，在类 CSS 样式名称前有一个默认的“.”。这个“.”说明了此 CSS 样式是一个类 CSS 样式（class），根据 CSS 规则，类 CSS 样式（class）必须为网页中的元素应用才会生效，类 CSS 样式可以在一个 HTML 元素中被多次调用。

3.2.5　伪类和伪对象选择符

伪类也属于选择符的一种，包括 :first-child、:link、:visited、:hover、:active、:focus 和 :lang 等，但是由于不同的浏览器支持不同类型的伪类，因而没有一个统一的标准，很多的伪类并不常用到，其中，有一组伪类是浏览器都支持的，即超链接伪类，包括 :link、:visited、:hover 和 :active。

利用伪类定义的 CSS 样式并不是作用在标签上，而是作用在标签的状态上。其最常应用在 <a> 标签上，表示链接 4 种不同的状态：link（未访问链接）、hover（鼠标停留在链接上）、active（激活链接）和 visited（已访问链接）。但是 <a> 标签可以只具有一种状态，也可以同时具有两种或三种状态。可以根据具体的网页设计需要而设置。

例如下面的伪类选择符 CSS 样式设置。

```
a:link { color:#00FF00; text-decoration: none; }
a:visited { color:#0000FF; text-decoration: underline; }
a:hover { color:#FF00FF; text-decoration: none; }
a:active { color:#FF0000; text-decoration: underline; }
```

实例 09+ 视频：设置酒店网站文字链接效果

超链接是网页中非常重要的概念，通过超链接可以将众多的网站页面链接在一起，实现自由跳转。在网页中默认的文字超链接显示为蓝色有下划线的效果，这样的样式很多时候并不能满足页面的需要，可以通过 CSS 伪类样式的设置，改变超链接文字的效果。

源文件：源文件 \ 第 3 章 \3-2-5. html

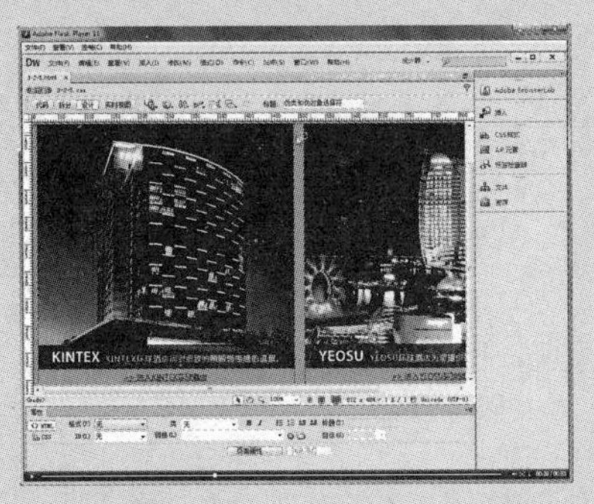

操作视频：视频 \ 第 3 章 \3-2-5. swf

01 ▶执行“文件 > 打开”命令，打开页面“素材 \ 第 3 章 \3-2-5.html”，可以看到页面效果。

```
a:link {
    color: #960;
    text-decoration: none;
}
a:hover {
    color: #FFF;
    text-decoration: underline;
}
a:active {
    color: #F30;
    text-decoration: underline;
}
a:visited {
    color: #960;
    text-decoration: none;
}
```

03 ▶转换到该文件所链接的外部 CSS 样式表 3-2-5.css 文件中，创建超链接标签 <a> 的 4 种伪类 CSS 样式。

02 ▶在浏览器中预览该页面，可以看到网页中默认的超链接文字的效果。

04 ▶保存页面，并保存外部 CSS 样式表文件，在浏览器中预览页面，可以看到页面中超链接文字的效果。

通过对超链接 <a> 标签的 4 种伪类 CSS 样式进行设置，可以控制网页中所有的超链接文字的样式，如果需要在网页中实现不同的超链接样式，则可以定义类 CSS 样式的 4 种伪类或 ID CSS 样式的 4 种伪类来实现，在本书的第 7 章中将会进行详细介绍。

提问

提问：伪类 CSS 样式是否可以应用在网页中的其他元素上？

答：当然可以，伪类 CSS 样式在网页中最广泛的是应用在网页中的超链接中，但是也可以为其他的网页元素应用伪类 CSS 样式，特别是 :hover 伪类，该伪类是当鼠标移至元素上的状态，通过该伪类 CSS 样式的应用，可以在网页中实现许多交互效果。

3.2.6 群选择符

对于单个 HTML 对象进行样式指定，同样可以对一组选择符进行相同的 CSS 样式设置。

```
h1,h2,h3,p,span {
font-size: 12px;
font-family: 宋体;
}
```

使用逗号对选择符进行分隔，使得页面中所有的 <h1>、<h2>、<h3>、<p> 和 <span> 标签都将具有相同的样式定义，这样做的好处是对于页面中需要使用相同样式的地方只需要书写一次 CSS 样式即可实现，减少代码量，改善 CSS 代码的结构。

实例 10+ 视频：设置女装网站图片效果

群选择符属于 CSS 样式应用的技巧，通过群选择符可以减少 CSS 样式的重复设置，注意只有多个元素需要设置相同的 CSS 样式时，才可以使用群选择符。接下来通过实例练习介绍在网页中如何使用群选择符定义 CSS 样式。

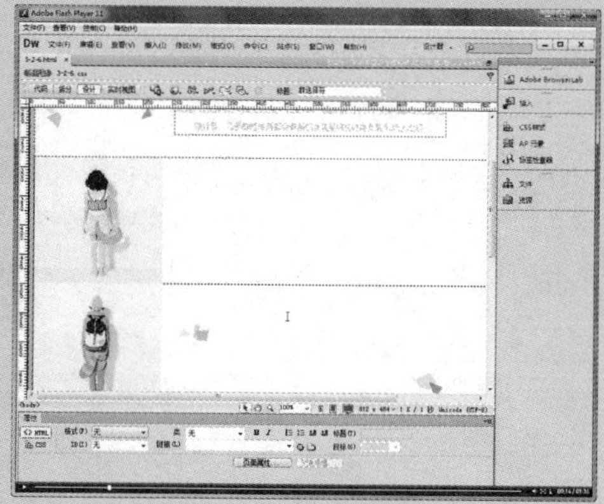

源文件：源文件 \ 第 3 章 \3-2-6.html

操作视频：视频 \ 第 3 章 \3-2-6.swf

01 ▶执行“文件＞打开”命令，打开页面“素材\第3章\3-2-6.html”，可以看到页面效果。

02 ▶在浏览器中预览该页面，可以看到网页的效果。

```
<div id="pic">
  <div id="pic1"><img src="images/32603.jpg" width="225"
height="216" /></div>
  <div id="pic2"><img src="images/32604.jpg" width="225"
height="216" /></div>
  <div id="pic3"><img src="images/32605.jpg" width="225"
height="216" /></div>
  <div id="pic4"><img src="images/32606.jpg" width="225"
height="216" /></div>
</div>
```

03 ▶切换到代码视图中，可以看到该网页的HTML代码。

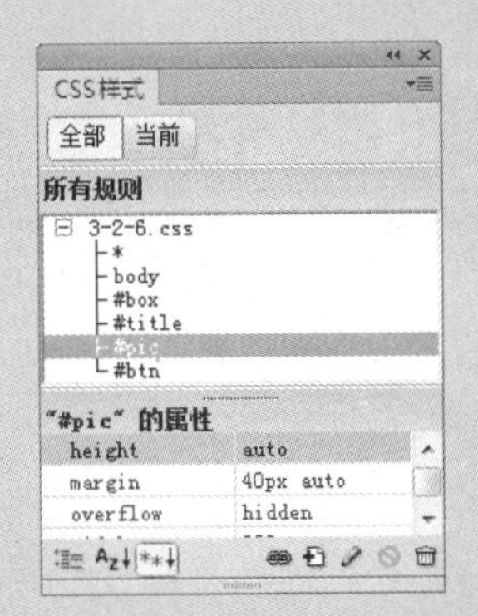

04 ▶打开“CSS样式”面板，可以看到定义的CSS样式，并没有定义ID名为pic1至pic4的CSS样式。

```
#pic1,#pic2,#pic3,#pic4 {
    width: 225px;
    height: 216px;
    padding: 2px;
    border: dashed 2px #F5AFA1;
    margin-left: 6px;
    margin-right: 6px;
    float: left;
}
```

05 ▶转换到该文件所链接的外部CSS样式表3-2-6.css文件中，创建名称为#pic1,#pic2,#pic3,#pic4的群选择符CSS样式。

06 ▶保存页面，并保存外部CSS样式表文件，在浏览器中预览页面，可以看到页面的效果。

提问

提问：使用群选择符的好处是什么？

答：在群选择符中使用逗号对选择符进行分隔，使得群选择符中所定义的多个选择符均具有相同的CSS样式定义，这样做的好处是使页面中需要使用相同样式的地方只需要书写一次CSS样式即可实现，减少了代码量，改善了CSS代码的结构。

3.2.7　派生选择符

当仅仅想对某一个对象中的“子”对象进行样式设置时，派生选择符就派上了用场，派生选择符指选择符组合中前一个对象包含后一个对象，对象之间使用空格作为分隔符。例如下面的 CSS 样式代码。

```
h1 span {
font-weight: bold;
}
```

对 <h1> 标签下的 <span> 标签进行 CSS 样式设置，最后应用到 HTML 是如下格式。

```
<h1>这是一段文本<span>这是span内的文本</span></h1>
<h1>单独的h1</h1>
<span>单独的span</span>
<h2>被h2标签套用的文本<span>这是h2下的span</span></h2>
```

<h1> 标签之下的 <span> 标签将被应用 font-weight: bold 的样式设置，注意仅仅对有此结构的标签有效，对于单独存在的 <h1> 或是单独存在的 <span> 及其他非 <h1> 标签下属的 <span> 均不会应用此 CSS 样式。

实例 11+ 视频：运动鞋网站页面

使用派生 CSS 样式可以定义同时影响两个或多个标签、类或 ID 的复合 CSS 规则。例如，如果输入 Div p，则 Div 标签内的所有 p 元素都将受此 CSS 样式影响。接下来通过实例练习介绍如何在网页中定义派生 CSS 样式。

源文件：源文件 \ 第 3 章 \3-2-7.html

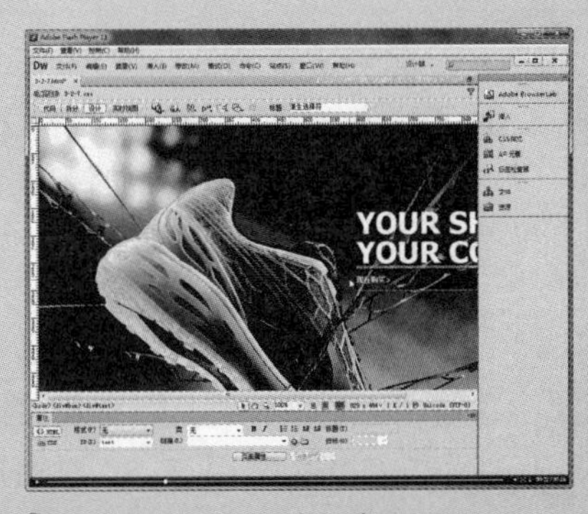

操作视频：视频 \ 第 3 章 \3-2-7.swf

01 ▶执行“文件 > 打开”命令，打开页面“素材 \ 第 3 章 \3-2-7.html”，可以看到页面效果。

02 ▶将光标移至页面中名称为 text 的 Div 中，并将多余文字删除，输入相应的段落文字。

03 ▶选中刚输入的段落文字，单击“属性”面板上的“项目列表”按钮，创建项目列表。

```
<div id="text">
  <ul>
    <li>现在购买 &gt;</li>
    <li>店铺地址 &gt;</li>
  </ul>
</div>
```

04 ▶切换到代码视图中，可以看到项目列表标签。

```
#text li {
    list-style-type: none;
    width: 175px;
    height: 31px;
    background-color: #E90202;
    color: #000;
    line-height: 31px;
    float: left;
    text-align: center;
    margin-left: 5px;
    margin-right: 5px;
}
```

05 ▶转换到该文件所链接的外部 CSS 样式表 3-2-7.css 文件中，创建名称为 #text li 的派生选择符 CSS 样式。

06 ▶保存页面，并保存外部 CSS 样式表文件，在浏览器中预览页面，可以看到页面的效果。

提示

此处通过派生 CSS 样式定义了网页中 ID 名称为 text 的元素中的 <li> 标签，也就是定义了 ID 名称为 text 元素中的列表项。此处的定义仅仅针对 ID 名称为 text 元素中的列表项起作用，不会对网页中其他位置的列表项起作用。

提问

提问：派生选择符的意义是什么？

答：派生选择符是指选择符组合中的前一个对象包含后一个对象，对象之间使用空格作为分隔符。这样做能够避免定义过多的 ID 和类 CSS 样式，直接对需要设置的元素进行设置。派生选择符除了可以二级包含，也可以多级包含。

3.3 CSS 3 中新增的选择符

在 CSS 3 中新增加了 3 种选择符类型，分别是属性选择符、结构伪类选择符和 UI 元素状态伪类选择符。本节将对 CSS 3 中新增的 3 种选择符进行简单的介绍。

3.3.1 属性选择符

属性选择符是指直接使用属性控制 HTML 标签样式，它可以根据某个属性是否存在或者通过属性值来查找元素，具有很强大的功能。与使用 CSS 样式对 HTML 标签进行修饰有很大的不同，它避免了通过使用 HTML 标签名称或自定义名称指向具体的 HTML 元素，来达到控制 HTML 标签样式的目的，因而具有很大的方便性。常用的属性选择符介绍如下。

- X[attr]

选择匹配 X 的元素，且该元素定义了 attr 属性。注意，X 选择符可以省略，表示选择定义了 attr 属性的任意类型元素。

- X[attr="val"]

选择匹配 X 的元素，且该元素将 attr 属性值定义为 val。注意，X 选择符可以省略，用法与上一个选择符类似。

- X[attr ～="val"]

选择匹配 X 的元素，且该元素定义了 attr 属性，attr 属性值是一个以空格符分割的列表，其中一个列表的值为 val。注意，X 选择符可以省略，表示可以匹配任意类型的元素。

例如，a[title~="b1"] 匹配 <a title="b1 b2 b3"></a>，而不匹配 <a title="b2 b3 b5"></a>。

- X[attr|="val"]

选择匹配 X 的元素，且该元素定义了 attr 属性，val 属性值是一个用连字符（-）分割的列表，值开头的字符为 val。注意，X 选择符可以省略，表示可以匹配任意类型的元素。

例如，[lang|="en"] 匹配 <body lang="en-us"></body>，而不是匹配 <body lang="f-ag"></body>。

- X[attr^="val"]

选择匹配 X 的元素，且该元素定义了 attr 属性，attr 属性值包含了前缀为 val 的字串符。注意，X 选择符可以省略，表示可以匹配任意类型的元素。

例如，body[lang^="en"] 匹配 <body lang="en-us"></body>，而不匹配 <body lang="f-ag"></body>。

- X[attr$="val"]

选择匹配 X 的元素，且该元素定义了 attr 属性，attr 属性值包含后缀为 var 的字符串。注意 X 选择符可以省略，表示可以匹配任意类型的元素。

例如，img[src$="jpg"] 匹配 <img src="p.jpg"/>，而不匹配 <img src="p.gif"/>。

- X[attr*="val"]

选择匹配 X 的元素，且该元素定义了 attr 属性，attr 属性值包含 val 的字符串。注意，X 选择符可以省略，表示可以匹配任意类型的元素。

例如，img[src$="jpg"] 匹配 <img src="p.jpg"/>，而不匹配 <img src="p.gif"/>。

3.3.2 结构伪类选择符

CSS 3 中新增的结构伪类选择符，可以通过文档结构的相互关系来匹配特定的元素。对于有规律的文档结构，可以减少 class 属性和 id 属性的定义，使得文档结构更加简洁。常用的结构伪类选择符介绍如下。

- X:root

选择匹配 X 所在文档的根元素。

- X:not(s)

选择匹配所有不匹配简单选择符 s 的 X 元素。

- X:empty

匹配没有任意子元素的元素 X。

- X:target

匹配当前链接地址指向的 X 元素。

- X:first-child

匹配父元素的第一个子元素 X。

- X:last-child

匹配父元素的最后一个子元素 X。

- X:nth-child(n)

匹配父元素的第 n 个子元素 X。

- X:nth-last-child(n)

匹配父元素的倒数第 n 个子元素 X。

- X:only-child

  匹配父元素仅有的一个子元素X。

- X:first-of-type

  匹配同类型中的第一个同级兄弟元素X。

- X:last-of-type

  匹配同类型中的最后一个同级兄弟元素X。

- X:only-of-type

  匹配同类型中的唯一一个同级兄弟元素X。

- X:nth-of-type(n)

  匹配同类型中的第n个同级兄弟元素X。

- X:nth-last-of-type(n)

  匹配同类型中的倒数第n个同级兄弟元素X。

3.3.3 UI元素状态伪类选择符

在CSS 3中还新增了一种伪类选择符，称为UI元素状态伪类选择符，可以设置元素处在某种状态下的样式，在人机交互过程中，只要元素的状态发生了变化，选择符就有可能会匹配成功。常用的UI元素状态伪类选择符介绍如下。

- X:checked

  选择匹配X的所有可用UI元素。注意在网页中，UI元素一般是指包含在from元素内的表单元素。

  例如input:checked匹配<form><input type="checkbox" /><input type="radio" checked="checked" /></form>代码中的单选按钮，但不匹配该代码中的复选框。

- X:enabled

  选择匹配X的所有可用UI元素。注意，在网页中，UI元素一般是指包含在form元素内的表单元素。

  例如input:enabled匹配<form><input type="text" /><input type="button" disabled="disabled" /></form>代码中的文本框，而不匹配代码中的按钮。

- X:disabled

  选择匹配X的所有不可用元素。注意，在网页中，UI元素一般是指包含在form元素内的表单元素。

  例如input:disabled匹配<form><input type="text" /><input type="button" disabled="disabled" /></form>代码中的按钮，而不匹配代码中的文本框。

3.4 在网页中应用CSS样式的4种方法

CSS样式能够很好地控制页面的显示，以分离网页内容和样式代码。在网页中应用CSS样式表有4种方式：内联CSS样式、内部CSS样式、链接外部CSS样式表文件和导入外部CSS样式表文件。在实际操作中，要根据设计的不同要求来进行方式选择。

3.4.1 内联CSS样式

内联CSS样式是所有CSS样式中比较简单和直观的方法，就是直接把CSS样式代码添加到HTML的标签中，即作为HTML标签的属性存在。通过这种方法，可以很简单地对某个元素单独定义样式。

使用内联样式方法是直接在HTML标签中使用style属性，该属性的内容就是CSS的属性和值，其应用格式如下。

```
<p style="font-family:宋体; font-size:12px; color:#CCCCCC;">内联样式<./p>
```

实例 12+ 视频：使用 style 属性添加内联 CSS 样式

内联 CSS 样式是 HTML 标签对于 style 属性的支持所产生的一种 CSS 样式编写方式，了解了有关内联 CSS 样式的编写方法后，接下来通过实例练习介绍使用 style 属性添加内联 CSS 样式的方法。

源文件：源文件 \ 第 3 章 \3-4-1. html

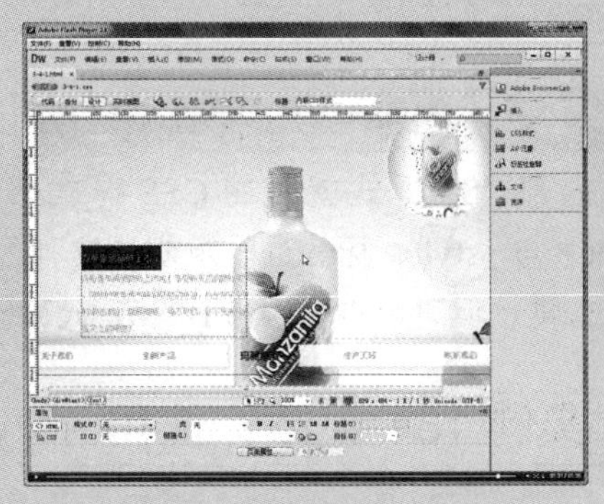

操作视频：视频 \ 第 3 章 \3-4-1. swf

01 ▶执行“文件 > 打开”命令，打开页面“源文件 \ 第 3 章 \3-4-1.html”，可以看到页面效果。

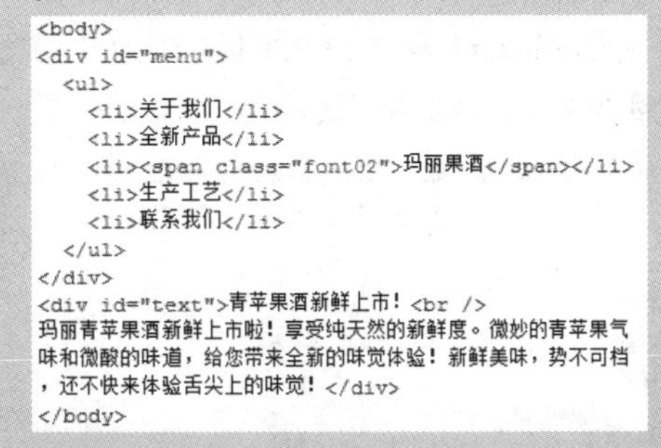

```
<body>
<div id="menu">
  <ul>
    <li>关于我们</li>
    <li>全新产品</li>
    <li><span class="font02">玛丽果酒</span></li>
    <li>生产工艺</li>
    <li>联系我们</li>
  </ul>
</div>
<div id="text">青苹果酒新鲜上市！<br />
玛丽青苹果酒新鲜上市啦！享受纯天然的新鲜度。微妙的青苹果气
味和微酸的味道，给您带来全新的味觉体验！新鲜美味，势不可挡
，还不快来体验舌尖上的味觉！</div>
</body>
```

02 ▶切换到代码视图，可以看到该网页的 HTML 代码。

```
<div id="text"><font>青苹果酒新鲜上市！</font><br />
玛丽青苹果酒新鲜上市啦！享受纯天然的新鲜度。微妙的青苹果气
味和微酸的味道，给您带来全新的味觉体验！新鲜美味，势不可挡
，还不快来体验舌尖上的味觉！</div>
```

03 ▶为页面中相应的文字添加<font>标签。

```
<div id="text"><font style="font-family:微软雅黑;
font-weight:bold; font-size:16px; line-height:45px;
display:inline-block; border-bottom:1px dashed #690;">青苹
果酒新鲜上市！</font><br />
玛丽青苹果酒新鲜上市啦！享受纯天然的新鲜度。微妙的青苹果气
味和微酸的味道，给您带来全新的味觉体验！新鲜美味，势不可挡
，还不快来体验舌尖上的味觉！</div>
```

04 ▶在 <font> 标签中添加 style 属性，设置内联 CSS 样式。

05 ▶返回到页面设计视图中，可以看到通过内联 CSS 样式设置的文字效果。

06 ▶执行“文件 > 保存”命令，保存页面。在浏览器中预览该页面，可以看到页面效果。

提问：内联 CSS 样式的缺点是什么？

答：内联 CSS 样式并不符合表现与内容分离的设计模式，使用内联 CSS 样式与表格布局从代码结构上来说完全相同，仅仅利用了 CSS 对于元素的精确控制优势，并没有很好地实现表现与内容的分离，所以这种书写方式应当尽量少用。

3.4.2 内部 CSS 样式

内部 CSS 样式就是将 CSS 样式代码添加到 <head> 与 </head> 标签之间，并且用 <style> 与 <style> 标签进行声明。这种写法虽然没有完全实现页头内容与 CSS 样式表现的完全分离，但可以将内容与 HTML 代码分离在两个部分进行统一的管理。

实例 13+ 视频：使用 <style> 标签添加内部 CSS 样式

内部 CSS 样式是在网页中应用 CSS 样式的一种重要方式，内部 CSS 样式必须位于页面头部 <head> 与 </head> 标签之间，并且用 <style> 与 <style> 标签进行声明，接下来通过实例练习介绍如何使用内部 CSS 样式。

源文件：源文件 \ 第 3 章 \3-4-2.html

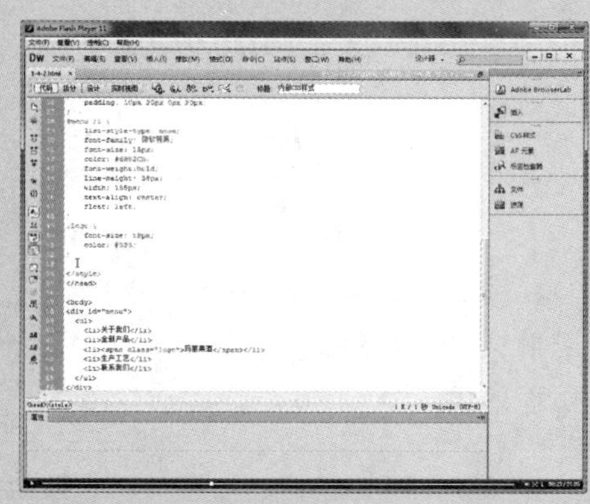

操作视频：视频 \ 第 3 章 \3-4-2.swf

01 ▶ 执行“文件 > 打开”命令，打开页面“源文件 \ 第 3 章 \3-4-2.html”，可以看到页面效果。

```
<html xmlns="http://www.w3.org/1999/xhtml">
<head>
<meta http-equiv="Content-Type" content="text/html; charset=utf-8" />
<title>内部CSS样式</title>
<style type="text/css">
* {
    margin: 0px;
    padding: 0px;
    border: 0px;
}
body {
    font-size: 14px;
    color: #9FC119;
    line-height: 30px;
    background-image: url(images/34101.jpg);
    background-repeat: no-repeat;
    background-position: center -80px;
}
#text {
    width: 300px;
    height: auto;
    overflow: hidden;
    margin-left: 10%;
    margin-top: 230px;
}
#menu {
    width: 945px;
    height: 54px;
    background-image: url(images/34102.png);
    background-repeat: no-repeat;
    position: absolute;
    bottom: 20px;
    left: 50%;
    margin-left: -492px;
```

02 ▶ 切换到代码视图，在页面头部的 <head> 与 </head> 标签之间可以看到该页面的嵌入样式。

```
.font01 {
    font-family: 微软雅黑;
    font-weight: bold;
    font-size: 16px;
    line-height: 45px;
    display: inline-block;
    border-bottom: 1px dashed #690;
}
```

03 ▶在网页头部的内部 CSS 样式代码中定义一个名为 .font01 的类 CSS 样式。

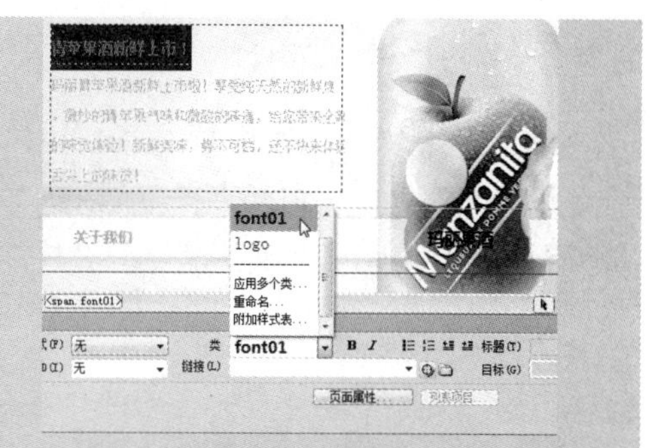

04 ▶选择页面中相应的文字，在“属性”面板上的“类”下拉列表中选择刚定义的 CSS 样式 font01 应用。

```
<div id="text"><span class="font01">青苹果酒新鲜上市!
</span><br />
玛丽青苹果酒新鲜上市啦！享受纯天然的新鲜度。微妙的
青苹果气味和微酸的味道，给您带来全新的味觉体验！新
鲜美味，势不可挡，还不快来体验舌尖上的味觉！ </div>
```

05 ▶切换到代码视图中，可以看到在 <span> 标签中添加的相应代码，这是应用类 CSS 样式的方式。

06 ▶执行“文件 > 保存”命令，保存页面，在浏览器中预览该页面，可以看到页面的效果。

提问：内部 CSS 样式的方式有哪些优点和缺点？

答：在内部 CSS 样式中，所有的 CSS 代码都编写在 <style> 与 </style> 标签之间，方便了后期对页面的维护，页面相对于内联 CSS 样式的方式大大瘦身了。但是如果一个网站拥有很多页面，对于不同页面中的 <p> 标签都希望采用同样的 CSS 样式设置时，内部 CSS 样式的方法都显得有点麻烦了。该方法只适合于单一页面设置单独的 CSS 样式。

3.4.3 链接外部 CSS 样式文件

链接外部 CSS 样式文件是指在外部定义 CSS 样式并形成以 .css 为扩展名的文件，然后在页面中通过 <link> 标签将外部的 CSS 样式文件链接到页面中，而且该语句必须放在页面的 <head> 与 </head> 标签之间，链接外部 CSS 样式表文件的格式如下。

```
<link rel="stylesheet" type="text/css" href="style/3-3-3.css">
```

- **rel**

该属性用于指定链接到 CSS 样式，其值为 stylesheet。

- **type**

该属性用于指定链接的文件类型为 CSS 样式表。

- **href**

该属性用于指定所链接的外部 CSS 样式文件的路径，可以使用相对路径和绝对路径。

实例 14+ 视频：使用 <link> 标签链接外部 CSS 样式文件

外部 CSS 样式文件是 CSS 样式中较为理想的一种形式。将 CSS 样式代码单独编写在一个独立文件之中，由网页进行调用，多个网页可以调用同一个外部 CSS 样式文件，因此能够实现代码的最大化使用及网站文件的最优化配置。

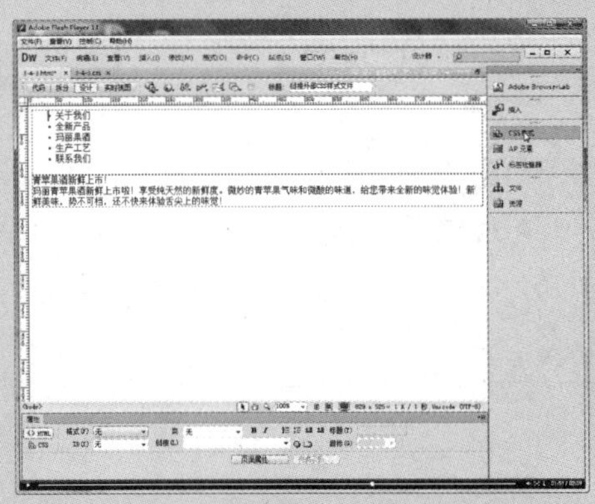

源文件：源文件 \ 第 3 章 \3-4-3. html

操作视频：视频 \ 第 3 章 \3-4-3. swf

01 ▶执行“文件 > 打开”命令，打开页面“源文件 \ 第 3 章 \3-4-3.html”，可以看到页面效果。

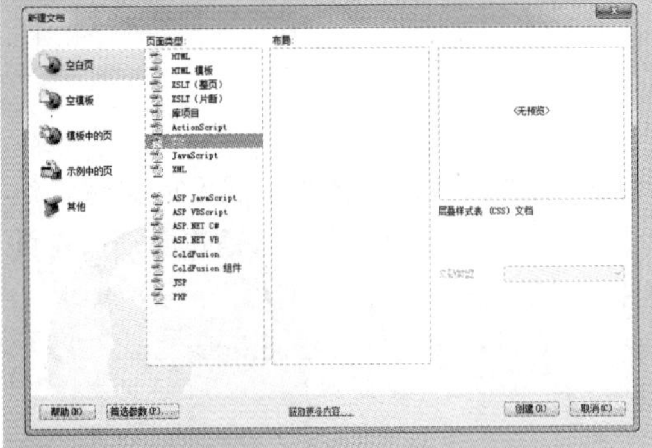

03 ▶执行“文件 > 新建”命令，弹出“新建文档”对话框，在“页面类型”列表中选择 CSS 选项。

02 ▶切换到代码视图，在页面头部的 <head> 与 </head> 标签之间可以看到该页面的内部样式。

04 ▶单击“确定”按钮，创建一个外部 CSS 样式文件，将该文件保存为“源文件 \ 第 3 章 \style\3-4-3.css”。

05 ▶ 返回 3-4-3.html 页面中，将 <head> 与 </head> 标签之间的 CSS 样式代码复制到刚创建的外部 CSS 样式文件中。

06 ▶ 返回 3-4-3.html 页面中，将 <style> 与 </style> 标签删除。

提示　在这里需要注意，如果外部的 CSS 样式文件与 HTML 页面在同一目录下，则不需要修改 CSS 样式代码中所引用的背景图像的位置，如果 CSS 样式文件与 HTML 文件不在同一目录下，则需要修改 CSS 样式代码中所引用的背景图像的位置。

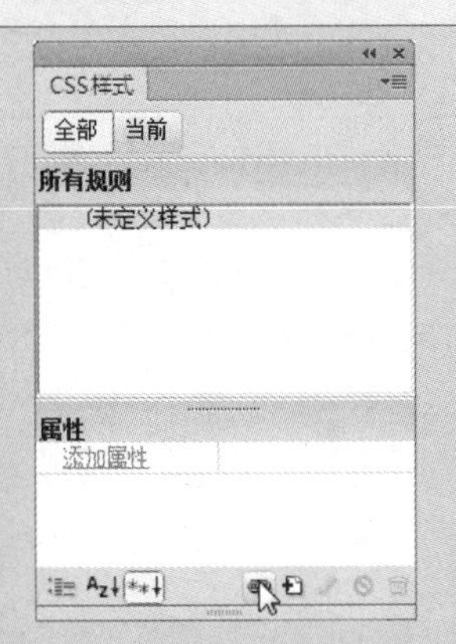

07 ▶ 返回 3-4-3.html 页面的设计视图中，打开“CSS 样式”面板，单击“附加样式表”按钮。

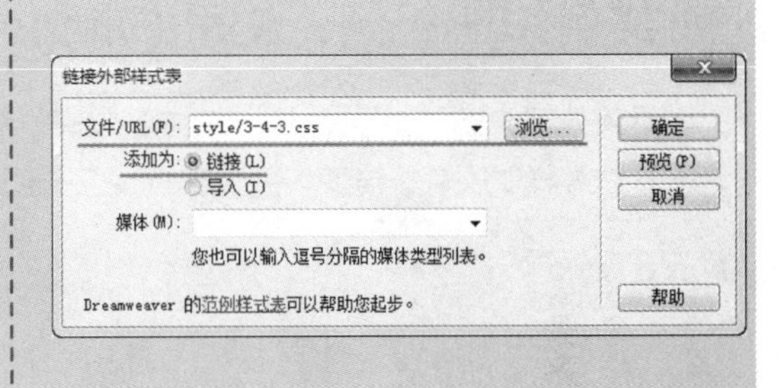

08 ▶ 弹出“链接外部样式表”对话框，单击“浏览”按钮，选择需要链接的外部 CSS 样式文件。

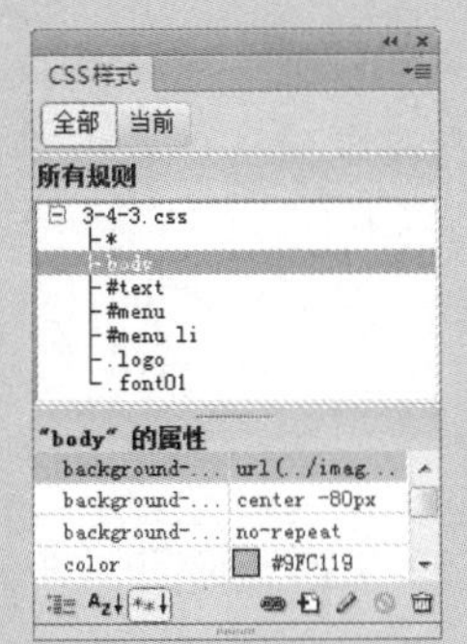

09 ▶ 单击“确定”按钮，即可链接指定的外部 CSS 样式文件，在“CSS 样式”面板中显示所链接的外部 CSS 样式文件中的 CSS 样式表。

```
<head>
<meta http-equiv="Content-Type" content="text/html;
charset=utf-8" />
<title>链接外部CSS样式文件</title>
<link href="style/3-4-3.css" rel="stylesheet" type="text/css" />
</head>
<body>
<div id="menu">
  <ul>
    <li>关于我们</li>
    <li>全新产品</li>
    <li><span class="logo">玛丽果酒</span></li>
    <li>生产工艺</li>
    <li>联系我们</li>
  </ul>
</div>
<div id="text"><span class="font01">青苹果酒新鲜上市！</span><br />
玛丽青苹果酒新鲜上市啦！享受纯天然的新鲜度。微妙的青苹果气味和微
酸的味道，给您带来全新的味觉体验！新鲜美味，势不可挡，还不快来体验舌尖上的味觉！
</div>
</body>
</html>
```

10 ▶ 切换到代码视图中，在 <head> 与 </head> 标签之间可以看到链接外部 CSS 样式文件的代码。

提示

CSS 样式在页面中的应用主要目的在于实现良好的网站文件管理及样式管理，分离式的结构有助于合理分配表现与内容。

提问

提问：使用链接外部 CSS 样式文件有什么优势？

答：推荐使用链接外部 CSS 样式文件的方式在网页中应用 CSS 样式，其优势主要有：（1）独立于 HTML 文件，便于修改；（2）多个文件可以引用同一个 CSS 样式文件；（3）CSS 样式文件只需要下载一次，就可以在其他链接了该文件的页面内使用；（4）浏览器会先显示 HTML 内容，然后再根据 CSS 样式文件进行渲染，从而使访问者可以更快地看到内容。

3.4.4 导入外部 CSS 样式文件

导入外部 CSS 样式文件与链接外部 CSS 样式文件基本相同，都是创建一个单独的 CSS 样式文件，然后再引入到 HTML 文件中，只不过语法和运作方式上有所分别。采用导入的 CSS 样式，在 HTML 文件初始化时，会被导入到 HTML 文件内，作为文件的一部分，类似于内部 CSS 样式。而链接外部 CSS 样式文件是在 HTML 标签需要 CSS 样式风格时才以链接方式引入。

实例 15+ 视频：使用 @import 命令导入外部 CSS 样式文件

导入外部 CSS 样式文件是指在内部样式的 <style> 与 </style> 标签中，使用 @import 导入一个外部 CSS 样式文件。接下来通过实例练习介绍如何使用 @import 命令导入外部 CSS 样式文件。

源文件：源文件 \ 第 3 章 \3-4-4. html

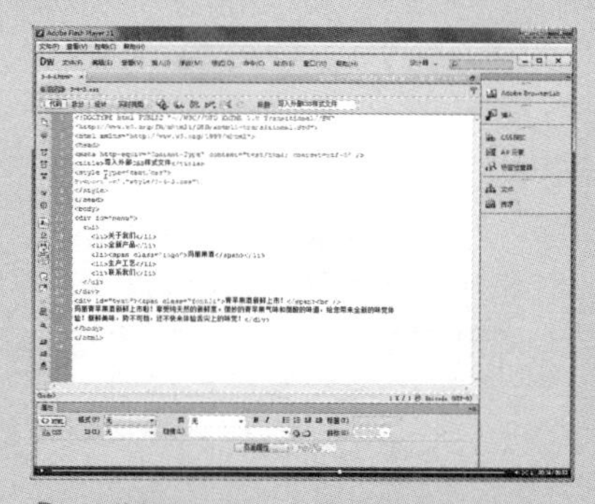

操作视频：视频 \ 第 3 章 \3-4-4. swf

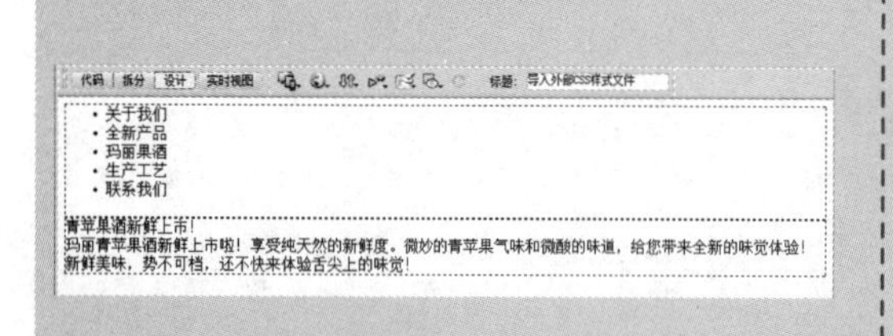

01 ▶执行“文件 > 打开”命令，打开页面“源文件 \ 第 3 章 \3-4-4.html”，可以看到页面效果。

```
<!DOCTYPE html PUBLIC "-//W3C//DTD XHTML 1.0 Transitional//EN"
"http://www.w3.org/TR/xhtml1/DTD/xhtml1-transitional.dtd">
<html xmlns="http://www.w3.org/1999/xhtml">
<head>
<meta http-equiv="Content-Type" content="text/html; charset=utf-8" />
<title>导入外部css样式文件</title>
</head>
<body>
<div id="menu">
  <ul>
    <li>关于我们</li>
    <li>全新产品</li>
    <li><span class="logo">玛丽果酒</span></li>
    <li>生产工艺</li>
    <li>联系我们</li>
  </ul>
</div>
<div id="text"><span class="font01">青苹果酒新鲜上市！</span><br />
玛丽青苹果酒新鲜上市啦！享受纯天然的新鲜度。微妙的青苹果气味和微酸的味道，给您带来全新的味觉体验！新鲜美味，势不可挡，还不快来体验舌尖上的味觉！</div>
</body>
</html>
```

02 ▶切换到代码视图，可以看到页面中并没有链接外部 CSS 样式，也没有内部 CSS 样式。

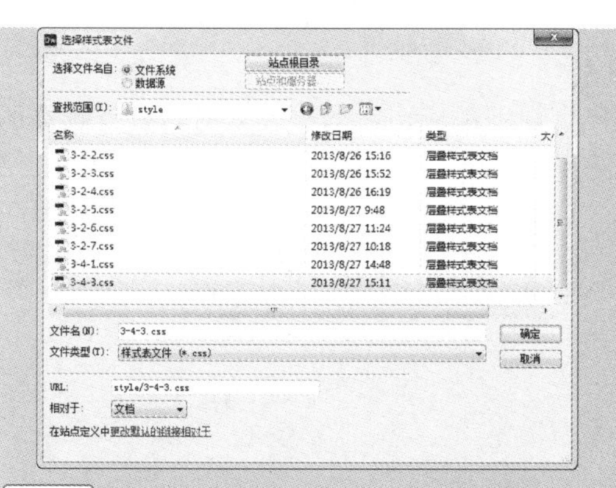

03 ▶返回设计视图，打开“CSS 样式”面板，单击“附加样式表”按钮，弹出“链接外部样式表”对话框，单击“浏览”按钮，选择需要导入的外部 CSS 样式文件。

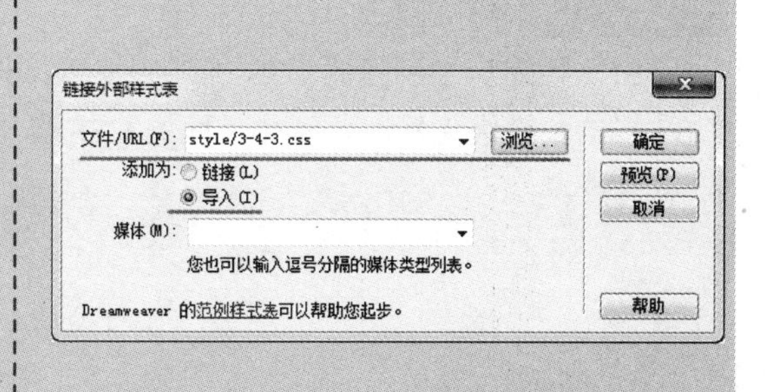

04 ▶单击“确定”按钮，设置“添加为”选项为“导入”。

05 ▶单击“确定”按钮，导入相应的 CSS 样式，可以在设计视图中看到页面效果。

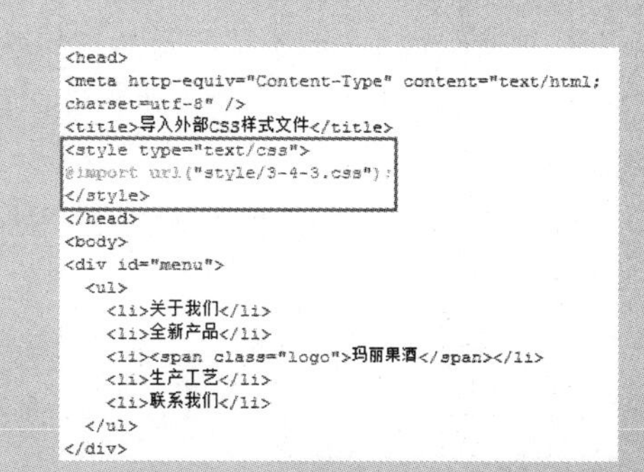

06 ▶转换到代码视图中，在页面头部的<head>与</head>标签之间可以看到自动添加的导入 CSS 样式文件的代码。

提问

提问：导入外部 CSS 样式文件的优势是什么？

答：导入外部 CSS 样式与链接外部 CSS 样式相比较，最大的优点就是可以一次导入多个外部 CSS 样式文件。导入外部 CSS 样式文件相当于将 CSS 样式文件导入到内部 CSS 样式中，其方式更有优势。导入外部 CSS 样式文件必须在内部 CSS 样式的开始部分，即其他内部 CSS 样式代码之前。

3.5　CSS 样式的特性

CSS 通过与 HTML 的文档结构相对应的选择符来达到控制页面表现的目的，在 CSS 样式的应用过程中，还需要注意 CSS 样式的一些特性，包括继承性、特殊性、层叠性和重要性，本节将对 CSS 样式的特性进行介绍。

3.5.1　继承性

在 CSS 语言中继承并不那么复杂，简单地说就是将各个 HTML 标签看做一个个大容器，其中被包含的小容器会继承所包含它的大容器的风格样式。子标签还可以在父标签样式风格的基础上再加以修改，产生新的样式，而子标签的样式风格完全不会影响父标签。

3.5.2 特殊性

特殊性规定了不同的 CSS 规则的权重，当多个规则都应用在同一元素时，权重越高的 CSS 样式会被优先采用，例如下面的 CSS 样式设置。

```
.font01 {
color: red;
}
p {
color: blue;
}

<p class="font01">内容</p>
```

那么 <p> 标签中的文字颜色究竟应该是什么颜色？根据规范，标签选择符（例如 <p>）具有特殊性 1，而类选择符具有特殊性 10，id 选择符具有特殊性 100。因此，此例中 p 中的颜色应该为红色。而继承的属性，具有特殊性 0，因此后面任何的定义都会覆盖掉元素继承来的样式。

特殊性还可以叠加，例如下面的 CSS 样式设置。

```
h1 {
    color: blue;            /*特殊性=1*/
}
p i {
    color: yellow;          /*特殊性=2*/
}
.font01 {
    color: red;             /*特殊性=10*/
}
#main {
    color: black;           /*特殊性=100*/
}
```

当多个 CSS 样式都可应用在同一元素时，权重越高的 CSS 样式会被优先采用。

3.5.3 层叠性

层叠就是指在同一个网页中可以有多个 CSS 样式存在，当拥有相同特殊性的 CSS 样式应用在同一个元素时，根据前后顺序，后定义的 CSS 样式会被应用，它是 W3C 组织批准的一个辅助 HTML 设计的新特性，能够保持整个 HTML 的统一外观，可以由设计者在设置文本之前就指定整个文本的属性，例如颜色、字体大小等，CSS 样式为设计制作网页带来了很大的灵活性。

由此可以推断在一般情况下，内联 CSS 样式（写在标签内的）> 内部 CSS 样式（写在文档头部的）> 外部 CSS 样式（写在外部样式表文件中的）。

3.5.4　重要性

不同的 CSS 样式具有不同的权重，对于同一元素，后定义的 CSS 样式会替代先定义的 CSS 样式，但有时候制作者需要某个 CSS 样式拥有最高的权重，此时就需要标出此 CSS 样式为“重要规则”，例如下面的 CSS 样式设置。

```
.font01 {
color: red;
}
p {
color: blue; !important
}
<p class="font01">内容</p>
```

此时，<p> 标签 CSS 样式中的 color: blue 将具有最高权重，<p> 标签中的文字颜色就为蓝色。

当制作者不指定 CSS 样式的时候，浏览器也可以按照一定的样式显示出 HTML 文档，这时浏览器使用自身内定的样式来显示文档。同时，访问者还有可能设定自己的样式表，例如视力不好的访问者会希望页面内的文字显示得大一些，因此设定一个属于自己的样式表保存在本机内。此时，浏览器的样式表权重最低，制作者的样式表会取代浏览器的样式表来渲染页面，而访问者的样式表则会优先于制作者的样式定义。

而用“!important”声明的规则将高于访问者本地样式的定义，因此需要谨慎使用。

3.6　CSS 样式中的颜色设置和单位

网页中颜色的设置非常重要，例如文字颜色或背景颜色等，在 CSS 样式中有多种颜色值设置方法。网页中字体大小、格式以及网页元素的定位，在网页布局中都是至关重要的，合理地应用各种单位才能够精确地布局网页中的各个元素。

3.6.1　CSS 中的多种颜色设置方法

在网页中常常需要为文字和背景设置颜色，在 CSS 中设置颜色的方法很多，可以使用颜色名称、RGB 颜色、十六进制颜色、网络安全色，下面分别介绍各种颜色设置的方法。

- **颜色名称**

在 CSS 中可以直接使用英文单词命名与之相应的颜色，这种方法的优点是简单、直接、容易掌握。CSS 规范推荐了 16 种颜色，主流的浏览器都能够识别，下面列出了这 16 种颜色的英文名称。

白色（white）、黑色（black）、灰色（gray）、红色（red）、黄色（yellow）、褐色（maroon）、绿色（green）、水绿色（aqua）、浅绿色（lime）、橄榄色（olive）、

深青色（teal）、蓝色（blue）、深蓝色（navy）、紫色（purple）、紫红色（fuchsia）和银色（silver）。

这些颜色最初来源于基本的 Windows VGA 颜色，例如在 CSS 中定义字体颜色时，便可以直接使用这些颜色的名称。

```
p { color: blue;}
```

直接使用颜色的名称，简单、明了，而且容易记住。

RGB 颜色

如果要使用十进制表示颜色，则需要使用 RGB 颜色。十进制表示颜色，最大值为 255，最小值为 0。要使用 RGB 颜色，必须使用 rgb(R,G,B)，其中 R、G、B 分别表示红、绿、蓝的十进制值，通过这三个值的变化结合便可以形成不同的颜色。例如，rgb（255,0,0）表示红色，rgb（0,255,0）表示绿色，rgb（0,0,255）表示蓝色。黑色表示为 rgb（0,0,0,），白色表示为 rgb（255,255,255）。

RGB 设置方法一般分为两种：百分比设置和直接用数值设置。例如，将 P 标记设置颜色，有以下两种方法。

```
p { color: rgb ( 123,0,25 )}
p { color: rgb ( 45%,0%,25% )}
```

这两种方法都是用三个值表示“红”、“绿”、“蓝”三种颜色。这三种基本色的取值范围都是 0~255。通过指定这三种基本色分量，可以定义出各种各样的颜色。

十六进制颜色

当然，除了 CSS 预定义的颜色外，设计者为了使页面色彩更加丰富，也可以使用十六进制颜色和 RGB 颜色。

十六进制颜色是最常用的定义方式。十六进制数中，是由 0~9 和 A~F 组成的。例如，十进制中 0，1，2，3，…由十六进制表示如下。

00，01，02，03，04，05，06，07，08，09，0A，0B，0C，0D，0E，0F，10，11，12，13，14，15，16 ，17，18，19，1A，1B，1C，1D，1E，1F，20，21，22，…

上述表示中，0A 表示十进制中的 10，1A 则表示 26，依此类推。

十六进制颜色的基本格式为 #RRGGBB。其中，R 表示红色，G 表示绿色，B 表示蓝色。而 RR、GG、BB 最大值为 FF，表示十进制中的 255；最小值为 00，表示十进制中的 0。例如，#FF0000 表示红色，#00FF00 表示绿色，#0000FF 表示蓝色，#000000 表示黑色，#FFFFFF 表示白色，而其他颜色是通过红、绿、蓝这三种基本色的结合而形成的。例如，#FFFF00 表示黄色，#FF00FF 表示紫红色。

对于浏览器不能识别的颜色名称，就可以使用所需颜色的十六进制值或 RGB 值。以下是几种常见的预定义颜色值的十六进制值和 RGB 值。

颜色对照表

颜色名称	十六进制值	RGB 值
红色	#FF0000	Rgb(255,0,0)
橙色	#FF6600	Rgb(255,102,0)
黄色	#FFFF00	Rgb(255,255,0)
绿色	#00FF00	Rgb(0,255,0)
蓝色	#0000FF	Rgb(0,0,255)
紫色	#800080	Rgb(128,0,128)
紫红色	# FF00FF	Rgb(255,0,255)
水绿色	#00FFFF	Rgb(0,255,255)
灰色	#808080	Rgb(128,128,128)
褐色	#800000	Rgb(128,0,0)
橄榄色	#808000	Rgb(128,128,0)

（续表）

颜色名称	十六进制值	RGB 值
深蓝色	#000080	Rgb(0,0,128)
银色	#C0C0C0	Rgb(192,192,192)
深青色	#008080	Rgb(0,128,128)
白色	#FFFFFF	Rgb(255,255,255)
黑色	#000000	Rgb(0,0,0)

3.6.2　CSS 中的绝对单位

为保证页面元素能够在浏览器中完全显示且布局合理，就需要设定元素间的距离和元素本身的边距值，这都离不开长度单位的使用。

在 CSS 样式中，绝对单位用于设置绝对值，主要有以下 5 种绝对单位。

- in（英寸）

in（英寸）是国外常用的量度单位，对于国内设计而言，使用较少。1in（英寸）等于 2.54cm（厘米），而 1cm（厘米）等于 0.394in（英寸）。

- cm（厘米）

cm（厘米）是常用的长度单位。它可以用来设定距离比较大的页面元素框。

- mm（毫米）

mm（毫米）可以精确地设置页面元素距离或大小。10mm（毫米）等于 1cm（厘米）。

- pt（磅）

pt（磅）是标准的印刷量度，一般用来设定文字的大小。它广泛应用于打印机、文字程序等。72pt（磅）等于 1in（英寸），也就是等于 2.54cm（厘米）。另外，in（英寸）、cm（厘米）和 mm（毫米）也可以用来设定文字的大小。

- pc（派卡）

pc（派卡）是另一种印刷量度，1pc（派卡）等于 12pt（磅），该单位并不经常使用。

3.6.3　CSS 中的相对单位

相对单位是指在度量时需要参照其他页面元素的单位值。使用相对单位所度量的实际距离可能会随着这些单位值的变化而变化。CSS 提供了三种相对单位：em、ex 和 px。

- em

em 用于指定字体的 font-size 值。1em 总是字体的大小值，它随着字体大小的变化而变化，如一个元素的字体大小为 12pt，那么 1em 就是 12pt；若该元素字体大小改为 15pt，则 1em 就是 15pt。

- ex

ex 是以给定字体的小写字母“x”高度作为基准，对于不同的字体来说，小写字母“x”高度是不同的，因而 ex 的基准也不同。

- px

px 也叫像素，是目前广泛使用的一种量度单位，1px 就是屏幕上的一个小方格，这个通常是看不出来的，由于显示器的大小不同，它的每个小方格是有所差异的，因此以像素为单位的基准也是不同的。

3.7　本章小结

CSS 样式是网页设计制作的必备技能，也是 DIV+CSS 布局网页的核心内容。本章主要介绍了有关 CSS 样式的基础知识，包括 CSS 样式的优势、CSS 样式语法、CSS 选择符和在网页中应用 CSS 样式的 4 种方式等内容，本章所讲解的内容都非常重要，是学习 DIV+CSS 布局的基础，读者最好能够熟练掌握。

第 4 章　使用 CSS 设置文本和段落样式

文字作为传递信息的主要手段，一直都是网页中必不可少的一个元素。网站中文字的表现形式非常丰富，网站越大，图形和文字内容越多，需要管理的文字样式也越多。使用 CSS 对文字样式进行控制是一种非常好的方法，不仅能够灵活控制文字样式，还便于设计师对网页内容进行修改和设置。本章主要介绍如何通过 CSS 样式对网页中的文本和段落进行有效控制。

本章知识点

- ☑ 文本和段落 CSS 样式属性
- ☑ 掌握文本 CSS 样式设置
- ☑ 掌握段落 CSS 样式设置
- ☑ 了解 CSS 类选区
- ☑ 掌握在网页中使用特殊字体

4.1　设置文本 CSS 样式

在制作网站页面时，可以通过 CSS 控制文字样式，对文字的字体、大小、颜色、粗细、斜体、下划线、顶划线和删除线等属性进行设置。使用 CSS 控制文字样式的最大好处是，可以同时为多段文字赋予同一 CSS 样式，在修改时只需修改某一个 CSS 样式，即可同时修改应用该 CSS 样式的所有文字。

4.1.1　设置字体 font-family

在 HTML 中提供了字体样式设置的功能，在 HTML 语言中文字样式是通过<font face="字体名称">来设置的，而在 CSS 样式中则是通过 font-family 属性来进行设置的。font-family 属性的语法格式如下。

```
font-family:name1,name2,name3…;
```

通过 font-family 属性的语法格式可以看出，为 font-family 属性定义多个字体，按优先顺序，用逗号隔开，当系统中没有第一种字体时，会自动应用第二种字体，以此类推。需要注意的是，如果字体名称中包含空格，则字体名称需要用双引号括起来。

实例 16+ 视频：设置欢迎页面中的字体

通过 CSS 样式，可以有效地对文字字体进行控制，为相应的文字选择合适的字体。接下来通过实例练习介绍如何通过 font-family 属性定义文字字体。

源文件：源文件 \ 第 4 章 \4-1-1. html

操作视频：视频 \ 第 4 章 \4-1-1. swf

01 ▶执行“文件 > 打开”命令，打开页面“源文件 \ 第 4 章 \4-1-1.html”，可以看到页面效果。

```
.font01{
    font-family:幼圆;
}
```

02 ▶转换到该网页链接的外部样式表 4-1-1.css 文件中，定义名为 .font01 的类 CSS 样式。

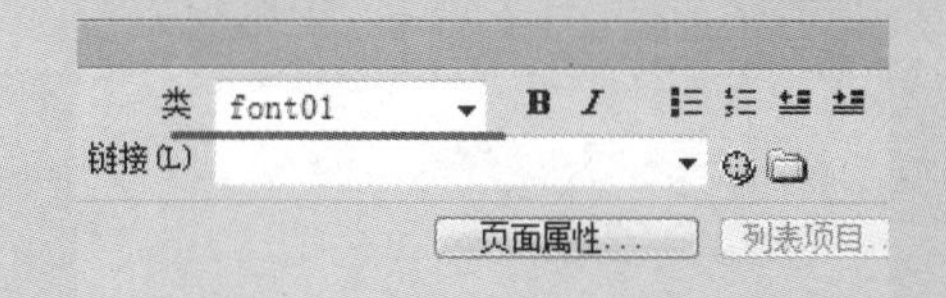

03 ▶返回 4-1-1.html 页面中，选择页面中相应的文字，在“属性”面板的“类”下拉列表中选择刚定义的 CSS 样式 font01 应用。

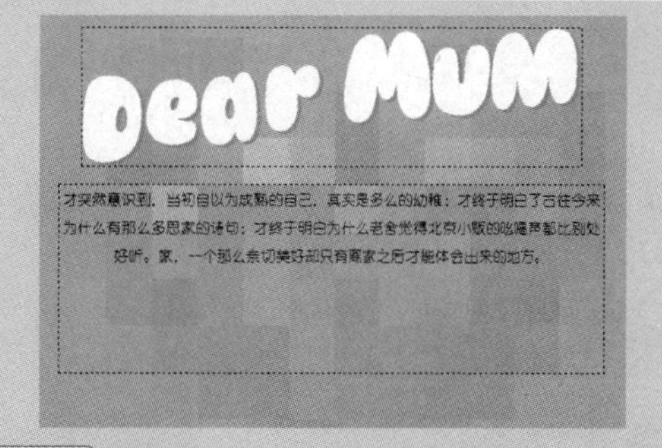

04 ▶完成类 CSS 样式的应用后，可以看到页面中的字体效果。

```
.font02{
    font-family:"Arial Black";
}
```

05 ▶转换到 4-1-1.css 文件中，定义名为 .font02 的类 CSS 样式。

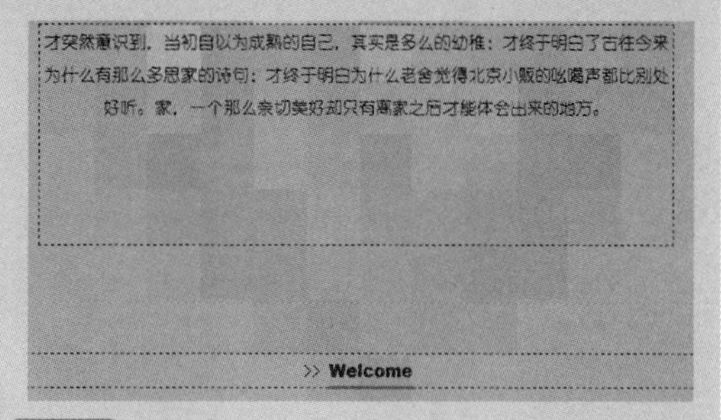

06 ▶返回 4-1-1.html 页面中，选择页面中的 Welcome 文字，在“类”下拉列表中选择刚定义的 CSS 样式 font02 应用。

提问

提问：系统中默认的中文字体有哪些？

答：默认情况下，中文操作系统中默认的中文字体有宋体、黑体、幼圆和微软雅黑，其他的字体都不是系统默认支持的字体。如果需要使用一些特殊的字体，则需要通过图像来实现，否则用户的浏览器中可能显示不出所设置的特殊字体。

4.1.2 设置字体大小 font-size

在网页应用中，字体大小的区别可以起到突出网站主题的作用。字体大小可以是相对大小也可以是绝对大小。在 CSS 中，可以通过设置 font-size 属性来控制字体的大小。font-size 属性的基本语法如下。

```
font-size:字体大小;
```

实例 17+ 视频：设置网站欢迎页面中的字体大小

通过 CSS 样式可以对文字大小进行控制，下面通过实例练习介绍如何使用 font-size 属性设置不同的具体数值和单位，使文字大小产生不同的变化。

源文件：源文件 \ 第 4 章 \4-1-2. html

操作视频：视频 \ 第 4 章 \4-1-2. swf

01 执行“文件 > 打开”命令，打开页面“源文件 \ 第 4 章 \4-1-2.html”，可以看到页面效果。

```
.font01{
    font-family:幼圆;
    font-size:16px;
}
```

02 转换到该网页链接的外部样式表 4-1-2.css 文件中，定义名为 .font01 的类 CSS 样式。

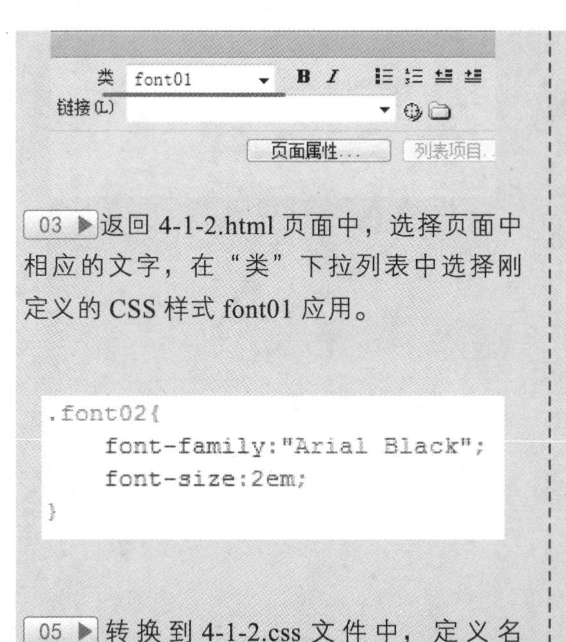

03 ▶返回 4-1-2.html 页面中，选择页面中相应的文字，在“类”下拉列表中选择刚定义的 CSS 样式 font01 应用。

04 ▶完成类 CSS 样式的应用后，可以看到页面中文字的效果。

```
.font02{
    font-family:"Arial Black";
    font-size:2em;
}
```

05 ▶转换到 4-1-2.css 文件中，定义名为 .font02 的类 CSS 样式。

06 ▶返回 4-1-2.html 中，选中页面中相应的文字，在“类”下拉列表中选择刚定义的 CSS 样式 font02 应用。

提示

em 是相对大小单位，是指相对于父元素的大小值。所谓父元素是指当前输入文字的最近一级元素所设置的字体大小，如果父元素未设置则字体的大小会按照浏览器默认的比例显示，显示器的默认显示比例是 1em=16px。

提问

提问：在设置字体大小时，使用相对大小和绝对大小单位有什么区别？

答：设置绝对大小需要使用绝对单位，使用绝对大小的方法设置的文字无论在何种分辨率下显示出来的字体大小都是不变的。关于 CSS 样式中相对大小单位和绝对大小单位已经在第 3 章进行了介绍，这里不再赘述。

4.1.3　设置字体颜色 color

在 HTML 页面中，通常在页面的标题部分或者需要浏览者注意的部分使用不同的颜色，使其与其他文字有所区别，从而能够吸引浏览者的注意。在 CSS 样式中，文字的颜色是通过 color 属性进行设置的。

color 属性的基本语法如下。

```
color:颜色值;
```

在 CSS 样式中颜色值的表示方法有多种，可以使用颜色英文名称、RGB 和 HEX 等多种方式设置颜色值，关于颜色值的多种设置方式，在第 3 章中进行了详细介绍，这里不再赘述。

实例 18+ 视频：设置网站欢迎页面中的文字颜色

为文字设置颜色能够丰富网页色彩，增强网页表现效果。设置颜色有很多方法，在下面的实例练习中使用比较常用的一种即设置 HEX 色值来设置文字颜色。

源文件：源文件 \ 第 4 章 \4-1-3.html

操作视频：视频 \ 第 4 章 \4-1-3.swf

01 执行“文件 > 打开”命令，打开页面“源文件 \ 第 4 章 \4-1-3.html”，可以看到页面效果。

```
.font01{
    font-family:幼圆;
    font-size:16px;
    color:#FFF;
}
```

02 转换到该网页链接的外部样式表 4-1-3.css 文件中，定义名为 .font01 的类 CSS 样式。

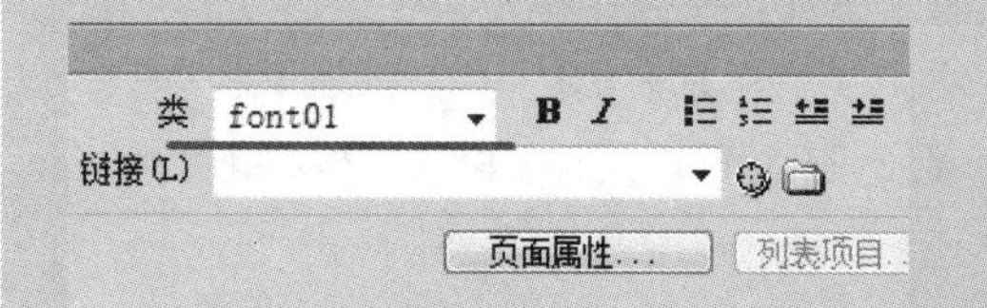

03 返回 4-1-3.html 页面中，选中页面中相应的文字，在“类”下拉列表中选择刚定义的 CSS 样式 font01 应用。

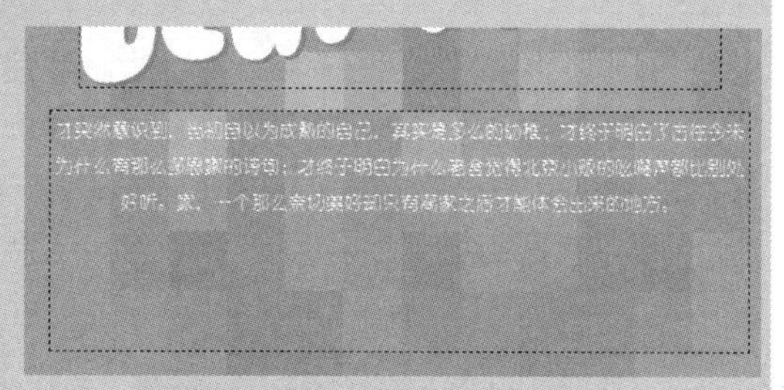

04 完成类 CSS 样式的应用后，可以看到页面中字体的效果。

```
.font02{
    font-family:"Arial Black";
    font-size:2em;
    color:#600;
}
```

05 转换到 4-1-3.css 文件中，定义名为 .font02 的类 CSS 样式。

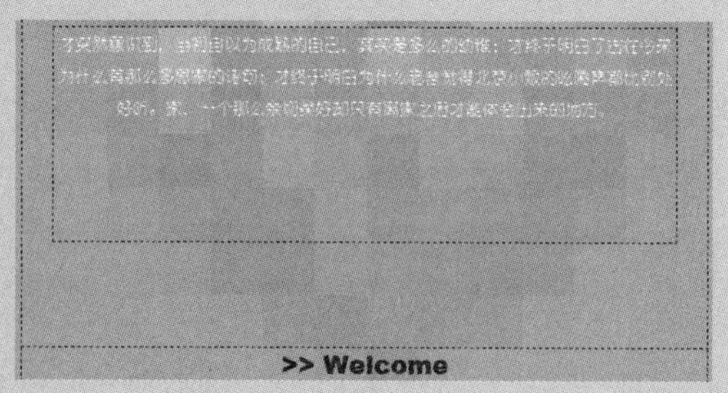

06 返回 4-1-3.html 页面中，选中相应的文字，在“类”下拉列表中选择刚定义的 CSS 样式 font02 应用。

提问

提问：十六进制颜色值是如何表现的？

答：在 HTML 页面中，每一种颜色都是由 R、G、B 三种颜色（红、绿、蓝三原色）按不同的比例合成。在网页中，默认的颜色表现方式是十六进制的表现方式，如 #000000 以 # 号开头，前面两位代表红色的分量，中间两位代表绿色的分量，最后两位代表蓝色的分量。

4.1.4　设置字体粗细 font-weight

在 HTML 页面中，将字体加粗或是变细是吸引浏览者注意的另一种方式，同时还可以使网页的表现形式更加多样。在 CSS 样式中通过 font-weight 属性对字体的粗细进行控制。定义字体粗细 font-weight 属性的基本语法如下。

```
font-weight:字体粗细;
```

font-weight 属性的属性值介绍如下。

- normal

  该属性值设置字体为正常的字体，相当于参数为 400。

- bold

  该属性值设置字体为粗体，相当于参数为 700。

- bolder

  该属性值设置的字体为特粗体。

- lighter

  该属性值设置的字体为细体。

- inherit

  该属性设置字体的粗细为继承上级元素的 font-weight 属性设置。

- 100~900

  font-weight 属性值还可以通过 100~900 的数值来设置字体的粗细。

实例 19+ 视频：设置网页中的重要文字加粗

字体粗细可以表达网页的先后层次，突出重点部分。前面已经介绍了 font-weight 属性的设置方法，接下来通过实例练习介绍如何通过 font-weight 属性设置字体粗细。

源文件：源文件 \ 第 4 章 \4-1-4. html

操作视频：视频 \ 第 4 章 \4-1-4. swf

01 ▶执行“文件 > 打开”命令，打开页面“源文件 \ 第 4 章 \4-1-4.html”，可以看到页面效果。

```
.font01{
    font-weight:bold;
}
```

02 ▶转换到该网页链接的外部样式表 4-1-4.css 文件中，定义名为 .font01 的类 CSS 样式。

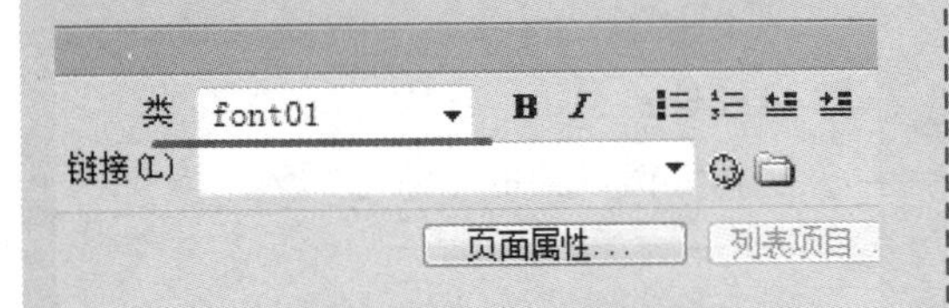

03 ▶返回 4-1-4.html 页面中，选中页面中相应的文字，在“属性”面板的“类”下拉列表中选择 CSS 样式 font01 应用。

幸福跟随单车上的你我

你英俊的侧脸，承载我无限的依赖。视线里的风景不断地在后退，不断地在更新，唯一不变的是单车前面的那个你，轻轻地环过你的腰际，阳光变得更加欢喜。倚在你的身后，满足的心意已足够。手上冰淇淋的凉意，传递着心的甜蜜。你轻柔的歌声，胜过千言万语。

04 ▶完成类 CSS 样式的应用后，可以看到页面中文字的效果。

```
.font02{
    font-weight:bolder;
}
```

05 ▶转换到 4-1-4.css 文件中，定义名为 .font02 的类 CSS 样式。

幸福跟随单车上的你我

你英俊的侧脸，承载我无限的依赖。视线里的风景不断地在后退，不断地在更新，唯一不变的是单车前面的那个你，轻轻地环过你的腰际，阳光变得更加欢喜。倚在你的身后，满足的心意已足够。手上冰淇淋的凉意，传递着心的甜蜜。**你轻柔的歌声，胜过千言万语。**

06 ▶返回 4-1-4.html 页面中，选中相应的文字，在“类”下拉列表中选择刚定义的 CSS 样式 font02 应用。

提示

使用 font-weight 属性设置网页中文字的粗细时，将 font-weight 属性设置为 bold 和 bolder，对于中文字体，在视觉效果上几乎是一样的，没有什么区别，对于部分英文字体会有区别。

提问

提问：使用 CSS 样式设置文字粗细时需要注意什么？

答：在设置页面字体粗细时，文字的加粗或者细化都有一定的限制，字体粗细的设置范围是 100~900 的数值，不会出现无限加粗或无限细化的现象。如果出现高于最大值或者低于最小值的情况，字体的粗细则会以最大值 900 或者最小值 100 为界限。

4.1.5　设置字体样式 font-style

所谓字体样式，也就是平常所说的字体风格，在 Dreamweaver 中有 3 种不同的字体样式，分别是正常、斜体和偏斜体。在 CSS 中，字体的样式是通过 font-style 属性进行定义的。定义字体样式 font-style 属性的基本语法如下。

```
font-style:字体样式;
```

font-style 属性有 3 个属性值，分别介绍如下。

- normal

该属性值是默认值，显示的是标准字体样式。

- italic

设置 font-weight 属性为该属性值，则显示的是斜体的字体样式。

- oblique

设置 font-weight 属性为该属性值，则显示的是倾斜的字体样式。

实例 20+ 视频：设置网页中文字倾斜

对文字还可以设置倾斜样式，前面已经介绍了设置字体样式的方法，接下来通过实例练习介绍如何通过 font-style 属性设置字体样式。

源文件：源文件 \ 第 4 章 \4-1-5. html

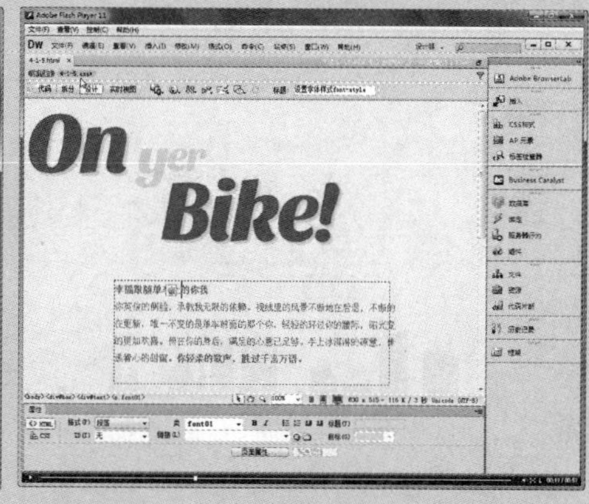

操作视频：视频 \ 第 4 章 \4-1-5. swf

01 执行“文件 > 打开”命令，打开页面“源文件 \ 第 4 章 \4-1-5.html”，可以看到页面效果。

```
.font01{
    font-weight:bold;
    font-style:normal;
}
```

02 转换到该网页链接的外部样式表 4-1-5.css 文件中，找到名为 .font01 的类 CSS 样式，添加 font-style 属性设置代码。

幸福跟随单车上的你我

你英俊的侧脸，承载我无限的依赖。视线里的风景不断地在后退，不断地在更新，唯一不变的是单车前面的那个你，轻轻地环过你的腰际，阳光变得更加欢喜。倚在你的身后，满足的心意已足够。手上冰淇淋的凉意，传递着心的甜蜜。**你轻柔的歌声，胜过千言万语。**

03 ▶返回 4-1-5.html 页面中，可以看到网页中应用了名为 font01 的类 CSS 样式的文字效果。

```
.font02{
    font-weight:bolder;
    font-style:italic;
}
```

04 ▶转换到 4-1-5.css 文件中，找到名为 .font02 的类 CSS 样式，添加 font-style 属性设置代码。

幸福跟随单车上的你我

你英俊的侧脸，承载我无限的依赖。视线里的风景不断地在后退，不断地在更新，唯一不变的是单车前面的那个你，轻轻地环过你的腰际，阳光变得更加欢喜。倚在你的身后，满足的心意已足够。手上冰淇淋的凉意，传递着心的甜蜜。***你轻柔的歌声，胜过千言万语。***

05 ▶返回 4-1-5.html 页面中，可以看到网页中应用了名为 font02 的类 CSS 样式的文字效果。

```
.font03{
    font-style:oblique;
}
```

06 ▶转换到 4-1-5.css 文件中，定义名为 .font03 的类 CSS 样式。

幸福跟随单车上的你我

你英俊的侧脸，承载我无限的依赖。视线里的风景不断地在后退，不断地在更新，唯一不变的是单车前面的那个你，轻轻地环过你的腰际，阳光变得更加欢喜。*倚在你的身后，满足的心意已足够。*手上冰淇淋的凉意，传递着心的甜蜜。***你轻柔的歌声，胜过千言万语。***

07 ▶返回 4-1-5.html 页面中，选中相应的文字，在“类”下拉列表中选择刚定义的 CSS 样式 font03 应用。

08 ▶保存页面，并保存外部 CSS 样式文件，在浏览器中预览页面，可以看到页面效果。

提问

提问：斜体与偏斜体有什么区别？

答：斜体是指斜体字，也可以理解为使用文字的斜体；偏斜体则可以理解为强制文字进行斜体，并不是所有的文字都具有斜体属性，一般只有英文才具有这个属性，如果想对一些不具备斜体属性的文字进行斜体设置，则需要通过设置偏斜体强行对其进行斜体设置。

4.1.6 设置英文字体大小写 text-transform

英文字体大小写转换是 CSS 提供的非常实用的功能之一，其主要通过设置英文段落的 text-transform 属性来定义。text-transform 属性的基本语法如下。

```
text-transform:属性值;
```

text-transform 属性值有 3 个，分别介绍如下。

- capitalize

设置 text-transform 属性值为 capitalize，则表示单词首字母大写。

- uppercase

设置 text-transform 属性值为 uppercase，则表示单词所有字母全部大写。

- lowercase

设置 text-transform 属性值为 lowercase，则表示单词所有字母全部小写。

实例 21+ 视频：设置网页中的英文大小写

在网站页面中，不同情况下英文字体需要运用不同的大小写。前面已经介绍了 CSS 样式设置英文字体大小写的方法，接下来通过实例练习介绍如何通过 text-transform 属性设置英文大小写。

源文件：源文件 \ 第 4 章 \4-1-6. html

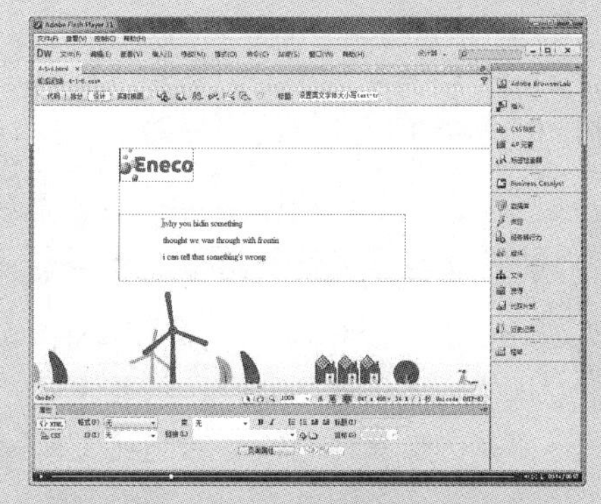

操作视频：视频 \ 第 4 章 \4-1-6. swf

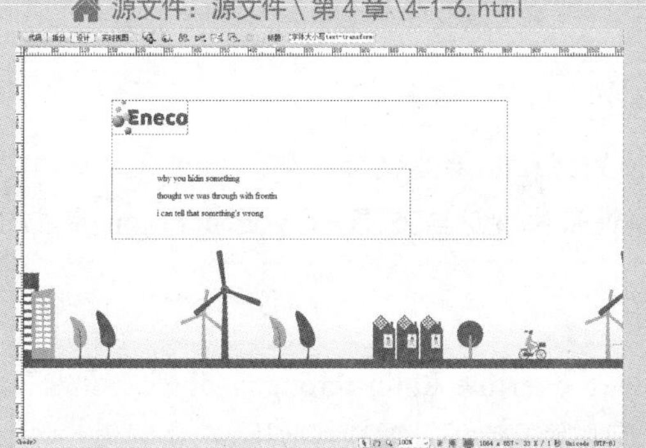

01 执行“文件 > 打开”命令，打开页面“源文件 \ 第 4 章 \4-1-6.html”，可以看到页面效果。

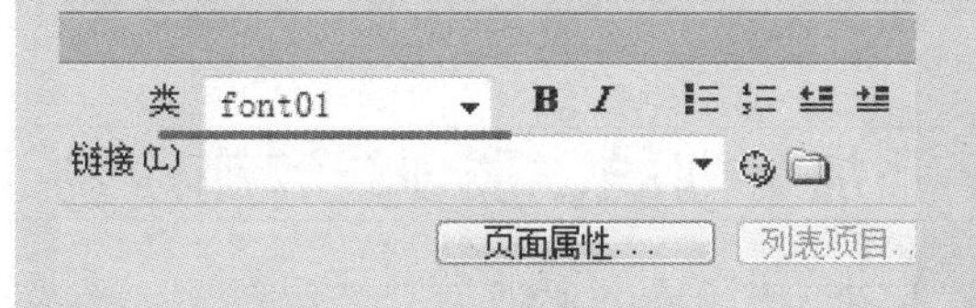

03 返回 4-1-6.html 页面中，选择页面中相应的文字，在“类”下拉列表中选择刚定义的类 CSS 样式 font01 应用。

```
.font01{
    text-transform:capitalize;
}
```

02 转换到该网页链接的外部样式表 4-1-6.css 文件中，定义名为 .font01 的类 CSS 样式。

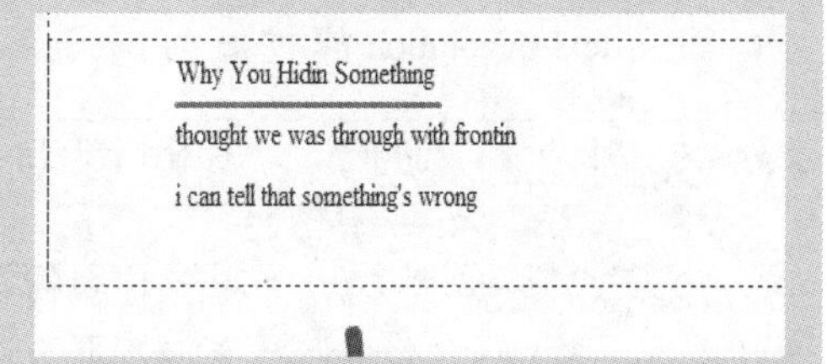

04 完成类 CSS 样式的应用后，可以看到页面中英文字体的效果。

```
.font02{
    text-transform:uppercase;
}
```

05 ▶ 转换到 4-1-6.css 文件中，定义名为 .font02 的类 CSS 样式。

Why You Hidin Something
THOUGHT WE WAS THROUGH WITH FRONTIN
i can tell that something's wrong

06 ▶ 返回 4-1-6.html 页面中，选中相应的文字，在“类”下拉列表中选择刚定义的类 CSS 样式 font02 应用。

```
.font03{
    text-transform:lowercase;
}
```

07 ▶ 转换到 4-1-6.css 文件中，定义名为 .font03 的类 CSS 样式。

Why You Hidin Something
THOUGHT WE WAS THROUGH WITH FRONTIN
i can tell that something's wrong

08 ▶ 返回 4-1-6.html 页面中，选中相应的文字，在“类”下拉列表中选择刚定义的类 CSS 样式 font03 应用。

提问

提问：在什么情况下不能实现首字母大写的效果？解决方式是什么？

答：在 CSS 中，设置 text-transform 属性值为 capitalize，便可定义英文单词的首字母大写。但是需要注意的是，如果单词之间有逗号和句号等标点符号隔开，那么标点符号后的英文单词便不能实现首字母大写的效果，解决的办法是，在该单词前面加上一个空格，便能实现首字母大写的样式。

4.1.7 设置文字修饰 text-decoration

在网站页面设计中，为文字添加下划线、顶划线和删除线是美化和装饰网页的一种方法。在 CSS 样式中，可以通过 text-decoration 属性来实现这些效果。text-decoration 属性的基本语法如下。

```
text-decoration:属性值;
```

text-decoration 属性常用的属性值有 underline、overline 和 lin-through，分别介绍如下。

- underline

设置 text-decoration 属性值为 underline，可以为文字添加下划线效果。

- overline

设置 text-decoration 属性值为 overline，可以为文字添加顶划线效果。

- line-through

设置 text-decoration 属性值为 line-through，可以为文字添加删除线效果。

实例 22+ 视频：为网页中文字添加下划线、顶划线和删除线

为文字添加顶划线、下划线和删除线能够起到美化和装饰的作用，了解了文字修饰 text-decoration 属性的基本语法，接下来通过实例练习介绍如何通过 text-decoration 属性实现这类效果。

源文件：源文件 \ 第 4 章 \4-1-7. html

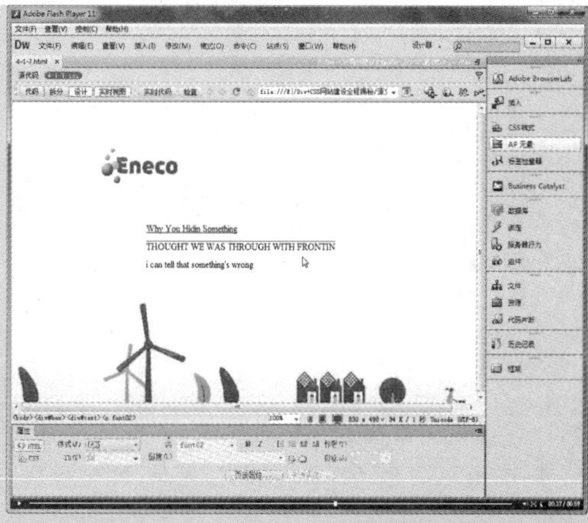

操作视频：视频 \ 第 4 章 \4-1-7. swf

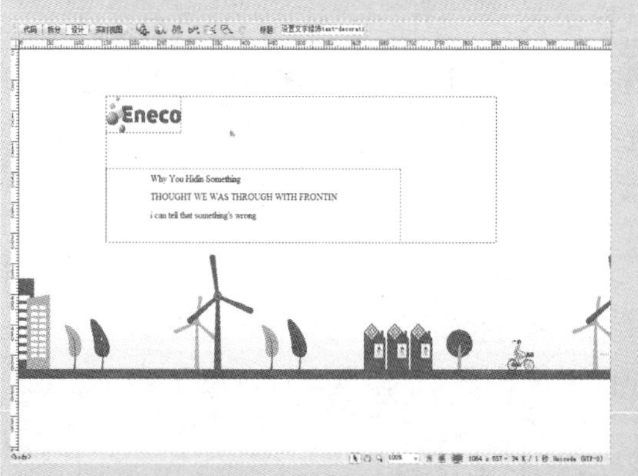

01 执行“文件 > 打开”命令，打开页面“源文件 \ 第 4 章 \4-1-7.html”，可以看到页面效果。

```
.font01{
    text-transform:capitalize;
    text-decoration:underline;
}
```

02 转换到该网页链接的外部样式表 4-1-7.css 文件中，找到名为 .font01 的类 CSS 样式，添加 text-decoration 属性设置代码。

Why You Hidin Something
THOUGHT WE WAS THROUGH WITH FRONTIN
i can tell that something's wrong

03 返回 4-1-7.html 页面中，可以看到应用了名为 font01 的类 CSS 样式的文字效果。

```
.font02{
    text-transform:uppercase;
    text-decoration:overline;
}
```

04 转换到 4-1-7.css 文件中，找到名为 .font02 的类 CSS 样式，添加 text-decoration 属性设置代码。

Why You Hidin Something
THOUGHT WE WAS THROUGH WITH FRONTIN
i can tell that something's wrong

05 返回 4-1-7.html 页面中，可以看到应用了名为 font02 的类 CSS 样式的文字效果。

```
.font03{
    text-transform:lowercase;
    text-decoration:line-through;
}
```

06 转换到 4-1-7.css 文件中，找到名为 .font03 的类 CSS 样式，添加 text-decoration 属性设置代码。

Why You Hidin Something

THOUGHT WE WAS THROUGH WITH FRONTIN

~~i can tell that something's wrong~~

07 ▶返回 4-1-7.html 页面中，可以看到应用了名为 font03 的类 CSS 样式的文字效果。

08 ▶保存页面，并保存外部 CSS 样式文件，在浏览器中预览页面，可以看到页面效果。

提问：如何实现文字既有下划线也有顶划线的效果？

答：在对网页界面进行设计时，如果希望文字既有下划线，同时也有顶划线或者删除线，在 CSS 样式中，可以将下划线和顶划线或者删除线的值同时赋予到 text-decoration 属性上。

4.2 设置段落样式

在设计网页时，CSS 样式可以控制字体样式，同时也可以控制字间距和段落样式。在一般情况下，设置字体样式只能对少数文字起作用，对于文字段落来说，还是需要通过设置段落样式来加以控制。

4.2.1 字间距 letter-spacing

在 CSS 样式中，字间距的控制是通过 letter-spacing 属性来进行调整的，该属性既可以设置相对数值，也可以设置绝对数值，但在大多数情况下使用相对数值进行设置。letter-spacing 属性的语法格式如下。

```
letter-spacing:字间距;
```

实例 23+ 视频：控制网页中文字间距

通过 CSS 样式能够控制字符之间的距离，了解了 CSS 样式调整字符间距的语法格式，接下来通过实例练习介绍如何通过 letter-spacing 属性设置字间距。

源文件：源文件 \ 第 4 章 \4-2-1. html

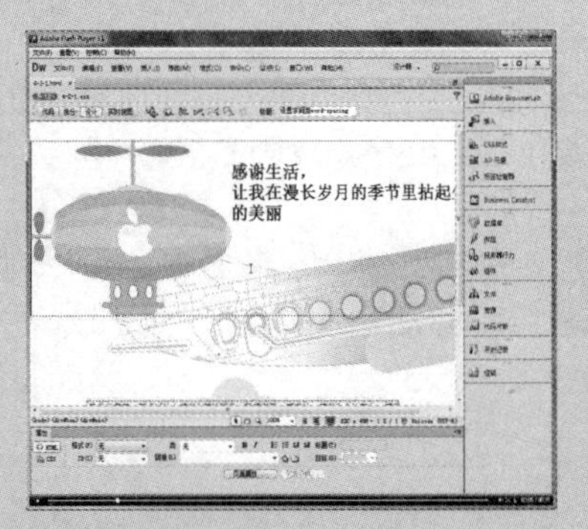

操作视频：视频 \ 第 4 章 \4-2-1. swf

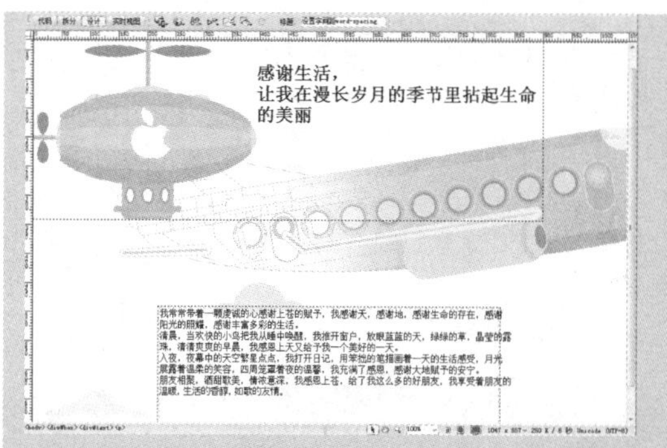

01 ▶执行“文件 > 打开”命令，打开页面“源文件 \ 第 4 章 \4-2-1.html”，可以看到页面效果。

```
.font{
    letter-spacing:0.5em;
}
```

02 ▶转换到该网页链接的外部样式表 4-2-1.css 文件中，定义名为 .font 的类 CSS 样式。

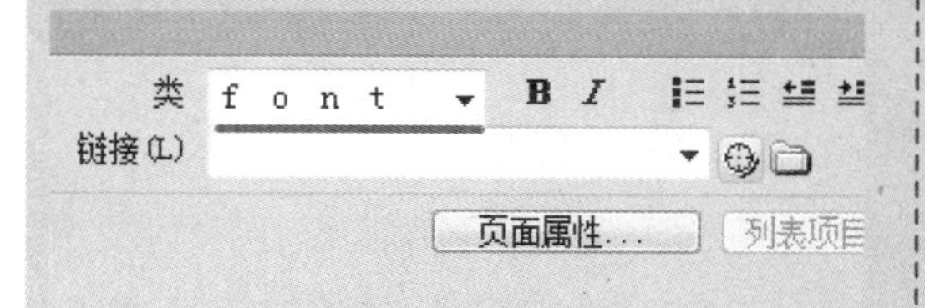

03 ▶返回 4-2-1.html 页面中，选择页面中相应的文字，在“类”下拉列表中选择刚定义的类 CSS 样式 font 应用。

感 谢 生 活，
让 我 在 漫 长 岁 月 的 季 节 里 拈
起 生 命 的 美 丽

04 ▶完成类 CSS 样式的应用，可以看到页面中文字间距的效果。

提问

提问：在为网页中的文字设置字间距时应考虑到哪些方面？

答：在对网页中的文本设置字间距时，需要根据页面整体的布局和构图进行适当的设置，同时还要考虑到文本内容的性质。如果是一些新闻类的文本，不宜设置得太过夸张和花哨，应以严谨、整齐为主；如果是艺术类网站，则可以尽情展示文字的多样化风格，从而更加吸引浏览者的注意力。

4.2.2 行间距 line-height

在 CSS 中，可以通过 line-height 属性对段落的行间距进行设置。line-height 的值表示的是两行文字基线之间的距离，既可以设置相对数值，也可以设置绝对数值。line-height 属性的基本语法格式如下。

```
line-height:行间距;
```

通常在静态页面中，字体的大小使用的是绝对数值，从而达到页面整体的统一，但在一些论坛或者博客等用户可以自由定义字体大小的网页中，使用的则是相对数值，从而便于用户通过设置字体大小来改变相应行距。

实例 24+ 视频：控制网页中文本行间距

通过 CSS 样式可以自由控制段落行与行之间的高度，即行间距。前面已经介绍了 CSS 样式定义行间距的基本方法，接下来通过实例练习介绍如何通过 line-height 属性设置行间距。

源文件：源文件 \ 第 4 章 \4-2-2. html

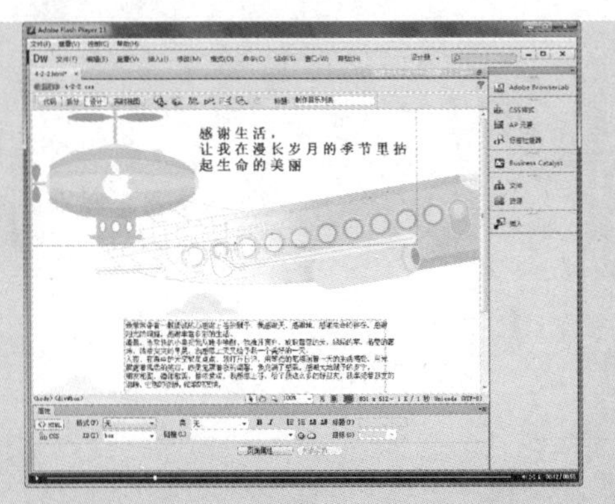

操作视频：视频 \ 第 4 章 \4-2-2. swf

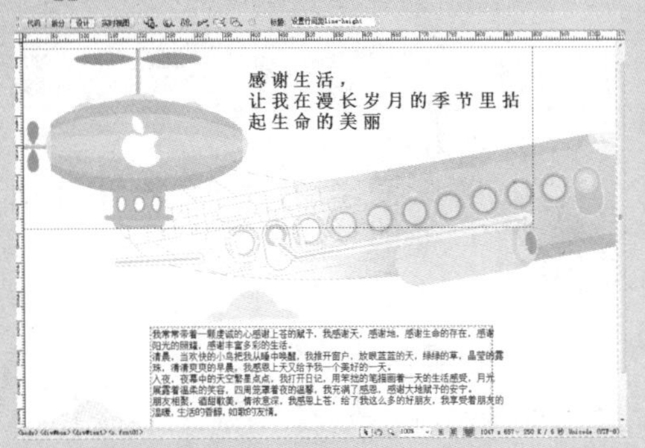

01 执行“文件 > 打开”命令，打开页面“源文件 \ 第 4 章 \4-2-2.html”，可以看到页面效果。

```
.font01{
    line-height:25px;
}
```

02 转换到该网页链接的外部样式表 4-2-2.css 文件中，定义名为 .font01 的类 CSS 样式。

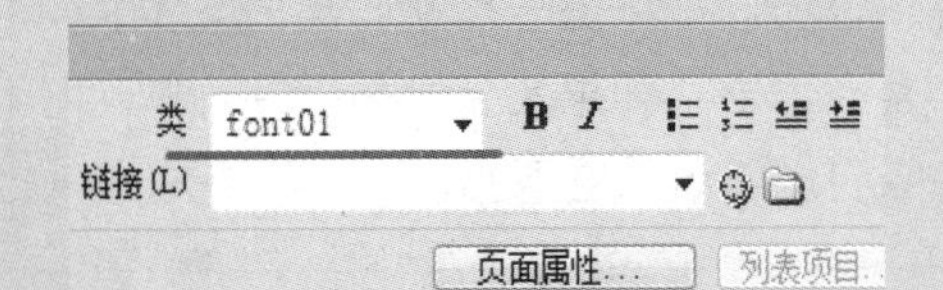

03 返回 4-2-2.html 页面中，选择页面中相应的文字，在“类”下拉列表中选择刚定义的类 CSS 样式 font01 应用。

我常常带着一颗虔诚的心感谢上苍的赋予，我感谢天，感谢地，感谢生命的存在，感谢阳光的照耀，感谢丰富多彩的生活。
清晨，当欢快的小鸟把我从睡中唤醒，我推开窗户，放眼蓝蓝的天，绿绿的草，晶莹的露珠，清清爽爽的早晨，我感恩上天又给予我一个美好的一天。
入夜，夜幕中的天空繁星点点，我打开日记，用笨拙的笔描画着一天的生活感受，月光展露着温柔的笑容，四周笼罩着夜的温馨，我充满了感恩，感谢大地赋予的安宁。
朋友相聚，酒甜歌美，情浓意深，我感恩上苍，给了我这么多的好朋友，我享受着朋友的温暖，生活的香醇，知歌的友情。

04 完成类 CSS 样式的应用，可以看到页面中文字行间距的效果。

提问

提问：使用相对行距的方法设置行间距的优势是什么？

答：由于是通过相对行距的方式对该段文字进行设置的，因此行间距会随着字体大小的变化而变化，从而不会因为字体变大而出现行间距过宽或者过窄的情况。

4.2.3 段落首字下沉

首字下沉也称首字放大，一般应用在报纸、杂志或者网页上的一些文章中，开篇的第一个字都会使用首字下沉的效果进行排版，以此来吸引浏览者的目光。在 CSS 样式中，首字下沉是通过对段落中的第一个文字单独设置 CSS 样式来实现的。其基本语法如下。

```
font-size:文字大小;
float:浮动方式;
```

实例 25+ 视频：实现网页中段落文字下沉效果

首字下沉是通过设置首字大小和浮动方式实现的效果，了解了设置首字下沉的基本方法，接下来通过实例练习介绍如何通过 CSS 样式设置首字下沉。

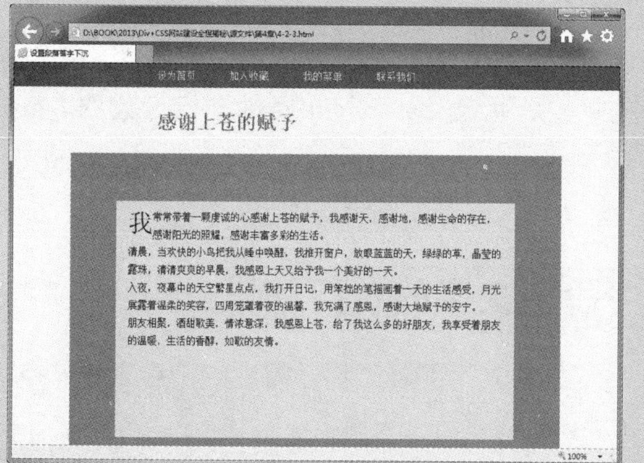

源文件：源文件 \ 第 4 章 \4-2-3. html

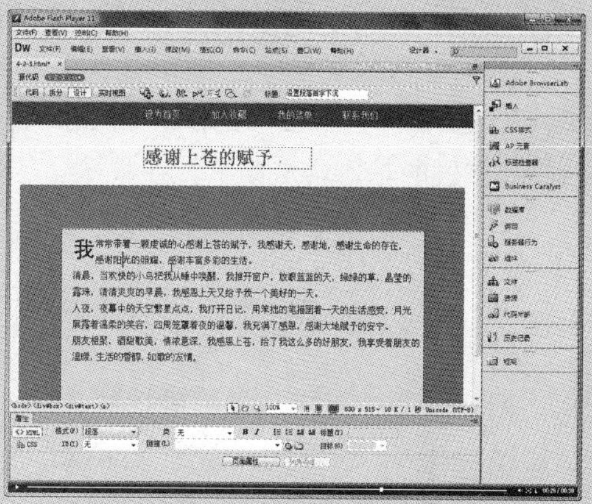

操作视频：视频 \ 第 4 章 \4-2-3. swf

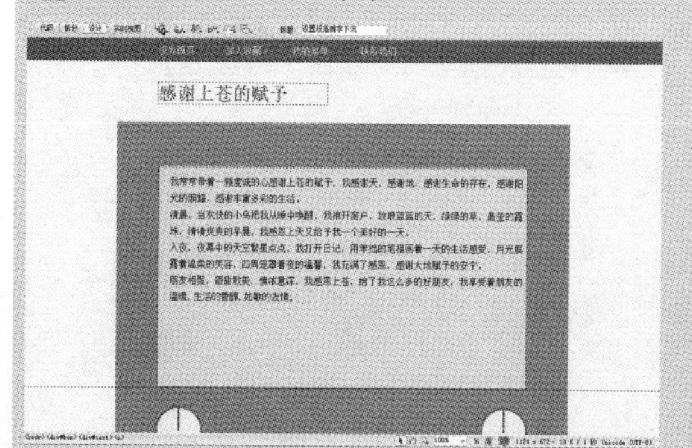

01 ▶执行“文件 > 打开”命令，打开页面“源文件 \ 第 4 章 \4-2-3.html”，可以看到页面效果。

```
.font{
    font-size:40px;
    float:left;
    line-height:50px;
}
```

02 ▶转换到该网页链接的外部样式表 4-2-3.css 文件中，定义名为 .font 的类 CSS 样式。

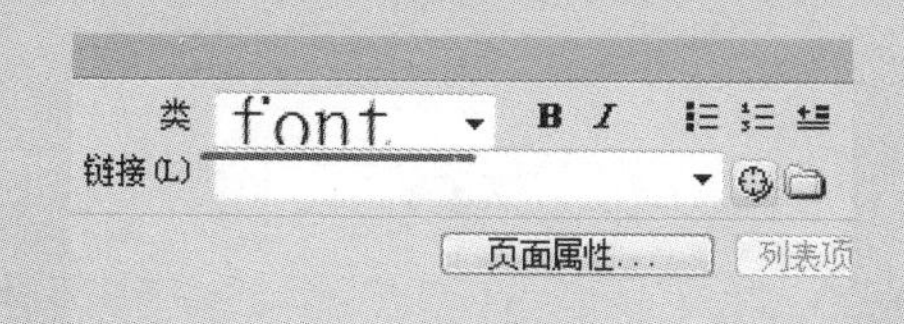

03 ▶返回 4-2-3.html 页面中，选中段落中的第一个文字，在“类”下拉列表中选择刚定义的类 CSS 样式 font 应用。

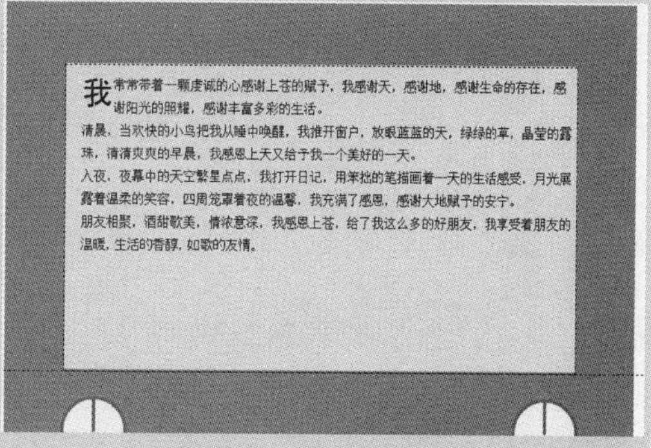

04 ▶完成类 CSS 样式的应用，可以看到页面中段落首字下沉的效果。

提问

提问：CSS 样式是如何实现首字下沉的？

答：首字下沉与其他设置段落的方式的区别在于，其是通过定义段落中第一个文字的大小并将其设置为左浮动而达到的页面效果。在 CSS 样式中可以看到，首字的大小是其他文字大小的一倍，并且首字大小不是固定不变的，主要是看页面整体布局和结构的需要。

4.2.4 段落首行缩进 text-indent

段落首行缩进在一些文章开头通常都会用到。段落首行缩进是对一个段落的第 1 行文字缩进两个字符进行显示。在 CSS 样式中，是通过 text-indent 属性进行设置的。text-indent 属性的基本语法如下。

```
text-indent:首行缩进量;
```

实例 26+ 视频：实现网页中段落文字的首行缩进

网站页面中通常所见的段落都有两个字符的缩进，了解了首行缩进的设置方法，接下来通过实例练习介绍如何通过 text-indent 属性设置段落首行缩进。

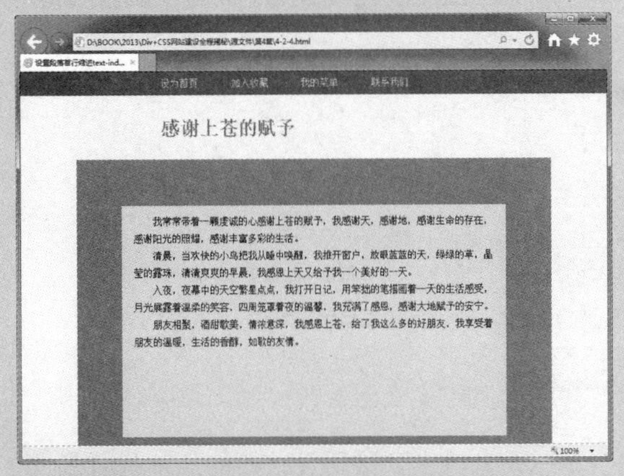

源文件：源文件 \ 第 4 章 \4-2-4. html

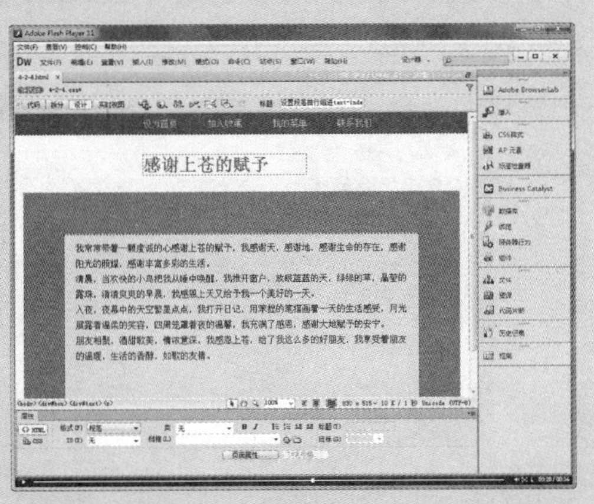

操作视频：视频 \ 第 4 章 \4-2-4. swf

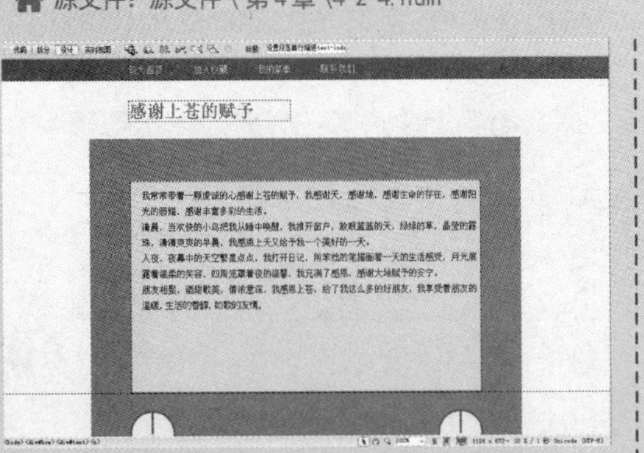

01 执行“文件 > 打开”命令，打开页面“源文件 \ 第 4 章 \4-2-4.html”，可以看到页面效果。

```
.font{
    text-indent:2em;
}
```

02 转换到该网页链接的外部样式表 4-2-4.css 文件中，定义名为 .font 的类 CSS 样式。

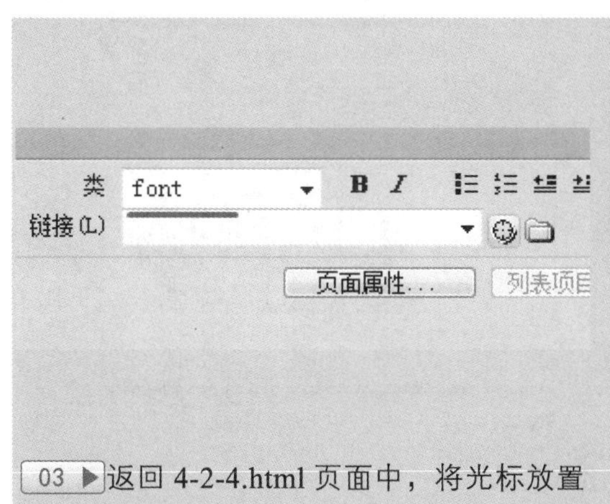

03 ▶返回 4-2-4.html 页面中，将光标放置在相应的段落，在“类”下拉列表中选择刚定义的类 CSS 样式应用。

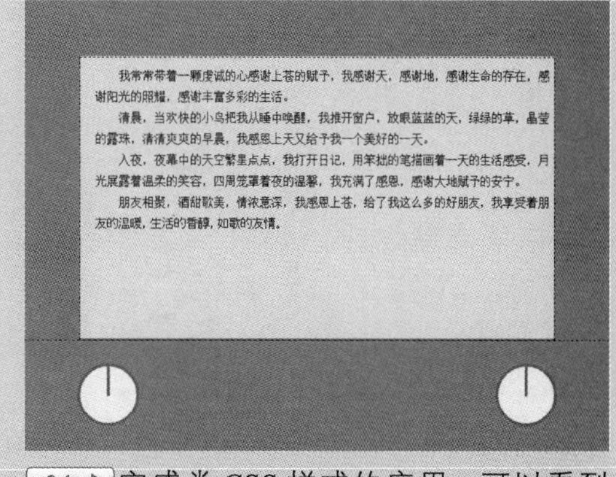

04 ▶完成类 CSS 样式的应用，可以看到页面中段落首行缩进的效果。

提示

一般文章段落的首行缩进在两个字的位置，因此，在 Dreamweaver 中使用 CSS 样式对段落设置首行缩进时，首先需要明白该段落字体的大小，然后再根据字体的大小设置首行缩进的数值。

提问

提问：首行缩进通常使用在什么地方？

答：通常文章段落的首行缩进在两个字符的位置，因此，在使用 CSS 样式对段落进行首行缩进的属性设置时，应根据该段落字体的大小设置首行缩进的数值。例如当段落中字体大小为 12px 时，应设置首行缩进的值为 24px。

4.2.5　段落水平对齐 text-align

在 CSS 样式中，段落的水平对齐是通过 text-align 属性进行控制的，段落对齐有 4 种方式，分别为左对齐、水平居中对齐、右对齐和两端对齐。text-align 属性的基本语法如下。

```
text-align:对齐方式;
```

text-align 属性有 4 个属性值，分别介绍如下。

- left

  设置 text-align 属性为 left，则表示段落的水平对齐方式为左对齐。

- center

  设置 text-align 属性为 center，则表示段落的水平对齐方式为居中对齐。

- right

  设置 text-align 属性为 right，则表示段落的水平对齐方式为右对齐。

- justify

  设置 text-align 属性为 justify，则表示段落的水平对齐方式为两端对齐。

实例 27+视频：实现网页中文字水平居中对齐

通过 CSS 样式，可以为段落文本设置不同的水平对齐方式，了解了段落水平对齐的属性，接下来通过实例练习介绍如何为段落设置水平对齐。

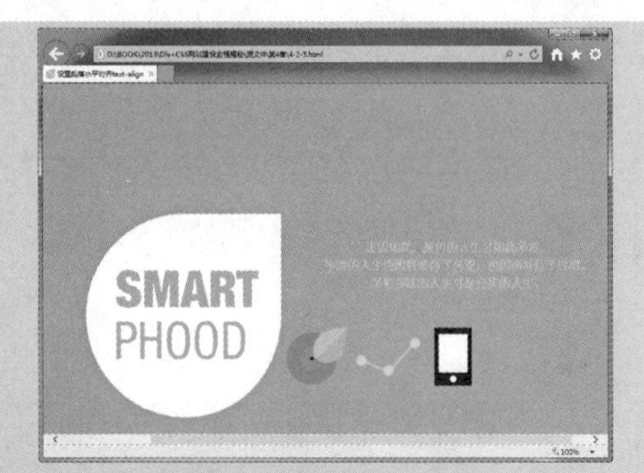

源文件：源文件 \ 第 4 章 \4-2-5. html

操作视频：视频 \ 第 4 章 \4-2-5. swf

01 执行“文件 > 打开”命令，打开页面“源文件 \ 第 4 章 \4-2-5.html”，可以看到页面效果。

```
.font{
    text-align:center;
}
```

02 转换到该网页链接的外部样式表 4-2-5.css 文件中，定义名为 .font 的类 CSS 样式。

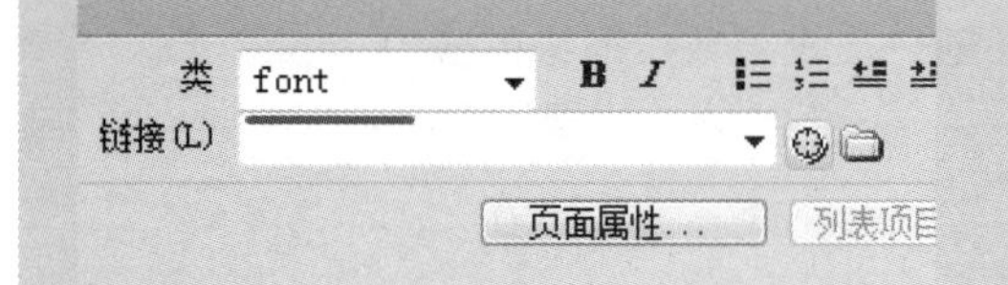

03 返回 4-2-5.html 页面中，选中相应的段落文本，在“类”下拉列表中选择刚定义的类 CSS 样式应用。

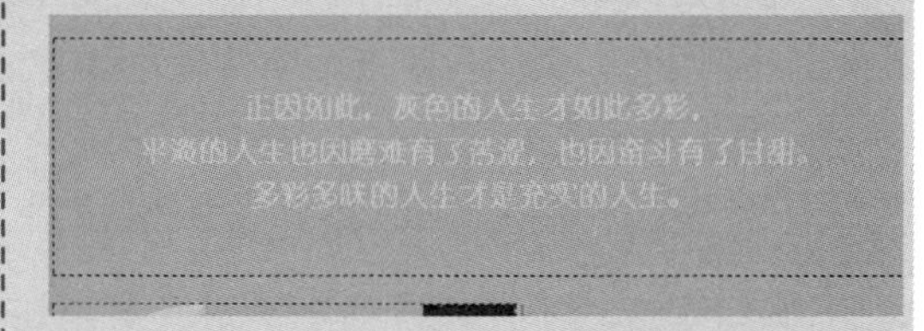

04 完成类 CSS 样式的应用，可以看到页面中段落文本水平居中对齐的效果。

提示

在设置文字的水平对齐时，如果需要设置对齐的段落不只一段，根据不同的文字，页面的变化也会有所不同。如果是英文，那么段落中每一个单词的位置都会相对于整体而发生一些变化；如果是中文，那么段落中除了最后一行文字的位置会发生变化外，其他段落中文字的位置相对于整体则不会发生变化。

提问

提问：中文可以使用设置为两端对齐吗？

答：两端对齐是美化段落文本的一种方法，可以使段落的两端与边界对齐。但两端对齐的方式只对整段的英文起作用，对于中文来说没有什么作用。这是因为英文段落在换行时为保留单词的完整性，整个单词会一起换行，所以会出现段落两端不对齐的情况。两端对齐只能对这种两端不对齐的段落起作用，而中文段落由于每一个文字与符号的宽度相同，在换行时段落是对齐的，因此自然不需要使用两端对齐。

4.2.6　文本垂直对齐 vertical-align

在 CSS 样式中，文本垂直对齐是通过 vertical-align 属性进行设置的，常见的文本垂直对齐方式有 3 种，分别为顶端对齐、垂直居中对齐和底端对齐。vertical-align 属性的语法格式如下。

```
vertical-align:对齐方式;
```

实例 28+ 视频：实现网页中文本垂直居中对齐

通过 CSS 样式，可以为段落文本设置垂直方向上不同的对齐方式，了解了文本垂直对齐的属性，接下来通过实例练习介绍如何通过 vertical-align 属性设置文本的垂直居中对齐。

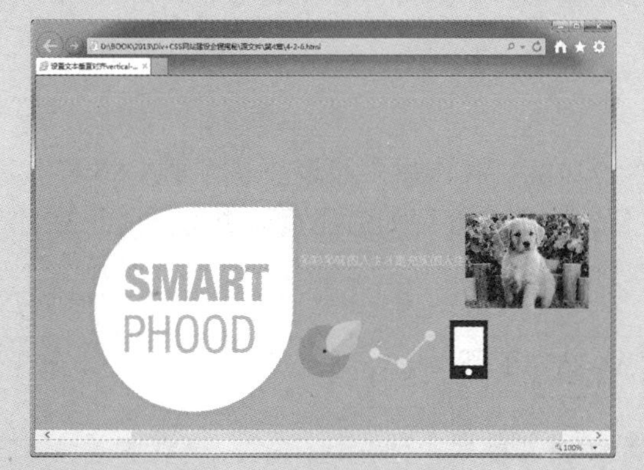

源文件：源文件 \ 第 4 章 \4-2-6. html

操作视频：视频 \ 第 4 章 \4-2-6. . swf

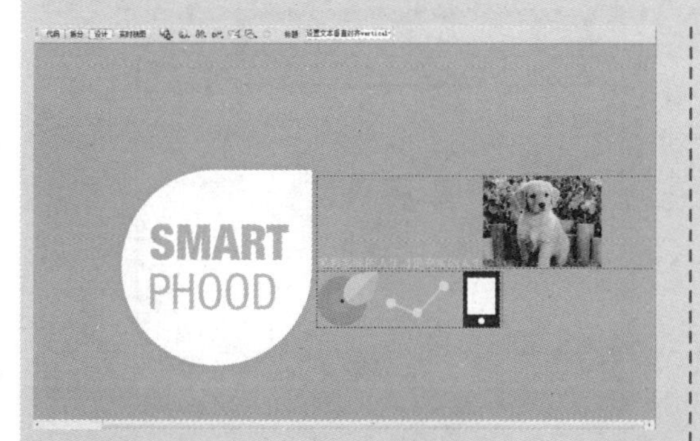

01 ▶执行“文件 > 打开”命令，打开页面“源文件 \ 第 4 章 \4-2-6.html”，可以看到页面效果。

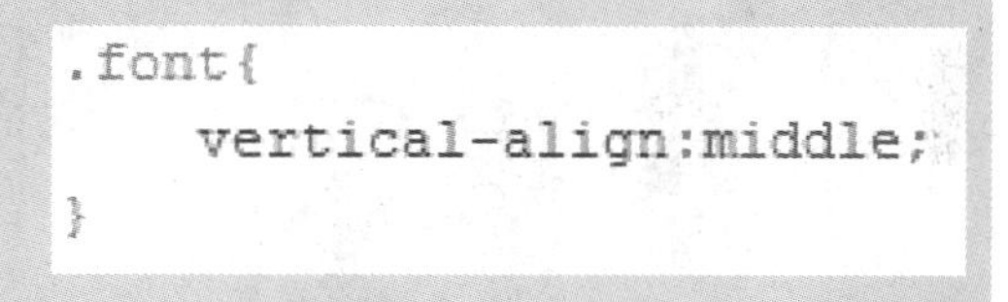

02 ▶转换到该网页链接的外部样式表 4-2-6.css 文件中，定义名为 .font 的类 CSS 样式。

03 ▶返回 4-2-6.html 页面中，选中相应的图片，在“类”下拉列表中选择刚定义的类 CSS 样式应用。

04 ▶完成类 CSS 样式的应用，可以看到页面中文本相对于图像垂直居中的对齐效果。

提示

在使用 CSS 样式为文字设置垂直对齐时，首先必须要选择一个参照物，也就是行内元素。但是在设置时，由于文字并不属于行内元素，因此，在 Div 中不能直接对文字进行垂直对齐的设置，只能对元素中的图片进行垂直对齐设置，从而达到文字的对齐效果。

提问

提问：为什么有些情况下应用的文本段落垂直对齐不起作用？

答：段落垂直对齐只对行内元素起作用，行内元素也称为内联元素，在没有任何布局属性作用时，默认排列方式是同行排列，直到宽度超出包含的容器宽度时才会自动换行。段落垂直对齐需要在行内元素中进行，如 <span></span>、<p></p> 以及图片等，否则段落垂直对齐不会起作用。

4.3 CSS 类选区

CSS 类选区是 Dreamweaver CS6 中新增的功能，其作用是可以将多个类 CSS 样式应用于页面中的同一个元素，操作起来非常方便，本节将介绍如何在页面中同一个元素上应用多个类的 CSS 样式，也就是新增的 CSS 类选区功能。

实例 29+ 视频：个人卡通网站欢迎页

通过 CSS 样式，可以为文字运用多个类的 CSS 样式，但在运用的时候需要遵循一定的规则。下面通过实例介绍如何为文字运用多个 CSS 的类样式。

源文件：源文件 \ 第 4 章 \4-3. html

操作视频：视频 \ 第 4 章 \4-3. . swf

01 ▶执行“文件 > 打开”命令，打开页面“源文件 \ 第 4 章 \4-3.html”，可以看到页面效果。

```
.font01{
    color:#39322c;
    text-decoration:underline;
}
.font02{
    color:#036
}
```

02 ▶转换到该网页链接的外部样式表 4-3.css 文件中，分别定义名称为 .font01 和 .font02 的两个类的 CSS 样式。

03 ▶返回 4-3.html 页面中，选中需要应用类 CSS 样式的文字。

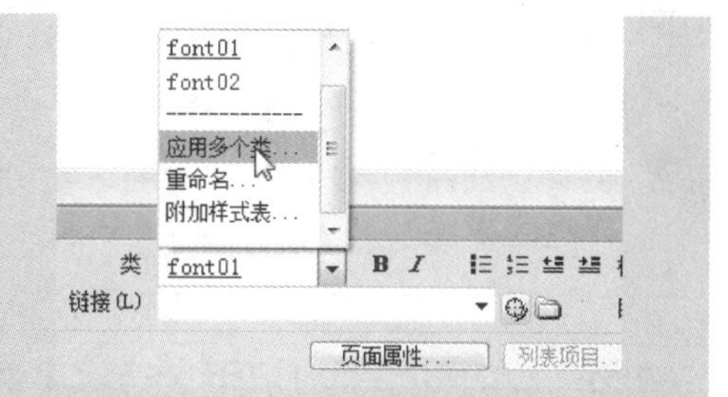

04 ▶在“属性”面板上的“类”下拉列表框中选择“应用多个类”选项。

05 ▶弹出“多类选区”对话框，选中需要为选中的文字所应用的多个类的CSS样式。

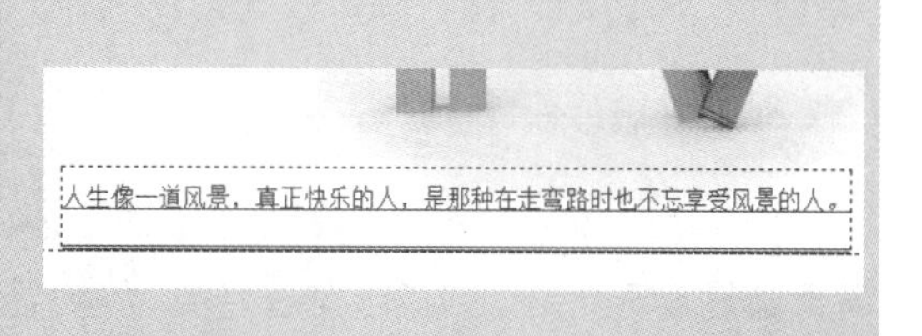

06 ▶单击“确定”按钮，即可将选中的多个类的 CSS 样式应用于所选中的文字。

提示　在“多类选区”对话框中将显示当前页面的CSS样式中所有类的CSS样式，而 ID 样式、标签样式和复合样式等其他的 CSS 样式并不会显示在该对话框列表中，从列表中选择需要为选中元素应用的多个类的 CSS 样式即可。

```
<div class="font01 font02" id="text">人生
像一道风景，真正快乐的人，是那种在走弯路时
也不忘享受风景的人。</div>
```

07 ▶转换到代码视图中，可以看到为刚选中的文字应用多个类的 CSS 样式的代码效果。

08 ▶保存页面和外部 CSS 样式文件，在浏览器中预览页面，可以看到应用类 CSS 选区的效果。

提示　在名为 .font02 类的 CSS 样式中与名为 .font01 类的 CSS 样式定义中，都定义了 color 属性，并且两个 color 属性值并不相同，在同时应用这两个类的 CSS 样式时，color 属性就会发生冲突，应用类 CSS 样式有一个靠近原则，即当两个 CSS 样式中的属性发生冲突时，将应用靠近元素的 CSS 样式中的属性，则在这里就会应用 .font02 类的 CSS 样式中定义的 color 属性。

提问

提问：在什么情况下应用类 CSS 样式会发生冲突？

答：当网页元素同时应用的两个或多个类 CSS 样式中都定义了相同的属性，并且两个或多个属性的值不相同，这时应用这几个类 CSS 样式，该属性就会发生冲突。

4.4 在网页中应用特殊字体

以前在网页中想要使用特殊的字体实现特殊的文字效果，只能是通过图片的方式来实现，非常麻烦也不利于修改。在 Dreamweaver CS6 中新增的 Web 字体功能可以加载特殊的字体，从而在网页中实现特殊的文字效果。

实例 30+ 视频：在卡通网页中使用特殊字体

通过 CSS 样式不但可以为文字运用字体列表中的字体，还可以在网页中运用特殊字体。下面通过实例介绍如何通过 Web 字体功能实现特殊字体的功能。

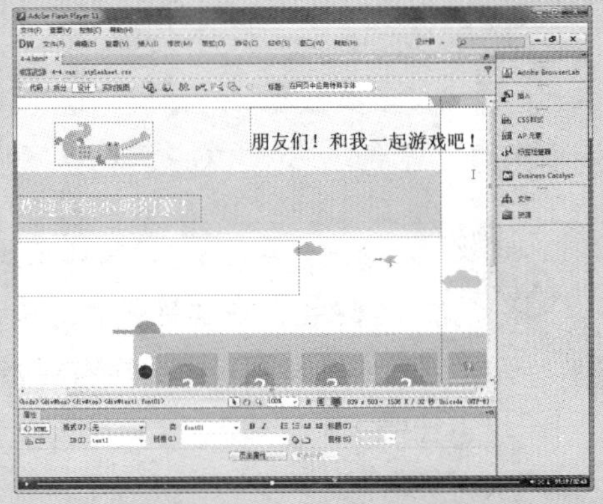

源文件：源文件 \ 第 4 章 \4-4. html　　操作视频：视频 \ 第 4 章 \4-4. swf

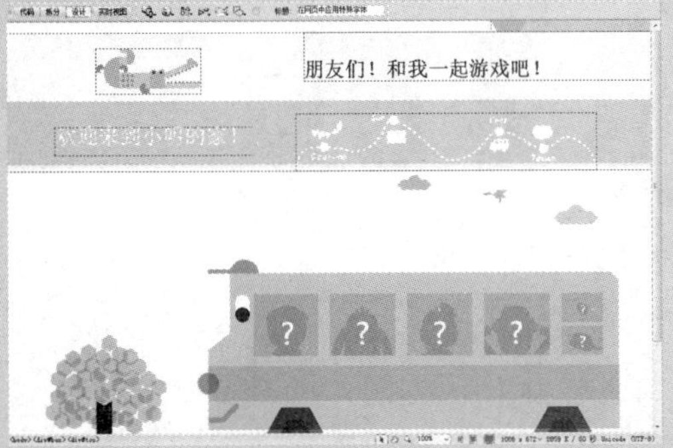

01 ▶执行“文件 > 打开”命令，打开页面“源文件 \ 第 4 章 \4-4.html”，可以看到页面效果。

添加 Web 字体
字体名称：
EOT 字体：
WOFF 字体：
TTF 字体：
SVG 字体：
我已经对以上字体进行了正确许可，可以用于网站。
这是什么?
确定
取消
帮助(H)

02 ▶执行“修改 >Web 字体”命令，弹出“Web 字体管理器”对话框，单击“添加字体”按钮，弹出“添加 Web 字体”对话框。

03 ▶单击“TTF 字体”选项后的“浏览”按钮，弹出“打开”对话框，选择需要添加的字体。

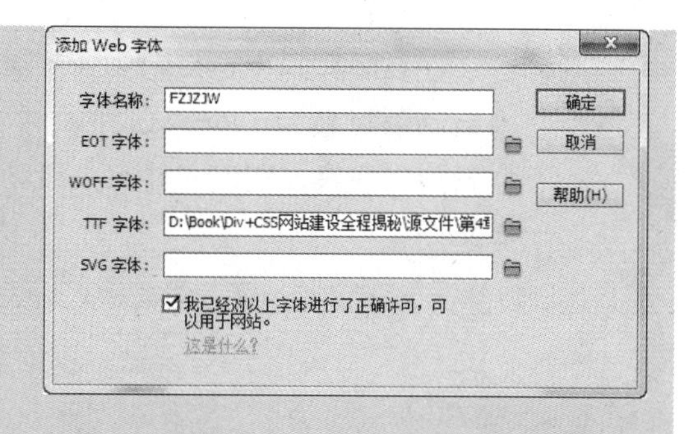

04 ▶单击“打开”按钮，添加该字体，选中相应的复选框。

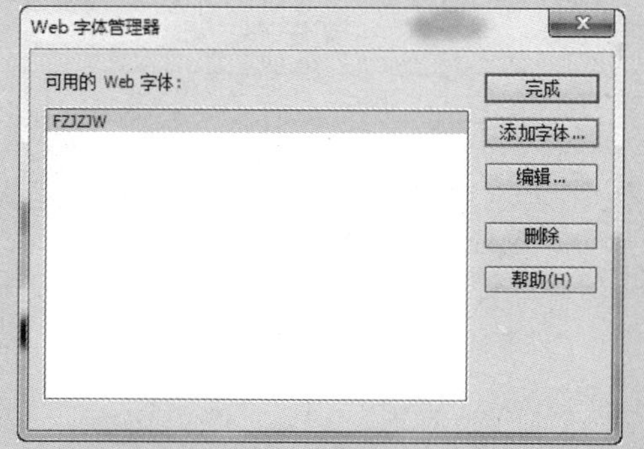

05 ▶单击“确定”按钮，即可将所选择的字体添加到“Web 字体管理器”对话框。单击“完成”按钮，即可完成 Web 字体的添加。

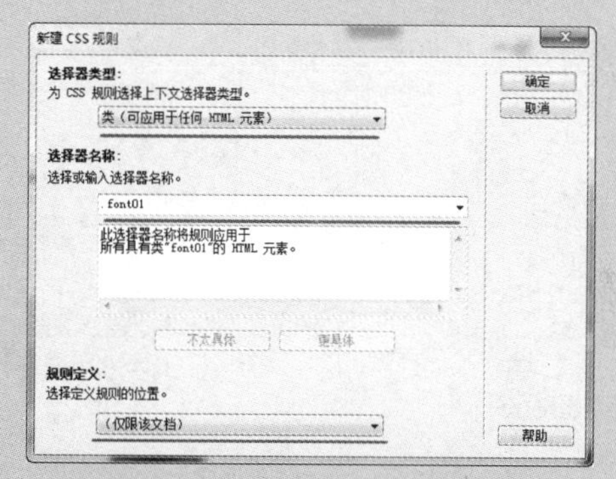

06 ▶打开“CSS 样式”面板，单击“新建 CSS 规则”按钮，弹出“新建 CSS 规则”对话框，对相关选项进行设置。

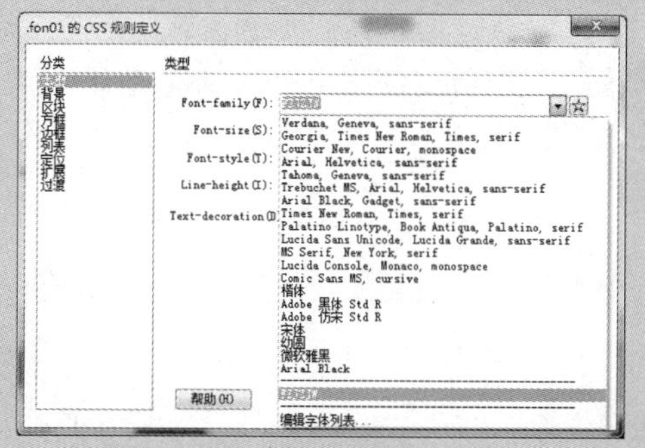

07 ▶单击“确定”按钮，弹出“CSS 规则定义”对话框，在 font-family 下拉列表中选择刚定义的 Web 字体。

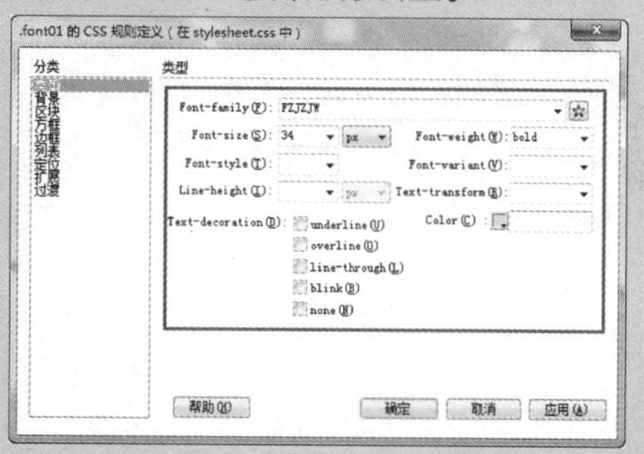

08 ▶在“CSS 规则定义”对话框中对其他选项进行设置。

```
<style type="text/css">
@import url("../webfonts/FZJZJW/stylesheet.css");
.font01 {
    font-family: FZJZJW;
    font-size: 34px;
    font-weight: bold;
}
</style>
```

09 ▶单击“确定”按钮，完成 CSS 样式的设置，转换到代码视图中，可以在页面头部看到所创建的 CSS 样式代码。

朋友们！和我一起游戏吧！

10 ▶返回设计视图，选中需要应用 CSS 样式的文字。

提示

在 CSS 样式中定义字体为所添加的 Web 字体，则会在当前站点的根目录中自动创建名为 webfonts 的文件夹，并在该文件夹中创建以 Web 字体名称命名的文件夹，在该文件夹中自动创建了所添加的 Web 字体文件和 CSS 样式表文件。

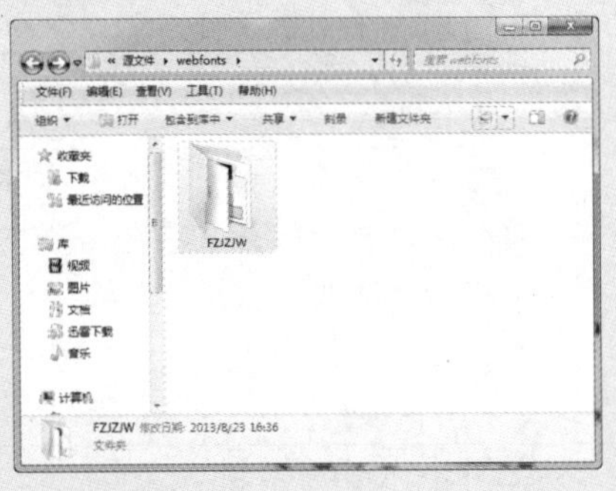

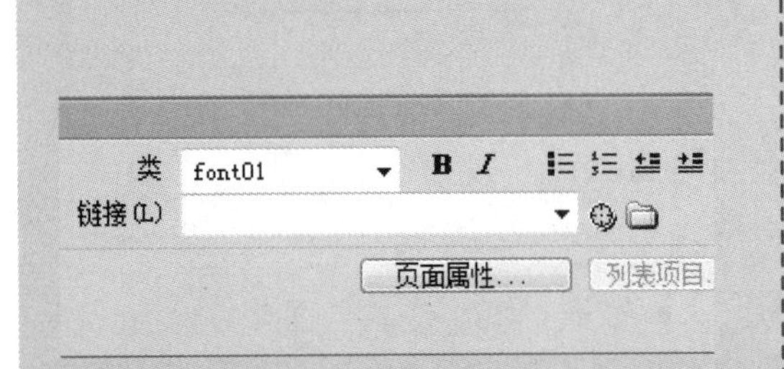

11 ▶在“属性”面板上的“类”下拉列表中选择刚定义的名为 font01 的“类”CSS 样式应用。

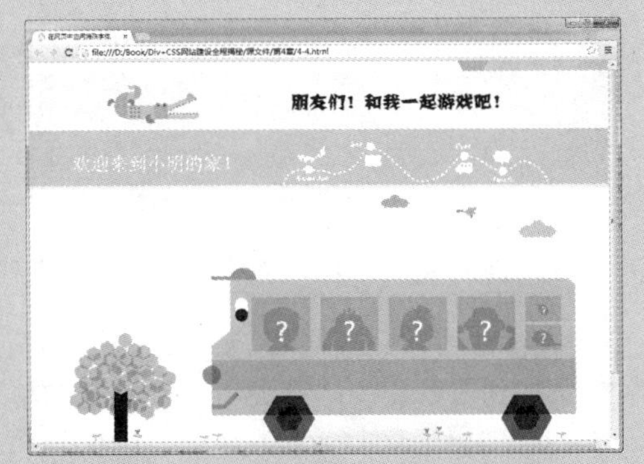

12 ▶保存页面，在 Chrome 浏览器中预览页面，可以看到使用 Web 字体的效果。

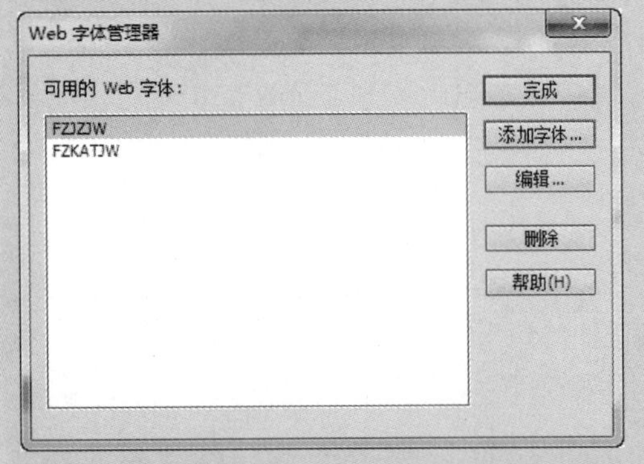

13 ▶使用相同的方法，在“Web 字体管理器”中添加另一种 Web 字体。

14 ▶创建相应的类 CSS 样式，在 Chrome 浏览器中预览页面，可以看到使用 Web 字体的效果。

提示

目前，对 Web 字体的应用很多浏览器的支持方式并不完全相同，例如 IE 10 及其以下版本的浏览器并不支持 Web 字体，所以目前在网页中还是尽量少用 Web 字体，并且如果在网页中使用的 Web 字体过多，还会导致网页下载时间过长。

提问

提问：在网页中可以使用哪几种格式的字体文件作为 Web 字体？

答：在“Web 字体”对话框中，可以添加 4 种格式的字体文件，分别为 EOT 字体、WOFF 字体、TTF 字体和 SVG 字体，分别单击各字体格式选项后的“浏览”按钮，即可添加相应格式的字体。

4.5　本章小结

本章主要讲解了使用 CSS 样式对网页中的文字和段落效果进行设置的方法和技巧，每个知识点都详细解析了语法及实例练习，操作性强。完成本章知识的学习后，读者不仅要在 CSS 样式中对文字和段落效果进行设置，还需要在以后制作网页的过程中更加深入地理解其中的含义。

第 5 章　使用 CSS 设置背景和图片样式

背景和图片是网页中非常重要的组成部分，在网页设计中，使用 CSS 样式控制背景和图片样式是较为常用的一项技术，它有效地避免了 HTML 对页面元素控制所带来的不必要的麻烦。通过 CSS 样式的灵活运用，可以使整个页面更加丰富多彩。

本章知识点

- ☑ 设置背景颜色 CSS 样式
- ☑ 设置背景图像 CSS 样式
- ☑ 设置图片 CSS 样式
- ☑ 使用 CSS 样式实现图文混排
- ☑ 网页中特殊图像效果应用

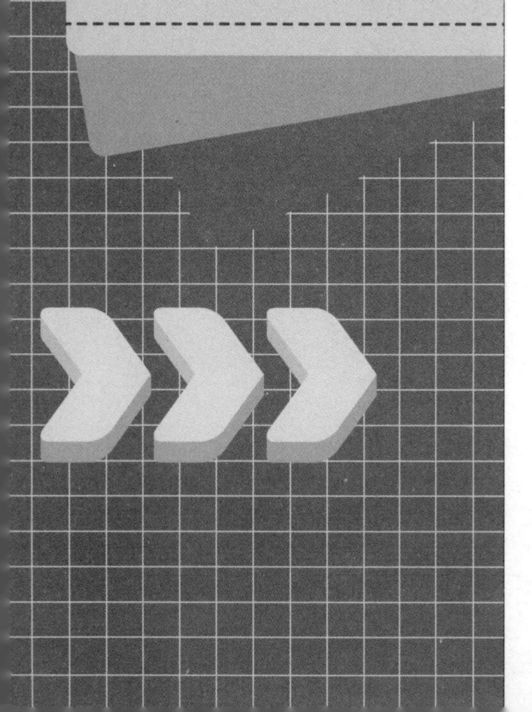

5.1　设置背景颜色 CSS 样式

通过为网页设置一个合理的背景颜色，能够烘托网页的主体色彩，给人一种协调和统一的视觉感，达到美化页面的效果。不同的背景颜色给人的心理感受并不相同，因此为网页选择一个合适的背景颜色非常重要。

5.1.1　背景颜色 background-color

很多网站页面中都会设置页面的背景颜色，使用 CSS 样式控制网页背景颜色是一种十分方便和简洁的方法。在 CSS 样式中，background-color 属性用于设置页面的背景颜色，其基本语法格式如下。

```
background-color: color/transparent;
```

- color

该属性值设置背景的颜色，颜色值可以采用英文单词、十六进制、RGB、HSL、HSLA 和 RGBA 格式。

- transparent

该属性值为默认值，表示透明。

实战 31+ 视频：为网页设置整体背景颜色

浏览者对一个页面的整体印象很大程度上与页面的背景颜色有关，因此需要为页面设置一个符合主题的背景颜色。前面讲解了设置背景颜色的基本语法，下面通过实战练习介绍如何为页面设置背景颜色。

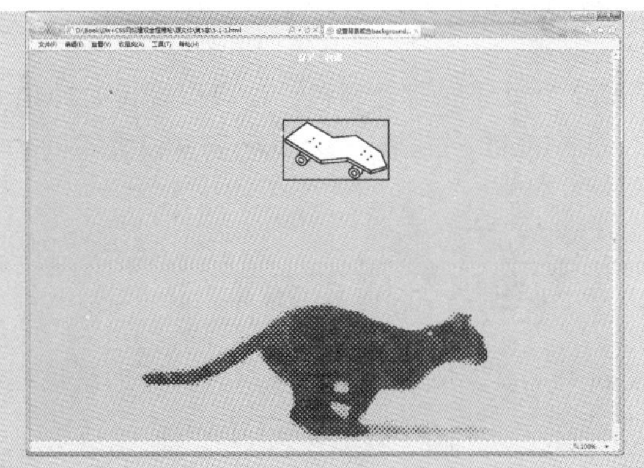

源文件：源文件 \ 第 5 章 \5-1-1. html

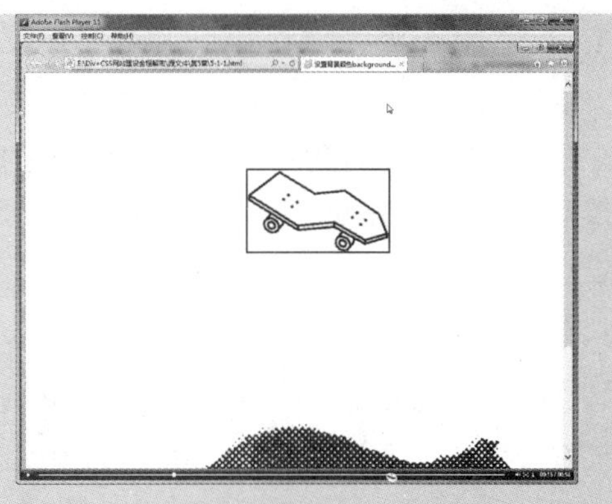

操作视频：视频 \ 第 5 章 \5-1-1. swf

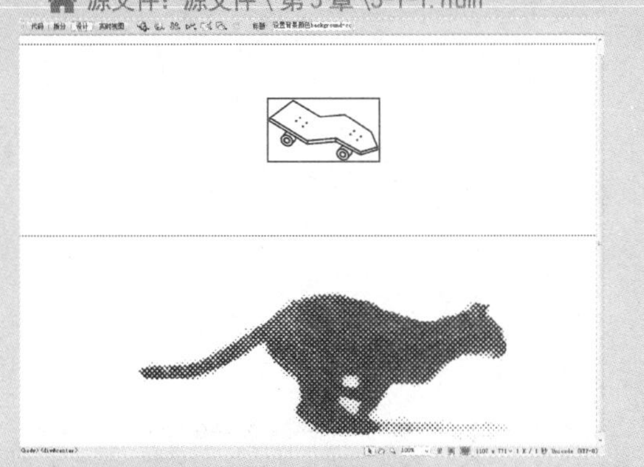

01 执行“文件 > 打开”命令，打开页面“源文件 \ 第 5 章 \5-1-1.html”，可以看到页面效果。

```
<head>
<meta http-equiv="Content-Type" content=
"text/html; charset=utf-8" />
<title>设置背景颜色background-color</title>
<link rel="stylesheet" type="text/css" href=
"style/5-1-1.css" />
</head>

<body>
<div id="top">首页 收藏</div>
<div id="center"><img src="images/51101.png"/></
div>
<div id="bottom"></div>
</body>
```

02 转换到代码视图中，可以看到该页面的 HTML 代码。

```
body{
    font-size:18px;
    font-family:"宋体";
    color:#FFF;
    line-height:30px;
    text-align:center;
    font-weight:bold;
    background-color:#1cf9d4;
}
```

03 转换到外部 CSS 样式 5-1-1.css 文件中，在名为 body 的标签 CSS 样式中添加 background-color 属性设置代码。

04 保存外部 CSS 样式文件，在浏览器中预览页面，可以看到为网页设置整体背景颜色的效果。

提问

提问：background-color 属性与 bgcolor 属性有什么不同？

答：background-color 属性类似于 HTML 中的 bgcolor 属性。CSS 样式中的 background-color 属性更加实用，不仅仅是因为它可以用于页面中的任何元素，bgcolor 属性只能对 <body>、<table>、<tr>、<th> 和 <td> 标签进行设置。通过 CSS 样式中的 background-color 属性可以设置页面中任意特定部分的背景颜色。

5.1.2 为页面元素设置不同的背景颜色

通过 background-color 属性不仅可以设置整个页面的背景颜色，还可以设置 HTML 中几乎所有元素的背景颜色，因此可以通过 background-color 属性为页面元素设置不同的背景颜色来为页面分块。

实例 32+ 视频：设置不同背景颜色区分网页元素

通过为页面的不同部分设置不同的背景颜色，可以使各部分相互区分。下面通过实例练习介绍如何通过 background-color 属性为网页元素设置不同的背景颜色。

源文件：源文件 \ 第 5 章 \5-1-2.html

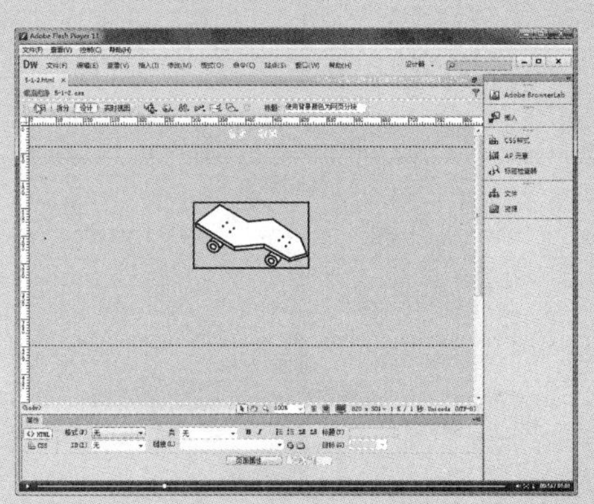

操作视频：视频 \ 第 5 章 \5-1-2.swf

01 执行“文件 > 打开”命令，打开页面“源文件 \ 第 5 章 \5-1-2.html”，可以看到页面效果。

```
#top{
    width:100%;
    height:38px;
}
#center{
    widht:100%;
    height:360px;
}
```

02 转换到外部 CSS 样式 5-1-2.css 文件中，找到名为 #top 和名为 #center 的 CSS 样式代码。

```
#top{
    width:100%;
    height:38px;
    background-color:#000000;
}
#center{
    widht:100%;
    height:360px;
    background-color:#ff7755;
}
```

03 在这两个 CSS 样式中分别添加 background-color 属性设置代码。

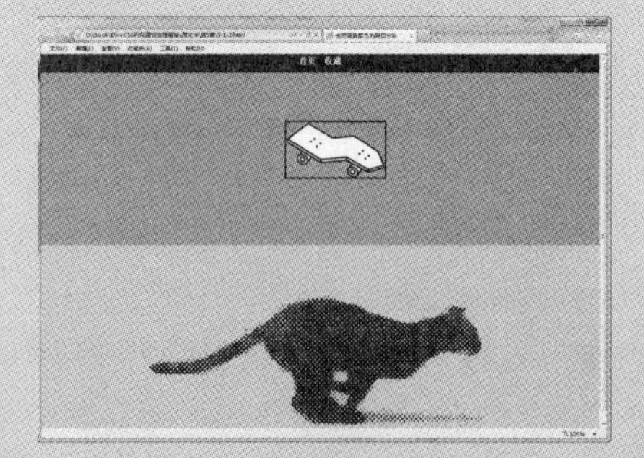

04 保存外部 CSS 样式文件，在浏览器中预览该页面，可以看到为网页元素设置不同背景颜色的效果。

提问：除了颜色值外，background-color 属性还包括哪些属性值？

答：background-color 属性还可以使用 transparent 和 inherit 值。transparent 值实际上是所有元素的默认值，其意味着显示已经存在的背景；如果确实需要继承 background-color 属性，则可以使用 inherit 值。

5.2　设置背景图像 CSS 样式

在网页中除了可以为网页设置纯色的背景颜色，还可以使用图片设置网页背景。通过 CSS 样式可以对页面中的背景图片进行精确控制，包括对其位置、重复方式和对齐方式等的设置。

5.2.1　背景图像 background-image

在 CSS 样式中，可以通过 background-image 属性设置背景图像。background-image 属性的基本语法如下。

```
background-image:none/url;
```

- none

  该属性值是默认属性，表示无背景图片。

- url

  该属性值定义了所需使用的背景图片地址，图片地址可以是相对路径地址，也可以是绝对路径地址。

实例 33+ 视频：设置图片网站背景图像

通常情况下，将背景图像设置在 <body> 标签中，可以将背景图像应用在整个页面中。了解了设置背景图像的基本语法后，下面通过实例练习介绍如何通过 background-image 属性为网页设置背景图像。

源文件：源文件 \ 第 5 章 \5-2-1. html

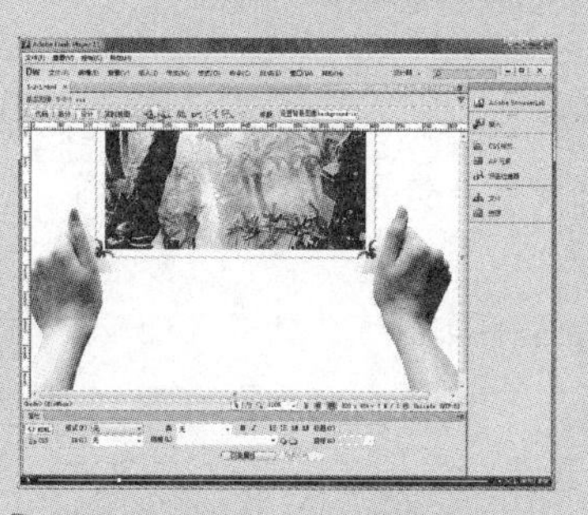

操作视频：视频 \ 第 5 章 \5-2-1. swf

01 执行“文件 > 打开”命令，打开页面“源文件 \ 第 5 章 \5-2-1.html”。

02 在浏览器中预览该页面，可以看到页面的效果。

```
body{
    font-size: 12px;
    color: #333;
    line-height: 25px;
    background-image:url(../images/52108.jpg);
}
```

03 ▶ 转换到外部 CSS 样式 5-2-1.css 文件中，找到名为 body 的 CSS 样式，在该 CSS 样式代码中添加 background-image 属性设置。

04 ▶ 保存外部 CSS 样式文件，在浏览器中预览页面，可以看到设置网页背景图像的效果。

提问

提问：使用 background-image 属性设置背景图像，默认显示方式是什么？

答：使用 background-image 属性设置背景图像，背景图像默认在网页中是以左上角为原点显示的，并且背景图像在网页中会重复平铺显示。

5.2.2 背景图像重复方式 background-repeat

为网页设置的背景图像默认情况下会以平铺的方式显示，在 CSS 样式中，可以通过 background-repeat 属性为背景图像设置重复或不重复的样式，以及背景图像重复的方式。background-repeat 属性的基本语法如下。

```
background-repeat:重复方式;
```

background-repeat 属性有 4 个属性值，分别介绍如下。

- **no-repeat**

设置 background-repeat 属性为该属性值，则表示背景图像不重复平铺，只显示一次。

- **repeat-x**

设置 background-repeat 属性为该属性值，则表示背景图像在水平方向重复平铺。

- **repeat-y**

设置 background-repeat 属性为该属性值，则表示背景图像在垂直方向重复平铺。

- **repeat**

设置 background-repeat 属性为该属性值，则表示背景图像在水平和垂直方向都重复平铺，该属性值为默认值。

实例 34+ 视频：实现重复显示的背景图像

通过 CSS 样式中的 background-repeat 属性可以为网页设置相应的背景图像重复方式，从而对背景图像的控制更加灵活。接下来通过实例练习介绍如何为页面设置背景图像重复方式。

源文件：源文件 \ 第 5 章 \5-2-2. html

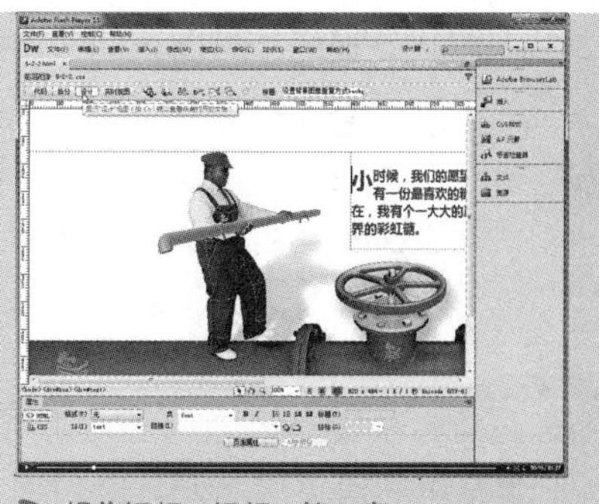

操作视频：视频 \ 第 5 章 \5-2-2. swf

01 ▶执行“文件 > 打开”命令，打开页面“源文件 \ 第 5 章 \5-2-2.html”，可以看到页面效果。

```
<title>设置背景图像重复方式background-repeat</title>

<link href="style/5-2-2.css" rel="stylesheet"
type="text/css" />
</head>

<body>
<div id="box">
  <div id="text"><span class="font">小</span>时候
，我们的愿望很简单。简单到拥有一份最喜欢的糖果就
可以满足。现在，我有个一大大的愿望，就是吃遍全世界的彩虹糖。
</div>
</div>
</body>
```

02 ▶转换到代码视图中，可以看到该页面的 HTML 代码。

```
body{
    font-size: 12px;
    color: #333;
    line-height: 32px;
    background-image:url(../images/52202.jpg);
    background-repeat:no-repeat;
}
```

03 ▶转换到外部 CSS 样式 5-2-2.css 文件中，找到名为 body 的 CSS 样式代码，添加 background-repeat 属性设置。

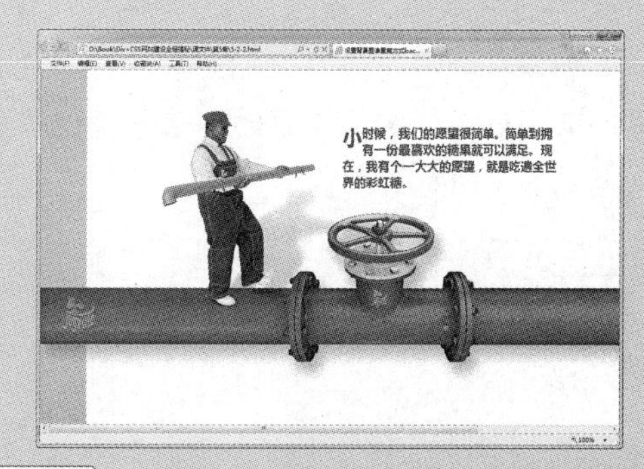

04 ▶此处设置的是背景图像不重复，保存外部 CSS 样式文件，在浏览器中预览页面，可以看到背景图像的显示效果。

```
body{
    font-size: 12px;
    color: #333;
    line-height: 32px;
    background-image:url(../images/52202.jpg);
    background-repeat:repeat;
}
```

05 ▶返回外部 CSS 样式 5-2-2.css 文件中，修改名为 body 的 CSS 样式代码。

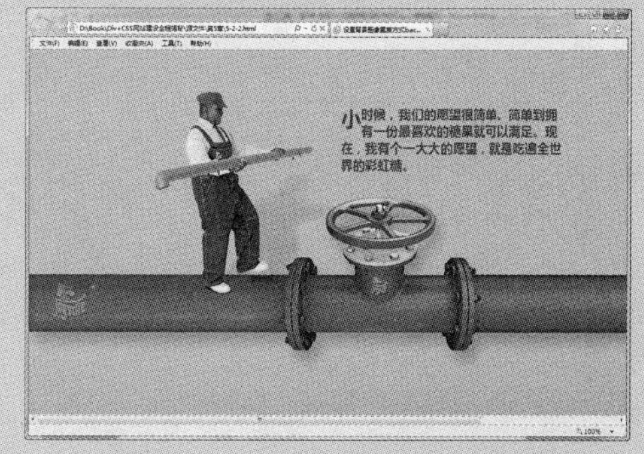

06 ▶保存外部 CSS 样式文件，在浏览器中预览页面，可以看到背景图像重复的效果。

提问

提问：为网页的背景图像设置重复的好处是什么？

答：为背景图像设置重复方式，背景图像就会沿 *x* 或 *y* 轴进行平铺。在网页设计中，这是一种很常见的方式。该方法一般用于设置渐变类背景图像，通过这种方法，可以使渐变图像沿设定的方向进行平铺，形成渐变背景、渐变网格等效果，从而达到减小背景图片大小，加快网页下载速度的目的。

5.2.3 背景图像固定 background-attachment

在网站页面中设置的背景图像，默认情况下在浏览器中预览时，当拖动滚动条，页面背景会自动跟随滚动条的下拉操作与页面的其余部分一起滚动。在 CSS 样式表中，针对背景元素的控制，提供了 background-attachment 属性，通过对该属性的设置，可以使页面的背景不受滚动条的限制，始终保持在固定位置。

background-attachment 属性的基本语法如下。

```
background-attachment:scroll/fixed;
```

- **scroll**

该属性值是默认值，当页面滚动时，页面背景图像会自动跟随滚动条的下拉操作与页面的其余部分一起滚动。

- **fixed**

该属性值用于设置背景图像在页面的可见区域，也就是背景图像固定不动。

实例 35+ 视频：文本介绍网页固定的背景

如果需要将背景图像始终固定在一个位置，可以通过 background-attachment 属性来设置，前面已经介绍了该属性的基本语法，接下来通过实例练习介绍如何使用 CSS 样式实现网页中固定的背景图像。

源文件：源文件 \ 第 5 章 \5-2-3. html

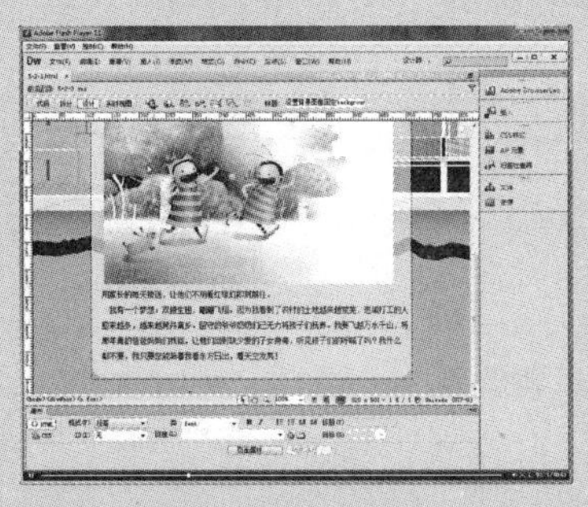

操作视频：视频 \ 第 5 章 \5-2-3. swf

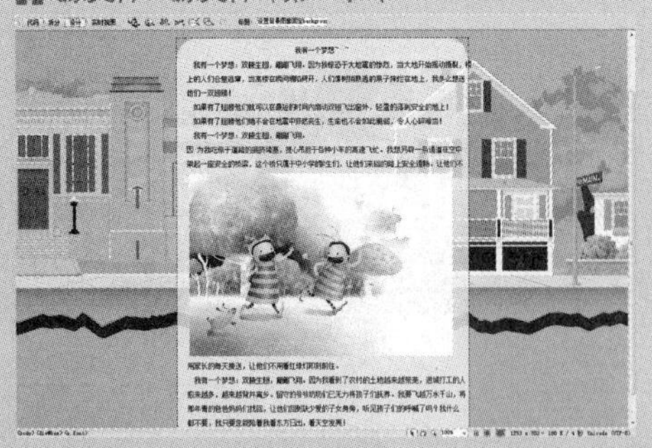

01 执行“文件 > 打开”命令，打开页面“源文件 \ 第 5 章 \5-2-3.html”。

```
body{
    font-family:"宋体";
    font-size:14px;
    line-height:28px;
    background-color:#28acdd;
    background-image:url(../images/52303.gif);
    background-repeat:no-repeat;
    background-position:center 130px;
}
```

02 转换到外部 CSS 样式 5-2-3.css 文件中，找到名为 body 的 CSS 样式。

```
body{
    font-family:"宋体";
    font-size:14px;
    line-height:28px;
    background-color:#28acdd;
    background-image:url(../images/52303.gif);
    background-repeat:no-repeat;
    background-position:center 130px;
    background-attachment:fixed;
}
```

03 ▶在名为 body 的 CSS 样式代码中添加 background-attachment 属性设置。

04 ▶保存外部 CSS 样式文件，在浏览器中预览页面，可以看到无论如何拖动滚动条，背景图像的位置始终是固定的。

提问：背景的 CSS 样式可以缩写吗？如何缩写？

答：可以的，background 属性也可以将各种关于背景的样式设置集成到一个语句上，这样不仅可以节省大量的代码，而且加快了网络下载页面的速度。例如下面的 CSS 样式设置代码。

```
.img01 {
    background-image: url(images/bg.jpg);
    background-repeat: no-repeat;
    background-attachment: scroll;
    background-position: center center;
}
```

以上的 CSS 样式代码可以简写为如下的形式。

```
.img01 {
    background: url(images/bg.jpg) no-repeat scroll center center;
}
```

两种属性声明的方式在显示效果上是完全一致的，第一种方法虽然代码较长，但可读性较高。

5.2.4　背景图像位置 background-position

在传统的网页布局方式中，还没有办法实现精确到像素单位的背景图像定位。CSS 样式打破了这种局限，通过 CSS 样式中的 background-position 属性，能够在页面中精确定位背景图像，更改初始背景图像的位置。该属性值可以分为 4 种类型：绝对定义位置（length）、百分比定义位置（percentage）、垂直对齐值和水平对齐值。background-position 属性的基本语法如下。

```
background-position:length/percentage/top/center/bottom/left/right;
```

- **length**

该属性值用于设置背景图像与边距水平和垂直方向的距离长度，长度单位为 cm（厘米）、mm（毫米）和 px（像素）等。

- **percentage**

该属性值用于根据页面元素的宽度或高度的百分比放置背景图像。

- top

  该属性值用于设置背景图像顶部显示。
- center

  该属性值用于设置背景图像居中显示。
- bottom

  该属性值用于设置背景图像底部显示。
- left

  该属性值用于设置背景图像居左显示。
- right

  该属性值用于设置背景图像居右显示。

实例 36+ 视频：通过背景定位实现图文混排效果

在 CSS 样式中，背景图像的位置有多种定义方式，定义绝对位置的背景图像不会随着浏览器窗口的变化改变位置，而定义相对位置的背景图像则会随着浏览器窗口的变化而相应发生位置上的变化。接下来通过实例练习介绍如何设置背景图像的位置。

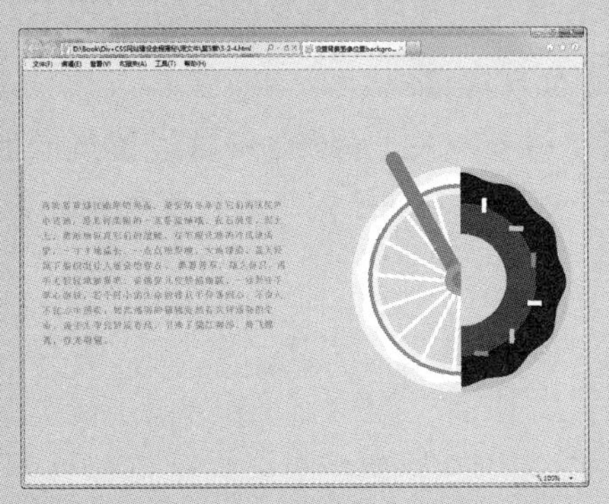

源文件：源文件 \ 第 5 章 \5-2-4. html

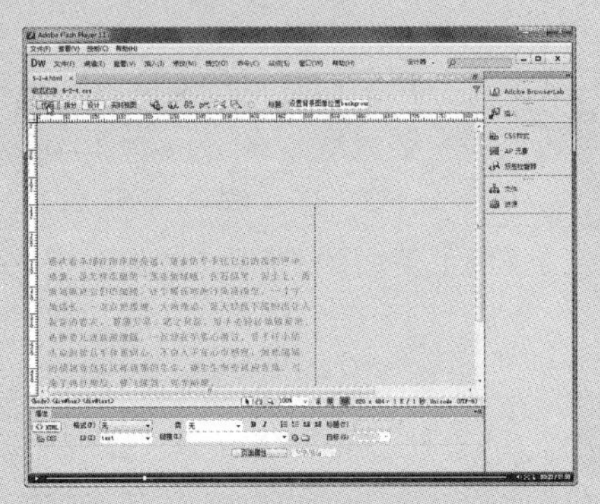

操作视频：视频 \ 第 5 章 \5-2-4. swf

01 ▶ 执行“文件 > 打开”命令，打开页面“源文件 \ 第 5 章 \5-2-4.html”。

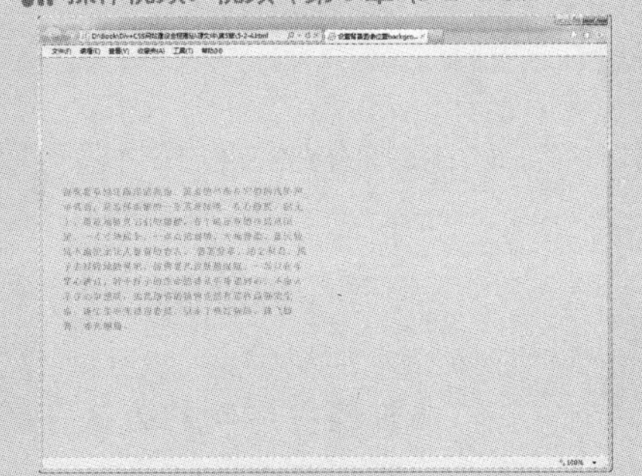

02 ▶ 在浏览器中预览页面，可以看到网页的效果。

```
#box{
    width:1048px;
    height:470px;
    margin:0px auto;
    margin-top:150px;
    background-image:url(../images/52401.gif);
    background-repeat:no-repeat;
    background-position:bottom right;
}
```

03 ▶ 转换到外部 CSS 样式 5-2-4.css 文件中，找到名为 #box 的 CSS 样式，在该 CSS 样式代码中添加背景图像的设置代码。

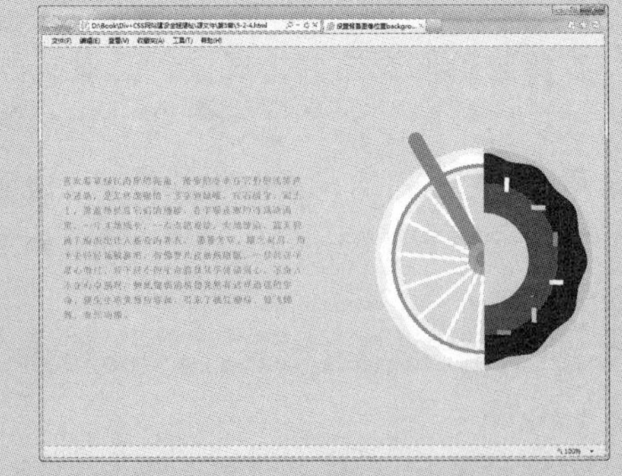

04 ▶ 保存外部 CSS 样式文件，在浏览器中预览页面，可以看到所设置的背景图像的效果。

```
#box{
    width:1048px;
    height:470px;
    margin:0px auto;
    margin-top:150px;
    background-image:url(../images/52401.gif);
    background-repeat:no-repeat;
    background-position:610px 0px;
}
```

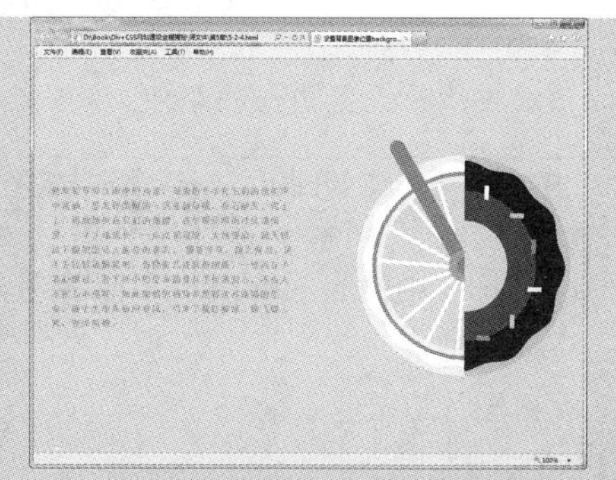

05 ▶返回外部样式 5-2-4.css 文件中，修改 background-position 属性值为像素单位固定值。

06 ▶保存外部 CSS 样式文件，在浏览器中预览页面，可以看到背景图像定位的效果。

提示

background-position 属性的默认值为 top left，它与 0% 是一样的。与 background-repeat 属性相似，该属性的值不从包含的块继承。background-position 属性可以与 background-repeat 属性一起使用，在页面上水平或者垂直放置重复的图像。

通过使用 background-repeat 的属性值 no-repeat 和 background-position 的属性值 center center，可以将暗淡的图像用做水印。

提问

提问：background-position 属性的设置可以使用哪些值？

答：可以使用固定值、百分比值和预设值。固定值和百分比值表示在背景图像与左边界和上边界的距离，例如 50px、100px 即表示背景图像水平距左边界 50 像素、垂直距上边界 100 像素；如果使用预设值，例如，right center 即表示背景图像水平居右、垂直居中。

5.3　设置图片 CSS 样式

使用 CSS 设置图像样式比通过 HTML 页面直接控制图片样式的好处在于不仅能够实现一些在 HTML 页面中无法实现的特殊效果，而且有利于后期修改，避免了制作的烦琐和不便，因此在网页制作中更多时候会选用 CSS 样式来设置图片样式。

5.3.1　图片边框 border

通过 HTML 定义的图片边框，风格较为单一，只能改变边框的粗细，边框显示的都是黑色，无法设置边框的其他样式。在 CSS 样式中，通过对 border 属性进行定义，可以使图片边框有更加丰富的样式，从而使图片效果更加美观。border 属性的基本语法格式如下。

```
border:border-style/border-color/border-width;
```

- **border-style**

该属性用于设置图片边框的样式，属性值包括：none，定义无边框；hidden，与 none 相同；dotted，定义点状边框；dashed，定义虚线边框；solid，定义实线边框；double，定义双线边框，双线宽度等于 border-width 的值；groove，定义 3D 凹槽边框，其效果取决于 border-color 的值；ridge，定义脊线式边框；inset，定义内嵌效果的边框；outset，定义凸起效果的边框。

- **border-color**

  该属性用于设置边框的颜色。

- **border-width**

  该属性用于设置边框的粗细。

实例 37+ 视频：设置卡通网站中的图片边框

CSS 样式中的 border 属性可以为图片设置不同的边框样式、边框粗细和边框颜色，同时还可以单独定义某一条或几条单独的边框样式。接下来通过实例练习介绍如何通过 CSS 样式设置图片边框。

源文件：源文件 \ 第 5 章 \5-3-1. html

操作视频：视频 \ 第 5 章 \5-3-1. swf

01 执行“文件 > 打开”命令，打开页面“源文件 \ 第 5 章 \5-3-1.html”，可以看到页面效果。

02 在浏览器中预览页面，可以看到页面中图像的效果。

```
#pic img{
    margin-right:50px;
    margin-left:5px;
    border-style:solid;
    border-color:#81b9fb;
    border-width:5px;
}
```

03 转换到外部 CSS 样式 5-3-1.css 文件中，找到名为 #pic img 的 CSS 样式，在该 CSS 样式代码中添加图像边框的属性设置。

04 保存外部 CSS 样式文件，在浏览器中预览页面，可以看到网页中图像边框的效果。

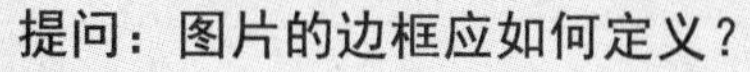

提问

提问：图片的边框应如何定义？

答：图片的边框属性可以不完全定义，仅单独定义宽度与样式，不定义边框的颜色，图片边框也会有效果，边框默认颜色为黑色。但是如果单独定义颜色，边框不会有任何效果。

5.3.2　图片缩放

在默认情况下，网页上的图片都是以原始大小显示的。在 CSS 样式中，可以通过 width 和 height 两个属性来实现图像的缩放。网页设计中，可以为图片的 width 和 height 属性设置绝对值和相对值实现相应的缩放。

实例 38+ 视频：实现跟随浏览器窗口缩放的图片

使用相对值和绝对值定义的图片大小在网页中显示的效果是不同的，接下来通过实例练习分别介绍通过相对值和绝对值控制的图片大小在网页中显示的变化。

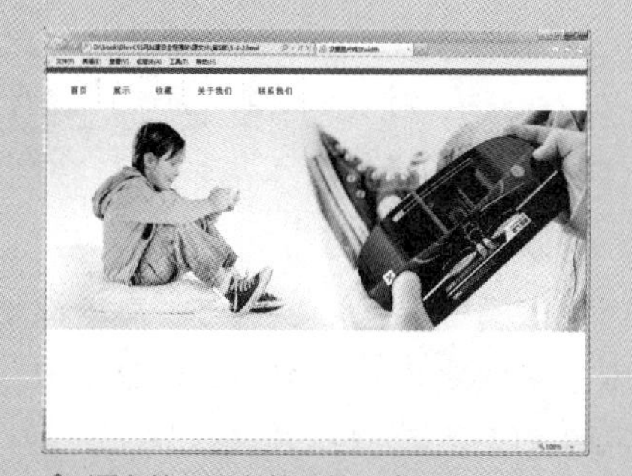

源文件：源文件 \ 第 5 章 \5-3-2. html

操作视频：视频 \ 第 5 章 \5-3-2. swf

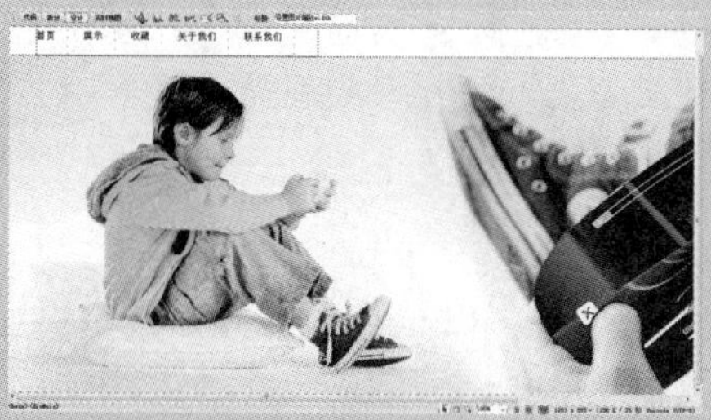

01 ▶执行“文件 > 打开”命令，打开页面“源文件 \ 第 5 章 \5-3-2.html”。

```
.img1{
    width:1100px;
    height:438px;
}
```

02 ▶转换到外部 CSS 样式 5-3-2.css 文件中，创建名为 .img1 的类 CSS 样式。

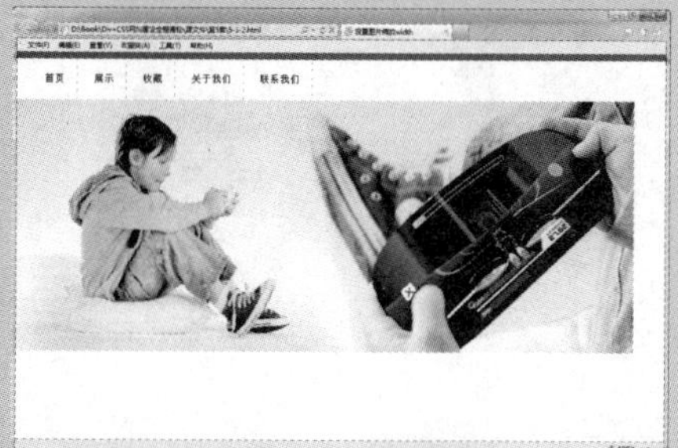

03 ▶返回 5-3-2.html 页面中，选中页面中插入的图像，应用名为 img1 的类 CSS 样式。保存页面，在浏览器中预览该页面。

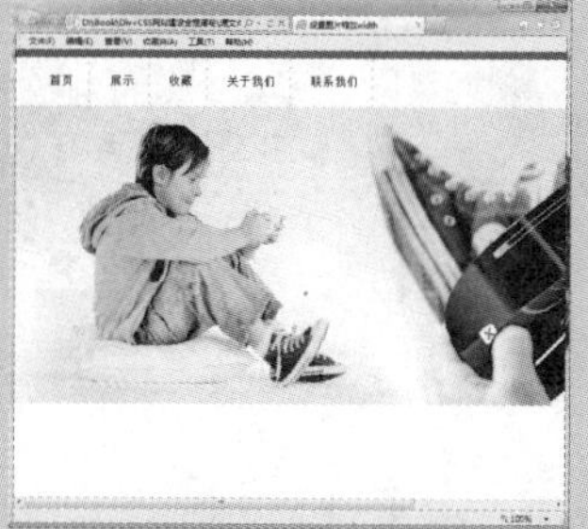

04 ▶当缩放浏览器窗口时，可以看到使用绝对值设置的图像并不会跟随浏览器窗口进行缩放，始终保持所设置的大小。

```
.img2{
    width:100%;
}
```

05 ▶返回外部 CSS 样式 5-3-2.css 文件中，创建名为 .img2 的类 CSS 样式。

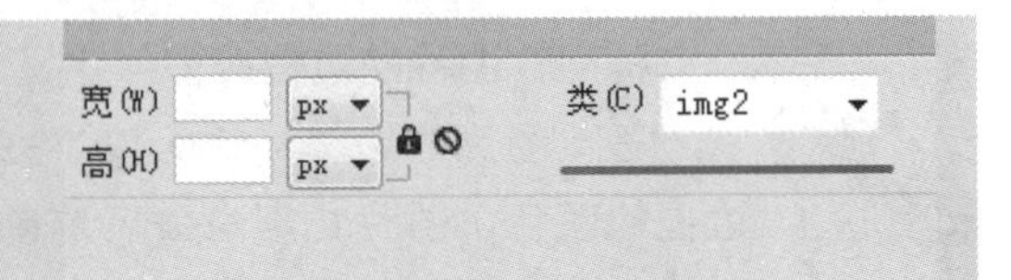

06 ▶返回 5-3-2.html 页面中，选中页面中插入的图像，在“类”下拉列表中选择刚定义的名为 img2 的类 CSS 样式应用。

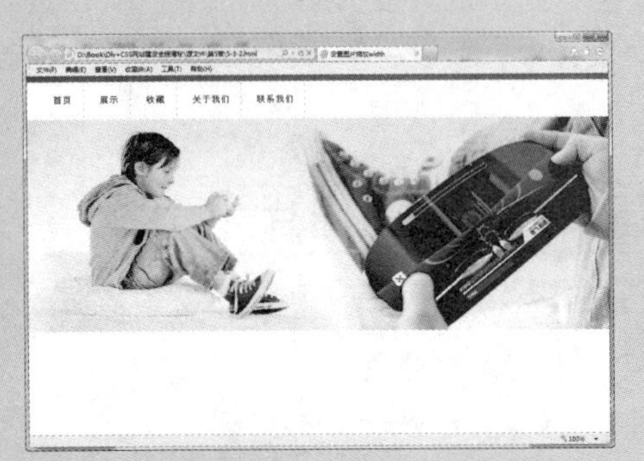

07 ▶保存页面，并保存外部 CSS 样式文件，在浏览器中预览页面，可以看到网页中图像的效果。

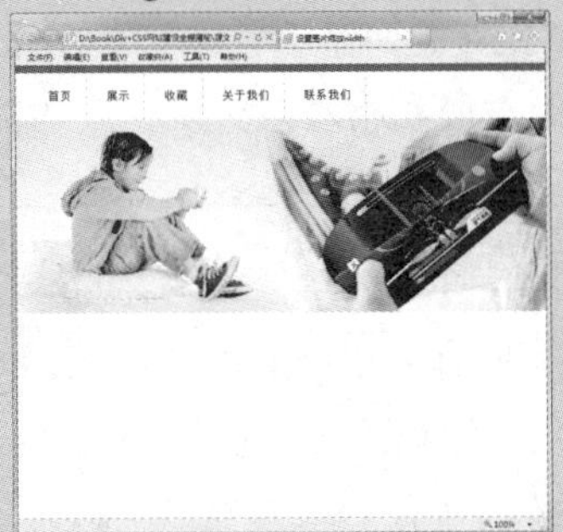

08 ▶当缩放浏览器窗口时，可以看到使用相对值设置的图像会跟随浏览器窗口进行缩放。

提示　在使用相对数值对图片进行缩放时可以看到，图片的宽度、高度都发生了变化，但有些时候不需要图片在高度上发生变化，只需要对宽度缩放，那么可以将图片的高度设置为绝对数值，将宽度设置为相对数值。

```
.img3{
    width:100%;
    height:438px;
}
```

09 ▶返回外部样式 5-3-2.css 文件中，创建名为 .img3 的类 CSS 样式。

10 ▶返回 5-3-2.html 页面中，选中页面中插入的图像，在“类”下拉列表中选中刚定义的名为 img3 的类 CSS 样式应用。

11 ▶保存页面，并保存外部 CSS 样式文件，在浏览器中预览页面，可以看到网页中图像的效果。

12 ▶当缩放浏览器窗口时，可以看到图像的宽度会跟随浏览器窗口进行缩放，而图像的高度始终保持固定。

提示

百分比指的是基于包含该图片的块级对象的百分比，如果将图片的元素置于 Div 元素中，图片的块级对象就是包含该图片的 Div 元素。在使用相对数值控制图片缩放效果时需要注意，图片的宽度可以随相对数值的变化而发生变化，但高度不会随相对数值的变化而发生改变，所以在使用相对数值对图片设置缩放效果时，只需要设置图片宽度的相对数值即可。

提问

提问：使用绝对值和相对值对图片大小进行设置有什么不同？

答：使用绝对值对图片进行缩放后，图片的大小是固定的，不会随着浏览器界面的变化而变化；使用相对值对图片进行缩放就可以实现图片随浏览器变化而变化的效果。

5.3.3 图片水平对齐

排版格式整齐是一个优秀网页必备的条件，图片的对齐方式是页面排版的基础，网页中需要将图片对齐到合理的位置。其中，图片的对齐分为水平对齐和垂直对齐，在 CSS 样式中，text-align 属性用于设置图片的水平对齐方式。text-align 属性的基本语法格式如下。

```
text-align:对齐方式;
```

定义图片的水平对齐有 3 种方式，当 text-align 属性值为 left、center、right 时，分别代表图片水平方向上的左对齐、居中对齐和右对齐。

实例 39+ 视频：设置网页中图像的水平对齐效果

使用 CSS 样式能够将图片对齐到理想的位置，从而使页面整体达到协调和统一的效果。接下来通过实例练习介绍如何设置图片的水平对齐。

源文件：源文件 \ 第 5 章 \5-3-3. html

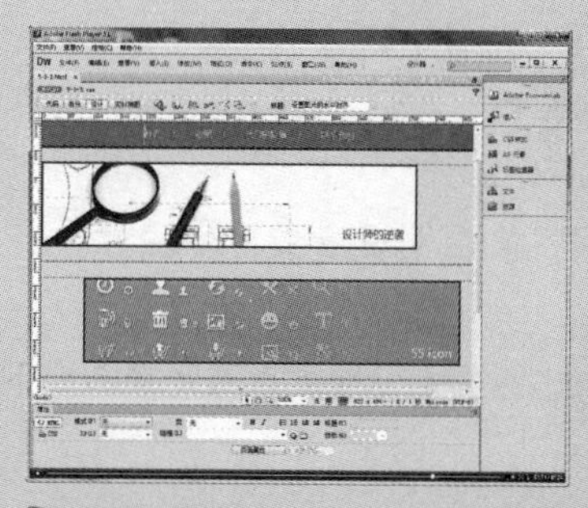

操作视频：视频 \ 第 5 章 \5-3-3. swf

01 执行“文件 > 打开”命令，打开页面“源文件 \ 第 5 章 \5-3-3.html”，可以看到页面效果。

```
#pic01{
    width:880px;
    margin:30px auto 0px auto;
    padding-bottom:25px;
    border-bottom:dashed 3px #71876c;
}
#pic02{
    width:880px;
    margin:30px auto 0px auto;
    padding-bottom:25px;
    border-bottom:dashed 3px #71876c;
}
#pic03{
    width:880px;
    margin:30px auto 0px auto;
    padding-bottom:25px;
    border-bottom:dashed 3px #71876c;
}
```

02 转换到外部 CSS 样式 5-3-3.css 文件中，可以看到分别放置 3 张图片的 3 个 Div 的 CSS 样式设置。

```
#pic01{
    width:880px;
    margin:30px auto 0px auto;
    padding-bottom:25px;
    border-bottom:dashed 3px #71876c;
    text-align:left;
}
#pic02{
    width:880px;
    margin:30px auto 0px auto;
    padding-bottom:25px;
    border-bottom:dashed 3px #71876c;
    text-align:center;
}
#pic03{
    width:880px;
    margin:30px auto 0px auto;
    padding-bottom:25px;
    border-bottom:dashed 3px #71876c;
    text-align:right;
}
```

03 ▶分别在各 Div 的 CSS 样式中添加水平对齐的设置代码。

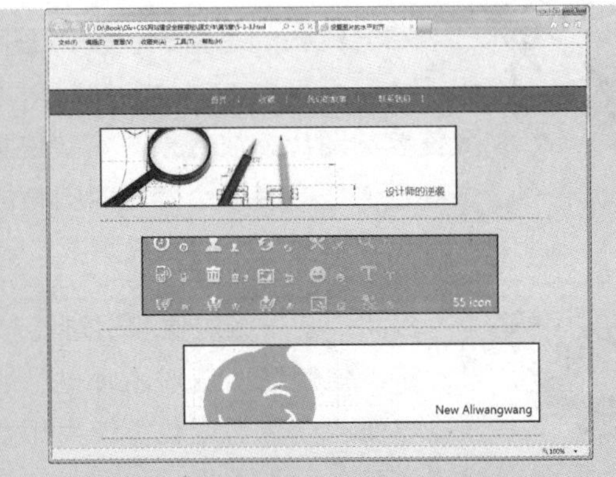

04 ▶保存页面，保存外部 CSS 样式文件，在浏览器中预览页面，可以看到网页中图像不同的水平对齐方式的效果。

提问

提问：在定义图片的对齐方式时，为什么要在父标签中对 text-align 属性进行定义？

答：在 CSS 样式中，定义图片的对齐方式不能直接定义图片样式，因为 <img> 标签本身没有水平对齐属性，需要在图片的上一个标记级别，即父标签中定义，让图片继承父标签的对齐方式。需要使用 CSS 继承父标签的 text-align 属性来定义图片的水平对齐方式。

5.3.4 图片的垂直对齐

通过 CSS 样式中的 vertical-align 属性可以为图片设置垂直对齐样式，即定义行内元素的基线对于该元素所在行的基线的垂直对齐，允许指定负值和百分比。vertical-align 属性的基本语法格式如下。

```
vertical-align: baseline/sub/super/top/text-top/middle/bottom/text-bottom/length;
```

- baseline
  该属性值用于设置图片基线对齐。
- sub
  该属性值用于设置垂直对齐文本的下标。
- super
  该属性值用于设置垂直对齐文本的上标。
- top
  该属性值用于设置图片顶部对齐。
- text-top
  该属性值用于设置对齐文本顶部。
- middle
  该属性值用于设置图片居中对齐。
- bottom
  该属性值用于设置图片底部对齐。
- text-bottom
  该属性值用于设置图片对齐文本底部。
- length
  该属性值用于设置具体的长度值或百分数，可以使用正值或负值，定义由基线算起的偏移量。基线对于数值来说为 0，对于百分数来说为 0%。

实例 40+ 视频：设置网页中图像的垂直对齐效果

CSS 样式中的 vertical-align 属性可以设置图片垂直对齐，并可以与文字进行搭配使用。

接下来通过实例练习介绍如何设置图片的垂直对齐方式。

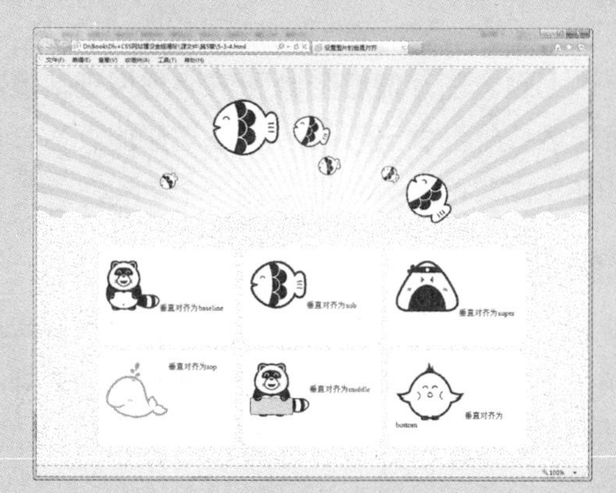

源文件：源文件 \ 第 5 章 \5-3-4.html

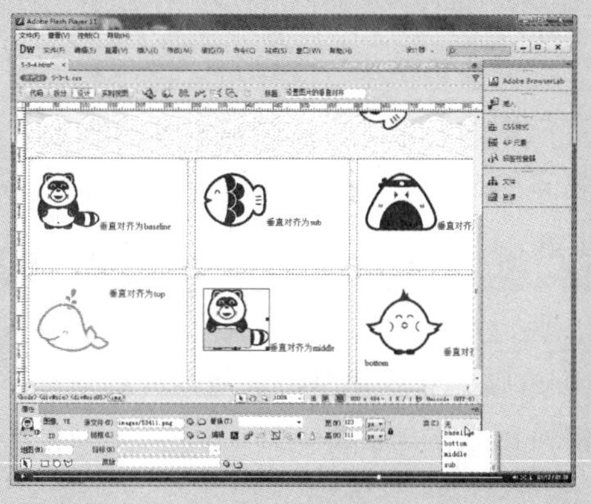

操作视频：视频 \ 第 5 章 \5-3-4.swf

01 ▶ 执行“文件 > 打开”命令，打开页面“源文件 \ 第 5 章 \5-3-4.html”，可以看到页面效果。

```
<body>
<div id="top"></div>
<div id="pic">
  <div id="pic01"><img src="images/53403.png"
width="113" height="102" />垂直对齐为baseline</div
>
  <div id="pic02"><img src="images/53405.png"
width="117" height="98" />垂直对齐为sub</div>
  <div id="pic03"><img src="images/53407.png"
width="132" height="104" />垂直对齐为super</div>
  <div id="pic04"><img src="images/53410.png"
width="131" height="114" />垂直对齐为top</div>
  <div id="pic05"><img src="images/53411.png"
width="123" height="111" />垂直对齐为middle</div>
  <div id="pic06"><img src="images/53406.png"
width="144" height="118" />垂直对齐为text-bottom</
div>
</div>
</body>
```

02 ▶ 转换到代码视图中，可以看到页面的 HTML 代码。

```
.baseline{
    vertical-align:baseline;
}
.sub{
    vertical-align:sub;
}
.super{
    vertical-align:super;
}
.top{
    vertical-align:top;
}
.middle{
    vertical-align:middle;
}
.bottom{
    vertical-align:bottom;
}
```

03 ▶ 转换到外部 CSS 样式 5-3-4.css 文件中，分别定义多个类 CSS 样式，在每个类 CSS 样式中定义不同的图片垂直对齐方式。

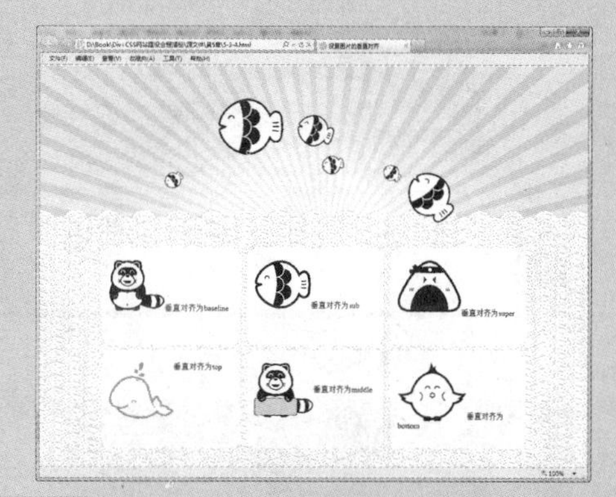

04 ▶ 返回 5-3-4.html 页面中，分别为各图片应用相应的类 CSS 样式，保存页面，在浏览器预览页面，可以看到图片的垂直对齐效果。

提问

提问：是否可以对图片的某一边的效果进行单独定义？

答：还可以根据页面设计的需要，单独对某一条边的边框样式进行定义，如 border-top-style:solid; 则定义了图片上边框的样式为实线边框。同 border-style 属性，可以为边框的 4 条边分别设置不同的颜色，也可以对边框的 4 条边进行粗细不等的设置。

5.4 在网页中实现图文混排

在网页页面中，文字可以详细和清晰地表达主题，图片能够形象和鲜明地展现情境，文字与图片合理结合能够丰富网页页面，增强表达效果。关于图片和文字搭配的页面，比较常见的是图文混排的效果。在网页中，通过 CSS 样式可以实现图文混排的效果。

5.4.1 使用 CSS 样式实现文本绕图效果

通过 CSS 样式能够实现文本绕图效果，即将文字设置成环绕图片的形式。CSS 样式中的 float 属性不仅能够定义网页元素浮动，应用于图像还可以实现文本绕图的效果。实现文本绕图的基本语法格式如下。

```
float:none|left|right
```

- none

  默认属性值，设置对象不浮动。

- left

  设置 float 属性值为 left，可以实现文本环绕在图像的右边。

- right

  设置 float 属性值为 left，可以实现文本环绕在图像的左边。

实例 41+ 视频：实现图文介绍页面文本绕图

float 属性是 CSS 样式中非常重要的一个属性，它能够使元素浮动，实现图文环绕效果。了解了该属性的基本语法，接下来通过实例练习介绍如何通过 float 属性实现图文混排效果。

源文件：源文件 \ 第 5 章 \5-4-1. html

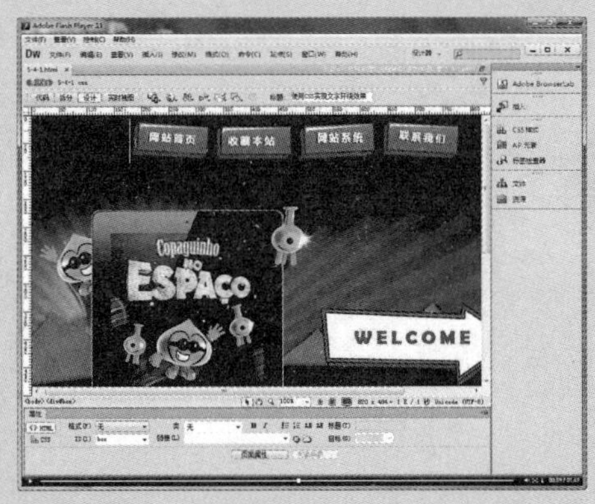

操作视频：视频 \ 第 5 章 \5-4-1. swf

01 ▶执行“文件 > 打开”命令，打开页面“源文件 \ 第 5 章 \5-4-1.html”，可以看到页面效果。

```
<body>
<div id="box">
  <div id="top"><img src="images/54107.png" width="142" height="71" /><img
src="images/54108.png" width="141" height="63" /><img src="images/54109.png"
width="143" height="69" /><img src="images/54110.png" width="142" height="71"
 /></div>
  <div id="pic"><img src="images/54104.png" width="534" height="503" /><img
src="images/54111.png" width="363" height="157" /></div>
  <div id="text"><div id="text1"><img src="images/54103.png" width="124"
height="133" />小游戏是原始的游戏娱乐方式，是为了叫人们在工作，学习后的一种娱
乐、休闲的一种方式。由于Flash是矢量软件，所以小游戏放大后几乎不影响画面效果
。Flash小游戏是一种新兴起的游戏形式，以游戏简单，操作方便，绿色，无需安装，文
件体积小等优点渐渐被广大网友喜爱。</div><div id="text2"><img src="images/54102.png"
 width="124" height="133" />Applet相对于Flash的优势在于强大的功能和可扩展性，
由于其来源于Java语言，因此可以使用庞大的Java类库，包括异常丰富的第三方开源软
件。Applet还可以凭借与OpenGL的接口实现实时3D渲染。</div></div>
</div>
</body>
```

02 ▶转换到代码视图中，可以看到页面的 HTML 代码。

```
#text img{
    float:left;
}
```

03 ▶转换到外部 CSS 样式 5-4-1.css 文件中，创建名为 #text img 的 CSS 样式。

04 ▶保存外部 CSS 样式文件，在浏览器中预览页面，可以看到文本绕图的效果。

```
#text img{
    float:right;
}
```

05 ▶返回外部 CSS 样式 5-4-1.css 文件中，修改 #text img 样式的定义。

06 ▶保存外部 CSS 样式文件。在浏览器中预览页面，可以看到文本绕图的效果。

提问：如何调整图文混排中的文字是左边环绕还是右边环绕？

答：图文混排的效果是随着 float 属性的改变而改变的，因此当 float 的属性值设置为 right 时，图片则会移至文本内容的右边，从而使文字形成左边环绕的效果；反之当 float 的属性值设置为 left 时，图片则会移至文本内容的左边，从而使文字形成右边环绕的效果。

5.4.2　设置文本绕图间距

在设置图文混排的时候，如果希望图片和文字之间有一定的距离，可以通过 CSS 样式中的 margin 属性来设置。margin 属性的基本语法格式如下。

```
margin:margin-top|margin-right|margin-bottom|margin-left
```

- **margin-top**
  设置文本距离图片顶部的距离。
- **margin-right**
  设置文本距离图片右部的距离。
- **margin-bottom**
  设置文本距离图片底部的距离。
- **margin-left**
  设置文本距离图片左部的距离。

实例 42+ 视频：美化图文介绍页面

通过 CSS 样式设置的图文混排默认情况下图片和文字紧紧靠在一起，看起来非常拥挤。为图片和文字设置间距可以使二者产生一定的距离，从而使页面看起来更美观。接下来通过实例练习介绍如何通过 margin 属性设置图文混排间距。

源文件：源文件\第 5 章\5-4-2.html

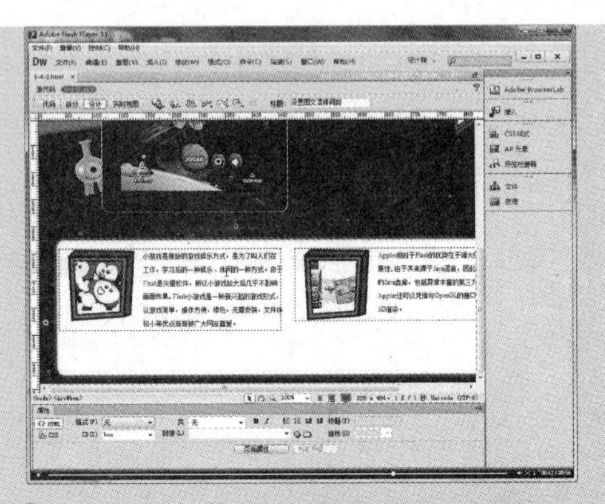

操作视频：视频\第 5 章\5-4-2.swf

01 执行“文件 > 打开”命令，打开页面“源文件\第 5 章\5-4-2.html”，可以看到页面效果。

```
#text img{
    float:left;
}
```

02 转换到外部 CSS 样式 5-4-2.css 文件中，找到名为 #text img 的 CSS 样式设置。

```
#text img{
    float:left;
    margin:0px 16px;
}
```

03 在名为 #text img 的 CSS 样式中添加边距的设置，使图像和文字内容有一定的间距。

04 保存外部 CSS 样式文件，在浏览器中预览页面，可以看到页面的效果。

提问

提问：图文混排的排版方式在什么情况下会出现错误？

答：由于需要设置的图文混排中的文本内容需要在行内元素中才能正确显示，如 <p>…</p>，因此，当该文本内容没有在行内元素中进行时，则有可能会出现错行的情况。

5.5 网页中特殊的图像效果应用

图像是网页中最重要的元素之一，几乎所有的网站中都有图像，甚至有些网站中只有图像而没有文字，图像在网页中的应用效果也千变万化，通过 CSS 样式和 JavaScript 脚本可以在网页中实现许多特殊的图像效果。

5.5.1 全屏大图切换

在网页中常常可以看到全屏的图像效果，全屏的图像效果除了可以使用背景图像的方式实现，插入到网页中的图像同样可以实现全屏的效果。全屏的图像会随着浏览器窗口的大小变化而变化，无论在何种分辨率情况下，都会全屏显示图像，大大提高了网页的视觉效果。

实例 43+ 视频：设计作品展示页面

本实例制作一个作品展示页面，通过 CSS 样式的设置实现网页中图像的全屏显示效果，再通过 JavaScript 脚本程序实现全屏大图的自动切换效果，使网页具有一定的动感和强烈的视觉感。

源文件：源文件 \ 第 5 章 \5-5-1. html

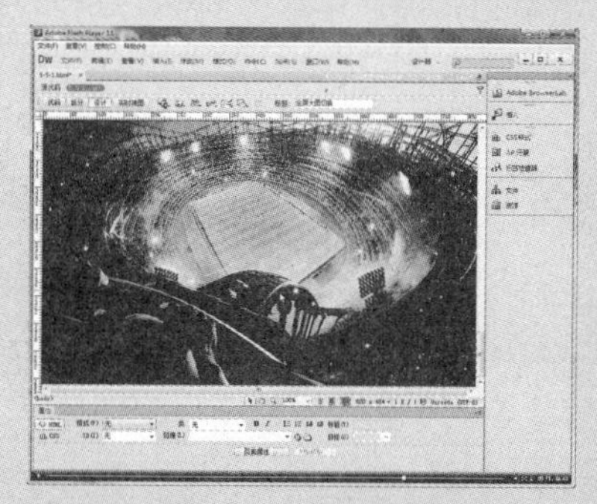

操作视频：视频 \ 第 5 章 \5-5-1. swf

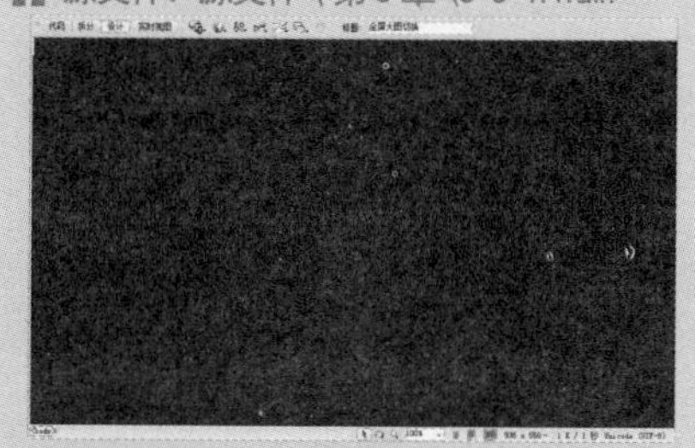

01 ▶执行“文件 > 打开”命令，打开页面“源文件 \ 第 5 章 \5-5-1.html”，可以看到页面的效果。

```
#full-screen-slider {
    position: relative;
    width: 100%;
    height: 100%;
    overflow: hidden;
}
```

02 ▶在页面中插入名为 full-screen-slider 的 Div，转换到该网页所链接的外部 CSS 样式文件 5-5-1.css 中，创建名为 #full-screen-slider 的 CSS 样式。

03 ▶返回网页设计视图中，将光标移至名为 full-screen-slider 的 Div 中，将多余文字删除，依次插入相应的图像。

```
<body>
<div id="full-screen-slider"><img src="images/55101.jpg"
width="1920" height="1200" /><img src="images/55102.jpg"
width="1920" height="1200" /><img src="images/55103.jpg"
width="1920" height="1200" /><img src="images/55104.jpg"
width="1920" height="1200" /><img src="images/55105.jpg"
width="1920" height="1200" /></div>
</body>
```

04 ▶转换到代码视图中，可以看到该部分内容的代码。

```
<body>
<div id="full-screen-slider">
  <ul>
    <li><img src="images/55101.jpg" /></li>
    <li><img src="images/55102.jpg" /></li>
    <li><img src="images/55103.jpg" /></li>
    <li><img src="images/55104.jpg" /></li>
    <li><img src="images/55105.jpg" /></li>
  </ul>
</div>
</body>
```

05 将图像 <img> 标签中的 width 和 height 属性删除，并添加相应的项目列表标签。

```
#slides {
    display: block;
    position: relative;
    width: 100%;
    height: 100%;
    overflow: hidden;
    list-style: none;
}
```

07 转换到 5-5-1.css 文件中，创建名为 #slides 的 CSS 样式。

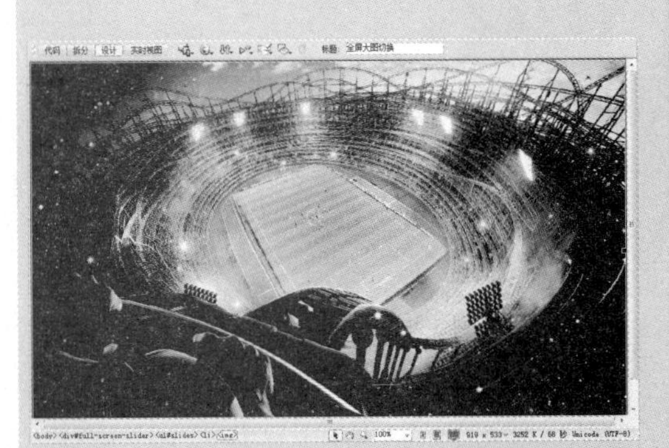

09 返回网页设计视图，可以看到页面的效果。

```
<head>
<meta http-equiv="Content-Type" content="text/html;
charset=utf-8" />
<title>全屏大图切换</title>
<link href="style/5-5-1.css" rel="stylesheet" type=
"text/css" />
<script type="text/javascript" src="js/jquery-1.8.0.min.js">
</script>
<script type="text/javascript" src="js/jquery.jslides.js">
</script>
</head>
```

11 返回网页代码视图，在 <head> 与 </head> 标签之间添加链接外部 JS 脚本文件代码。

```
<body>
<div id="full-screen-slider">
  <ul id="slides">
    <li><img src="images/55101.jpg" /></li>
    <li><img src="images/55102.jpg" /></li>
    <li><img src="images/55103.jpg" /></li>
    <li><img src="images/55104.jpg" /></li>
    <li><img src="images/55105.jpg" /></li>
  </ul>
</div>
</body>
```

06 在 <ul> 标签中添加 id 属性设置，为 <ul> 标签设置 id 名称。

```
#slides li {
    display: block;
    position: absolute;
    width: 100%;
    height: auto;
    overflow: hidden;
    list-style: none;
}
#slides li img {
    width: 100%;
}
```

08 创建名为 #slides li 和名为 #slides li img 的 CSS 样式。

```
#pagination {
    position: absolute;
    display: block;
    left: 50%;
    bottom: 20px;
    z-index: 9900;
}
#pagination li {
    display:block;
    list-style:none;
    width:10px;
    height:10px;
    float:left;
    margin-left:15px;
    border-radius:5px;
    background:#CCC;
}
#pagination li a {
    display:block;
    text-indent:-9999px;
}
#pagination li.current {
    background:#0092CE;
}
```

10 转换到 5-5-1.css 文件中，分别创建名为 #pagination、#pagination li、#pagination li a 和 #pagination li.current 的 CSS 样式。

12 保存页面，保存外部 CSS 样式文件，在浏览器中预览页面，可以看到页面中全屏大图切换效果。

名为 #pagination、#pagination li、#pagination li a 和 #pagination li.current 的 CSS 样式设置的是全屏图像切换的小点，该部分内容是通过 JavaScript 脚本程序来生成的。此处的 JavaScript 脚本文件是编写好的程序，在这里直接使用，感兴趣的读者可以看 JavaScript 程序文件代码。

提问：如何实现网页中所插入的图像显示为全屏的效果？

答：在网页中插入的图像，如果想实现在不同分辨率下全屏的效果，则必须将图像的宽度设置为 100%，关于使用 CSS 样式对图像进行缩放在前面已经介绍过，这里就是通过 CSS 样式的设置实现网页中插入的图像在不同分辨率下全屏的效果。

5.5.2　鼠标经过图像动态效果

所有的网站页面都需要实现一定的交互效果，这样才能够吸引浏览者的目光。图像的动态交互效果是网页中比较常见的交互效果，通常网页中的图像动态交互效果都是使用 JavaScript 脚本程序来实现的，本小节将介绍如何使用 CSS 样式来实现网页中图像的动态交互效果。

实例 44+ 视频：制作图片展示网页

本实例制作一个图片展示网页，在网页中重点介绍如何使用 CSS 3 新增属性实现多种不同效果的图像动态交互效果，通过图像动态交互效果的实现，可以使网页更加美观和便于操作，也能够大大提高网页的交互性。

源文件：源文件 \ 第 5 章 \5-5-2.html

操作视频：视频 \ 第 5 章 \5-5-2.swf

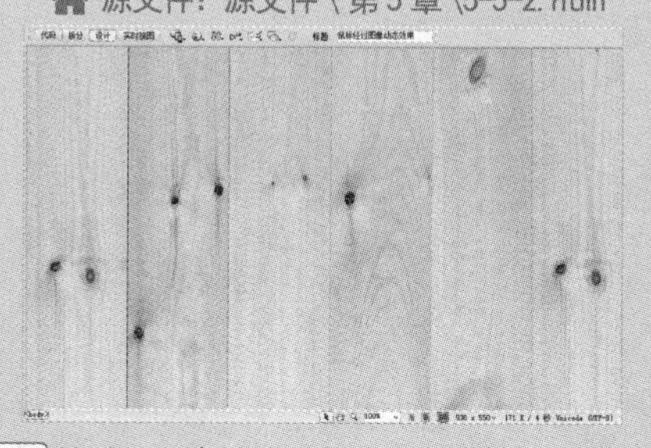

01 执行“文件 > 打开”命令，打开页面“源文件 \ 第 5 章 \5-5-2.html”，可以看到页面的效果。

```
#title {
    width: 980px;
    height: 60px;
    margin: 20px auto 0px auto;
    font-family: 微软雅黑;
    font-size: 36px;
    font-weight: bold;
    line-height: 60px;
    color: #916242;
    text-align: center;
    text-shadow:1px 1px 1px #555;
}
```

02 在页面中插入名为 title 的 Div，转换到该网页所链接的外部 CSS 样式文件 5-5-2.css 中，创建名为 #title 的 CSS 样式。

提示

在名为 #title 的 CSS 样式设置代码中添加 text-shadow 属性设置，text-shadow 属性为 CSS 3 中新增的文字阴影属性，通过该属性设置可以为文字添加阴影效果。

03 ▶返回网页设计视图中，将光标移至名为 title 的 Div 中，并将多余文字删除，输入相应的文字。

```
#box {
    width: 980px;
    height: 599px;
    background-image: url(../images/55202.png);
    background-repeat: no-repeat;
    margin: 0px auto;
}
```

04 ▶在名为 title 的 Div 之后插入名为 box 的 Div，转换到 5-5-2.css 文件中，创建名为 #box 的 CSS 样式。

05 ▶返回网页设计视图中，可以看到名为 box 的 Div 的效果。

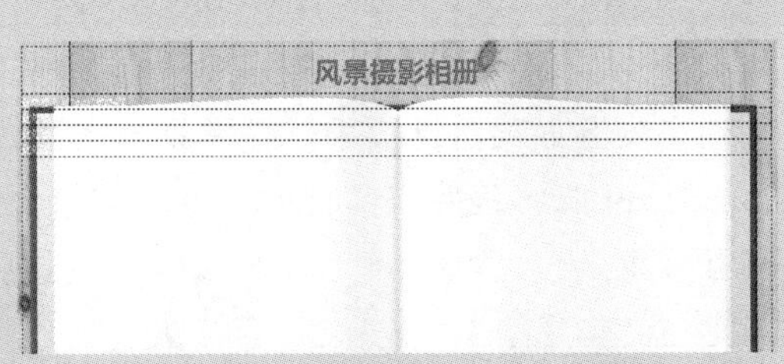

06 ▶将该 Div 中多余的文字删除，在该 Div 中依次插入名为 pic1、pic2、pic3 和 pic4 的 Div。

```
#pic1,#pic2,#pic3,#pic4 {
    width: 375px;
    height: 250px;
    background-color: #CCC;
    padding: 5px;
    float: left;
    margin-top: 25px;
    margin-left: 70px;
    overflow:hidden;
}
```

07 ▶转换到 5-5-2.css 文件中，创建名为 #pic1,#pic2,#pic3,#pic4 的 CSS 样式。

08 ▶返回网页设计视图中，可以看到网页的效果。

09 ▶分别在名为 pic1、pic2、pic3 和 pic4 的 Div 中插入相应的图像。

```
.picbg{
    width:375px;
    height:250px;
    background:#000;
    color:#fff;
    text-align:center;
}
h1 {
    font-family: 微软雅黑;
    font-size: 18px;
    font-weight: bold;
    line-height: 48px;
    margin-top: 30px;
}
```

10 ▶转换到 5-5-2.css 文件中，创建名为 .picbg 的类 CSS 样式和名为 h1 的标签 CSS 样式。

```
<div id="pic2"><img src="images/pic2.jpg" width="375"
height="250" />
    <div class="picbg">
        <h1>夕阳下的山峰</h1>
        <p>落日的黄昏，蜿蜒的盘山公路，给人窒息的美！</p>
    </div>
</div>
```

11 ▶返回网页的代码视图中，在 <div id="pic2"> 与 </div> 标签之间的图像后添加相应的标签和文字内容。

```
<div id="pic3"><img src="images/pic3.jpg" width="375"
height="250" />
    <div class="picbg">
        <h1>令人遐想的建筑</h1>
        <p>落日的光晕，映射出金色的建筑，带给人宏伟、磅礴的气势！</p>
    </div>
</div>
<div id="pic4"><img src="images/pic4.jpg" width="375"
height="250" />
    <div class="picbg">
        <h1>希望的田野</h1>
        <p>落日的黄昏，一望无际的田野，让人感觉自由和希望！</p>
    </div>
</div>
```

12 ▶使用相同的方法，分别在名为 pic3 和名为 pic4 的 Div 中添加相应的内容。

```
#pic1 img {
    opacity: 1;
    transition: opacity;
    transition-timing-function: ease-out;
    transition-duration: 500ms;
}
#pic1 img:hover{
    opacity: .5;
    transition: opacity;
    transition-timing-function: ease-out;
    transition-duration: 500ms;
}
```

13 ▶转换到 5-5-2.css 文件中，创建名为 #pic1 img 和 #pic1 img:hover 的 CSS 样式。

14 ▶保存页面，在浏览器中预览页面，将鼠标移至第一张图像上，图像会出现慢慢变为半透明的动画效果。

```
#pic2{
    position:relative;
}
#pic2 img{
    opacity:1;
    transition: opacity;
    transition-timing-function: ease-out;
    transition-duration: 500ms;
}
#pic2 .picbg{
    position:absolute;
    top:5px;
    left:5px;
    opacity: 0;
    transition: opacity;
    transition-timing-function: ease-out;
    transition-duration: 500ms;
}
#pic2 .picbg:hover{
    opacity: .9;
    transition: opacity;
    transition-timing-function: ease-out;
    transition-duration: 500ms;
}
```

15 ▶转换到 5-5-2.css 文件中，创建名为 #pic2、#pic2 img、#pic2 .picbg 和 #pic2 .picbg:hover 的 CSS 样式。

16 ▶保存页面，在浏览器中预览页面，当鼠标移至第二张图像上时，会出现半透明黑色慢慢覆盖在图像上的动画效果。

```
#pic3{
    position:relative;
}
#pic3 img{
    position:absolute;
    top: 5px;
    left: 5px;
    z-index:0;
}
#pic3 .picbg{
    opacity: .9;
    position:absolute;
    top:100;
    left:150;
    z-index:999;
    transform: scale(0);
    transition-timing-function: ease-out;
    transition-duration: 250ms;
}
#pic3:hover .picbg{
    transform: scale(1);
    transition-timing-function: ease-out;
    transition-duration: 250ms;
}
```

17 ▶转换到 5-5-2.css 文件中，创建名为 #pic3、#pic3 img、#pic3 .picbg 和 #pic3:hover .picbg 的 CSS 样式。

```
#pic4{
    position:relative;
}
#pic4 .picbg{
    opacity: .9;
    position:absolute;
    top:5px;
    left:5px;
    margin-left:-380px;
    transition: margin-left;
    transition-timing-function: ease-in;
    transition-duration: 250ms;
}
#pic4:hover .picbg{
    margin-left: 0px;
}
```

19 ▶转换到 5-5-2.css 文件中，创建名为 #pic4、#pic4 .picbg 和 #pic4:hover .picbg 的 CSS 样式。

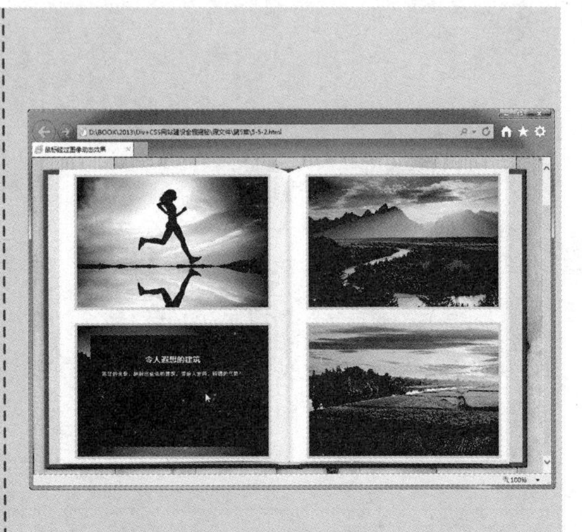

18 ▶保存页面，在浏览器中预览页面，当鼠标移至第三张图像上时，会出现半透明黑色由小到大覆盖图像的动画效果。

20 ▶保存页面，在浏览器中预览页面，当鼠标移至第四张图像上时，会出现半透明黑色从左至右移动覆盖图像的动画效果。

提问

提问：为什么在 IE 浏览器中预览不到切换的过渡效果？

答：在该网页的制作过程中，将鼠标移至相应的图像上会出现图像的切换至相应介绍文字的过渡效果，这里使用的是 CSS 3 中的 transition 和 transform 属性来实现的，需要使用 IE 10 及以上版本的浏览器才能看到相应的效果。如果使用 IE 9 及其以下版本浏览器，则看不到切换的过渡效果。

5.6 本章小结

本章主要讲解了使用 CSS 样式控制背景和图片的相关知识，属于 CSS 样式部分的基础知识，理解起来不难，读者需要注重的是该部分知识在实际网页设计中的运用。通过学习本章的内容，希望读者能够灵活掌握使用 CSS 控制背景和图片样式的具体方法，并根据页面设计的需要，合理地对背景和图片进行设置，以设计出优秀的网页。

第6章　使用CSS设置列表样式

在网页页面中经常会用到项目列表，如我们常看到的网站新闻、排行榜等，大多数情况下都是使用列表制作的。列表是用来整理网页中一系列相互关联的文本信息的，其中包括有序列表、无序列表和自定义列表3种。通过CSS属性可以对列表进行更好的控制，从而使列表呈现出不同的样式。本章将介绍使用CSS样式对网页中列表的样式进行控制。

本章知识点

- ☑ 了解网页列表的相关知识
- ☑ CSS样式设置有序和无序列表
- ☑ CSS样式设置定义列表
- ☑ 使用列表制作导航菜单
- ☑ 掌握网页中列表的特殊应用

6.1　了解网页中的列表

列表形式在网页设计中占有很大比重，在信息显示时非常整齐直观，便于理解。从出现网页开始到现在，列表元素一直都是页面中非常重要的应用形式。

在早期的表格式网页布局中，列表恰恰也是表格用处最大的地方，表格是由多行多列的表格来完成的。当列表头部是图像时，则需要在原有的基础上多加一列表格，用来插入图像，这样就增加了很多列表元素的代码，不方便设计者读取。

图像	列表内容
图像	列表内容
图像	列表内容

```
<table width="332" border="1" cellspacing="1" cellpadding="1">
  <tr>
    <td>图像</td>
    <td>列表内容</td>
  </tr>
  <tr>
    <td>图像</td>
    <td>列表内容</td>
  </tr>
  <tr>
    <td>图像</td>
    <td>列表内容</td>
  </tr>
</table>
```

CSS布局中的列表使用HTML中自带的<ul>和<ol>标签。这些标签在早期的HTML版本中就已经存在，由于当时CSS没有非常强大的样式控制，因此被设计者放弃使用，改为使用表格来控制。自从CSS 2出现后，<ul>和<ol>标签在CSS样式中拥有了较多的样式属性，完全可以抛弃表格来制作列表。使用CSS样式来制作列表，还可以减少页面的代码数量。

```
<ul>
  <li>列表内容</li>
  <li>列表内容</li>
  <li>列表内容</li>
</ul>
```

- 列表内容
- 列表内容
- 列表内容

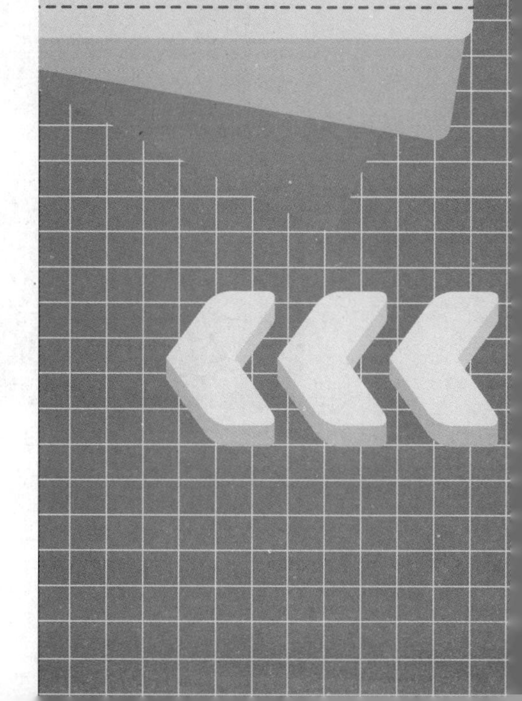

6.2 设置列表的 CSS 样式

在 Dreamweaver 中，通过 CSS 属性来控制列表，能够从更多方面控制列表的外观，使列表看起来更加整齐和美观，使网站实用性更强。在 CSS 样式中专门提供了控制列表样式的属性，下面就不同类型的列表分别进行介绍。

6.2.1 ul 无序项目列表

无序项目列表是网页中运用得非常多的一种列表形式，用于将一组相关的列表项目排列在一起，并且列表中的项目没有特别的先后顺序。无序列表使用<li>标签来罗列各个项目，并且每个项目前面都带有特殊符号。在 CSS 样式中，list-style-type 属性用于控制无序列表项目前面的符号，list-style-type 属性的语法格式如下。

```
list-style-type: 参数1、参数2…;
```

list-style-type 属性常用的属性值有 3 个，分别介绍如下。

- **disc**

如果设置 list-style-type 属性值为 disc，则项目列表前的符号为实心圆。

- **circle**

如果设置 list-style-type 属性值为 circle，则项目列表前的符号为空心圆。

- **square**

如果设置 list-style-type 属性值为 square，则项目列表前的符号为实心方块。

实例 45+ 视频：制作网站新闻列表

网页中很多文字的排版都用到列表，其中无序列表是应用比较多的一种列表形式。通过 CSS 样式设置的无序列表在外观上能够有多种变化，适宜在很多情况下使用。下面通过实例练习介绍如何设置无序列表。

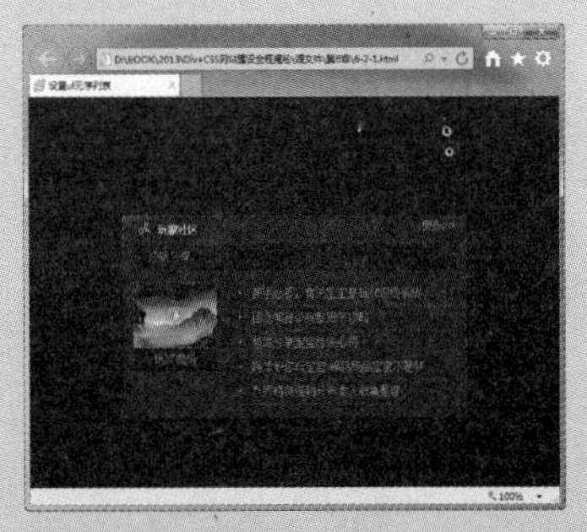

源文件：源文件 \ 第 6 章 \6-2-1. html

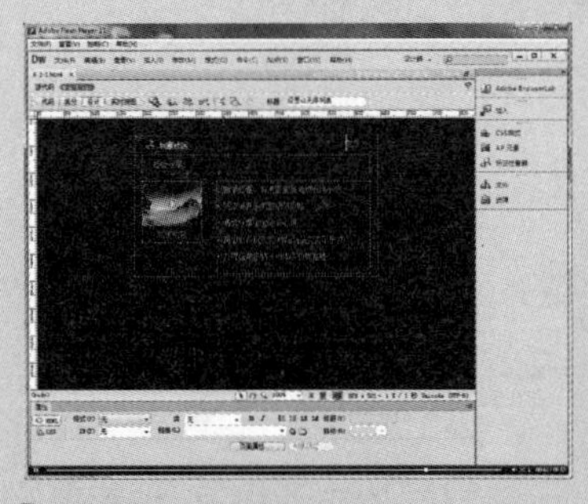

操作视频：视频 \ 第 6 章 \6-2-1. swf

01 执行“文件 > 打开”命令，打开页面“源文件 \ 第 6 章 \6-2-1.html”，可以看到页面效果。

```
<body>
<div id="box">
  <div id="top">更多>></div>
  <div class="font" id="dach">经验分享</div>
  <div id="pic">
    <p><img src="images/62101.jpg" width="111"
height="83" /></p>
    <p>玩家视频</p>
  </div>
  <div id="text">
    <ul>
      <li>新手必看，有关宝宝基础知识绝杀贴</li>
      <li>困龙涧首杀完整细节攻略</li>
      <li>倾城分享宝宝练级心得</li>
      <li>阿灿教你玩宝宝 神品绝品宝宝不是梦</li>
      <li>九界精英怪物分布本人收集整理</li>
    </ul>
  </div>
</div>
</body>
```

02 转换到代码视图中，可以看到该页面的 HTML 代码。

```
#text li{
    list-style-type:disc;
    list-style-position:inside;
    border-bottom:dotted 1px #054b78;
}
```

03 ▶转换到所链接的外部 CSS 样式文件 6-2-1.css 中，定义 #text li 的 CSS 样式。

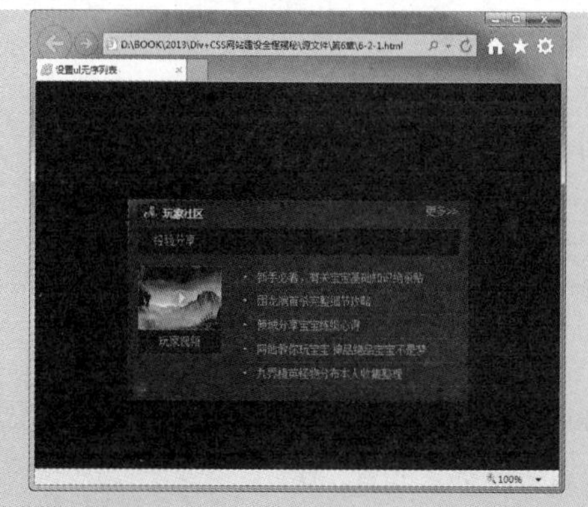

04 ▶保存外部 CSS 样式文件，在浏览器中预览页面，可以看到无序列表的效果。

提示

如果希望单击“属性”面板上的“项目列表”按钮在网页中创建项目列表，则需要在页面中选中的是段落文本。段落文本的输入方法是在段落后按键盘上的 Enter，即可在页面中插入一个段落。

提问

提问：网页中文本分行与分段有什么区别？

答：遇到文本末尾的地方，Dreamweaver 会自动进行分行操作，然而在某些情况下，我们需要进行强迫分行，将某些文本放到下一行去，此时在操作上读者可以有两种选择：按键盘上的 Enter 键（为段落标签），在代码视图中显示为 <P> 标签。

也可以按快捷键 Shift+Enter（为换行符也被称为强迫分行），在代码视图中显示为
，可以使文本落到下一行去，在这种情况下被分行的文本仍然在同一段落中。

6.2.2　有序编号列表

有序列表即具有明确先后顺序的列表，默认情况下，在 Dreamweaver 中创建的有序列表在每条信息前加上序号 1、2、3…通过 CSS 样式中的 list-style-type 属性可以对有序列表进行控制。list-style-type 属性的基本语法格式如下。

```
list-style-type:参数值;
```

在设置有序列表时，list-style-type 属性常用的属性值有如下几种。

- decimal

如果设置 list-style-type 属性值为 decimal，则表示有序列表前使用十进制数字标记（1、2、3…）。

- decimal-leading-zero

如果设置 list-style-type 属性值为 decimal-leading-zero，则表示有序列表前使用有前导零的十进制数字标记（01、02、03…）。

- lower-roman

如果设置 list-style-type 属性值为 lower-roman，则表示有序列表前使用小写罗马数字标记（i、ii、iii…）。

- upper-roman

如果设置 list-style-type 属性值为 upper-roman，则表示有序列表前使用大写罗马数字标记（I、II、III…）。

- lower-alpha

如果设置 list-style-type 属性值为 lower-alpha，则表示有序列表前使用小写英文字母标记（a、b、c…）。

- upper-alpha

如果设置 list-style-type 属性值为 upper-alpha，则表示有序列表前使用大写英文字母标记（A、B、C…）。

- none

如果设置 list-style-type 属性值为 none，则表示有序列表前不使用任何形式的符号。

- inherit

如果设置 list-style-type 属性值为 inherit，则表示有序列表继承父级元素的 list-style-type 属性设置。

实例 46+ 视频：制作音乐排行榜

当需要强调列表项的先后顺序时，一般采用有序列表制作，使各列表项呈现出鲜明的层次。了解了有序列表的制作方法，下面通过实例练习介绍如何使用 CSS 样式设置有序列表。

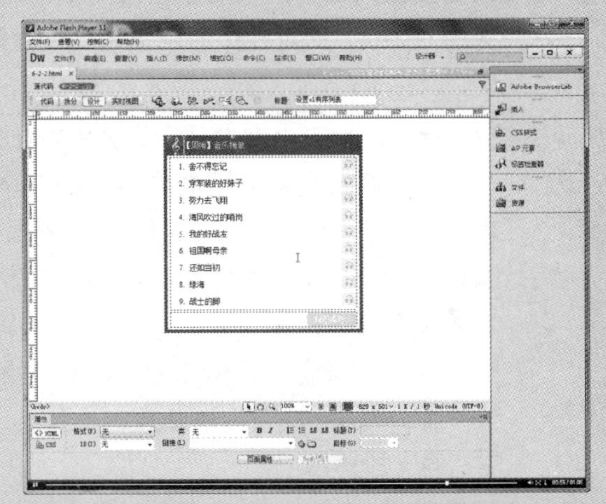

源文件：源文件 \ 第 6 章 \6-2-2. html

操作视频：视频 \ 第 6 章 \6-2-2. swf

01 执行“文件 > 打开”命令，打开页面“源文件 \ 第 6 章 \6-2-2.html”，可以看到页面效果。

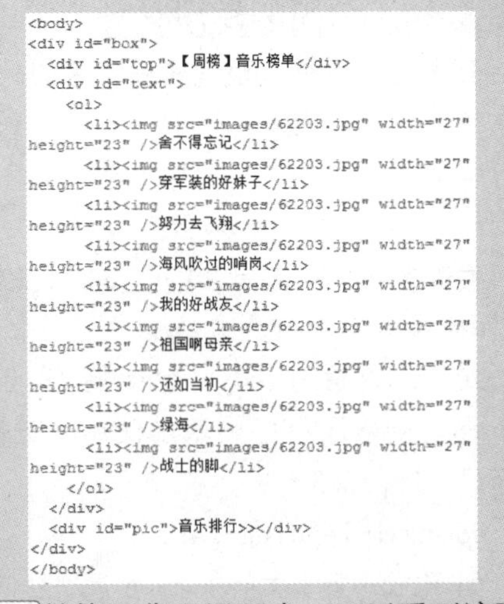

```
<body>
<div id="box">
  <div id="top">【周榜】音乐榜单</div>
  <div id="text">
    <ol>
      <li><img src="images/62203.jpg" width="27"
height="23" />舍不得忘记</li>
      <li><img src="images/62203.jpg" width="27"
height="23" />穿军装的好妹子</li>
      <li><img src="images/62203.jpg" width="27"
height="23" />努力去飞翔</li>
      <li><img src="images/62203.jpg" width="27"
height="23" />海风吹过的哨岗</li>
      <li><img src="images/62203.jpg" width="27"
height="23" />我的好战友</li>
      <li><img src="images/62203.jpg" width="27"
height="23" />祖国啊母亲</li>
      <li><img src="images/62203.jpg" width="27"
height="23" />还如当初</li>
      <li><img src="images/62203.jpg" width="27"
height="23" />绿海</li>
      <li><img src="images/62203.jpg" width="27"
height="23" />战士的脚</li>
    </ol>
  </div>
  <div id="pic">音乐排行>></div>
</div>
</body>
```

02 转换到代码视图中，可以看到该页面的 HTML 代码。

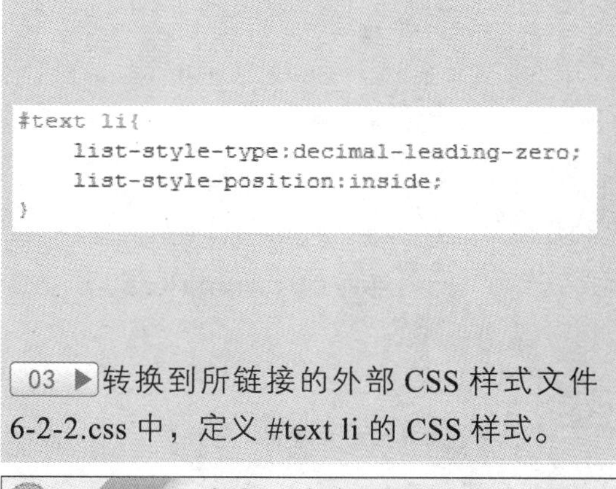

```
#text li{
    list-style-type:decimal-leading-zero;
    list-style-position:inside;
}
```

03 ▶转换到所链接的外部 CSS 样式文件 6-2-2.css 中，定义 #text li 的 CSS 样式。

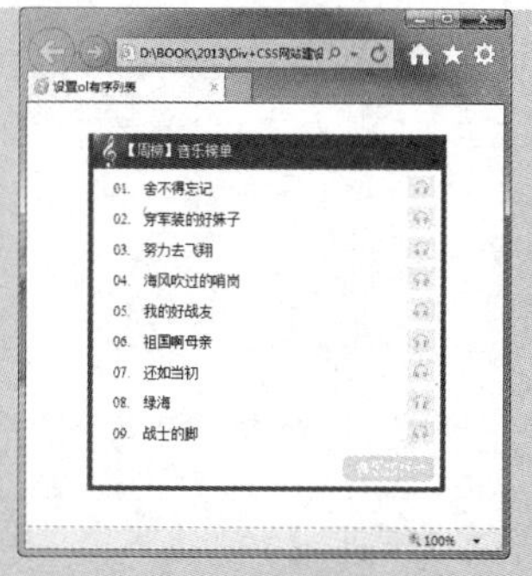

04 ▶保存外部 CSS 样式文件，在浏览器中预览页面，可以看到有序列表的效果。

提问

提问：如何不通过 CSS 样式更改有序列表前的编号符号？

答：如果在“列表属性”对话框中的“列表类型”下拉列表中选择“编号列表”选项，则“样式”下拉列表中有 6 个选项，分别为“默认”、“数字”、“小写罗马字母”、“大写罗马字母”、“小写字母”和“大写字母”，这是用来设置编号列表里每行开头的编辑号符号。

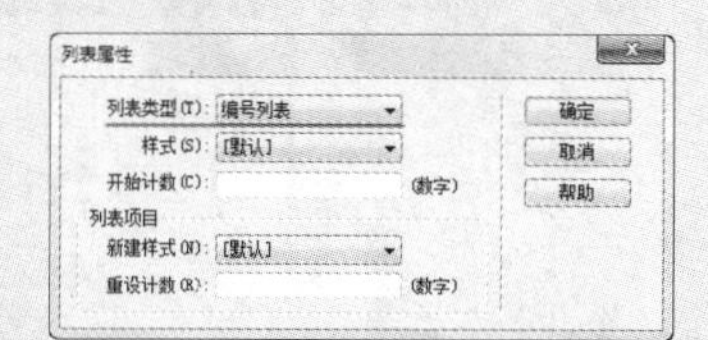

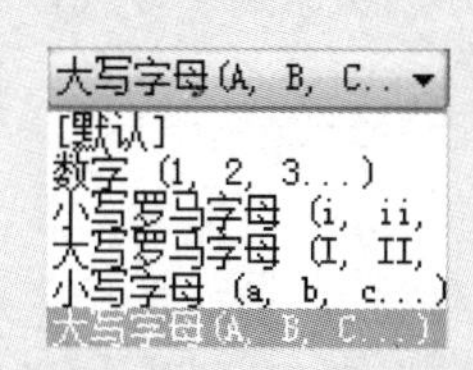

6.2.3 定义列表

定义列表是一种比较特殊的列表形式，相对于有序列表和无序列表来说，应用得比较少。定义列表的 <dl> 标签是成对出现的，并且需要在代码视图中手动添加代码。从 <dl> 开始到 </dl> 结束，列表中每个元素的标题使用 <dt></dt> 标签，后跟随 <dd></dd> 标签，用于描述列表中元素的内容。

实例 47+ 视频：制作游戏新闻栏目

在网页中常常看到带有日期的新闻栏目，这样的新闻栏目就可以使用定义列表来制作，通过 CSS 样式中的 float 属性设置，使 <dt> 标签中的内容与 <dd> 标签中的内容显示在一行中。接下来通过实例练习介绍如何使用定义列表制作网页中的游戏新闻栏目。

源文件：源文件 \ 第 6 章 \6-2-3.html

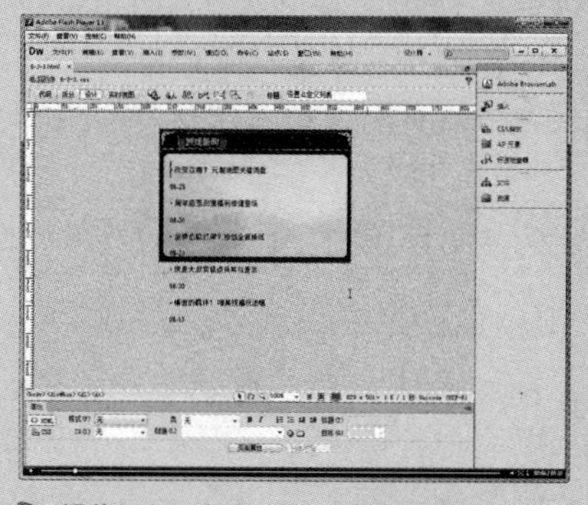

操作视频：视频 \ 第 6 章 \6-2-3.swf

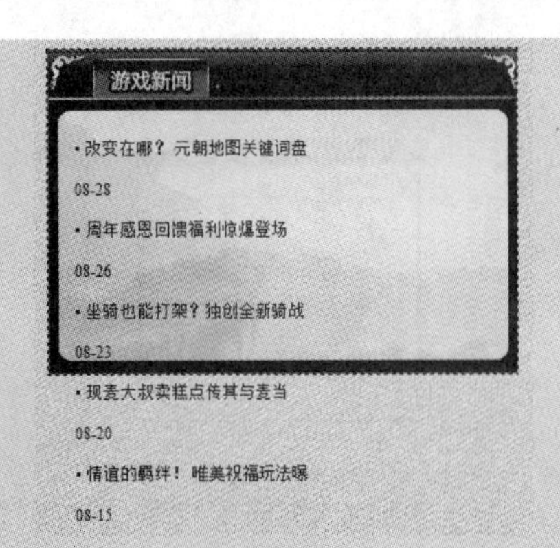

01 ▶ 执行“文件 > 打开”命令，打开页面“源文件 \ 第 6 章 \6-2-3.html”，可以看到页面效果。

```
<body>
<div id="box">
  <dl>
    <dt>• 改变在哪？ 元朝地图关键词盘 </dt>
    <dd>08-28</dd>
      <dt> • 周年感恩回馈福利惊爆登场</dt>
    <dd>08-26</dd>
      <dt>• 坐骑也能打架？独创全新骑战 </dt>
    <dd>08-23</dd>
      <dt>  • 现麦大叔卖糕点传其与麦当 </dt>
    <dd>08-20</dd>
      <dt> • 情谊的羁绊！ 唯美祝福玩法曝 </dt>
    <dd>08-15</dd>
  </dl>
</div>
</body>
```

02 ▶ 转换到代码视图中，可以看到该页面的 HTML 代码。

```
#box dt{
    width:280px;
    float:left;
    border-bottom:dashed 1px;
}
#box dd{
    float:left;
    border-bottom:dashed 1px ;
}
```

03 ▶ 转换到该网页所链接的外部 CSS 样式文件 6-2-3.css 中，创建名为 #box dt 和 #box dd 的 CSS 样式。

04 ▶ 保存外部 CSS 样式文件，在浏览器中预览页面，可以看到页面中定义列表的效果。

提问：在 Dreamweaver 中可以通过可视化操作自动创建定义列表吗？

答：不可以，在 Dreamweaver 中并没有提供定义列表的可视化创建操作，设计者可以转换到代码视图中，手动添加相关的 <dl>、<dt> 和 <dd> 标签来创建定义列表，注意，<dl>、<dt> 和 <dd> 标签都是成对出现的。

6.2.4 更改列表项目样式

当为有序列表或无序列表设置 list-style-type 属性时，列表中的所有列表项都会应用该设置，如果想要 <li> 标签具有单独的样式，则可以对 <li> 标记单独设置 list-style-type 属性，那么该样式仅仅只会对该条项目起作用。

实例 48+ 视频：更改某一个项目列表符号

不是列表中的所有列表项都只能有一种列表样式，通过 CSS 样式设置类 CSS 样式，再为单独的列表项应用，则该列表项会有区别于其他列表项的样式。接下来通过实例练习介绍如何更改列表项目样式。

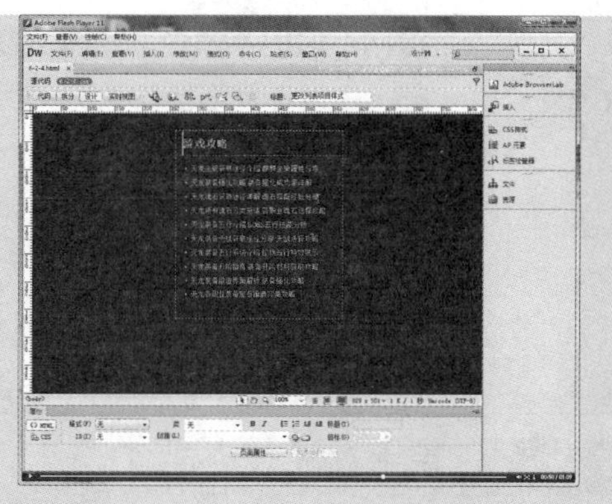

源文件：源文件 \ 第 6 章 \6-2-4.html　　操作视频：视频 \ 第 6 章 \6-2-4.swf

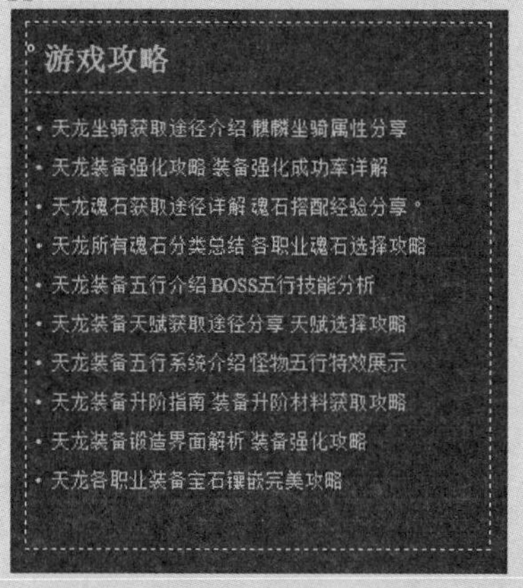


```
<body>
<div id="box">
  <div id="top">游戏攻略</div>
  <div id="text">
  <ul>
<li>天龙坐骑获取途径介绍 麒麟坐骑属性分享</li>
<li>天龙装备强化攻略 装备强化成功率详解</li>
<li>天龙魂石获取途径详解 魂石搭配经验分享</li>
<li>天龙所有魂石分类总结 各职业魂石选择攻略</li>
<li>天龙装备五行介绍 BOSS五行技能分析</li>
<li>天龙装备天赋获取途径分享 天赋选择攻略</li>
<li>天龙装备五行系统介绍 怪物五行特效展示</li>
<li>天龙装备升阶指南 装备升阶材料获取攻略</li>
<li>天龙装备锻造界面解析 装备强化攻略</li>
<li>天龙各职业装备宝石镶嵌完美攻略</li>
</ul>
</div>
</div>
</body>
```

01 执行“文件 > 打开”命令，打开页面“源文件 \ 第 6 章 \6-2-4.html”，可以看到页面效果。

02 转换到代码视图中，可以看到该页面的 HTML 代码。

```
.special{
    list-style-type:square;
}
```

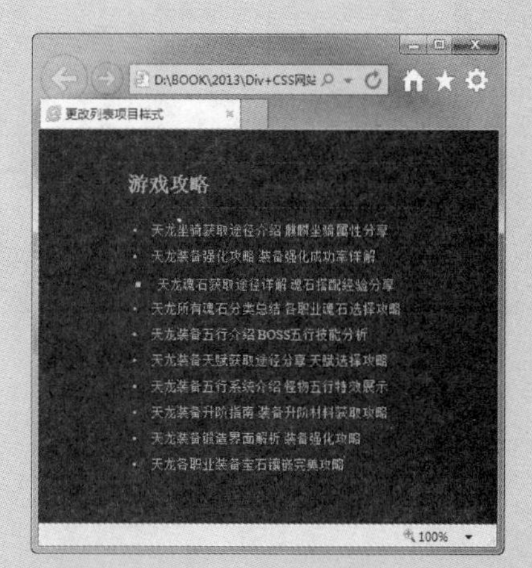

03 转换到所链接的外部 CSS 样式文件 6-2-4.css 中，创建名为 .special 的 CSS 样式。

04 返回网页设计视图，为第 3 行项目列表应用该类 CSS 样式，可以看到页面的效果。

提示

由于 <ol> 标签的默认属性值是 decima，<ul> 默认的属性值是 disc，因此通过 display:listitem 创建的项目列表，其默认属性值也是 disc。

提问：如何不通过 CSS 样式更改项目列表前的符号效果？

答：在设计视图中选中已有列表的其中一项，执行“格式 > 列表 > 属性”命令，弹出“列表属性”对话框，在“列表类型”下拉列表中选择“项目列表”选项，此时“列表属性”对话框上除“列表类型”下拉列表框外，只有“样式”下拉列表框和“新建样式”下拉列表框可用，在“样式”下拉列表中共有 3 个选项，分别为“默认”、“项目符号”和“正方形”，它们用来设置项目列表里每行开头的列表标志。

6.2.5 自定义列表符号

在网页设计中，除了可以使用 CSS 样式中的列表符号，还可以使用 list-style-image 属性自定义列表符号，list-style-image 属性的基本语法如下。

```
list-style-image:图片地址;
```

在 CSS 样式中，list-style-image 属性用于设置图片作为列表样式，只需输入图片的路径作为属性值即可。

实例 49+ 视频：图像列表符号的应用

使用自定义的列表符号能够使列表样式更具个性化，有创意的列表符号能够使网页页面更加生动活泼。了解了自定义列表符号的基本语法，接下来通过实例练习介绍如何创建自定义列表符号。

源文件：源文件 \ 第 6 章 \6-2-5. html

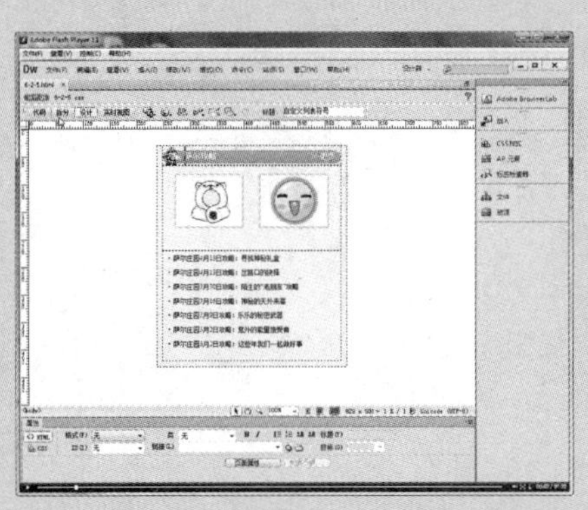

操作视频：视频 \ 第 6 章 \6-2-5. swf

01 执行“文件 > 打开”命令，打开页面“源文件 \ 第 6 章 \6-2-5.html”，可以看到页面效果。

```
<div id="text">
  <ul>
   <li>萨尔庄园4月13日攻略：寻找神秘礼盒</li>
   <li>萨尔庄园4月13日攻略：岔路口的抉择</li>
   <li>萨尔庄园3月30日攻略：陌生的"老朋友"攻略</li>
   <li>萨尔庄园3月16日攻略：神秘的天外来客</li>
   <li>萨尔庄园3月9日攻略：乐乐的秘密武器</li>
   <li>萨尔庄园3月2日攻略：意外的能量接受者</li>
   <li>萨尔庄园3月2日攻略：这些年我们一起做好事</li>
  </ul>
</div>
```

02 转换到代码视图中，可以看到该页面的 HTML 代码。

```
#text li{
    list-style-type: none;
    list-style-image: url(../images/62504.gif);
    list-style-position: inside;
}
```

03 ▶转换到该网页所链接的外部 CSS 样式文件 6-2-5.css 中，定义 #text li 的 CSS 样式。

04 ▶保存外部 CSS 样式文件，在浏览器中预览页面，可以看到页面中自定义列表符号的效果。

提问

提问：还可以使用什么方法实现自定义项目列表符号？

答：除了可以使用 CSS 样式中的 list-style-image 属性定义列表符号，还可以使用 background-image 属性来实现，首先在列表项左边添加填充，为图像符号预留出需要占用的空间，然后将图像符号作为背景图像应用于列表项即可。在网页页面中，经常将图片作为列表样式，用来美化网页界面、提升网页整体视觉效果。

6.3　使用列表制作导航菜单

在 Dreamweaver 中，可以非常方便地控制列表的形式，通过 CSS 属性对项目列表进行控制可以产生很多意想不到的效果。由于项目列表的项目符号可以通过 list-style-type 属性将其设置为 none，结合这个特性，可以使用列表制作成各种各样的菜单和导航条。

6.3.1　使用 CSS 样式创建横向导航菜单

横向导航菜单在网页中很常见，通常位于网页的头部，不同页面之间的链接主要是通过它来实现的。网站导航菜单显示网页的头部信息，在网站中的重要性不言而喻，因此为网页设计一个美观、大方的导航菜单是网页设计中最为重要的第一步。

实例 50+ 视频：制作游戏网站导航

默认情况下，每个列表项单独占据一行，通过 CSS 样式中的 float 属性，可以让各列表项在同一行显示。接下来通过实例练习介绍如何使用 CSS 样式创建横向导航菜单。

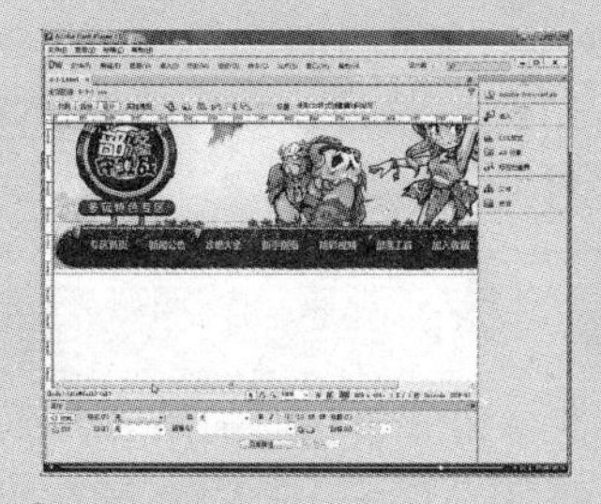

源文件：源文件 \ 第 6 章 \6-3-1.html　　操作视频：视频 \ 第 6 章 \6-3-1.swf

01 ▶执行“文件 > 打开”命令，打开页面“源文件 \ 第 6 章 \6-3-1.html”，可以看到页面效果。

02 ▶将光标移至名为 daoh 的 Div 中，并将多余文字删除，输入相应的段落文字。

03 ▶拖动鼠标选中刚输入的段落文本，单击“属性”面板上的“项目列表”按钮，创建项目列表。

```
<body>
<div id="daoh">
  <ul>
    <li>专区首页</li>
    <li>新闻公告</li>
    <li>攻略大全</li>
    <li>新手指南</li>
    <li>精彩视频</li>
    <li>部落工具</li>
    <li>加入收藏</li>
  </ul>
</div>
</body>
```

04 ▶转换到代码视图中，可以看到该页面的 HTML 代码。

```
#daoh li{
    list-style-type:none;
    float:left;
    margin:0px 20px;
}
```

05 ▶转换到所链接的外部 CSS 样式文件 6-3-1.css 中，定义 #daoh li 的 CSS 样式。

06 ▶保存外部 CSS 样式文件，在浏览器中预览页面，可以看到横向导航菜单的效果。

提问：横向导航菜单的优点是什么？

答：横向导航菜单一般用做网站的主导航菜单，门户类网站更是如此。由于门户网站的分类导航较多，且每个频道均有不同的样式区分，因此在网站顶部固定一个区域设计统一样式且不占用过多空间的横向导航菜单是最理想的选择。

6.3.2 使用 CSS 样式创建竖向导航菜单

与横向导航菜单相对的是竖向菜单，通过 CSS 样式不仅可以创建横向导航菜单，还可以创建竖向导航菜单。竖向菜单在网页中起着导航、美化页面的作用，创建的方法与横向菜单类似，先通过 CSS 样式设置列表外观，再为其添加相应的链接。

实例 51+ 视频：制作汽车网站竖向导航

在 Dreamweaver 中，可以通过 CSS 属性的控制轻松实现导航菜单的横竖转换，主要就是清除列表项的浮动属性。接下来通过实例练习介绍如何使用 CSS 样式创建竖向菜单。

源文件：源文件 \ 第 6 章 \6-3-2.html

操作视频：视频 \ 第 6 章 \6-3-2.swf

01 ▶执行“文件 > 打开”命令，打开页面“源文件 \ 第 6 章 \6-3-2.html”，可以看到页面效果。

02 ▶将光标移至名为 text 的 Div 中，并将多余文字删除，输入相应的段落文本。

03 ▶选中刚输入的段落文本，单击“属性”面板上的“项目列表”按钮，创建项目列表。

```
<div id="text">
  <ul>
    <li>移动客户端</li>
    <li>触屏版</li>
    <li>网站地图</li>
    <li>广告服务</li>
    <li>设为首页</li>
    <li>收藏本页</li>
  </ul>
</div>
```

04 ▶转换到代码视图中，可以看到该部分的 HTML 代码。

```
#text li{
    list-style-type:none;
    font-family: 微软雅黑;
    font-weight: bold;
    border-bottom: dashed 1px #CCCCCC;
    margin-right: 30px;
}
```

05 ▶转换到所链接的外部 CSS 样式文件 6-3-2.css 中，定义 #text li 的 CSS 样式。

06 ▶保存外部 CSS 样式文件，在浏览器中预览页面，可以看到竖向导航菜单的效果。

提问

提问：纵向导航菜单通常用在什么类型的网站中？

答：纵向导航菜单很少用于门户网站中，纵向导航菜单更倾向于表达产品分类。例如很多购物网站和电子商务网站的左侧都提供了对全部的商品进行分类的导航菜单，以方便浏览者快速找到想要的内容。

6.4 列表在网页中的特殊应用

列表在网页中应用最多的就是新闻列表和排行列表，这些都是为文本创建列表的应用。除了可以为网页中的文本创建列表外，还可以为网页中的图像等其他元素创建列表，通过对列表的控制，可以实现许多特殊的效果。本节将向读者介绍使用项目列表在网页中所实现的特殊效果。

6.4.1 滚动图像

滚动图像是网页中常见的效果，其可以在有限的页面空间中展示多张图像，并且能够为网页实现一定的动态交互效果。虽然使用 HTML 中的 <marquee> 标签可以实现文字和图像的滚动效果，但是使用 <marquee> 标签所实现的滚动效果比较单一，而且无法人为进行控制，滚动的效果也并不是很美观。本节将介绍如何使用项目列表与 JavaScript 脚本相结合在网页中实现四图横向滚动的效果。

实例 52+ 视频：在网页中实现四图横向滚动效果

除了可以为文本创建项目列表外，还可以为网页中的图像创建项目列表，本实例首先为网页中的图像创建项目列表，对项目列表的 CSS 样式进行设置，接着通过 JavaScript 脚本代码实现网页中图像的横向滚动效果。

源文件：源文件 \ 第 6 章 \6-4-1. html

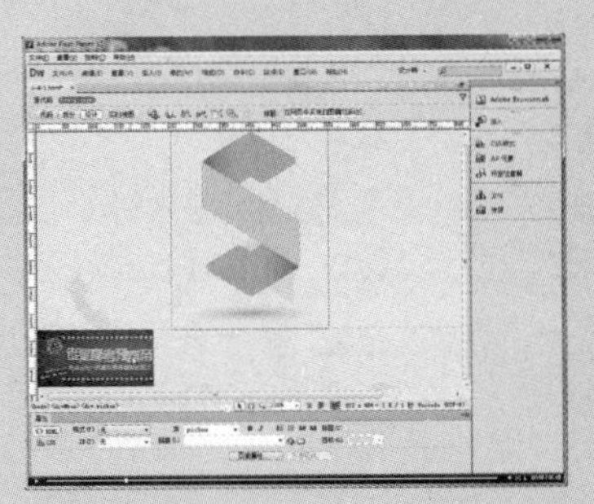

操作视频：视频 \ 第 6 章 \6-4-1. swf

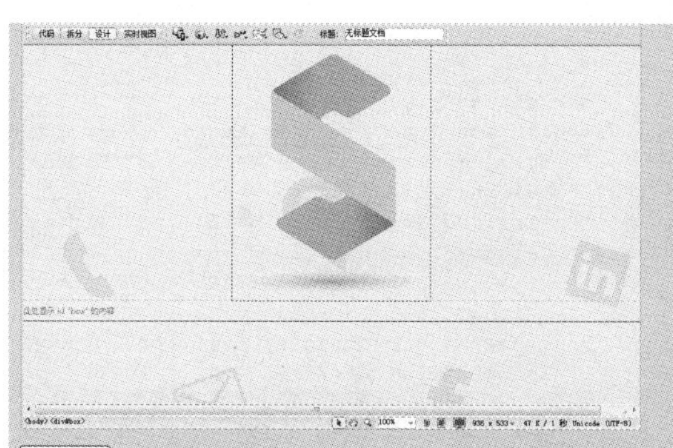

01 ▶执行“文件 > 打开”命令，打开页面“源文件 \ 第 6 章 \6-4-1.html”，可以看到页面效果。

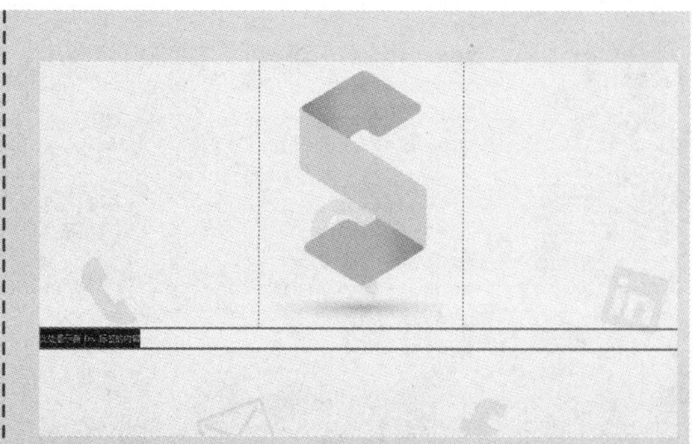

02 ▶将光标移至名为 box 的 Div 中，将多余文字删除，在该 Div 中插入一个不设置 ID 名称的 Div。

```
.picbox{
    position: relative;
    width: 980px;
    height: 115px;
    overflow: hidden;
}
```

03 ▶转换到该网页所链接外部 CSS 样式文件 6-4-1.css 中，创建名为 .picbox 的类 CSS 样式。

04 ▶返回网页设计视图，为刚插入的 Div 应用该类 CSS 样式。

05 ▶将光标移至刚插入的 Div 中，并将多余文字删除，插入相应的图像。

06 ▶将光标移至刚插入的图像后，按 Enter 键，插入段落，并插入相应的图像。

07 ▶使用相同的方法，插入段落并在段落中插入图像。

```
<div class="picbox">
  <ul>
    <li><img src="images/64103.jpg" width=
"220" height="105" /></li>
    <li><img src="images/64104.jpg" width=
"220" height="105" /></li>
    <li><img src="images/64105.jpg" width=
"220" height="105" /></li>
    <li><img src="images/64106.jpg" width=
"220" height="105" /></li>
    <li><img src="images/64107.jpg" width=
"220" height="105" /></li>
    <li><img src="images/64108.jpg" width=
"220" height="105" /></li>
    <li><img src="images/64109.jpg" width=
"220" height="105" /></li>
    <li><img src="images/64110.jpg" width=
"220" height="105" /></li>
  </ul>
</div>
```

08 ▶选中所有插入的图像，单击“属性”面板上的“项目符号”按钮，转换到代码视图中，可以看到项目列表标签。

```
.piclist{
    position:absolute;
    height:115px;
    left:0px;
    top:0px;
}
.piclist li{
    list-style-type: none;
    background:#eee;
    margin-right:20px;
    padding:5px;
    float:left;
}
```

09 转换到 6-4-1.css 文件中，创建名为 .piclist 和名为 .piclist li 的 CSS 样式。

```
<div class="picbox">
  <ul class="piclist mainlist">
    <li><img src="images/64103.jpg" width=
"220" height="105" /></li>
    <li><img src="images/64104.jpg" width=
"220" height="105" /></li>
    <li><img src="images/64105.jpg" width=
"220" height="105" /></li>
    <li><img src="images/64106.jpg" width=
"220" height="105" /></li>
```

10 返回到网页代码视图中，在项目列表 <ul> 标签中添加 class 属性，应用相应的类 CSS 样式。

提示

此处在 <ul> 标签中使用 class 属性为该标签应用两个类 CSS 样式，在两个类 CSS 样式的名称之间使用空格分隔，其中名为 piclist 的类 CSS 样式是刚刚定义的类 CSS 样式，名为 mainlist 的类 CSS 样式并没有定义，在后面编写的 JavaScript 脚本代码中需要用到。

11 返回网页设计视图，可以看到页面中项目列表中的图像效果。

```
.swaplist{
    position:absolute;
    left:-3000px;
    top:0px;
}
```

12 转换到 6-4-1.css 文件中，创建名为 .swaplist 的类 CSS 样式。

```
<div class="picbox">
  <ul class="piclist mainlist">
    <li><img src="images/64103.jpg" width=
"220" height="105" /></li>
    <li><img src="images/64104.jpg" width=
"220" height="105" /></li>
    <li><img src="images/64105.jpg" width=
"220" height="105" /></li>
    <li><img src="images/64106.jpg" width=
"220" height="105" /></li>
    <li><img src="images/64107.jpg" width=
"220" height="105" /></li>
    <li><img src="images/64108.jpg" width=
"220" height="105" /></li>
    <li><img src="images/64109.jpg" width=
"220" height="105" /></li>
    <li><img src="images/64110.jpg" width=
"220" height="105" /></li>
  </ul>
  <ul class="piclist swaplist"></ul>
</div>
```

13 返回网页代码视图中，在项目列表的结束标签 </ul> 之后添加 <ul></ul> 标签，并在 <ul> 标签中使用 class 属性添加相应的类 CSS 样式。

```
<div class="picbox">
  <ul class="piclist mainlist">
    <li><img src="images/64103.jpg" width=
"220" height="105" /></li>
    <li><img src="images/64104.jpg" width=
"220" height="105" /></li>
    <li><img src="images/64105.jpg" width=
"220" height="105" /></li>
    <li><img src="images/64106.jpg" width=
"220" height="105" /></li>
    <li><img src="images/64107.jpg" width=
"220" height="105" /></li>
    <li><img src="images/64108.jpg" width=
"220" height="105" /></li>
    <li><img src="images/64109.jpg" width=
"220" height="105" /></li>
    <li><img src="images/64110.jpg" width=
"220" height="105" /></li>
  </ul>
  <ul class="piclist swaplist"></ul>
</div>
<div></div>
```

14 在应用了名为 picbox 的 Div 之后插入一个空的 Div，可以看到相应的代码。

```
.og_prev{
    width: 30px;
    height: 50px;
    background-image: url(../images/icon.png);
    background-repeat: no-repeat;
    background-position: 0 -60px;
    position: absolute;
    top: 33px;
    left: 4px;
    z-index: 99;
    cursor: pointer;
    filter: alpha(opacity=70);
    opacity: 0.7;
}
```

```
        <li><img src="images/64110.jpg" width=
"220" height="105" /></li>
      </ul>
      <ul class="piclist swaplist"></ul>
    </div>
    <div class="og_prev"></div>
</div>
</body>
```

15 ▶转换到 6-4-1.css 文件中，创建名为 .og_prev 的类 CSS 样式。

16 ▶返回到网页代码视图中，在刚刚添加的 <div> 标签中应用类 CSS 样式 og_prev。

```
.og_next{
    width: 30px;
    height: 50px;
    background-image: url(../images/icon.png);
    background-repeat: no-repeat;
    background-position: 0 0;
    position: absolute;
    top: 33px;
    right: 4px;
    z-index: 99;
    cursor: pointer;
    filter: alpha(opacity=70);
    opacity: 0.7;
}
```

```
        <li><img src="images/64108.jpg" width=
"220" height="105" /></li>
        <li><img src="images/64109.jpg" width=
"220" height="105" /></li>
        <li><img src="images/64110.jpg" width=
"220" height="105" /></li>
      </ul>
      <ul class="piclist swaplist"></ul>
    </div>
    <div class="og_prev"></div>
    <div class="og_next"></div>
</div>
</body>
```

17 ▶使用相同的方法，添加 <div> 标签，转换到 6-4-1.css 文件中，创建名为 .og_next 的类 CSS 样式。

18 ▶返回到网页代码视图中，在刚刚添加的 <div> 标签中应用类 CSS 样式 og_next。

19 ▶返回网页设计视图，可以看到页面的效果。

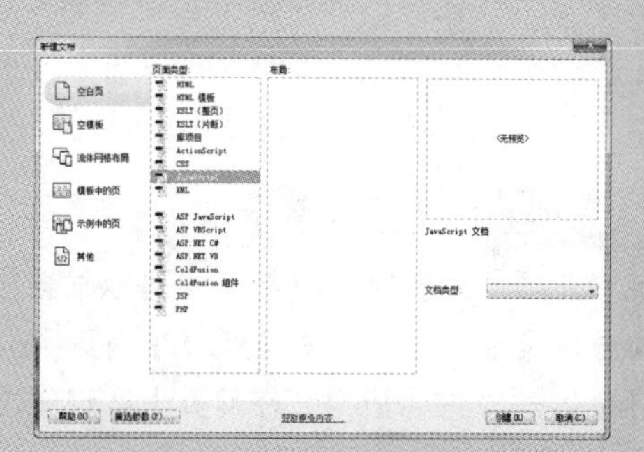

20 ▶新建一个 JavaScript 脚本文件，将该文件保存为“源文件 \ 第 6 章 \js\6-4-1.js”。

21 ▶在 6-4-1.js 文件中编写相应的 JavaScript 脚本代码。

```
<head>
<meta http-equiv="Content-Type" content="text/html; charset=utf-8" />
<title>在网页中实现四图横向滚动效果</title>
<link href="style/6-4-1.css" rel="stylesheet" type="text/css" />
<script type="text/javascript" src="js/jquery.js"></script>
<script type="text/javascript" src="js/6-4-1.js"></script>
</head>
```

22 ▶返回网页代码视图中，在 <head> 与 </head> 标签之间添加 <script> 标签，链接 JQery 库文件和刚刚编加的 6-4-1.js 文件。

提示

此处编写的 JavaScript 脚本代码较多，由于篇幅有限，没有给出详细的代码，读者可以打开光盘中的 6-4-1.js 文件查看详细代码。关于 JavaScript 将在第 13 章中进行介绍。此处链接的 jquery.js 是 JQuery 库文件，代码已经编写好，可以直接使用。

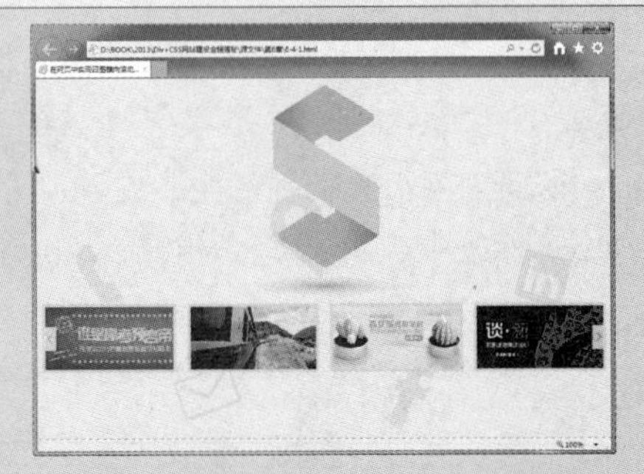

23 ▶ 保存页面，并保存外部 CSS 样式文件，在浏览器中预览页面，可以看到页面的效果。

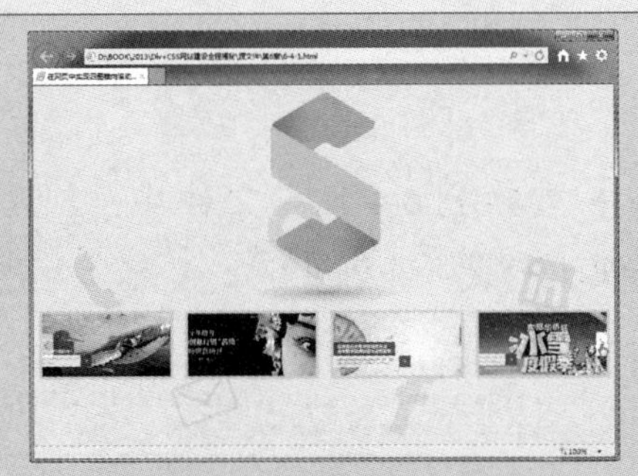

24 ▶ 页面中的四图滚动效果会在设定的时间自动滚动，也可以单击左右方向箭头手动滚动。

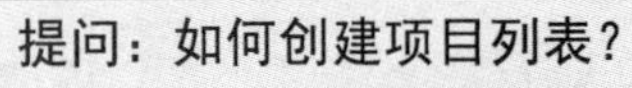

提问

提问：如何创建项目列表？

答：如果需要创建项目列表，可以在 Dreamweaver 设计视图中选中所输入的段落文本或者放置在段落中的图像，单击“属性”面板上的“项目列表”按钮，一个段落将会自动转换为一个列表项，即可创建项目列表。也可以在 Dreamweaver 的代码视图中，直接添加相应的 <ul> 和 <li> 标签，创建项目列表。注意，<ul> 和 <li> 标签是成对出现的。

6.4.2 动态堆叠卡

在项目列表的 <li> 标签中可以放置任意元素，甚至是 Div，通过对项目列表的 CSS 样式进行设置，可以使项目列表在网页中显示为任意的效果。本节将介绍如何使用项目列表与 CSS 样式综合应用，在网页中实现动态堆叠卡的效果。

实例 53+ 视频：制作个性网站欢迎页面

本实例将制作个性网站欢迎页面，主要是通过 CSS 样式对项目列表进行控制，使项目列表显示为卡片的效果，再通过 CSS 3 新增的属性将元素的边框设置为圆角边框，为元素添加阴影效果，并且通过 CSS 3 新增的 transition 属性实现元素的动态变换效果。

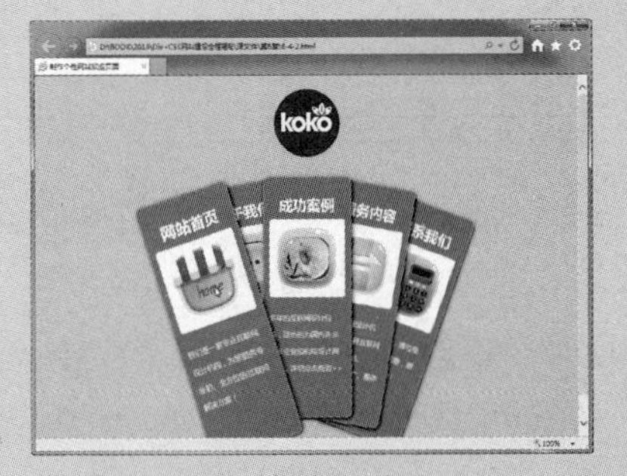

源文件：源文件 \ 第 6 章 \6-4-2.html

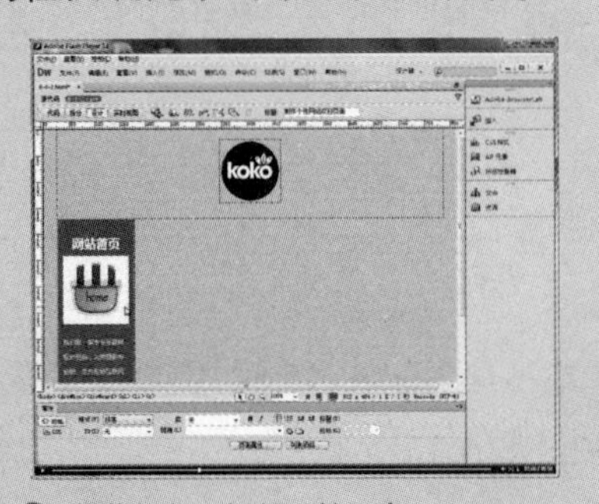

操作视频：视频 \ 第 6 章 \6-4-2.swf

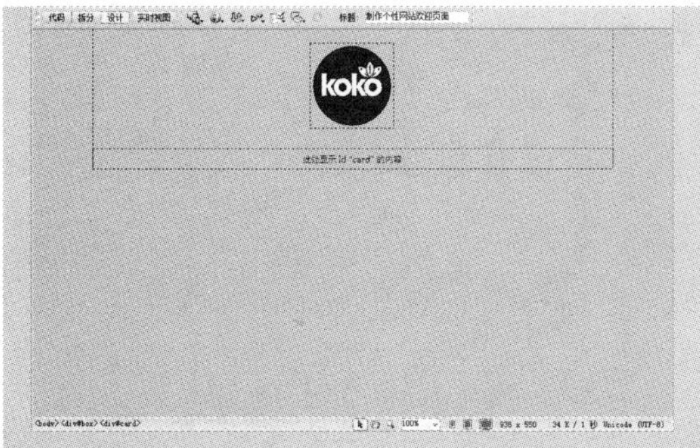

01 ▶执行“文件 > 打开”命令，打开页面“源文件 \ 第 6 章 \6-4-2.html”，可以看到页面的效果。

```
<div id="card">
  <ul>
    <li><h3>网站首页</h3><img src="images/64203.png" width="130" height="130" /><P>我们是一家专业互联网设计机构，为您提供专业的、全方位的互联网解决方案！</P></li>
  </ul>
</div>
```

02 ▶将光标移至名为 card 的 Div 中，将多余文字删除，转换到代码视图，在该 Div 中添加项目列表标签并输入相应文字。

```
#card li {
    display: block;
    position: relative;
    list-style-type: none;
    width: 130px;
    height: 350px;
    background-color: #963;
    border: 2px dashed #FF6600;
    padding: 25px 9px;
    margin-bottom: 60px;
    float: left;
    border-radius: 10px;
    -moz-border-radius: 10px;
    -webkit-border-radius: 10px;
    box-shadow: 2px 2px 10px #000;
    -moz-box-shadow: 2px 2px 10px #000;
    -webkit-box-shadow: 2px 2px 10px #000;
    transition: all 0.5s ease-in-out;
    -moz-transition: all 0.5s ease-in-out;
    -webkit-transition: all 0.5s ease-in-out;
}
```

03 ▶转换到链接的外部 CSS 样式文件 6-4-2.css 中，创建名为 #card li 的 CSS 样式。

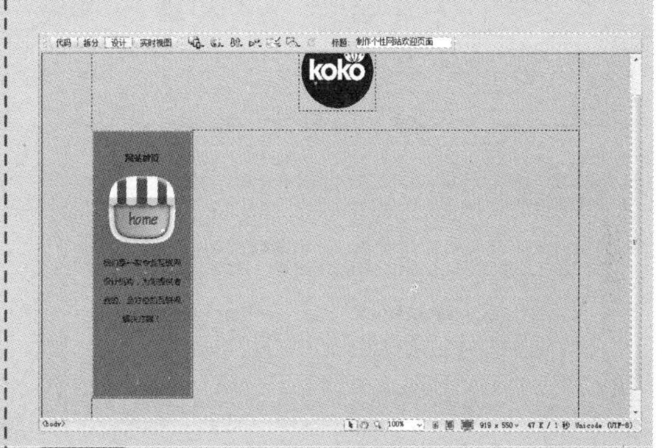

04 ▶返回网页设计视图中，可以看到页面的效果。

提示

在该 CSS 样式中，通过 CSS 3 中新增的 border-radius 属性定义元素的圆角半径值，通过新增的 box-shadow 属性定义元素的阴影效果，通过 transition 属性定义元素的过渡效果。-moz- 和 -webkit- 是针对不同核心浏览器的不同写法。

```
#card h3 {
    font-size: 24px;
    font-weight: bold;
    color: #FFF;
    line-height: 40px;
}
#card p {
    margin-top: 20px;
    text-align: left;
    color: #FFF;
}
```

05 ▶转换到 6-4-2.css 文件中，创建名为 #card h3 和名为 #card p 的 CSS 样式。

06 ▶返回网页设计视图中，可以看到页面的效果。

```
#card img {
    margin-top: 5px;
    background-color: #FFF;
    border-radius: 5px;
    -moz-border-radius: 5px;
    -webkit-border-radius: 5px;
    box-shadow: 0px 0px 5px #666;
    -moz-box-shadow: 0px 0px 5px #666;
    -webkit-box-shadow: 0px 0px 5px #666;
}
```

07 ▶ 转换到 6-4-2.css 文件中，创建名为 #card img 的 CSS 样式。

08 ▶ 返回网页设计视图中，可以看到页面的效果。

```
<div id="card">
  <ul>
    <li><h3>网站首页</h3><img src="images/64203.png"
  width="130" height="130" /><P>我们是一家专业互联网设
计机构，为您提供专业的、全方位的互联网解决方案！</P></li>
    <li><h3>关于我们</h3><img src="images/64204.png"
  width="130" height="130" /><P>专业的设计团队，优秀的
设计理念，团队成员多次担任国内大型设计开发工作，力求
打造完美的设计作品！</P></li>
    <li><h3>成功案例</h3><img src="images/64205.png"
  width="130" height="130" /><P>多年的互联网设计经验，
成功的为国内许多知名企业和机构设计网站等，详细点击查看>></P></
li>
    <li><h3>服务内容</h3><img src="images/64206.png"
  width="130" height="130" /><P>专业的互联网设计机构，
为您解答各种互联网设计问题，网站、Logo、品牌推广、整体形象......
</P></li>
    <li><h3>联系我们</h3><img src="images/64207.png"
  width="130" height="130" /><P>有任何的疑问，请与我们
联系，您的见意，是我们发展的动力！</P></li>
  </ul>
 </div>
</div>
```

09 ▶ 转换到代码视图中，在名为 card 的 Div 的 <ul> 标签中添加多个 <li> 标签，并分别在每个 <li> 标签中添加相应的内容。

10 ▶ 返回设计视图中，可以看到所制作的页面效果。

```
<div id="card">
  <ul>
    <li id="card-1"><h3>网站首页</h3><img src=
"images/64203.png" width="130" height="130" />
<P>我们是一家专业互联网设计机构，为您提供专业的
、全方位的互联网解决方案！</P></li>
    <li id="card-2"><h3>关于我们</h3><img src=
"images/64204.png" width="130" height="130" />
<P>专业的设计团队，优秀的设计理念，团队成员多次
担任国内大型设计开发工作，力求打造完美的设计作品！</P></
li>
    <li id="card-3"><h3>成功案例</h3><img src=
"images/64205.png" width="130" height="130" />
<P>多年的互联网设计经验，成功的为国内许多知名企
业和机构设计网站等，详细点击查看>></P></li>
    <li id="card-4"><h3>服务内容</h3><img src=
"images/64206.png" width="130" height="130" />
<P>专业的互联网设计机构，为您解答各种互联网设计问
题，网站、Logo、品牌推广、整体形象......</P></li>
    <li id="card-5"><h3>联系我们</h3><img src=
"images/64207.png" width="130" height="130" />
<P>有任何的疑问，请与我们联系，您的见意，是我们
发展的动力！</P></li>
  </ul>
</div>
```

11 ▶ 转换到代码视图中，为每一个 <li> 标签添加 id 属性设置。

```
#card-1 {
    z-index:1;
    left:150px;
    top:40px;
    transform: rotate(-20deg);
    -webkit-transform: rotate(-20deg);
    -moz-transform: rotate(-20deg);
}
#card-2 {
    z-index:2;
    left:70px;
    top:10px;
    transform: rotate(-10deg);
    -webkit-transform: rotate(-10deg);
    -moz-transform: rotate(-10deg);
}
```

12 ▶ 转换到 6-4-2.css 文件中，创建名为 #card-1 和 #card-2 的 CSS 样式。

```
#card-3 {
    z-index:3;
    background-color: #963;
}
#card-4 {
    z-index:2;
    right:70px;
    top:10px;
    transform: rotate(10deg);
    -webkit-transform: rotate(10deg);
    -moz-transform: rotate(10deg);
}
#card-5 {
    z-index:1;
    right:150px;
    top:40px;
    transform: rotate(20deg);
    -webkit-transform: rotate(20deg);
    -moz-transform: rotate(20deg);
}
```

13 ▶继续在 6-4-2.css 文件中创建名为 #card-3、#card-4 和 #card-5 的 CSS 样式。

14 ▶返回到网页设计视图，可以看到页面的效果。

```
#card-1:hover {
    z-index: 4;
    transform: scale(1.1) rotate(-18deg);
    -moz-transform: scale(1.1) rotate(-18deg);
    -webkit-transform: scale(1.1) rotate(-18deg);
}
#card-2:hover {
    z-index: 4;
    transform: scale(1.1) rotate(-8deg);
    -moz-transform: scale(1.1) rotate(-8deg);
    -webkit-transform: scale(1.1) rotate(-8deg);
}
```

15 ▶转换到 6-4-2.css 文件中，创建名为 #card-1:hover 和名为 #card-2:hover 的 CSS 样式。

```
#card-3:hover {
    z-index: 4;
    transform: scale(1.1) rotate(2deg);
    -moz-transform: scale(1.1) rotate(2deg);
    -webkit-transform: scale(1.1) rotate(2deg);
}
#card-4:hover {
    z-index: 4;
    transform: scale(1.1) rotate(12deg);
    -moz-transform: scale(1.1) rotate(12deg);
    -webkit-transform: scale(1.1) rotate(12deg);
}
#card-5:hover {
    z-index: 4;
    transform: scale(1.1) rotate(22deg);
    -moz-transform: scale(1.1) rotate(22deg);
    -webkit-transform: scale(1.1) rotate(22deg);
}
```

16 ▶接着创建名为 #card-3:hover、#card-4:hover 和 #card-5:hover 的 CSS 样式。

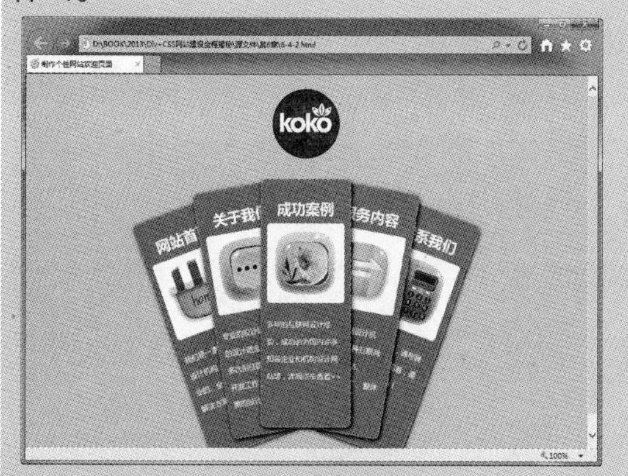

17 ▶保存页面，并保存外部 CSS 样式文件，在浏览器中预览页面，可以看到页面的效果。

18 ▶如果将光标移至某个选项卡上时，可以看到切换的动画效果。

提问

提问：为什么使用 CSS 设置后，元素的效果在 Dreamweaver 中和浏览器中显示不一样？

答：很多 CSS 3 的新增属性在 Dreamweaver 设计视图中并不能看到实际显示效果，所以在 Dreamweaver 设计视图中的效果与实际在浏览器中显示的效果会有区别，在制作的过程中需要用户边制作边在浏览器中预览效果。

6.5 本章小结

本章主要讲解如何使用 CSS 属性控制列表的样式，并通过实例详细介绍了设置列表样式每种属性的基本方法。通过 CSS 样式可以设计出丰富多彩的列表样式，重点在于灵活运用。学习完本章的知识，相信读者已经能够结合具体的网页制作出得心应手的列表样式。

第 7 章　使用 CSS 设置超链接样式

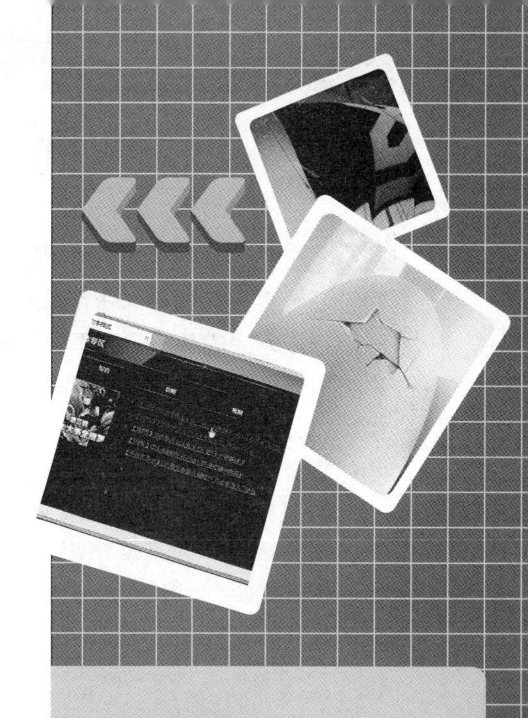

超链接在网页中是必不可少的部分，在浏览网页时，单击一张图片或者一段文字就可以跳转到相应的网页中，这些功能都是通过超链接来实现的。在网页中，超链接的创建是很简单的，但是默认的超链接效果并不能符合所有网页外观的需要，通过 CSS 样式可以对网页中的超链接进行设置，使超链接表现出千变万化的效果。

本章知识点

- ☑ 了解网页超链接的相关知识
- ☑ 理解 CSS 样式伪类
- ☑ 掌握超链接 CSS 样式设置
- ☑ 设置网页中的光标效果
- ☑ 超链接在网页中的特殊应用

7.1　了解网页超链接

超链接是互联网的基础，是网页中最重要的元素之一，是从一个网页或文件到另一个网页或文件的链接，包括图像或多媒体文件，还可以指向电子邮件地址或程序。在网页中创建超链接，就可以把互联网中众多的网站和网页联系起来，构成一个有机的整体。

7.1.1　什么是超链接

超链接是指从一个网页指向一个目标的连接关系，这个目标可以是另一个网页，也可以是相同网页上的不同位置，还可以是一张图片、一个电子邮件地址、一个文件，甚至是一个应用程序。而用来超链接的对象，可以是一段文本或者是一张图片。

超链接由源地址文件和目标地址文件构成，当访问者单击超链接时，浏览器会从相应的目标地址检索网页并显示在浏览器中。如果目标地址不是网页而是其他类型的文件，浏览器会自动调用本地计算机上的相关程序打开访问的文件。

在网页中创建一个完整的超链接，通常需要由 3 个部分组成。

- **超链接 <a> 标签**

通过为网页中的文本或图像添加超链接 <a> 标签，将相应的网页元素标示为超链接。

- **href 属性**

href 属性是超链接 <a> 标签中的属性，用于标示超链接地址。

- **超链接地址**

超链接地址（又称为 URL）是指超链接所链接到的文件路径和文件名。URL 用于标示 Web 或本地计算机中

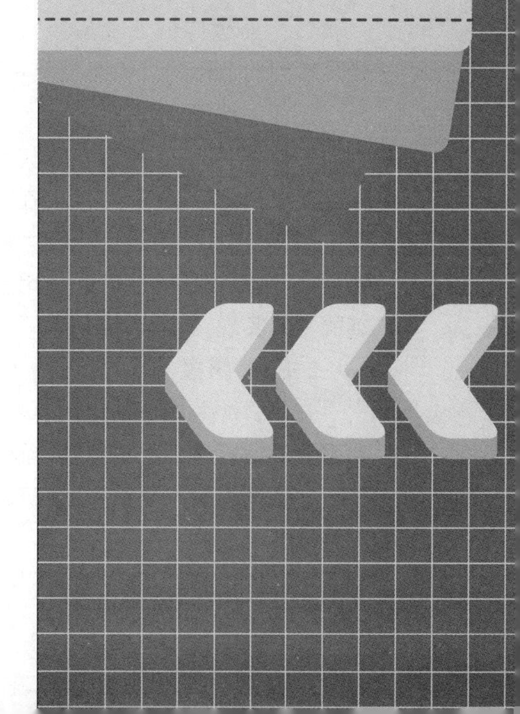

的文件位置，可以指向某个HTML页面，也可以指向文档引用的其他元素，如图形、脚本或其他文件。

7.1.2 关于链接路径

超链接在网站中的使用非常广泛，一个网站由多个页面组成，页面之间的关系就是依靠超链接来完成的。在网页文档中，每一个文件都有一个存放的位置和路径，了解一个文件与另一个文件之间的路径关系对建立超链接是至关重要的。按照链接路径的不同，超链接可以分为以下几种。

相对路径链接

相对路径链接就是链接站点内部的文件，在“链接”文本框中用户需要输入文档的相对路径，一般使用“指向文件”和“浏览文件”的方式来创建。

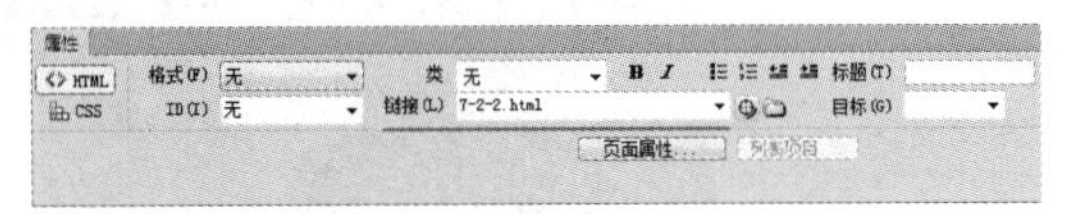

绝对路径链接

绝对路径链接是相对于相对路径链接而言的，不同的是绝对路径链接的链接目标文件不在站点内，而在远程的服务器上，所以只需在“链接”文本框中输入需链接的网址就可以了。

脚本链接

脚本链接是指通过脚本来控制链接结果的。一般而言，其脚本语言为JavaScript。常用的有javascript:window.close()、javascript:alert(“……”)等。

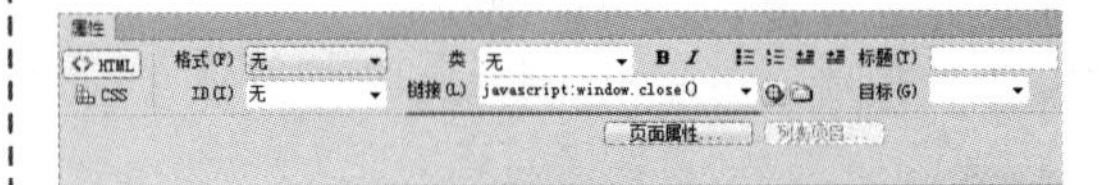

7.1.3 超链接对象

在网页中可以为多种网页元素设置超链接，按照使用对象的不同，超链接可以分为以下几种类型。

文本超链接

建立一个文本超链接的方法非常简单，首先选中要建立成超链接的文本，然后在“属性”面板内的“链接”文本框内输入要跳转到的目标网页的路径及名称即可。

图像超链接

创建图像超链接的方法和文本超链接方法基本一致，选中图像，在“属性”面板中输入链接地址即可。较大的图片中如果要实现多个链接，可以使用图像热点链接的方式实现。

E-Mail 链接

在网页中为E-main添加链接的方法是利用mailto标签，在“属性”面板上的“链接”文本框内输入要提交的邮箱即可。

锚点链接

锚点就是在文档中设置位置标记，并给该位置一个名称，以便引用。通过创建锚点，可以使链接指向当前文档或不同文档中的指定位置。锚点常常被用来跳转到特定的主题或文档的顶部，使访问者能够快速浏览到选定的位置，以加快信息检索速度。

空链接

网页在制作或开发过程中可以使用空链接来模拟链接，用来响应鼠标事件，可以防止页面出现各种问题，在“属性”面板上的“链接”文本框内输入#符号即可创建空链接。

7.1.4　创建超链接原则

在网页中创建超链接时，用户需要综合整个网站中的所有页面进行考虑，合理地安排超链接，才会使整个网站中的页面具有一定的条理性，创建超链接的原则如下。

- **避免孤立文件的存在**

  应该避免存在孤立的文件，这样能使将来在修改和维护链接时有清晰的思路。

- **在网页中避免使用过多的超链接**

  在一个网页中设置过多超链接会导致网页的观赏性不强，文件过大。如果避免不了过多的超链接，可以尝试使用下拉列表框、动态链接等一些链接方式。

- **网页中的超链接不要超过 4 层**

  链接层数过多容易让人产生厌烦的感觉，在力求做到结构化的同时，应注意链接避免超过 4 层。

- **页面较长时可以使用锚点链接**

  在页面较长时，可以定义一个锚点链接，这样能让浏览者方便地找到想要的信息。

- **设置主页或上一层的链接**

  有些浏览者可能不是从网站的主页进入网站的，设置主页或上一层的链接，会让浏览者更加方便地浏览全部网页。

7.2　CSS 样式伪类

对于网页中超链接文本的修饰，通常可以采用 CSS 样式伪类。伪类是一种特殊的选择符，能被浏览器自动识别。其最大的用处是在不同状态下可以对超链接定义不同的样式效果，是 CSS 本身定义的一种类。CSS 样式中用于超链接的伪类有如下 4 种。

:link 伪类：用于定义超链接对象在没有访问前的样式。

:hover 伪类：用于定义当鼠标移至超链接对象上时的样式。

:active 伪类：用于定义当鼠标单击超链接对象时的样式。

:visited 伪类：用于定义超链接对象已经被访问过后的样式。

7.2.1　:link 伪类

:link 伪类用于设置超链接对象在没有被访问时的样式。在很多的超链接应用中，可能会直接定义 <a> 标签的 CSS 样式，这种方法与定义 a:link 的 CSS 样式有什么不同呢？

HTML 代码如下。

```
<a>超链接文字样式</a>
<a href="#">超链接文字样式</a>
```

CSS 样式代码如下。

```
a {
color: black;
}
a:link {
color: red;
}
```

预览效果中 <a> 标签的样式表显示为黑色，使用 a:link 显示为红色。也就是说 a:link 只对拥有 href 属性的 <a> 标签产生影响，也就是拥有实际链接地址的对象，而对直接使用 <a> 标签嵌套的内容不会发生实际效果。

超链接文字样式 超链接文字样式

7.2.2 :hover 伪类

:hover 伪类用来设置对象在其鼠标悬停时的样式表属性。该状态是非常实用的状态之一，当鼠标移动到链接对象上时，改变其颜色或是改变下划线状态，这些都可以通过 a:hover 状态控制实现。对于无 href 属性的 <a> 标签，该伪类不发生作用。在 CSS 样式中该伪类可以应用于任何对象。

CSS 样式代码如下。

```
a {
color: #ffffff;
background-color: #CCCCCC;
text-decoration: none;
display: block;
float:left;
padding: 20px;
margin-right: 1px;
}
a:hover {
background-color: #FF9900
}
```

在浏览器中预览，当鼠标没有移至超链接对象上时，初始背景为灰色；当鼠标经过链接区域时，背景色由灰色变成橙色。

超链接文字样式 超链接文字样式　　超链接文字样式 超链接文字样式

7.2.3 :active 伪类

:active 伪类用于设置链接对象在被用户激活（在被点击与释放之间发生的事件）时的样式。在实际应用中，本状态很少使用。对于无 href 属性的 <a> 标签，该伪类不发生作用。在 CSS 样式中该伪类可以应用于任何对象，并且 :active 状态可以和 :link 以及 :visited 状态同时发生。

CSS 样式代码如下。

```
a:active {
background-color:#0099FF;
}
```

在浏览器中预览，当鼠标没有移至超链接对象上时，初始背景为灰色，当鼠标点击链接而且还没有释放之前，链接块呈现出 a:active 中定义的蓝色背景。

超链接文字样式 超链接文字样式　　超链接文字样式 超链接文字样式

7.2.4　:visited 伪类

:visited 伪类用于设置超链接对象在其链接地址已被访问过后的样式属性。页面中每一个链接被访问过之后，在浏览器内部都会做一个特定的标记，这个标记能够被 CSS 所识别，a:visited 就是能够针对浏览器检测已经被访问过的链接进行样式设置。通过 a:visited 的样式设置，能够设置访问过的链接呈现为另外一种颜色，或删除线的效果。定义网页过期时间或用户清空历史记录将影响该伪类的作用，对于无 href 属性的 <a> 标签，该伪类不发生作用。

CSS 样式代码如下。

```
a:link {
color: #FFFFFF;
text-decoration: none;
}
a:visited {
color: #FF0000;
}
```

在浏览器中预览，当鼠标没有移至超链接对象上时，初始背景为灰色；当单击设置了超链接的文本并释放鼠标左键后，被访问过后的链接文本会由白色变为红色。

超链接文字样式　超链接文字样式　超链接文字样式　超链接文字样式

7.3　超链接 CSS 样式应用

超链接是网页中最常使用的元素，使用超链接 CSS 样式不仅可以对网页中的超链接文字效果进行设置，还可以通过 CSS 样式对超链接的 4 种伪类进行设置，从而实现网页中许多常见的效果，例如按钮导航菜单等。

7.3.1　超链接文字样式

使用 HTML 中的超链接标签 <a> 创建的超链接非常普通，除了颜色发生变化和带有下划线，其他的和普通文本没有太大的区别，这种传统的超链接样式显然无法满足网页设计制作的需求，这时就可以通过 CSS 样式对网页中的超链接样式进行控制。

实例 54+ 视频：设置游戏网站文字超链接效果

网页中文字是最常用的超链接对象，CSS 样式伪类也是主要对文字超链接起作用的，前面已经介绍了的 CSS 样式伪类的相关知识，接下来通过实例练习讲解如何通过 CSS 样式伪类设置网页中文字超链接效果。

源文件：源文件\第 7 章\7-3-1.html

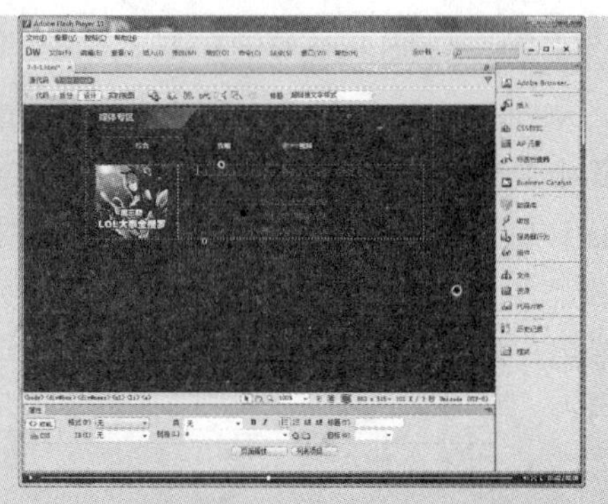

操作视频：视频\第 7 章\7-3-1.swf

01 执行“文件 > 打开”命令，打开页面“源文件\第 7 章\7-3-1.html”，可以看到页面效果。

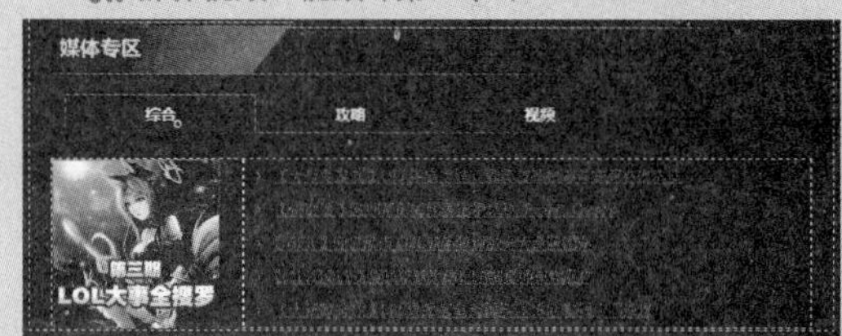

02 选中页面中的新闻标题文字，分别为各新闻标题设置空链接，可以看到默认的超链接文字效果。

```
<div id="news">
  <ul>
    <li><a href="#">【大玩家游戏】OLL王者之选：新英雄圣枪游侠安莉表现不佳</a></li>
    <li><a href="#">【进取派】欧洲赛区S3代表出炉：LD、Fnatic、Gambit</a></li>
    <li><a href="#">【68PK】回忆盘点 OLL新手犯过的十大奇葩错误</a></li>
    <li><a href="#">【88PK】OLL美服PBE新改动：防御塔拥有物品栏</a></li>
    <li><a href="#">【大玩家游戏】LPL夏季赛第六周综述 准收官周冷门迭爆</a></li>
  </ul>
</div>
```

03 转换到代码视图中，可以看到所设置的链接代码。

04 在浏览器中预览页面，可以看到默认的超链接文字效果。

```
.link1:link {
    color: #84ACE8;
    text-decoration: none;
}
.link1:hover {
    color: #FFF;
    text-decoration: underline;
}
.link1:active {
    color: #F30;
    text-decoration: underline;
}
.link1:visited {
    color: #CCC;
    text-decoration: none;
}
```

05 转换到该网页所链接的外部 CSS 样式文件 7-3-1.css 中，创建名为 .link1 的类 CSS 样式的 4 种伪类样式设置。

06 返回 7-3-1.html 页面中，选中第一条新闻标题，在“类”下拉列表中选择刚定义的 CSS 样式 link1 应用。

07 ▶在设计视图中可以看到应用超链接文本的效果。

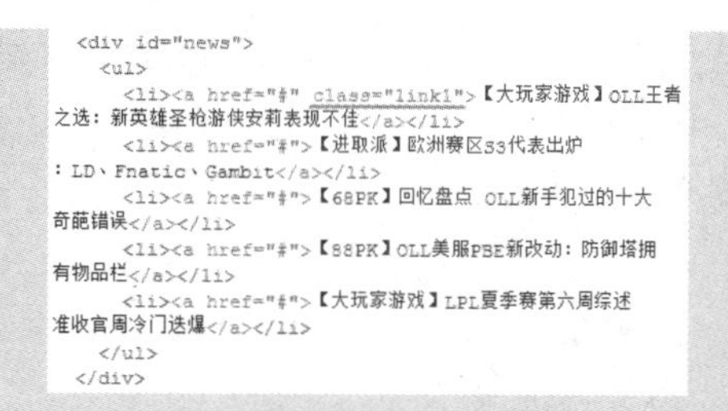

```
<div id="news">
  <ul>
    <li><a href="#" class="link1">【大玩家游戏】OLL王者之选：新英雄圣枪游侠安莉表现不佳</a></li>
    <li><a href="#">【进取派】欧洲赛区S3代表出炉：LD、Fnatic、Gambit</a></li>
    <li><a href="#">【68PK】回忆盘点 OLL新手犯过的十大奇葩错误</a></li>
    <li><a href="#">【88PK】OLL美服PBE新改动：防御塔拥有物品栏</a></li>
    <li><a href="#">【大玩家游戏】LPL夏季赛第六周综述 准收官周冷门迭爆</a></li>
  </ul>
</div>
```

08 ▶转换到代码视图中，可以看到名为 link1 的类 CSS 样式是直接应用在 <a> 标签中的。

09 ▶保存页面和外部 CSS 样式文件，在浏览器中预览页面，将鼠标移至超链接文本上时，超链接文本显示为白色有下划线的效果。

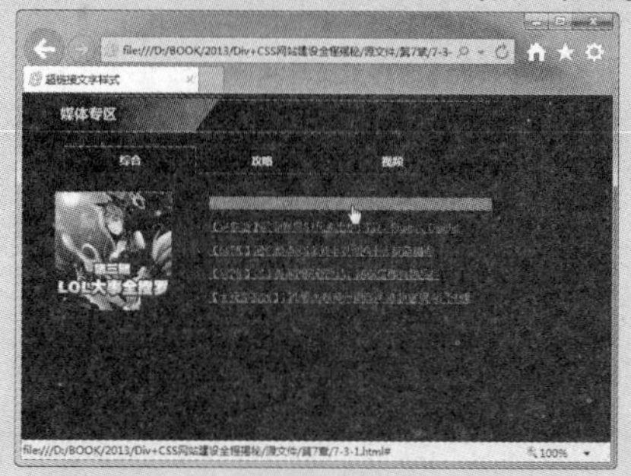

10 ▶当鼠标单击超链接文本时，可以看到超链接文本显示为红橙色有下划线的效果。

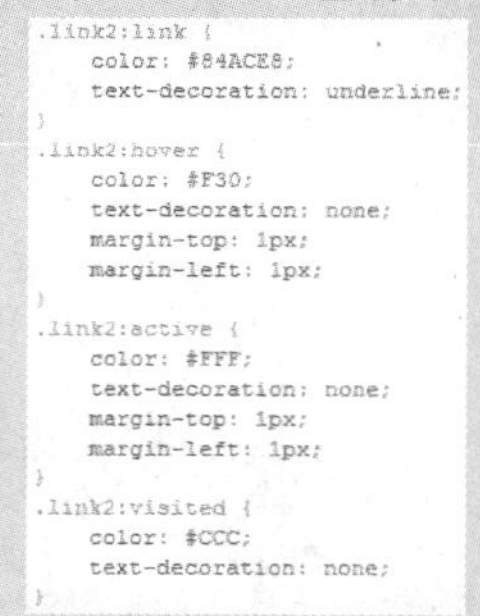

```
.link2:link {
    color: #84ACE8;
    text-decoration: underline;
}
.link2:hover {
    color: #F30;
    text-decoration: none;
    margin-top: 1px;
    margin-left: 1px;
}
.link2:active {
    color: #FFF;
    text-decoration: none;
    margin-top: 1px;
    margin-left: 1px;
}
.link2:visited {
    color: #CCC;
    text-decoration: none;
}
```

11 ▶返回外部 CSS 样式文件中，创建名为 .link2 的类 CSS 样式的 4 种伪类样式设置。

12 ▶返回 7-3-1.html 页面中，选中第二条新闻标题，选择刚定义的 CSS 样式 link2 应用，使用相同的方法，可以为其他新闻标题应用超链接样式。

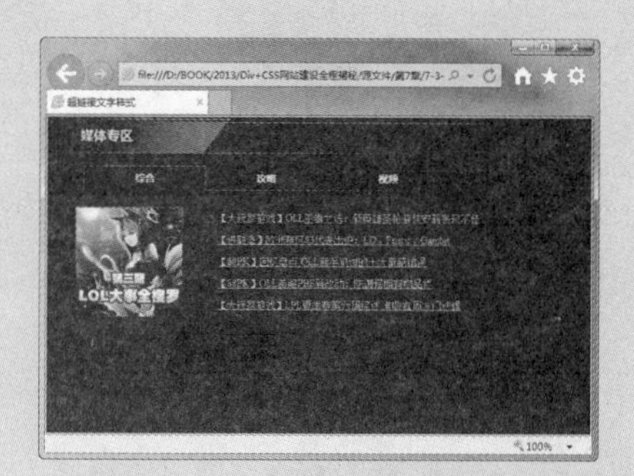

13 ▶保存页面，并保存外部 CSS 样式表文件，在浏览器中预览页面，可以看到网页中超链接文字的效果。

14 ▶将光标移至某个超链接文本上，可以看到鼠标经过状态下的超链接文字效果。

提问：如何实现网页中不同的超链接文字效果？

答：定义类 CSS 样式的 4 种伪类，再将该类 CSS 样式应用于 <a> 标签，同样可以实现超链接文本样式的设置。如果直接定义 <a> 标签的 4 种伪类，则对页面中的所有 <a> 标签起作用，这样页面中的所有链接文本的样式效果都是一样的，通过定义类 CSS 样式的 4 种伪类，就可以在页面中实现多种不同的文本超链接效果。

7.3.2 按钮式超链接

在很多网页中，超链接制作成各种按钮的效果，这些效果大多采用图像的方式来实现。通过 CSS 样式的设置，同样可以制作出类似于按钮效果的导航菜单超链接。

实例 55+ 视频：制作设计网站导航菜单

超链接是网页中最常使用的元素之一，网页中的导航菜单项都需要设置超链接，通过对超链接 CSS 样式的综合设置，可以制作出许多简单、精美的导航菜单。接下来通过实例练习介绍如何通过对超链接 CSS 样式设置，从而制作出按钮式导航菜单。

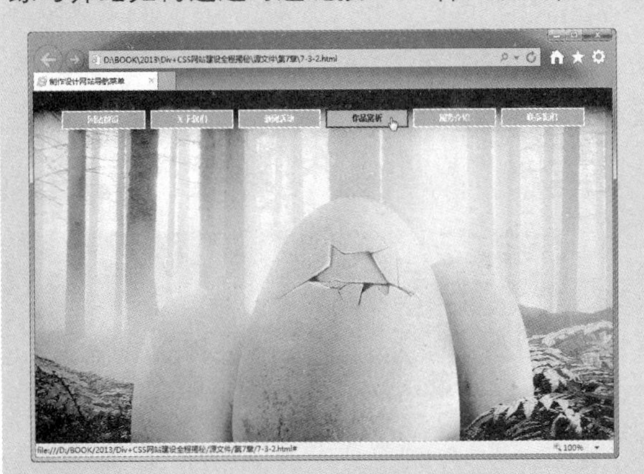

源文件：源文件 \ 第 7 章 \7-3-2. html

操作视频：视频 \ 第 7 章 \7-3-2. swf

01 执行“文件 > 打开”命令，打开页面“源文件 \ 第 7 章 \7-3-2.html”，可以看到页面效果。

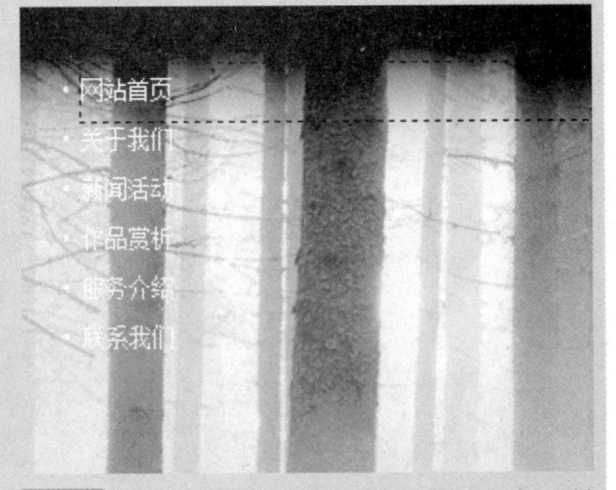

02 将光标移至名为 menu 的 Div 中，并将多余文字删除，输入相应的段落文本，并将段落文本创建为项目列表。

```
#menu li {
    list-style-type: none;
    float: left;
}
```

03 ▶转换到链接的外部 CSS 样式文件 7-3-2.css 中，创建名为 #menu li 的 CSS 样式。

04 ▶返回 7-3-2.html 页面中，可以看到页面的效果。

05 ▶分别为各导航菜单项设置空链接，可以看到超链接文字效果。

```
<div id="menu">
  <ul>
    <li><a href="#">网站首页</a></li>
    <li><a href="#">关于我们</a></li>
    <li><a href="#">新闻活动</a></li>
    <li><a href="#">作品赏析</a></li>
    <li><a href="#">服务介绍</a></li>
    <li><a href="#">联系我们</a></li>
  </ul>
</div>
```

06 ▶转换到代码视图中，可以看到该部分的页面代码。

```
#menu li a {
    width: 130px;
    height: 25px;
    line-height: 25px;
    font-weight: bold;
    color: #FFF;
    text-align: center;
    margin-left: 4px;
    margin-right: 4px;
    float: left;
}
```

07 ▶转换到外部 CSS 样式文件中，定义名称为 #menu li a 的 CSS 样式。

08 ▶返回设计视图中，可以看到所设置的超链接文字效果。

```
#menu li a:link,#menu li a:visited {
    border: solid 2px #FFF;
    background-color: #0097B0;
    text-decoration: none;
}
```

09 ▶转换到外部 CSS 样式表文件中，定义名称为 #menu li a:link,#menu li a:visited 的 CSS 样式。

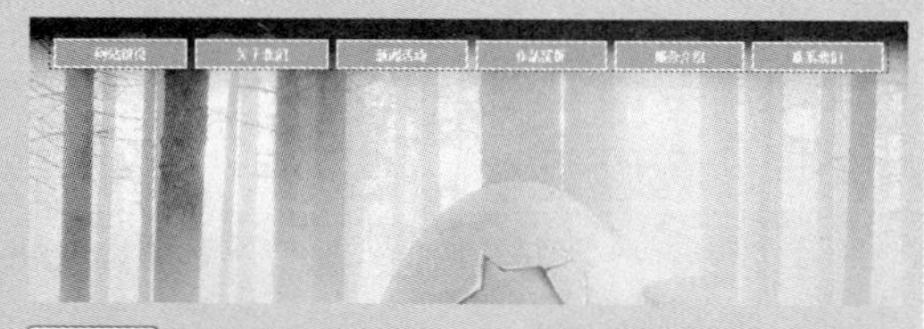

10 ▶返回设计视图中，可以看到所设置的超链接文字效果。

```
#menu li a:hover {
    border: solid 2px #141414;
    background-color: #F6AA14;
    color: #333;
    text-decoration: none;
}
```

11 ▶转换到外部 CSS 样式表文件中，定义名称为 #menu li a:hover 的 CSS 样式。

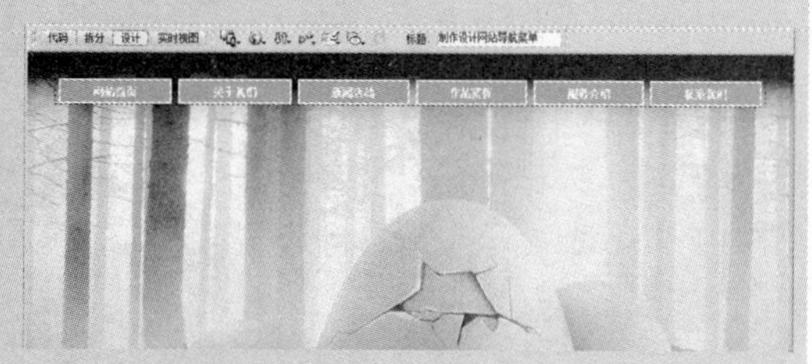

12 ▶返回设计视图中，可以看到所设置的超链接文字效果。

13 ▶完成导航菜单的制作，保存页面，并保存外部CSS样式表文件，在浏览器中预览页面。

14 ▶将光标移至导航菜单项上，可以看到使用CSS样式实现的按钮式导航菜单效果。

提问：在Dreamweaver中如何创建超链接？

答：使用Dreamweaver创建链接既简单又方便，只要选中要设置成链接的文字或图像，然后在“属性”面板上的“链接”文本框中添加相应的URL地址即可，也可以拖动指向文件的指针图标指向链接的文件，同时可以使用“浏览”按钮在当地和局域网上选择链接的文件。

7.3.3 为超链接添加背景

在浏览网站页面时，当鼠标经过一些添加超链接的页面部分时，页面上会出现一些交替变换的绚丽背景，使得整个页面更加美观而具有欣赏性，同样也可以使用CSS样式为超链接添加背景图像，从而实现交互的超链接效果。

实例56+视频：背景翻转导航菜单

背景翻转的导航菜单在网页中非常常见，实现的方法也比较多，使用鼠标经过图像、JavaScript脚本代码或者Flash动画都可以实现。而使用CSS样式的方式来实现，其方法更加简单，而且便于修改。接下来通过实例练习介绍如何通过对超链接CSS样式进行设置来实现背景翻转的导航菜单。

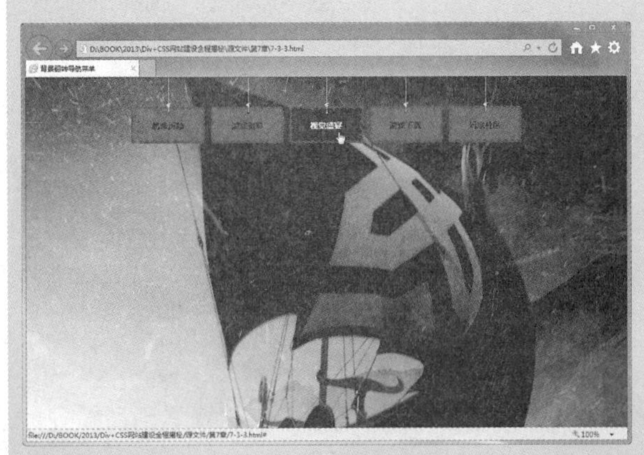

源文件：源文件\第7章\7-3-3.html

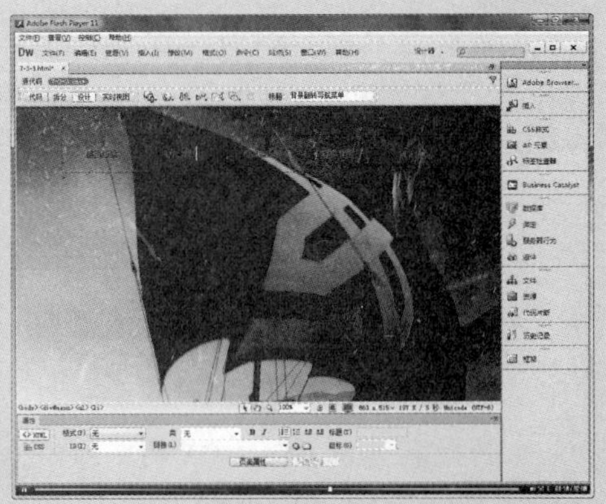

操作视频：视频\第7章\7-3-3.swf

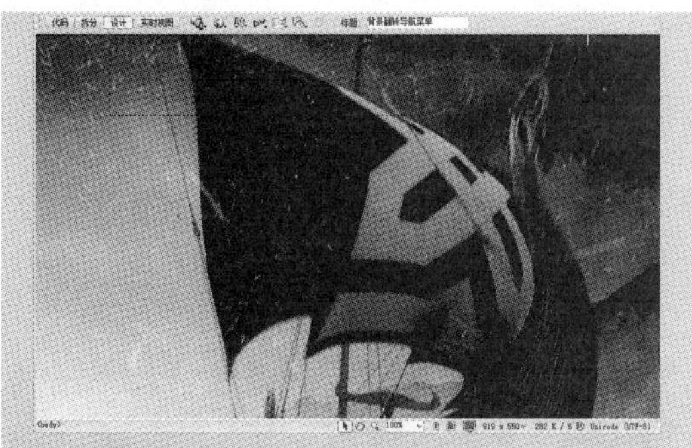

01 ▶执行“文件 > 打开”命令，打开页面“源文件 \ 第 7 章 \7-3-3.html”，可以看到页面的效果。

02 ▶将光标移至名为 menu 的 Div 中，并将多余文字删除，输入相应的段落文本，并将段落文本创建为项目列表。

```
#menu li{
    font-family: 微软雅黑;
    font-size: 14px;
    list-style-type:none;
    float:left;
}
```

03 ▶转换到链接的外部 CSS 样式文件 7-3-3.css 中，创建名为 #menu li 的 CSS 样式。

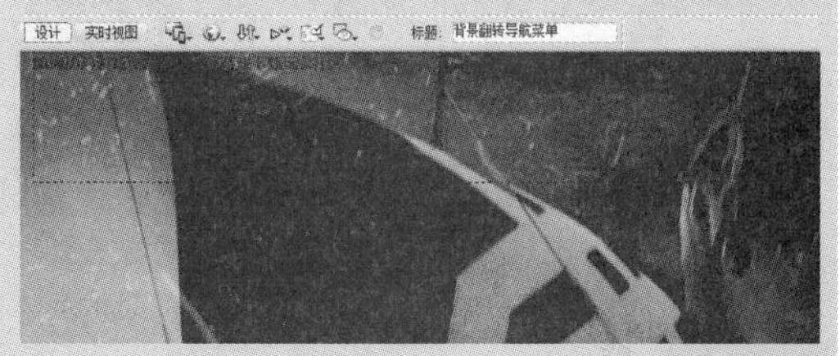

04 ▶返回 7-3-3.html 页面中，可以看到页面的效果。

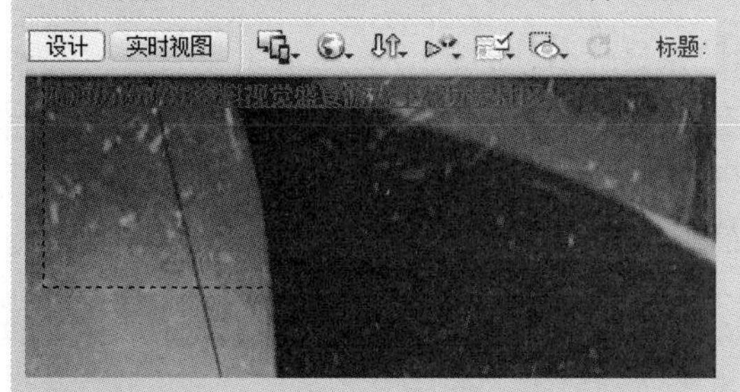

05 ▶分别为各导航菜单项设置空链接，可以看到超链接文字效果。

```
<div id="menu">
  <ul>
    <li><a href="#">航海历险</a></li>
    <li><a href="#">游戏资料</a></li>
    <li><a href="#">视觉盛宴</a></li>
    <li><a href="#">游戏下载</a></li>
    <li><a href="#">玩家社区</a></li>
  </ul>
</div>
```

06 ▶转换到代码视图中，可以看到该部分页面代码。

```
#menu li a{
    width:129px;
    height:45px;
    padding-top:70px;
    margin-left:6px;
    margin-right:5px;
    line-height:25px;
    text-align:center;
    float:left;
}
```

07 ▶转换到外部 CSS 样式表文件中，定义名称为 #menu li a 的 CSS 样式。

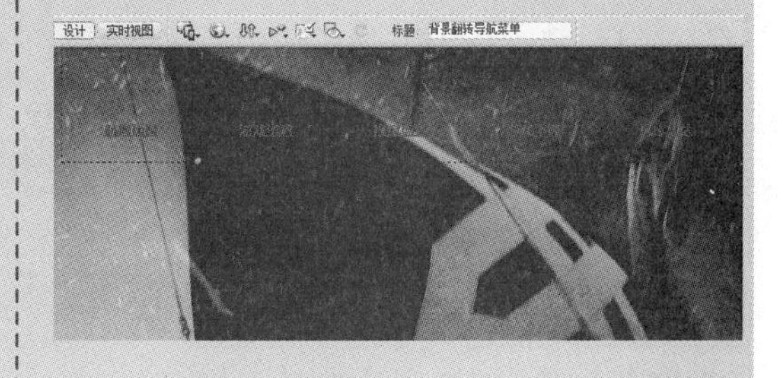

08 ▶返回设计视图中，可以看到所设置的超链接效果。

```
#menu li a:link,#menu li a:active,#menu li a:visited{
    background-image:url(../images/73302.gif);
    background-repeat:no-repeat;
    color: #033;
    text-decoration:none;
}
```

09 ▶转换到外部 CSS 样式文件中，定义名称为 #menu li a:link,#menu li a:active,#menu li a:visited 的 CSS 样式。

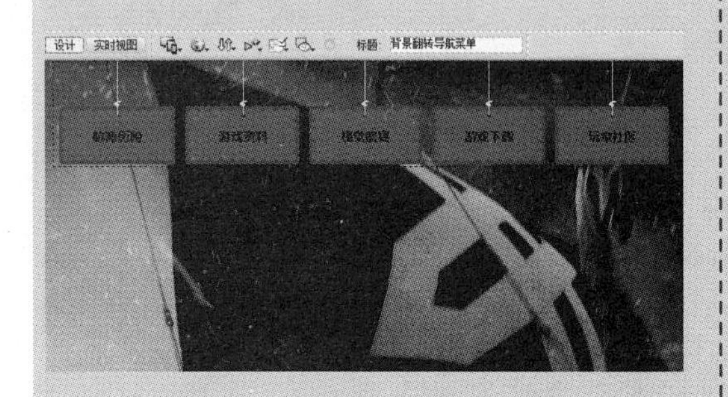

11 ▶返回设计视图中，可以看到为各链接选项设置背景图像的效果。

```
#menu li a:hover{
    background-image:url(../images/73303.gif);
    background-repeat:no-repeat;
    color:#FFF;
    text-decoration:none;
}
```

10 ▶再定义一个名称为 #menu li a:hover 的 CSS 样式。

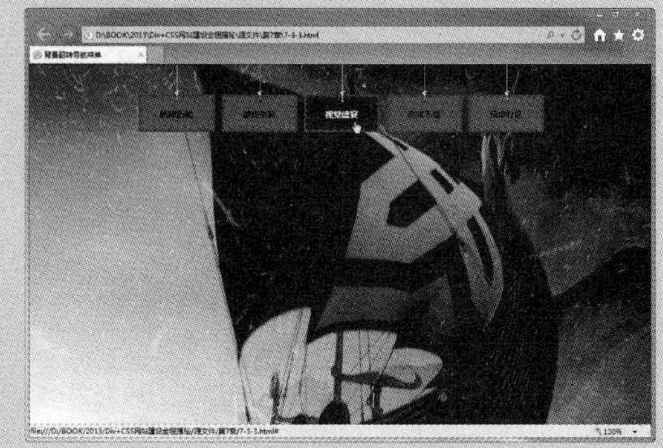

12 ▶保存页面和外部 CSS 样式表文件，在浏览器中预览页面，可以看到使用 CSS 样式实现的背景翻转导航菜单。

提问

提问：网页中默认的超链接文本效果是什么样的？

答：浏览器在默认的显示状态下，超链接文本显示为蓝色并且有下划线，被单击过的超链接文本显示为紫色并且也有下划线。通过 CSS 样式的 text-decoration 属性可以轻松地控制超链接下划线的样式以及清除下划线，综合应用 CSS 样式的各种属性可以制作出千变万化的超链接效果。

7.4 设置网页中的光标效果

通常在浏览网页时，看到的鼠标指针的形状有箭头、手形和 I 字形，而通常在 Windows 环境下实际看到的鼠标指针种类要比这个多得多。CSS 样式弥补了 HTML 语言在这方面的不足，通过 cursor 属性可以设置各式各样的光标效果。

cursor 属性包含 17 个属性值，对应光标的 17 种样式，而且还可以通过 url 链接地址自定义光标指针，cursor 属性的相关属性值如下表所示。

cursor 属性值

属性值	指针效果	属性值	指针效果
auto	浏览器默认设置	nw-resize	
crosshair		pointer	
default		se-resize	
e-resize		s-resize	
help		sw-resize	

（续表）

属性值	指针效果	属性值	指针效果
inherit	继承	text	
move		wait	
ne-resize		w-resize	
n-resize			

实例 57+ 视频：自定义网页中的光标效果

在 CSS 样式中可以通过 cursor 属性设置光标指针效果，该属性可以在网页的任何标签中使用，从而可以改变各种页面元素的光标效果。在网页中将光标移至某个超链接对象上时，可以实现超链接颜色变化和背景图像变化，并且光标指针也可以发生变化。

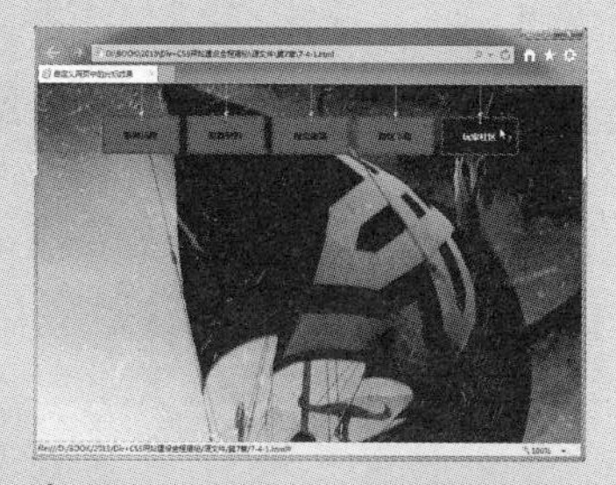

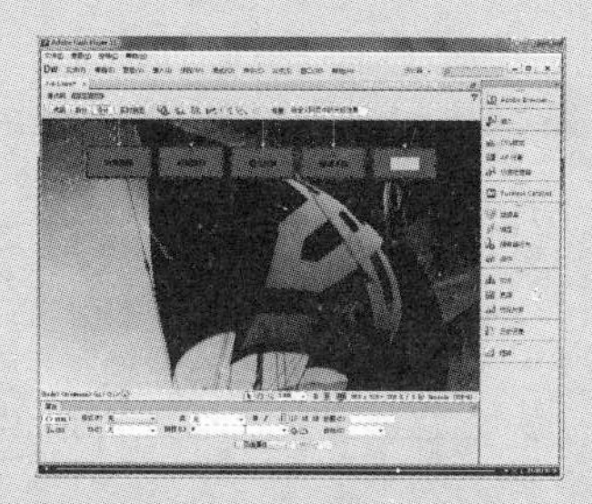

源文件：源文件 \ 第 7 章 \7-4-1.html　　操作视频：视频 \ 第 7 章 \7-4-1.swf

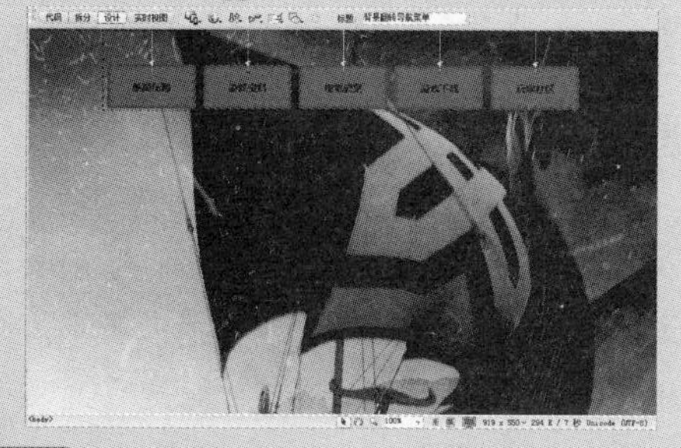

01 ▶执行“文件 > 打开”命令，打开页面“源文件 \ 第 7 章 \7-4-1.html”，可以看到该页面效果。

```
body {
    font-size: 12px;
    font-weight: bold;
    color: #900;
    background-image: url(../images/73301.jpg);
    background-repeat: repeat-x;
    background-position: center top;
}
```

02 ▶转换到该网页所链接的外部 CSS 样式文件 7-4-1.css 中，找到名为 body 的标签 CSS 样式设置代码。

```
body {
    font-size: 12px;
    font-weight: bold;
    color: #900;
    background-image: url(../images/73301.jpg);
    background-repeat: repeat-x;
    background-position: center top;
    cursor: move;
}
```

03 ▶在名为 body 的标签 CSS 样式设置代码中添加 cursor 属性设置。

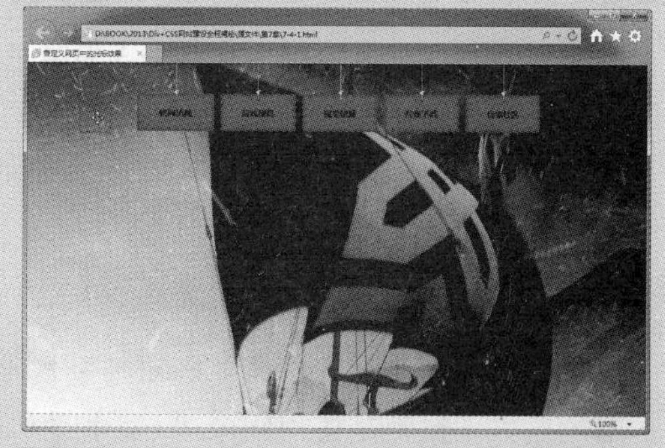

04 ▶保存页面和 CSS 样式文件，在浏览器中预览页面，可以看到网页中的光标指针效果。

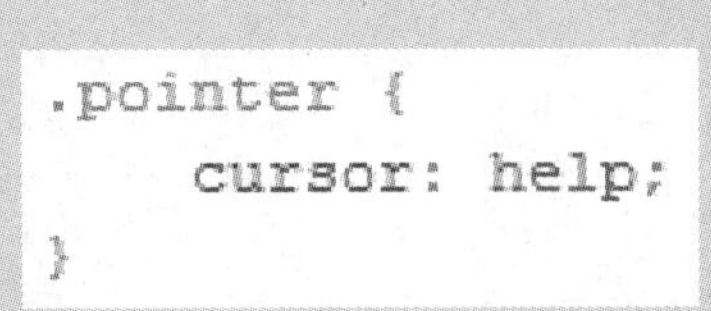

```
.pointer {
    cursor: help;
}
```

05 ▶转换到该网页所链接的外部CSS样式文件7-4-1.css中，创建名为.pointer的类CSS样式。

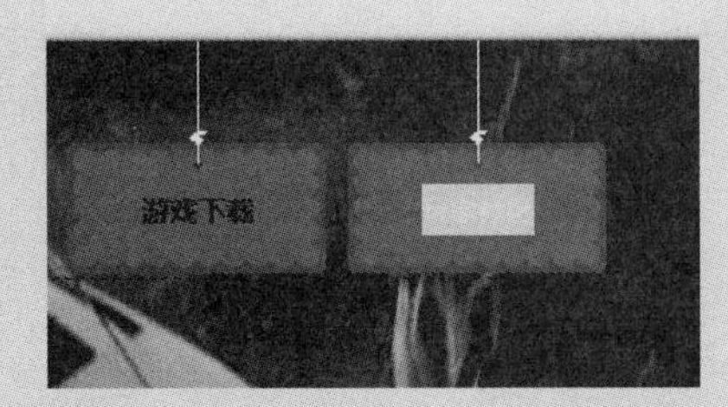

06 ▶返回到页面设计视图，选中页面中相应的内容。

07 ▶在“属性”面板中的“类”下拉列表中选择刚定义CSS样式应用。

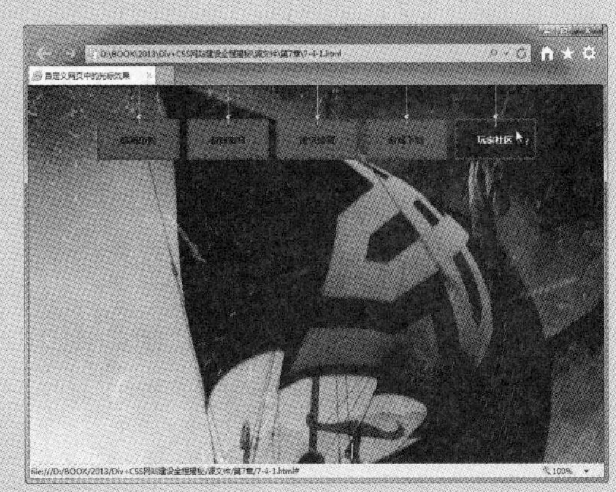

08 ▶保存页面，并保存CSS样式文件，在浏览器中预览页面，可以看到网页中自定义的光标效果。

提问：使用CSS样式定义了光标效果，在不同的操作系统中显示效果是一样的吗？

答：CSS样式不仅能够准确地控制及美化页面，而且还能定义鼠标指针的样式。当鼠标移至不同的HTML元素对象上时，鼠标会以不同形状显示。很多时候，浏览器调用的鼠标是操作系统的鼠标效果，因此同一浏览器之间的差别很小，但不同操作系统的用户之间还是存在差异的。

7.5 超链接在网页中的特殊应用

超链接在网页中的应用非常广泛，除了最常用的在网页中为文字和图像设置超链接外，通过CSS样式对超链接样式进行设置，还可以在网页中实现许多特殊的效果。许多网页的导航菜单都是通过对超链接样式进行设置而实现的，本节将通过实例的形式介绍超链接在网页中的特殊应用效果。

7.5.1 倾斜导航菜单

在网页中看到的导航菜单通常都是水平或垂直的，如果网页的导航菜单中有其他特殊形状的，大多数都是使用图像或Flash动画来实现的。通过CSS样式的设置，除了可以实现水平和垂直方向上的导航菜单效果，还可以实现倾斜的导航菜单效果。

实例 58+ 视频：玩具网站倾斜导航

很多网站为了页面设计的需要或追求与众不同的效果，将网页的导航菜单设计为倾斜的效果，这样的导航菜单效果更能够吸引浏览者的注意力，使网站页面给人新奇的感受。接下来通过实例练习介绍如何使用 CSS 样式实现倾斜的导航菜单效果。

源文件：源文件 \ 第 7 章 \7-5-1. html

操作视频：视频 \ 第 7 章 \7-5-1. swf

01 执行“文件 > 打开”命令，打开页面“源文件 \ 第 7 章 \7-5-1.html”，可以看到该页面效果。

02 在网页中插入一个名为 menu-bg 的 Div。

```
#menu-bg {
    position: absolute;
    bottom: 150px;
    left: -20px;
    width: 120%;
    height: 25px;
    background-color: #E95383;
    transform: rotate(-10deg);
    -moz-transform: rotate(-10deg);
    -ms-transform: rotate(-10deg);
    -o-transform: rotate(-10deg);
    -webkit-transform: rotate(-10deg);
}
```

03 转换到该网页所链接的外部 CSS 样式文件 7-5-1.css 中，创建名为 #menu-bg 的 ID CSS 样式。

04 返回网页设计视图中，可以看到页面的效果。

> **提示**
>
> CSS 样式中的 transform 属性是 CSS 3 中新增的属性，使用该属性可以在网页中实现网页元素的变换和过渡特效。因为各浏览器对 transform 属性的支持情况不一致，所以此处还定义了 transform 属性在不同核心的浏览器中的私有属性写法。IE 9 及以上浏览器支持 transform 属性，如果使用 IE 9 以下版本浏览器预览，则看不到倾斜的效果。

05 ▶保存页面，并保存外部 CSS 样式文件，在浏览器中预览页面，可以看到该网页元素已经实现了倾斜的效果。

```
#menu {
    width: 900px;
    height: 25px;
    margin: 0px auto;
}
```

07 ▶转换到该网页所链接的外部 CSS 样式文件 7-5-1.css 中，创建名为 #menu 的 ID CSS 样式。

```
#menu li {
    list-style-type: none;
    font-weight: bold;
    float: left;
    width: 150px;
    text-align: center;
}
```

09 ▶转换到该网页所链接的外部 CSS 样式文件 7-5-1.css 中，创建名为 #menu li 的 CSS 样式。

06 ▶返回网页设计视图中，将名为 menu-bg 的 Div 中多余的文字删除，在该 Div 中插入名为 menu 的 Div。

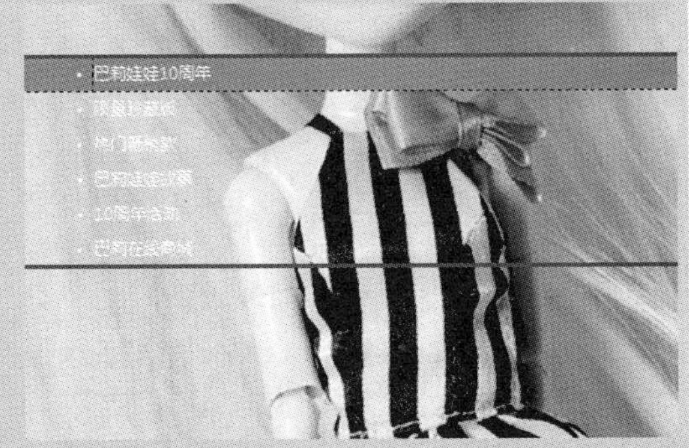

08 ▶返回网页设计视图中，将光标移至名为 menu 的 Div 中，将多余文字删除，输入相应的段落文本，并将段落文本创建为项目列表。

10 ▶返回网页设计视图中，可以看到页面的效果。

11 ▶分别为各导航菜单项设置空链接，可以看到超链接文字效果。

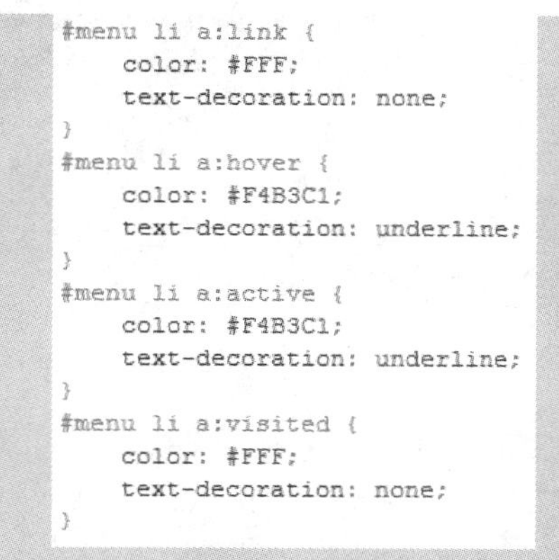

```
#menu li a:link {
    color: #FFF;
    text-decoration: none;
}
#menu li a:hover {
    color: #F4B3C1;
    text-decoration: underline;
}
#menu li a:active {
    color: #F4B3C1;
    text-decoration: underline;
}
#menu li a:visited {
    color: #FFF;
    text-decoration: none;
}
```

12 ▶转换到该网页所链接的外部 CSS 样式文件 7-5-1.css 中，创建 #menu li a 的 4 种伪类 CSS 样式。

13 ▶返回网页设计视图中，可以看到页面的效果。

14 ▶保存页面，并保存外部 CSS 样式文件，在浏览器中预览页面，可以看到倾斜导航菜单的效果。

提问：定义了 transform 属性后，在 Dreamweaver 设计视图中是否能直接看到效果？

答：为网页元素定义了 transform 属性后，在 Dreamweaver 的设计视图中是看不到元素的变换效果的，必须在支持 transform 属性的浏览器中才能看到所实现的变换效果。

7.5.2　动感超链接

导航菜单是网站中最重要的元素之一，是整个网站的“指路牌”，而导航菜单的根本还是超链接。导航菜单是否能吸引浏览者也是网站成功与否的重要因素之一，而交互式的导航菜单更能吸引浏览者的注意。

实例 59+ 视频：卡通网站动感导航菜单

动感的交互导航菜单无疑能够使网站页面更加出彩，本实例将通过对 CSS 样式中的 transition 属性进行设置，从而实现网站动感导航菜单效果。

源文件：源文件 \ 第 7 章 \7-5-2.html

操作视频：视频 \ 第 7 章 \7-5-2.swf

01 ▶执行“文件 > 打开”命令，打开页面“源文件 \ 第 7 章 \7-5-2.html”，可以看到该页面效果。

02 ▶在网页中插入一个名为 top-bg 的 Div。

```
#top-bg {
    width: 100%;
    height:  50px;
    background-color: #E95383;
    box-shadow: 0px 3px 3px #993300;
}
```

03 ▶转换到该网页所链接的外部 CSS 样式文件 7-5-2.css 中，创建名为 #top-bg 的 ID CSS 样式。

04 ▶返回网页设计视图中，将光标移至名为 top-bg 的 Div 中，并将多余文字删除，在该 Div 中插入名为 menu 的 Div。

提示

box-shadow 属性是 CSS 3 中新增的属性，该属性用于在网页中设置网页元素的阴影效果，4 个属性值分别是阴影水平偏移值、阴影垂直偏移值、阴影模糊值和阴影颜色值。

```
#menu {
    width: 900px;
    height: 50px;
    line-height: 50px;
    margin: 0px auto;
}
```

05 ▶转换到该网页所链接的外部 CSS 样式文件 7-5-2.css 中，创建名为 #menu 的 ID CSS 样式。

06 ▶返回网页设计视图中，将光标移至名为 menu 的 Div 中，并将多余文字删除，输入相应的段落文字，并将段落文字创建为项目列表。

```
#menu li {
    list-style-type: none;
    font-weight: bold;
    float: left;
}
```

07 ▶转换到所链接的外部 CSS 样式文件 7-5-2.css 中，创建名为 #menu li 的 CSS 样式。

08 ▶返回网页设计视图中，分别为各菜单项文件设置空链接。

```
#menu li a {
    width: 128px;
    height: 50px;
    color: #FFF;
    text-decoration: none;
    display: block;
}
```

09 ▶转换到该网页所链接的外部 CSS 样式文件 7-5-2.css 中，创建名为 #menu li a 的 CSS 样式。

10 ▶返回网页设计视图中，可以看到各导航菜单项的效果。

```
.ico01 {
    display: block;
    width: 40px;
    height: 32px;
    float: left;
    background-image: url(../images/ico01.png);
    background-repeat: no-repeat;
    margin-top: 10px;
    margin-left: 14px;
}
```

11 ▶转换到所链接的外部 CSS 样式文件 7-5-2.css 中，创建名为 .ico01 的类 CSS 样式。

```
<div id="menu">
  <ul>
    <li><a href="#"><span class="ico01"></span>最新</a></li>
    <li><a href="#">电台</a></li>
    <li><a href="#">单曲</a></li>
    <li><a href="#">专辑</a></li>
    <li><a href="#">MV</a></li>
    <li><a href="#">查找</a></li>
    <li><a href="#">留言</a></li>
  </ul>
</div>
```

12 ▶返回网页代码视图中，在第 1 个导航菜单项添加相应的代码应用 ico01 样式。

13 ▶返回网页设计视图中，可以看到第 1 个导航菜单项的效果。

```
.ico02 {
    display: block;
    width: 40px;
    height: 32px;
    float: left;
    background-image: url(../images/ico02.png);
    background-repeat: no-repeat;
    margin-top: 10px;
    margin-left: 14px;
}
.ico03 {
    display: block;
    width: 40px;
    height: 32px;
    float: left;
    background-image: url(../images/ico03.png);
    background-repeat: no-repeat;
    margin-top: 10px;
    margin-left: 14px;
}
```

14 ▶转换到该网页所链接的外部 CSS 样式文件 7-5-2.css 中，创建名为 .ico02 至 .ico07 的类 CSS 样式。

提示

名为 .ico02 至 .ico07 的类 CSS 样式设置代码与名为 .ico01 的类 CSS 样式的设置代码基本相同，唯一的不同设置在于背景图像的设置。

```
<div id="menu">
  <ul>
    <li><a href="#"><span class="ico01"></span>最新</a></li>
    <li><a href="#"><span class="ico02"></span>电台</a></li>
    <li><a href="#"><span class="ico03"></span>单曲</a></li>
    <li><a href="#"><span class="ico04"></span>专辑</a></li>
    <li><a href="#"><span class="ico05"></span>MV</a></li>
    <li><a href="#"><span class="ico06"></span>查找</a></li>
    <li><a href="#"><span class="ico07"></span>留言</a></li>
  </ul>
</div>
```

15 ▶返回网页代码视图中，为其他导航菜单项添加相应的代码，分别应用相应的类 CSS 样式。

```
#menu li a:hover {
    color: #F4B3C1;
    text-decoration: underline;
    height: 48px;
    border-bottom: 2px solid #FFF;
}
```

17 ▶转换到该网页所链接的外部 CSS 样式文件 7-5-2.css 中，创建名为 #menu li a:hover 的 CSS 样式。

```
#menu li a:hover .ico01,#menu li a:hover .ico02,
#menu li a:hover .ico03,#menu li a:hover .ico04,
#menu li a:hover .ico05,#menu li a:hover .ico06,
#menu li a:hover .ico07 {
    background-position: left -32px;
    transition: all 0.25s linear 0.01s;
    -webkit-transition: all 0.25s linear 0.01s;
    -moz-transition: all 0.25s linear 0.01s;
    -ms-transition: all 0.25s linear 0.01s;
    -o-transition: all 0.25s linear 0.01s;
}
```

19 ▶转换到该网页所链接的外部 CSS 样式文件 7-5-2.css 中，创建 hover 状态下 ico01 至 ico07 的 CSS 样式。

16 ▶返回网页设计视图中，可以看到页面中导航菜单项的效果。

18 ▶保存页面，并保存外部 CSS 样式文件，在浏览器中预览页面，可以看到导航菜单的效果。

20 ▶保存页面，并保存外部 CSS 样式文件，在浏览器中预览页面，将鼠标移至导航菜单项上可以看到动感的菜单效果。

提示

transition 属性是 CSS 3 中新增的属性，用于对 CSS 属性的变化过程进行控制，因为各浏览器对于 transform 属性的支持情况不一致，所以此处定义时还定义了 transform 属性在不同核心的浏览器中的私有属性写法。

提问

提问：该实例实现的动感导航菜单的原理是什么？

答：该实例所制作的动感导航菜单，分别在每个导航菜单项前定义一个不同的背景图像，并且普通状态和 hover 状态的背景图像效果必须是在同一个背景图像中，通过 background-position 属性进行定位，再通过 CSS 3 新增的 transition 属性实现动感的过程效果。如果普通状态和 hover 状态的背景图像是分开存储为两个背景图像，则只能实现鼠标移至导航菜单项上时，背景图变换的效果，而看不到背景图像切换的动态过程。

7.6　本章小结

超链接是网页中非常重要的功能，通过 CSS 样式不但可以设置超链接标签 <a> 标签的样式，还可以对超链接 4 种伪类的样式分别进行设置，从而实现更加美观的网页超链接效果。本章主要介绍了网页超链接的相关知识，以及如何使用 CSS 样式对网页中的超链接和超链接伪类样式进行控制，并通过实例练习的方式介绍了多种网页常见的超链接特效实现方法。读者需要能够掌握超链接样式设置的常用方法，并能够将其应用在实际的工作中。

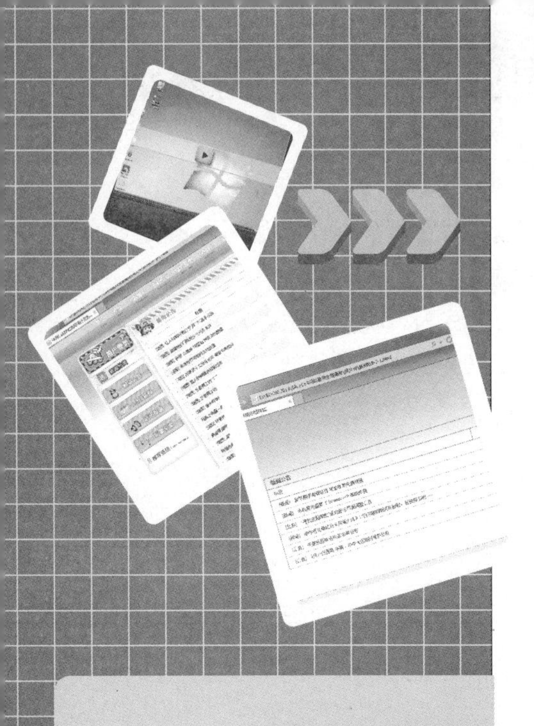

第8章　使用CSS设置表格样式

表格由行、列和单元格 3 个部分组成，使用表格可以排列页面中的文本、图像以及各种对象。表格在 HTML 中主要用于表现表格式数据，而不是用来布局网页。本章中通过对网站页面表格的制作，详尽地讲述了使用 CSS 样式设置表格样式的方法，使读者能够快速掌握 Web 标准网站中表格的制作，并能够使用 CSS 样式对表格综合运用。

本章知识点

- ☑ 认识表格标签与结构
- ☑ CSS 样式控制表格外观
- ☑ CSS 样式设置表格边框
- ☑ CSS 样式设置表格背景
- ☑ 使用 CSS 样式实现表格特效

8.1　了解表格

表格（table）是网页的重要元素，在 DIV+CSS 布局方式被广泛应用之前，表格布局在很长一段时间中都是最重要的网页布局方式。在使用 DIV+CSS 布局时，也并不是完全不可以使用表格，而是将表格回归它本身的用途，用于在网页中显示表格式数据。

8.1.1　认识表格标签与结构

表格由行、列和单元格 3 个部分组成，一般通过 3 个标签来创建，分别是表格标签 <table>、行标签 <tr> 和单元格标签 <td>。表格的各种属性都要在表格的开始标签 <table> 和表格的结束标签 </table> 之间才有效。表格的基本构成结构语法如下。

```
<table>
<tr>
<td>单元格中的文字</td>
</tr>
</table>
```

在语法中，<table> 和 </table> 标签分别表示表格的开始和结束，而 <tr> 和 </tr> 标签则分别表示行的开始和结束，在表格中包含一组 <tr>…</tr> 就表示该表格为一行，<td> 和 </td> 标签表示单元格的开始和结束。

通过使用 <thead>、<tbody> 和 <tfood> 元素，将表格行聚集为组，可以构建更复杂的表格。每个标签定义包含一个或者多个表格行，并且将它们标示为一个组的盒子。<thead> 标签用于指定表格标题行，<tfood> 是表格标题行的补充，它是一组作为脚注的行，用 <tbody> 标签标记的表格正文部分，将相关行集合在一起，表格可以有一个或者多个 <tbody> 部分。

以下是一个包含表格行组的数据表格，代码如下。

```
<table>
  <caption>网页设计学习计划表</caption>
  <thead>
    <tr>
     <th></th>
     <th>星期一</th>
     <th>星期二</th>
     <th>星期三</th>
     <th>星期四</th>
     <th>星期五</th>
   </tr>
  </thead>
  <tbody>
    <tr>
     <th>上午</th>
     <td>Photoshop </td>
     <td>Flash </td>
     <td> Dreamweaver </td>
     <td>CSS样式</td>
     <td>网站建设理论</td>
   </tr>
   <tr>
     <th>下午</th>
     <td>色彩理论</td>
     <td>Flash动画制作练习</td>
     <td>网页制作练习</td>
     <td>Div+CSS布局</td>
     <td>网页设计上机操作</td>
   </tr>
  </tbody>
</table>
```

在浏览器中查看页面，可以看到网页中表格的效果。

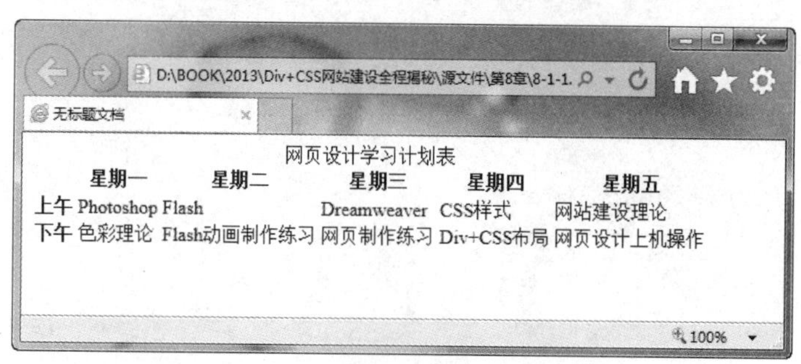

提示：Web 浏览器通过基于浏览器对表格标记理解的默认样式设计显示表格。单元格之间或者表格周围通常没有边框；表格数据单元格使用普通文本，左对齐；表格标题单元格居中对齐，并设置为粗体字体；标题在表格中间。

8.1.2 表格标题 <caption> 标签

<caption> 标签是表格标题标签，一般出现在 <table> 标签之间，作为第一个子元素，它通常在表格之前显示。包含 <caption> 标签的显示盒子的宽度和表格本身宽度相同。

标题的位置并不是固定的，可以使用 caption-side 属性将标题放在表格盒子的不同边，只能对 <caption> 标签设置这个属性，默认值是 top。caption-side 属性有 3 个属性值，分别介绍如下。

- **top**

设置 caption-side 属性为 top，则标题出现在表格之前。

- **bottom**

设置 caption-side 属性为 bottom，则标题出现在表格之后。

- **inherit**

设置 caption-side 属性为 inherit，则使用包含盒子设置的 caption-side 值。

在大多数的浏览器中，<caption> 标签的默认样式设计是默认字体，在表格上面居中显示。如果需要将标题从顶端移动到底端，并且对标题设置具体字体和相应的属性，CSS 样式设置如下。

```
table {
   table-layout: auto;
   width: 90%;
   border-collapse: separate;
   font-size: 12px;
   border: 6px double black;
   padding: 1em;
   margin-bottom: 0.5em;
}
td,th {
   width: 15%;
}
thead th {
   border: 0.10em solid black;
}
tbody th {
   border: 0.10em solid black;
}
td {
```

```
    border: 0.10em solid gray;
}
caption {
    caption-side: bottom;
    font-size: 14px;
    font-style: italic;
    border: 6px double black;
    padding: 0.5em;
    font-weight: bold;
}
```

在浏览器中预览页面，可以看到该表格的效果。

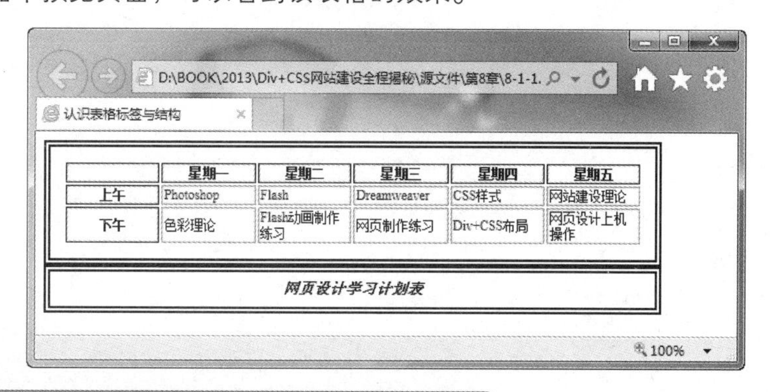

8.1.3 表格列 <colgroup> 和 <col> 标签

表格中的每个单元格除了是行的一部分，还是列的一部分。如果需要对特定列应用一组 CSS 样式有两种方法，一种是对该列中的每个单元格应用相同的类 CSS 样式，第二种方法是编写基于列的选择器。

要指定一列或者一组列，可以使用 <col> 和 <colgroup> 标签，紧邻 <caption> 标签之后，添加 <colgroup> 和 <col> 标签，扩展日程表标记，添加的代码如下所示。

```
<colgroup>
  <col id="time" />
</colgroup>
<colgroup id="days">
  <col id="mon" />
  <col id="tue" />
  <col id="wed" />
  <col id="thu" />
  <col id="fri" />
</colgroup>
```

可以通过 id 选择符定义列的特别标识符，CSS 样式如下所示。

```
table {
    table-layout: auto;
```

```
    width: 90%;
    empty-cells: show;
    font-size: 12px;
}
td,th {
    width: 15%;
}
thead th {
    border-top: 2px solid black;
}
tbody th {
    border-top: 2px solid black;
}
caption {
    caption-side: top;
    font-size: 14px;
    font-style: italic;
    font-weight: bold;
    text-align: right;
}
col#mon {background-color: #FC9;}
col#tue {background-color: #9CF;}
col#wed { background-color: #CF9;}
col#thu { background-color: #C9F;}
col#fri { background-color: #FF9;}
```

在浏览器中预览页面，可以看到对表格单元列进行样式设置的效果。

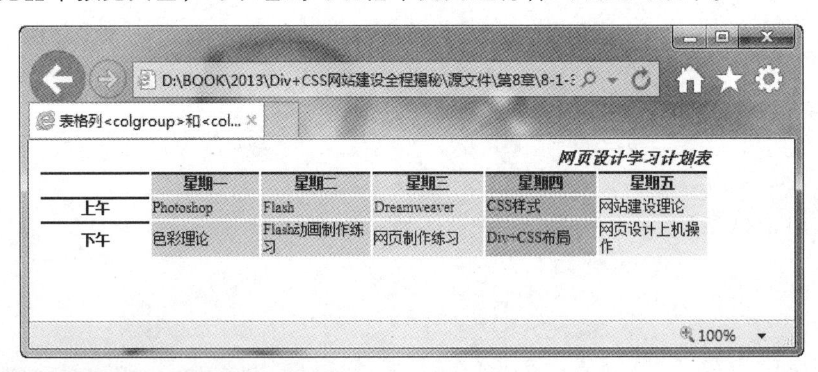

8.1.4 水平对齐和垂直对齐

表格单元格内部的内联元素的对齐可以通过 text-align 属性设置。使用 text-align 属性可以使单元格中的元素向左、向右或者居中排列，使表格更加容易阅读。根据前面的示例，修改相应的 CSS 样式代码。

```
caption {
    caption-side: top;
    font-size: 14px;
    font-style: italic;
    font-weight: bold;
    text-align: left;
}
tbody th { text-align: right; }
tbody td { text-align: center;}
```

在浏览器中预览页面，可以看到所设置的水平对齐效果。

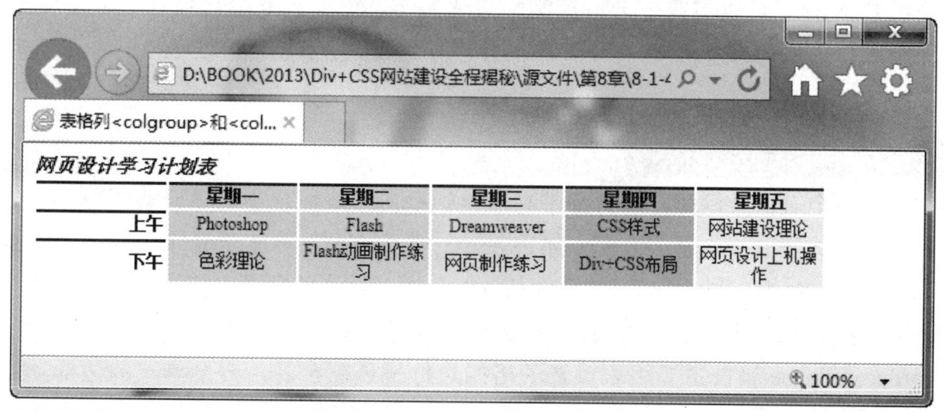

默认情况下，表格单元格的垂直对齐方式是垂直居中对齐，可以使用 vertical-align 属性改变单元格的垂直对齐方式，vertical-align 属性相当于 HTML 文档中的 valign 属性。修改 CSS 样式，添加如下的样式表代码。

```
th {
    height: 30px;
    vertical-align: middle;
}
tbody th {
    text-align: right;
    height: 30px;
    vertical-align: middle;
}
tbody td {
    text-align: center;
    height: 30px;
    vertical-align: bottom;
}
```

在浏览器中预览页面，可以看到所设置的垂直对齐效果。

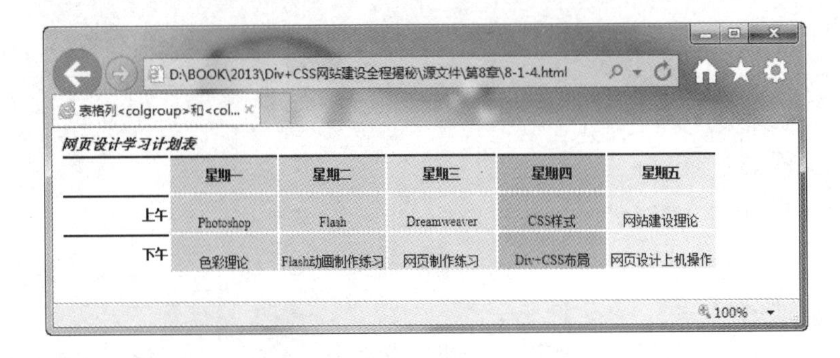

8.2 使用 CSS 样式控制表格外观

使用 CSS 样式可以对表格进行控制和美化操作，在上一节中已经介绍了使用 CSS 样式对表格进行控制的方法，本节将向大家介绍如何使用 CSS 样式对表格的外观样式进行设置。

8.2.1 设置表格边框

在显示一个表格数据时，通常都带有表格边框，用来界定不同单元格的数据。如果表格的 border 值大于 0，则显示边框；如果 border 值为 0，则不显示表格边框。边框显示之后，可以使用 CSS 样式中的 border 属性和 border-collapse 属性对表格边框进行修饰。其中 border 属性表示对边框进行样式、颜色和宽度的设置，从而达到美化边框效果的目的。

border-collapse 属性主要用来设置表格的边框是否被合并为一个单一的边框，还是像在标准的 HTML 中那样分开显示。

border-collapse 属性的语法格式如下。

```
border-collapse: separate | collapse;
```

- **separate**

  该属性值为默认值，表示边框会被分开，不会忽略 border-spacing 和 empty-cells 属性。

- **collapse**

  该属性值表示边框会合并为一个单一的边框，会忽略 border-spacing 和 empty-cells 属性。

实例 60+ 视频：制作网站新闻栏目

根据网页的设计需要，有时要为网页中的表格添加边框的效果，通过使用 CSS 样式中的 border 属性可以轻松地为表格添加边框效果，前面已经介绍了有关表格边框样式的设置，接下来通过实例练习介绍如何为网页中的表格添加边框。

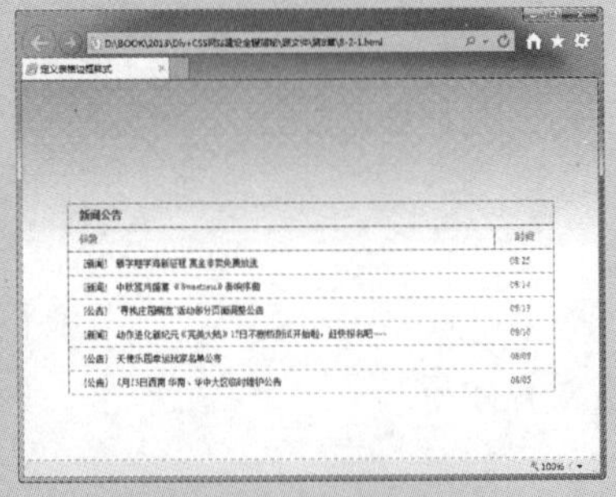

源文件：源文件 \ 第 8 章 \8-2-1. html

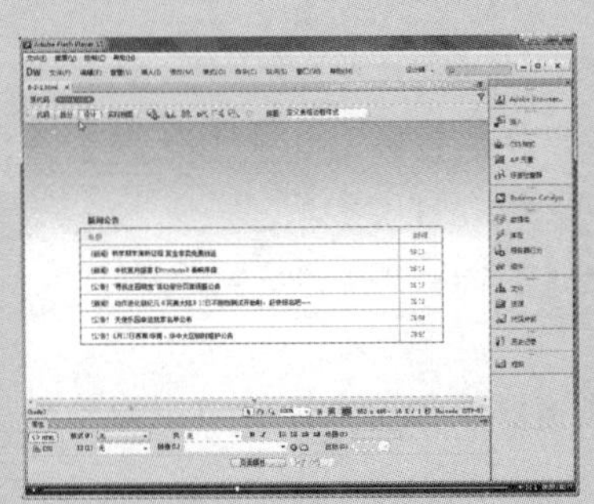

操作视频：视频 \ 第 8 章 \8-2-1. swf

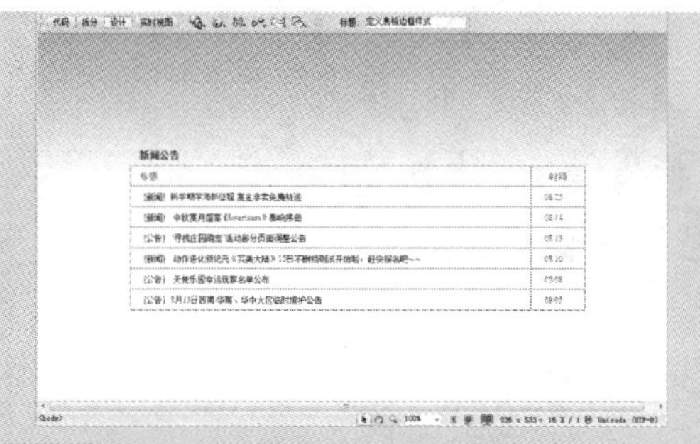

01 ▶ 执行“文件 > 打开”命令，打开页面“源文件 \ 第 8 章 \8-2-1.html”，可以看到页面效果。

02 ▶ 转换到代码视图中，可以看到表格的代码。

03 ▶ 在浏览器中预览该页面，可以看到页面中表格的显示效果。

```
table {
    width: 660px;
    margin: 160px auto 0px auto;
}
caption {
    font-size: 14px;
    color: #930;
    font-weight: bold;
    text-align: left;
    padding-left: 15px;
}
thead th {
    font-weight: bold;
    color: #F60;
}
#title {
    width: 580px;
    text-align: left;
    padding-left: 15px;
}
#time {
    width: 80px;
}
tbody {
    margin-top: 15px;
}
td {
    padding-left: 20px;
}
```

04 ▶ 转换到该网页所链接的外部 CSS 样式文件 8-2-1.css 中，可以看到表格相关的 CSS 样式代码。

```
table {
    width: 660px;
    margin: 160px auto 0px auto;
    border: solid 1px #C30;
    border-collapse: collapse;
}
```

05 ▶ 转换到外部 CSS 样式文件中，在 table 标签的 CSS 样式代码中添加边框的 CSS 样式设置。

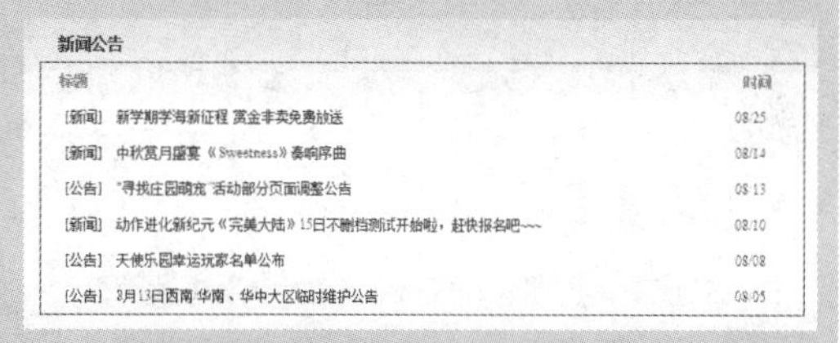

06 ▶ 返回设计页面中，在实时视图中可以看到为表格添加边框的效果。

```
caption {
    font-size: 14px;
    color: #930;
    font-weight: bold;
    text-align: left;
    padding-left: 15px;
    border-top:  solid 1px #C30;
    border-right:  solid 1px #C30;
    border-left:  solid 1px #C30;
}
thead th {
    font-weight: bold;
    color: #F60;
    border: solid 1px #C30;
}
```

07 ▶ 转换到外部 CSS 样式文件中，在 caption 标签和 thead th 的 CSS 样式代码中添加边框的 CSS 样式设置。

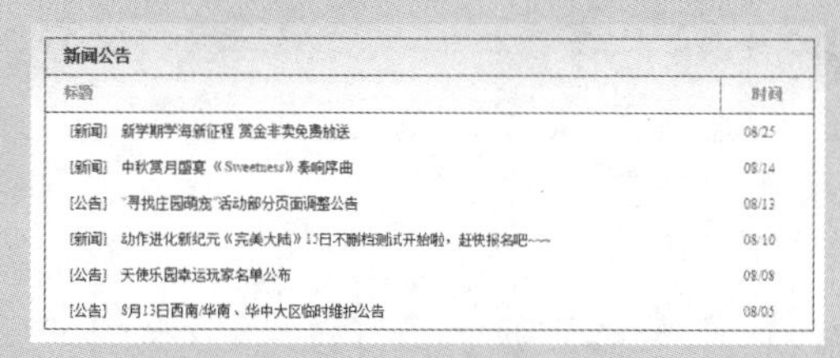

08 ▶ 返回设计页面中，在实时视图中可以看到为表格添加边框的效果。

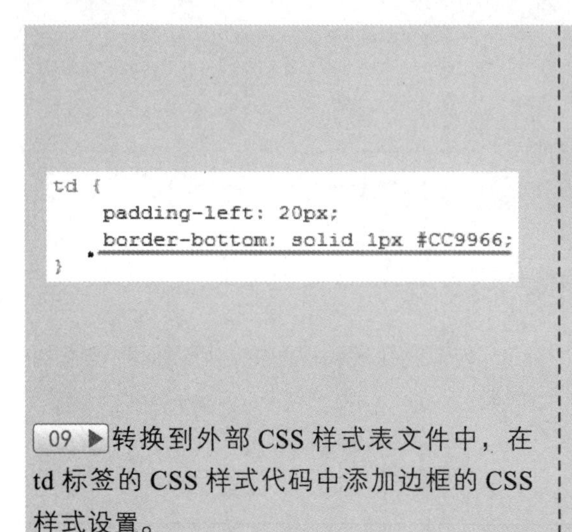

09 转换到外部 CSS 样式表文件中，在 td 标签的 CSS 样式代码中添加边框的 CSS 样式设置。

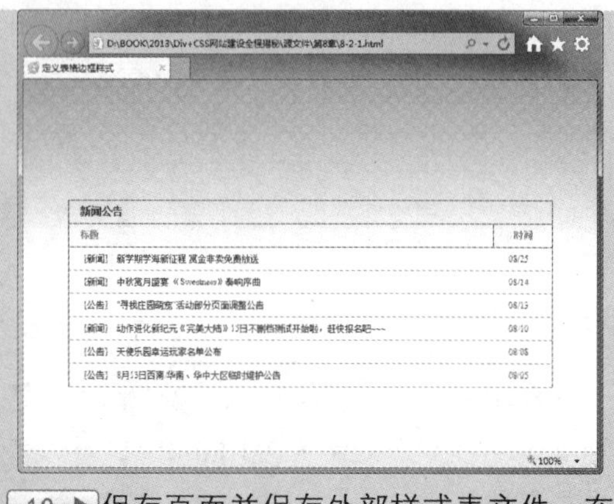

10 保存页面并保存外部样式表文件，在浏览器中预览页面效果。

提问：默认情况下，浏览器如何显示表格数据？

答：Web 浏览器通过基于浏览器对表格标记理解的默认样式设计来显示表格，即单元格之间或者表格周围没有边框；表格数据单元格使用普通文本并且左对齐；表格标题单元格居中对齐，并设置为粗体字体；标题在表格中间。

8.2.2 设置表格背景颜色

通过 CSS 样式除可以设置表格的边框之外，同样还可以对表格或单元格的背景颜色进行设置，同样使用 CSS 样式中的 background-color 属性进行设置即可。

实例 61+ 视频：使用背景颜色美化表格

默认的表格效果肯定无法满足网页多样化表现的需求，在网页制作的过程中还可以根据设计的需要对表格、单元行或单元格的背景颜色进行设置，接下来通过实例练习介绍如何使用背景颜色美化表格效果。

源文件：源文件 \ 第 8 章 \8-2-2.html

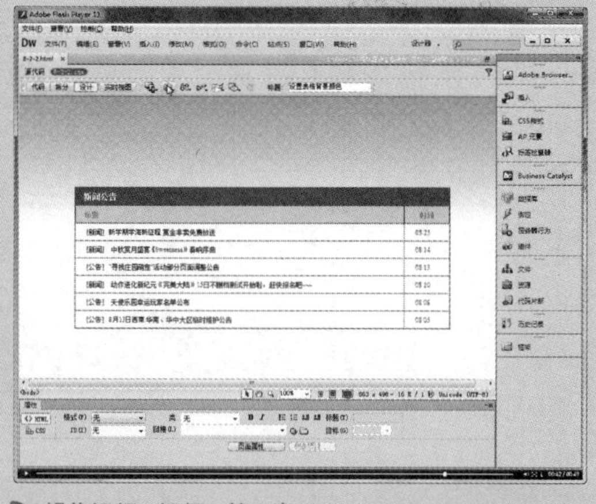

操作视频：视频 \ 第 8 章 \8-2-2.swf

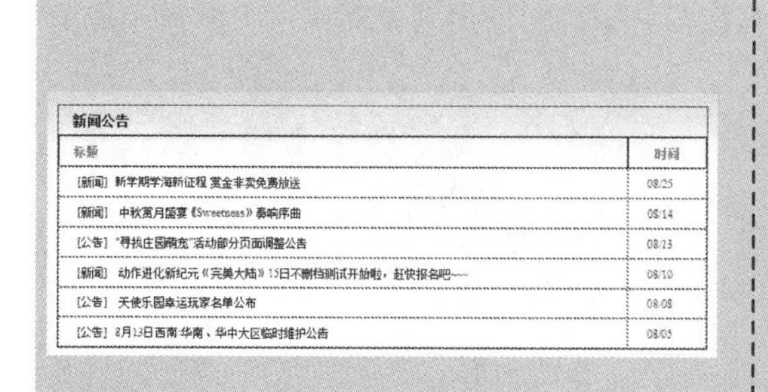

新闻公告	
标题	时间
[新闻] 新学期学海新征程 赏金非卖免费放送	08/25
[新闻] 中秋赏月盛宴《Sweetness》奏响序曲	08/14
[公告] "寻找庄园萌宠"活动部分页面调整公告	08/13
[新闻] 动作进化新纪元《完美大陆》15日不删档测试开始啦，赶快报名吧~~~	08/10
[公告] 天使乐园幸运玩家名单公布	08/08
[公告] 8月13日西南、华南、华中大区临时维护公告	08/05

01 ▶执行“文件 > 打开”命令，打开页面“源文件 \ 第 8 章 \8-2-2.html”，可以看到页面效果。

02 ▶在浏览器中预览该页面，可以看到页面中默认表格的效果。

```
caption {
    font-size: 14px;
    color: #FFF;
    font-weight: bold;
    text-align: left;
    padding-left: 15px;
    border-top:  solid 1px #C30;
    border-right:  solid 1px #C30;
    border-left:  solid 1px #C30;
    background-color: #C30;
}
thead th {
    font-weight: bold;
    color: #F60;
    border: solid 1px #C30;
    background-color: #FC9;
}
```

03 ▶转换到该网页所链接的外部 CSS 样式表文件 8-2-2.css 中，在 caption 标签和 thead th 的 CSS 样式代码中添加背景颜色的 CSS 样式设置。

04 ▶返回设计页面中，在实时视图中可以看到设置背景颜色的效果。

提问：为什么需要使用 CSS 对表格数据进行控制？

答：表格在网页中主要用于表现表格式数据，Web 标准是为了实现网页内容与表现的分离，这样可以使网页的内容和结构更加整洁，更便于更新和修改。如果直接在表格的相关标签中添加属性设置，会使表格结构复杂，不能实现内容与表现的分离，不符合 Web 标准的要求，所以建议使用 CSS 样式对表格数据进行控制。

8.2.3 设置表格背景图像

网页中的表格元素与其他元素一样，使用 CSS 样式同样可以为表格设置相应的背景图像，通过 background-image 属性为表格相关元素设置背景图像，合理地应用背景图像可以使表格效果更加美观。

实例 62+ 视频：使用背景图像美化表格

使用背景图像对表格进行进一步的装饰和美化，使得页面中的内容能够更加丰富多彩，从而增强网页的吸引力。接下来通过实例练习介绍如何使用背景图像美化网页中的表格效果。

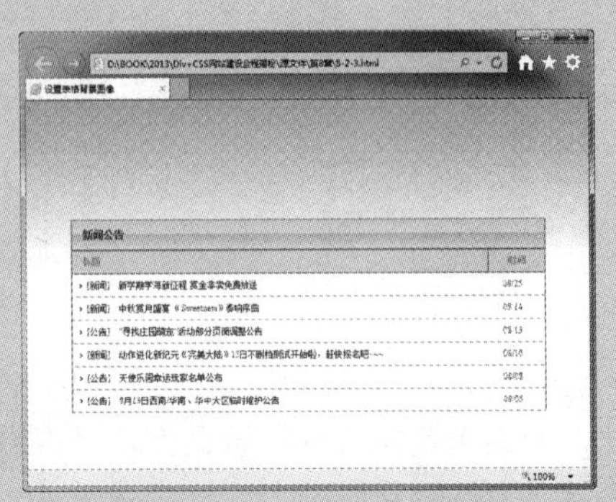

源文件：源文件 \ 第 8 章 \8-2-3. html

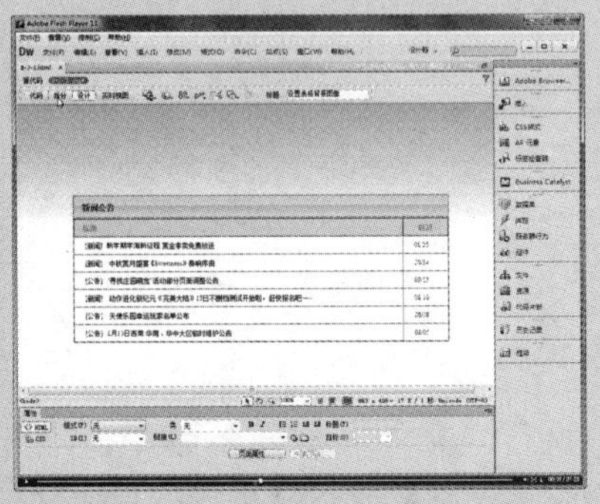

操作视频：视频 \ 第 8 章 \8-2-3. swf

新闻公告

标题	时间
[新闻] 新学期学海新征程 奖金丰卖免费放送	08/25
[新闻] 中秋赏月盛宴《Sweetness》奏响序曲	08/14
[公告] "寻找庄园萌宠"活动部分页面调整公告	08/13
[新闻] 动作进化新纪元《完美大陆》15日不删档测试开始啦，赶快报名吧~~	08/10
[公告] 天使乐园幸运玩家名单公布	08/08
[公告] 8月13日西南/华南、华中大区临时维护公告	08/05

01 ▶执行“文件 > 打开”命令，打开页面“源文件 \ 第 8 章 \8-2-3.html”，可以看到页面效果。

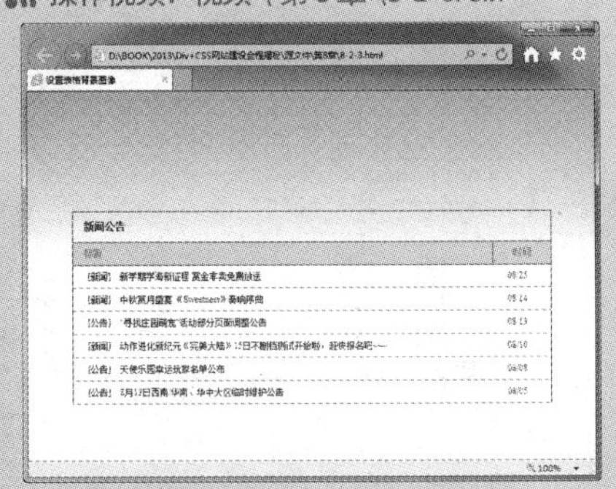

02 ▶在浏览器中预览该页面，可以看到页面中默认表格的效果。

```
caption {
    font-size: 14px;
    color: #930;
    font-weight: bold;
    text-align: left;
    padding-left: 15px;
    border-top:  solid 1px #C30;
    border-right:  solid 1px #C30;
    border-left:  solid 1px #C30;
    height: 40px;
    line-height: 40px;
    background-image: url(../images/82301.jpg);
    background-repeat: repeat-x;
}
```

03 ▶转换到该网页所链接的外部 CSS 样式表文件 8-2-3.css 中，在 caption 标签的 CSS 样式代码中添加背景图像的 CSS 样式设置。

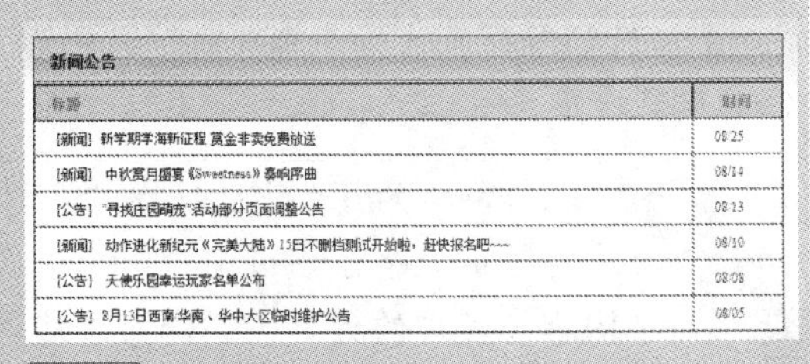

新闻公告

标题	时间
[新闻] 新学期学海新征程 奖金丰卖免费放送	08/25
[新闻] 中秋赏月盛宴《Sweetness》奏响序曲	08/14
[公告] "寻找庄园萌宠"活动部分页面调整公告	08/13
[新闻] 动作进化新纪元《完美大陆》15日不删档测试开始啦，赶快报名吧~~	08/10
[公告] 天使乐园幸运玩家名单公布	08/08
[公告] 8月13日西南/华南、华中大区临时维护公告	08/05

04 ▶返回设计页面中，在实时视图中可以看到设置背景图像的效果。

```
.list01 {
    background-image: url(../images/82302.gif);
    background-repeat: no-repeat;
    background-position: 10px center;
}
```

05 ▶转换到外部 CSS 样式文件中，定义名称为 .list01 的类 CSS 样式。

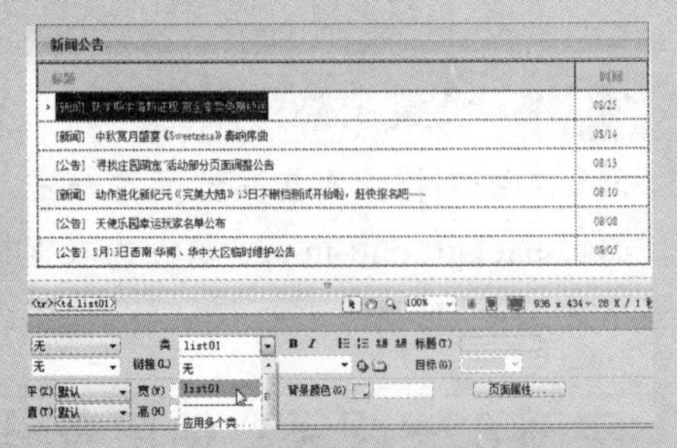

06 ▶返回设计页面中，选中新闻标题，应用刚定义名为 list01 的 CSS 样式。

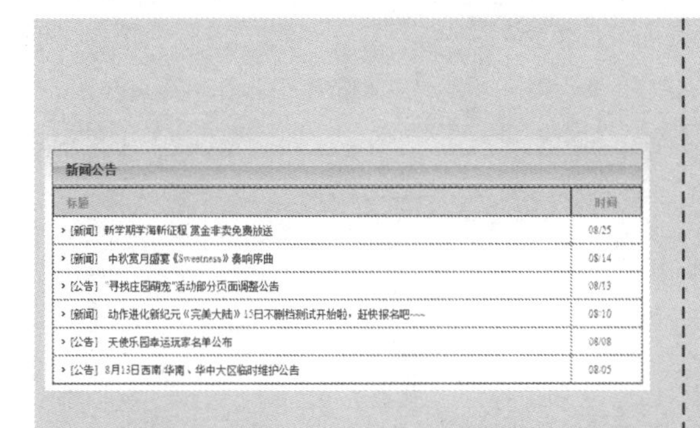

07 ▶使用相同的方法，为其他单元格中的文字应用名为 list01 的类 CSS 样式。

08 ▶保存页面，并保存外部 CSS 样式文件，在浏览器中预览页面，可以看到表格的效果。

提问：如果分别为表格和单元格设置了背景图像，会如何显示？

答：如果分别为表格和单元格设置了背景图像，则单元格中的背景图像会覆盖表格中所设置的背景图像进行显示，表格中所设置的属性可以被该表格中的行、列和单元格所设置的属性所覆盖。

8.3　使用 CSS 样式实现表格特效

网页中的表格主要用于显示表格式数据，有时数据量比较大，表格的行和列就比较多。网页中表格的特效也很少见，主要都是为了使表格内容更加易读而添加了一些相应的效果。通过 CSS 样式，可以实现一些表格的特殊效果，从而使数据信息更加有条理，不至于非常凌乱。

8.3.1　设置单元行背景颜色

如果网页中的表格包含有大量的表格式数据，默认情况下浏览者在查找相应的内容时会比较麻烦，并且容易读错，在网页中常用的处理方法是设置每个单元行拥有不同的背景颜色，以区分每一条表格式数据。

实例 63+ 视频：实现隔行变色的表格

通过 CSS 样式实现表格隔行变色的效果，使得奇数行和偶数行的背景色不一样，从而达到数据的一目了然。接下来通过实例练习介绍如何使用 CSS 样式实现隔行变色的表格。

源文件：源文件 \ 第 8 章 \8-3-1. html

操作视频：视频 \ 第 8 章 \8-3-1. swf

01 ▶执行“文件 > 打开”命令，打开页面“源文件 \ 第 8 章 \8-3-1.html”，可以看到页面效果。

02 ▶在浏览器中预览该页面，可以看到网页中表格的效果。

```
table { width: 590px;}
thead {
    height: 25px;
    line-height: 25px;
    background-image: url(../images/83114.gif);
    background-repeat: no-repeat;
}
#title { width: 400px;}
#num { width: 80px;}
#time { width: 110px;}
td { border-bottom: dashed 1px #ccc;}
.list01 {
    background-image: url(../images/83115.gif);
    background-repeat: no-repeat;
    background-position: 5px center;
    padding-left: 20px;
}
.font01 { text-align: center;}
```

03 ▶转换到该网页所链接的外部 CSS 样式文件 8-3-1.css 中，可以看到应用于表格部分的 CSS 样式。

```
.bg01 {
    background-color: #F4F4F4;
}
```

04 ▶在外部 CSS 样式文件 8-3-1.css 文件中，创建名为 .bg01 的类 CSS 样式。

```
<table cellspacing="0" cellpadding="0">
  <thead>
    <tr>
      <th id="title">标题</th>
      <th id="num">点击</th>
      <th id="time">时间</th>
    </tr>
  </thead>
  <tr>
    <td class="list01">[组图] 让人拍案叫绝的~变异~ PS高手作品</td>
    <td class="font01">28965</td>
    <td class="font01">2013-9-15</td>
  </tr>
  <tr class="bg01">
    <td class="list01">[组图] 超尴尬的网络版少儿识字卡片</td>
    <td class="font01">28643</td>
    <td class="font01">2013-9-15</td>
  </tr>
  <tr>
    <td class="list01">[组图] 辨别~山寨版~明星脸 擦亮你的慧眼</td>
    <td class="font01">23456</td>
    <td class="font01">2013-9-14</td>
  </tr>
  <tr class="bg01">
    <td class="list01">[组图] 未来世界可怕的生物武器</td>
    <td class="font01">23432</td>
    <td class="font01">2013-9-12</td>
  </tr>
```

05 ▶返回 8-3-1.html 页面的代码视图中，在隔行的 <tr> 标签中应用类 CSS 样式 bg01。

06 ▶保存页面，并保存外部 CSS 样式表文件，在浏览器中预览页面，可以看到隔行变化的表格效果。

提示

如果想实现隔行变色的单元格效果，首先需要在 CSS 样式表中创建设置了背景颜色的类 CSS 样式，其次为了产生灰色和白色的交替行效果，将新建的类 CSS 样式应用于数据表格中每一个偶数行即可。

提问：为单元行设置相应的属性后，该单元行中的单元格是否会继承相应的属性？

答：单元格会继承其所在单元行的属性设置，单元行内含了单元格，单元格包含了表格的数据，通过行的对齐设置，可以控制整行数据在各自单元格内的对齐方式。例如在本实例是设置了单元行标签 <tr> 的背景颜色，则该单元行中的所有单元格都会继承该属性。

8.3.2 :hover 伪类在表格中的应用

:hover 伪类不仅可以应用于文本超链接 CSS 样式中，还可以应用网页中的其他元素中，包括表格元素。例如可以使用 :hover 伪类实现表格背景颜色交替的效果等。

实例 64+ 视频：使用 CSS 实现表格的交互效果

如果长时间浏览大量数据表格，即使使用了隔行变色的表格，阅读时间长了仍然会感到疲劳。如果数据行能动态根据鼠标悬浮来改变颜色，就会使页面充满动态效果。接下来通过实例练习介绍如何使用 :hover 伪类实现表格的交互效果。

源文件：源文件 \ 第 8 章 \8-3-2.html

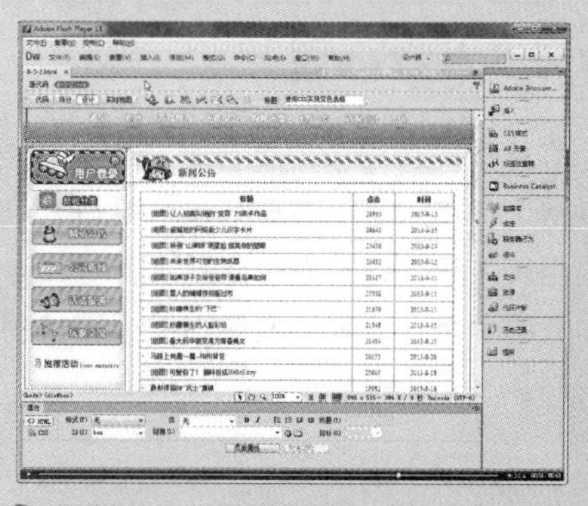

操作视频：视频 \ 第 8 章 \8-3-2.swf

01 执行“文件 > 打开”命令，打开页面“源文件 \ 第 8 章 \8-3-2.html”，可以看到页面效果。

```
tbody tr:hover {
    background-color: #F4F4F4;
    cursor: pointer;
}
```

02 转换到该网页所链接的外部 CSS 样式文件 8-3-2.css 中，创建名称为 tbody tr:hover 的 CSS 样式。

提示：变色表格的功能主要是通过 CSS 样式中的 :hover 伪类来实现的，这里定义的 CSS 样式，是定义了 <tbody> 标签中的 <tr> 标签的 hover 伪类，定义了背景颜色和光标指针的形状。

03 ▶ 保存页面，并保存外部 CSS 样式表文件，在浏览器中预览页面。

04 ▶ 将光标移至页面中表格的任意一个单元行上，可以看到该单元行变色的效果。

提问

提问：表格是否可以嵌套使用？

答：表格由行、列和单元格 3 个部分组成，使用表格可以排列页面中的文本、图像及各种对象。表格的行、列和单元格都可以复制、粘贴，并且在表格中还可以插入表格，一层层的表格嵌套使设计更加灵活。

8.4 本章小结

表格是网页中重要的元素之一，虽然使用 DIV+CSS 布局制作网页的过程中较少使用到表格，但在网页中有些表格式数据使用表格来表现更加方便、快捷。本章主要介绍了表格的相关知识，包括表格的基本标签和结构，以及如何使用 CSS 样式对表格进行设置。完成本章的学习，读者需要能够掌握表格的创建方法以及使用 CSS 样式对表格的外观样式进行控制。

第 9 章　使用 CSS 设置表单元素样式

网页中的表单能够提供交互功能，可以让浏览者输入信息，弥补了网页只能传播信息的不足。随着网站页面对交互性的要求越来越高，表单成为 Web 应用程序中越来越重要的部分。本章主要介绍如何使用 CSS 样式对表单及表单元素进行样式设置，讲解应用 CSS 样式设置表单的方法和技巧。

本章知识点

- ☑ 了解表单元素和标签
- ☑ CSS 样式设置表单边框和背景
- ☑ CSS 样式实现圆角文本字段
- ☑ CSS 样式设置下拉列表
- ☑ 实现网页中表单的特殊效果

9.1　关于表单

表单要想实现交互功能，必须通过表单元素让浏览者输入需要处理或提交的数据，这些表单元素包括文本框、复选框、单选按钮、下拉菜单和按钮等。表单在网页中的作用是不可小视的，它是网站交互中最重要的元素，主要负责数据采集的功能。例如通过表单采集访问者的名字和 E-Mail 地址、调整表和留言板等，都需要使用到表单及表单元素。

9.1.1　表单标签 <form>

表单是网页上的一个特定区域。这个区域是由一对 <form> 标签定义的。它有如下两方面的作用。

1. 控制表单范围

通过 <form> 与 </form> 标签控制表单的范围，其他的表单对象都要插入到表单之中。单击提交按钮时，提交的也是表单范围之内的内容。

2. 携带表单相关信息

表单的 <form> 标签还可以设置相应的表单信息，例如处理表单的脚本程序的位置和提交表单的方法等。这些信息对于浏览者是不可见的，但对于处理表单却有着决定性的作用。

表单 <form> 标签的应用代码如下。

```
<form name="form_name" method="method" action="URL"
 enctype="value" target="target_win">
......
</form>
```

- name

该属性用于设置表单的名称，默认插入到网页中的表单会以 form1、form2…formx 顺序进行命名。

- method

该属性用于设置表单结果从浏览器传送到服务器的方法，一般有 GET 和 POST 两种方法。

- action

该属性用于设置表单处理程序（一个 ASP、CGI 等程序）的位置，该处理程序的位置可以是相对地址，也可以是绝对地址。

- enctype

该属性用于设置表单资料的编码方式。

- target

该属性用于设置返回信息的显示方式。

在 <form> 标签中可以包含 4 种表单元素标签，分别是 <input> 表单输入标签、<select> 菜单 / 列表标签、<option> 菜单 / 列表项目标签和 <textarea> 多行文本域标签。

9.1.2 输入标签 <input>

输入标签 <input> 是网页中最常用的表单元素之一，其主要用于采集浏览者的相关信息，输入标签的语法如下所示。

```
<form id="form1" name="form1" method="post" action="">
    <input type="text" name="name" id="name" />
</form>
```

在上述语法结构中，type 属性用于设置输入标签的类型，而 name 属性则指的是输入域的名称，由于 type 的属性值有很多种，因此输入字段也具有多种形式，其中包括文本字段、单选按钮和复选框等。

type 属性的相关属性值介绍如下。

- text

单行文本域，是一种让浏览者自己输入内容的表单对象，通常用来填写单个字或者简短的回答，例如姓名和年龄等。

- password

密码域，是一种特殊文本框，主要用来输入密码，当浏览者输入文本时，文本会被隐藏，并且自动转换成用星号或者其他符号来代替。

- hidden

隐藏域，是用来收集或者发送信息的不可见元素。

- radio

单选按钮，是一种在一组选项中只能选择一种答案的表单对象。

- checkbox

复选框，是一种能够在待选项中选择一种以上的选项。

- file

文件域，用于上传文件。

- images

图像域，图片提交按钮。

- submit

提交按钮，用来将输入好的数据信息提交到服务器。

- reset

复位按钮，用来重置表单的内容。

- button

一般按钮，用来控制其他定义了处理脚本的处理工作。

9.1.3 文本域标签 <textarea>

通常情况下，文本域用在填写论坛的内容或者个人信息时需要输入大量的文本内容到网页中，文本域标签 <textarea> 在网页中就是用来生成多行文本域，从而使得浏览者能够在文本域输入多行文本内容，其语法格式如下。

```
<form id="form1" name="form1" method="post" action="">
  <textarea name="name" id="name" cols="value" rows="value" value="value" warp=" value">
……文本内容
</textarea>
</form>
```

文本域标签 <textarea> 的相关属性说明如下。

- name

name 属性用于设置该文本域的名称。

- cols

cols 属性用于设置该文本域的列数，列数决定了该文本域一行能够容纳几个文本。

- rows

rows 属性用于设置该多行文本域的行数，行数决定该文本域容纳内容的多少，如果超出行数，则不予以显示。

- value

value 属性指的是在没有编辑时，文本域内所显示的内容。

- warp

warp 属性用于设置显示和输出时的换行方式。当值为 off 时不自动换行；当值为 hard 时按 Enter 键自动换行，并且换行标记会一同被发送到服务器。输出时也会换行，当值为 soft 时按 Enter 键自动换行，换行标记不会被发送到服务器，输出时仍然是一列。

9.1.4 选择域标签 <select> 和 <option>

通过选择域标签 <select> 和 <option> 可以在网页中建立一个列表或者菜单。在网页中，菜单可以节省页面的空间，正常状态下只能看到一个选项，单击下拉按钮打开菜单后，才可以看到全部的选项；列表可以显示一定数量的选项，如果超出这个数值，则会出现滚动条，浏览者便可以通过拖动滚动条来查看各个选项。

选择域标签 <select> 和 <option> 语法格式如下所示。

```
<form id="form1" name="form1" method="post" action="">
    <select name="name" id="name">
      <option>选项一</option>
      <option>选项二</option>
      <option>选项三</option>
    </select>
  </form>
```

- name

name 属性用于设置选择域的名称。

- size

size 属性用于设置列表的行数。

- value

value 属性用于设置菜单的选项值。

- multiple

multiple 属性表示以菜单的方式显示信息，省略则以列表的方式显示信息。

9.1.5 其他表单元素

前面已经介绍了在<input>标签中设置type属性为不同的属性值，可以在网页中表现出多种表单元素，包括隐藏域、单选按钮、复选框、文件域、图像域和按钮等，接下来对这些表单元素进行简单介绍。

● **隐藏域**

隐藏域在页面中对于用户是看不见的，在表单中插入隐藏域的目的在于收集或发送信息，以利于被处理表单的程序所使用。浏览者单击发送按钮发送表单的时候，隐藏域的信息也被一起发送到服务器。隐藏域的代码如下所示。

```
<form id="form1" name="form1"
 method="post" action="">
<input type="Hidden" name="Form_name"
 value="Invest">
</form>
```

● **单选按钮**

单选按钮元素能够进行项目的单项选择，以一个圆框表示。单选按钮的代码如下所示。

```
<form id="form1" name="form1"
 method="post" action="">
请选择你居住的城市：
<input type="Radio" name="city"
 value="beijing" checked>北京
<input type="Radio" name="city"
 value="shanghai">上海
<input type="Radio" name="city"
value="nanjing">南京
</form>
```

其中，每一个单选按钮的名称是相同的，但都有其独立的值。checked表示此项被默认选中。value表示选中项目后传送到服务器端的值。

● **复选框**

复选框能够进行项目的多项选择，以一个方框标示。复选框的代码如下所示。

```
<form id="form1" name="form1"
 method="post" action="">
请选择你喜欢的音乐：
<input type="Checkbox" name="m1"
 value="rock" Checked>摇滚乐
<input type="Checkbox" name="m2"
value="jazz">爵士乐
<input type="Checkbox" name="m3"
 value="pop">流行乐
</form>
```

其中，checked表示此项被默认选中。value表示选中项目后传送到服务器端的值。每一个复选框都有其独立的名称和值。

● **文件域**

文件域可以让用户在域的内部填写文件路径，然后通过表单上传，这是文件域的基本功能。如在线发送E-mail时常见的附件功能。有的时候要求用户将文件提交给网站，例如Office文档、浏览者的个人照片或者其他类型的文件，这个时候就要用到文件域。文件域的代码如下所示。

```
<form id="form1" name="form1"
method="post" action="">
请上传附件：<input type="file" name="File">
</form>
```

● **图像域**

图像域是指可以用在提交按钮位置上的图片，这幅图片具有按钮的功能。使用默认的按钮形式往往会让人觉得单调，如果网页使用了较为丰富的色彩，或稍微复杂的设计，再使用表单默认的按钮形式甚至会破坏整体的美感。这时可以使用图像域创建和网页整体效果相统一的图像提交按钮。图像域的代码如下所示。

```
<form id="form1" name="form1"
method="post" action="">
```

```
<input type="image" name="image"
 src="images/pic.gif">
</form>
```

按钮

单击提交按钮后，可以实现表单内容的提交。单击重置按钮后，可以清除表单的内容，恢复成默认的表单内容设定。按钮的代码如下所示。

```
<form id="form1" name="form1"
 method="post" action="">
<input type="Submit" name="Submit"
 value="提交表单">
<input type="Reset" name="Reset" value="
重置表单">
</form>
```

9.1.6　关于 <label>、<legend> 和 <fieldset> 标签

标记单个表单控件的 <label> 标签是内联元素，它可以和任何其他内联元素一样设计 CSS 样式。<fieldset> 标签是块元素，用来将相关元素（例如一组选项按钮）组合在一起，<legend> 标签用于 <fieldset> 标签内部。<fieldset> 标签创建围绕其包装的表单元素的边框，<legend> 标签设置介绍性标题。

实例 65+ 视频：创建简单的网页表单

通过 CSS 样式对 <label>、<fieldset> 和 <legend> 标签进行设置，可以控制其显示的外观效果，接下来通过实例练习介绍 <label>、<fieldset> 和 <legend> 标签在表单中的使用方法，以及如何使用 CSS 样式对这些标签样式进行控制。

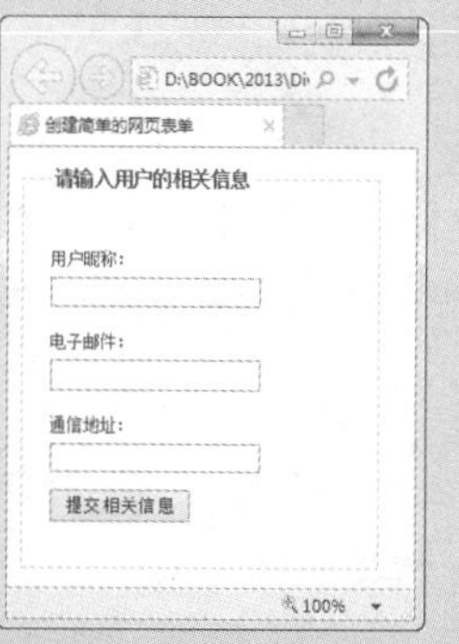

源文件：源文件 \ 第 9 章 \9-1-6.html

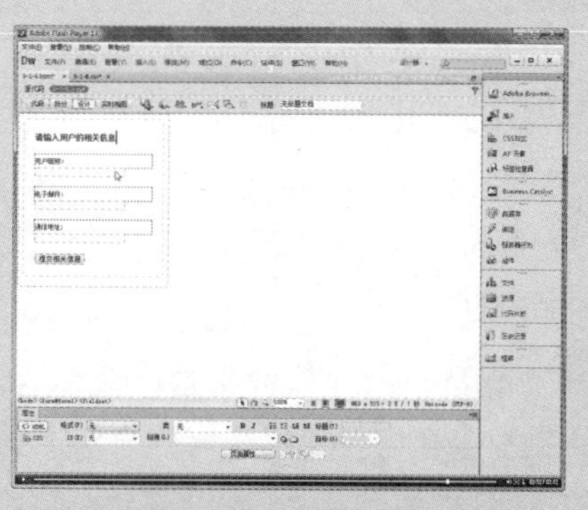

操作视频：视频 \ 第 9 章 \9-1-6.swf

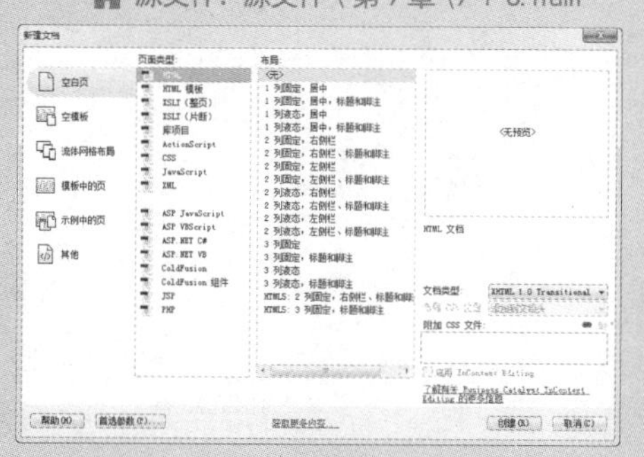

01 ▶执行“文件 > 新建”命令，弹出“新建文档”对话框，新建 HTML 页面，将该页面保存为“源文件 \ 第 9 章 \9-1-6.html”。

链接外部样式表

文件/URL(F): style/9-1-6.css　浏览...　确定
添加为: ◉ 链接(L)　预览(P)
○ 导入(I)　取消
媒体(M):
您也可以输入逗号分隔的媒体类型列表。
Dreamweaver 的范例样式表可以帮助您起步。　帮助

02 ▶新建外部 CSS 样式文件，将其保存为“源文件 \ 第 9 章 \style\9-1-6.css”，返回 9-1-6.html 页面中，链接外部 CSS 样式文件。

```
body {
    margin: 0px;
    font-size: 12px;
    line-height: 25px;
}
```

03 ▶转换到 9-1-6.css 文件中，创建名为 body 的标签 CSS 样式。

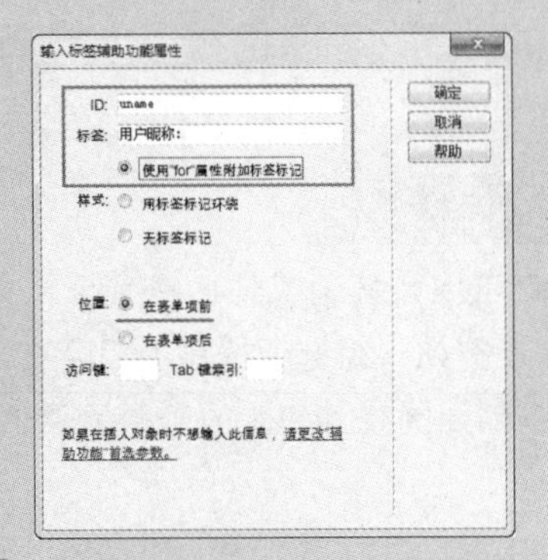

05 ▶将光标移至刚插入的表单域中，单击“插入”面板上“表单”选项卡中的“文本字段”按钮，在弹出的对话框中进行设置。

代码 拆分 设计 实时视图

用户昵称：

电子邮件：

通信地址：

提交相关信息

07 ▶将光标移至刚插入的文本字段之后，按 Enter 键插入段落，使用相同的方法，插入其他的表单元素。

```
<form id="form1" name="form1" method="post" action="">
  <fieldset>
  <p>
    <label for="uname">用户昵称：</label>
    <input type="text" name="uname" id="uname" />
  </p>
  <p>
    <label for="email">电子邮件：</label>
    <input type="text" name="email" id="email" />
  </p>
  <p>
    <label for="adress">通信地址：</label>
    <input type="text" name="adress" id="adress" />
  </p>
  <p>
    <input type="submit" name="button1" id="button1"
value="提交相关信息" />
  </p>
  </fieldset>
</form>
```

09 ▶在表单的 <form> 与 </form> 标签之间添加 <fieldset> 与 </fieldset> 标签，包含表单域中的所有表单元素。

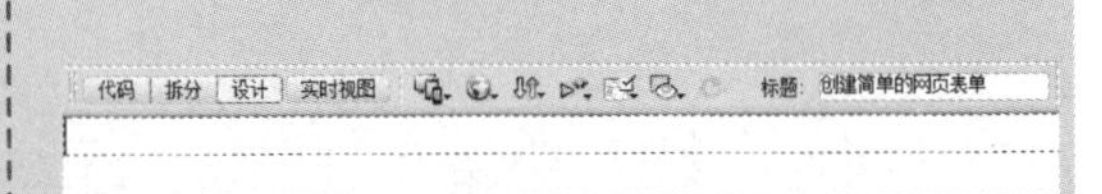

04 ▶返回页面设计视图，单击“插入”面板上“表单”选项卡中的“表单”按钮，插入表单域。

06 ▶单击“确定”按钮，在光标所在位置插入文本字段。

```
<body>
<form id="form1" name="form1" method="post" action="">
  <p>
    <label for="uname">用户昵称：</label>
    <input type="text" name="uname" id="uname" />
  </p>
  <p>
    <label for="email">电子邮件：</label>
    <input type="text" name="email" id="email" />
  </p>
  <p>
    <label for="adress">通信地址：</label>
    <input type="text" name="adress" id="adress" />
  </p>
  <p>
    <input type="submit" name="button1" id="button1"
value="提交相关信息" />
  </p>
</form>
</body>
```

08 ▶转换到代码视图中，可以看到该部分表单的 HTML 代码。

```
<form id="form1" name="form1" method="post" action="">
  <fieldset>
  <legend>请输入用户的相关信息</legend>
  <p>
    <label for="uname">用户昵称：</label>
    <input type="text" name="uname" id="uname" />
  </p>
  <p>
    <label for="email">电子邮件：</label>
    <input type="text" name="email" id="email" />
  </p>
  <p>
    <label for="adress">通信地址：</label>
    <input type="text" name="adress" id="adress" />
  </p>
  <p>
    <input type="submit" name="button1" id="button1"
value="提交相关信息" />
  </p>
  </fieldset>
</form>
```

10 ▶在所有表单元素之前添加 <legend> 标签，并输入相应的文字。

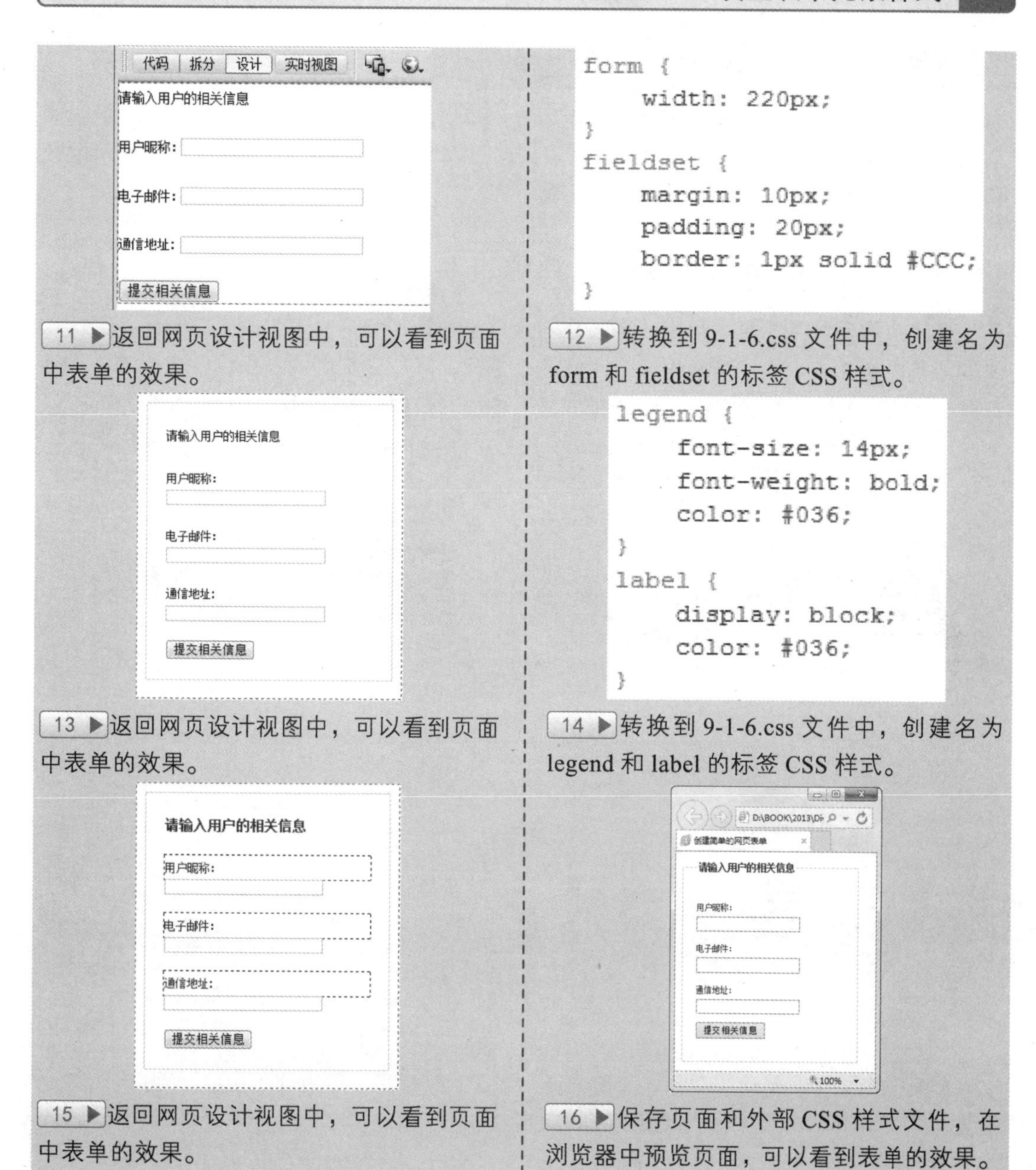

11 ▶返回网页设计视图中，可以看到页面中表单的效果。

12 ▶转换到 9-1-6.css 文件中，创建名为 form 和 fieldset 的标签 CSS 样式。

13 ▶返回网页设计视图中，可以看到页面中表单的效果。

14 ▶转换到 9-1-6.css 文件中，创建名为 legend 和 label 的标签 CSS 样式。

15 ▶返回网页设计视图中，可以看到页面中表单的效果。

16 ▶保存页面和外部 CSS 样式文件，在浏览器中预览页面，可以看到表单的效果。

提问

提问：<label>、<fieldset> 和 <legend> 标签可以同时使用 CSS 样式进行设置吗？

答：<label>、<fieldset> 和 <legend> 标签可以一起使用任何 CSS 样式设置，它们可以与 HTML 中的任何元素一起使用，而且 Web 浏览器对此也有很好的支持。

9.2　使用 CSS 样式控制表单元素

如果对插入到网页中的表单元素不加任何的修饰，默认的表单元素外观比较简陋，并且很难符合页面整体设计风格的需要，通过 CSS 样式可以对网页中的表单元素外观进行设置，使其更加美观和大方，更能够符合网页整体风格。

9.2.1 使用 CSS 样式设置表单元素的背景色和边框

在网页中默认的表单元素背景颜色为白色，边框为蓝色，由于色调单一，不能满足网页设计者的设计需求和浏览者的视觉感受，因此可以通过 CSS 样式对表单元素的背景颜色和边框进行设置，从而表现出不一样的表单元素。

实例 66+ 视频：制作网站登录页面

登录页面是常见的表单运用效果，在登录页面中通常包括文本字段、复选框、图像域或按钮等表单元素。本实例制作一个网站登录页面，通过该实例的制作，希望读者掌握登录页面的制作方法，并掌握使用 CSS 样式对表单的背景颜色和边框进行设置的方法。

源文件：源文件\第 9 章\9-2-1. html

操作视频：视频\第 9 章\9-2-1. swf

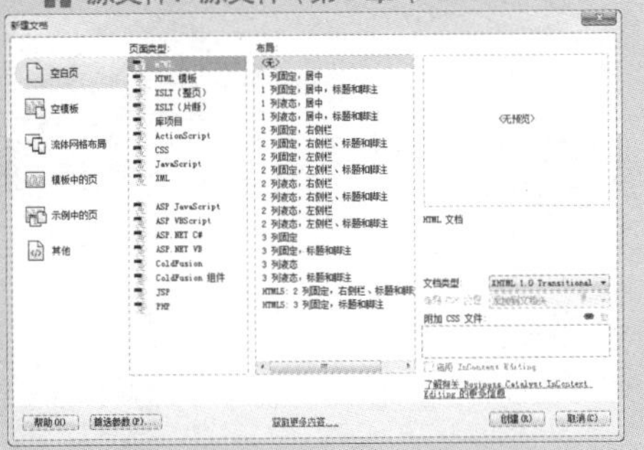

01 执行“文件 > 新建”命令，弹出“新建文档”对话框，新建一个 HTML 页面，将该页面保存为“源文件\第 9 章\9-2-1. html”。

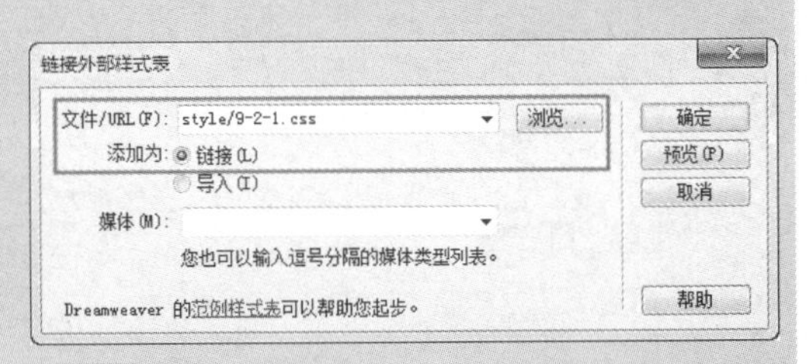

02 新建一个外部 CSS 样式文件，将其保存为“源文件\第 9 章\style\9-2-1. css”，返回 9-1-6.html 页面中，链接外部 CSS 样式文件。

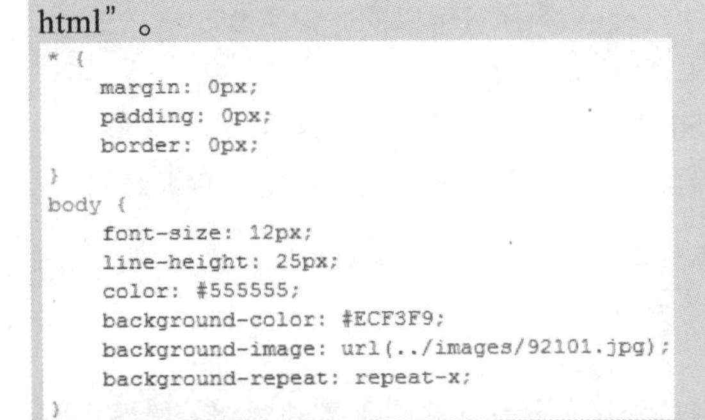

```
* {
    margin: 0px;
    padding: 0px;
    border: 0px;
}
body {
    font-size: 12px;
    line-height: 25px;
    color: #555555;
    background-color: #ECF3F9;
    background-image: url(../images/92101.jpg);
    background-repeat: repeat-x;
}
```

03 转换到 9-2-1.css 文件中，创建通配符 * 和 body 标签的 CSS 样式。

04 返回页面设计视图，可以看到页面的背景效果。

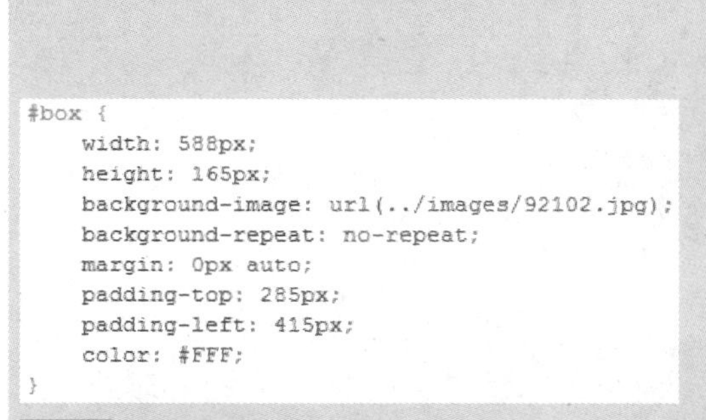

```
#box {
    width: 588px;
    height: 165px;
    background-image: url(../images/92102.jpg);
    background-repeat: no-repeat;
    margin: 0px auto;
    padding-top: 285px;
    padding-left: 415px;
    color: #FFF;
}
```

05 ▶在页面中插入名为 box 的 Div，转换到 9-2-1.css 文件中，创建名为 #box 的 CSS 样式。

06 ▶返回页面设计视图，可以看到页面的效果。

07 ▶将光标移至名为 box 的 Div 中，并将多余文字删除，单击“插入”面板上“表单”选项卡中的“表单”按钮，插入表单域。

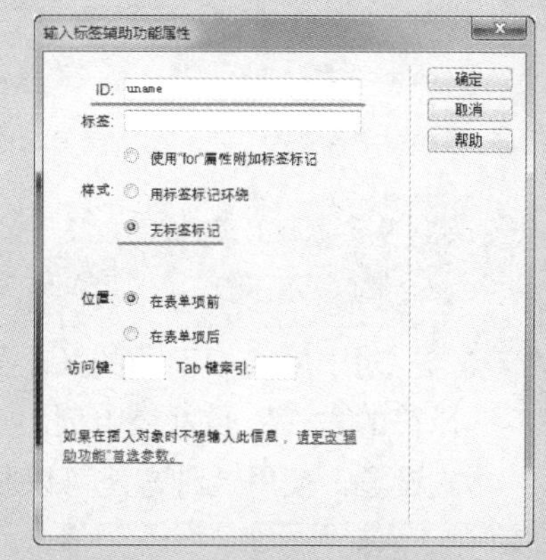

08 ▶将光标移至刚插入的表单域中，单击“插入”面板上“表单”选项卡中的“文本字段”按钮，在弹出的对话框中进行设置。

插入的红色虚线表单区域就是 <form> 与 </form> 标签，所有表单元素都应该在该红色虚线的表单域内，否则表单实现不了提交的功能。红色虚线只是 Dreamweaver 为了便于制作在设计视图中提供的表单域显示方式，在浏览器中预览页面时，该红色虚线不会显示。

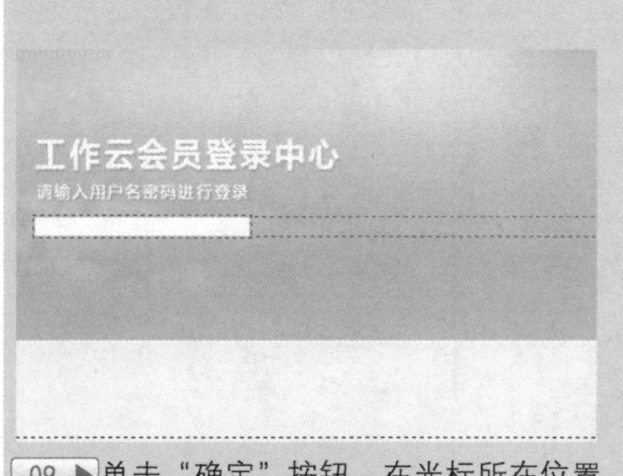

09 ▶单击“确定”按钮，在光标所在位置插入文本字段，将光标移至刚插入的文本字段之后。

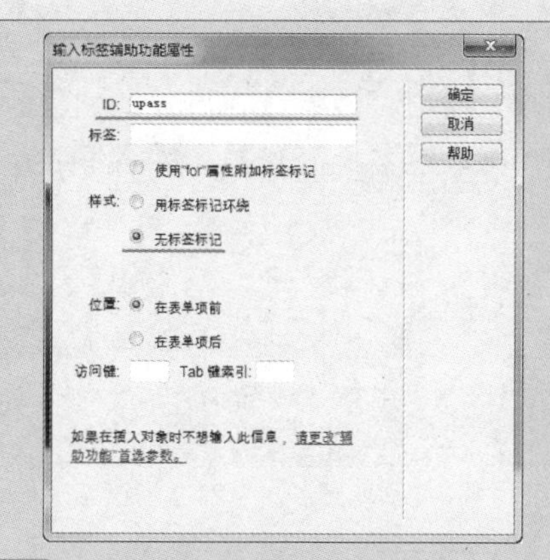

10 ▶单击“插入”面板上“表单”选项卡中的“文本字段”按钮，在弹出的对话框中进行设置。

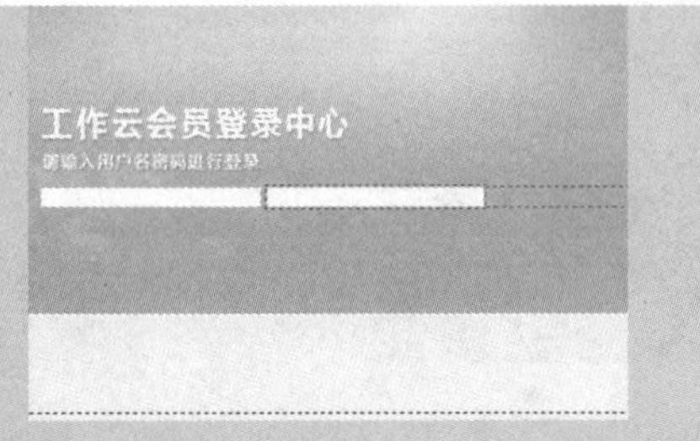

11 ▶单击“确定”按钮，在光标所在位置插入文本字段。

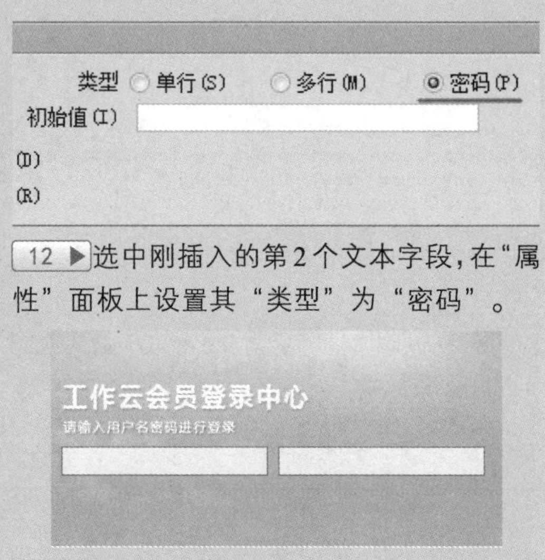

12 ▶选中刚插入的第 2 个文本字段，在“属性”面板上设置其“类型”为“密码”。

```
#uname,#upass {
    width: 195px;
    height: 25px;
    background-color: #DAF5FE;
    border: solid 1px #006699;
    color: #3269B9;
    float: left;
    margin-right: 10px;
}
```

13 ▶转换到 9-2-1.css 文件中，创建名为 #uname,#upass 的 CSS 样式。

14 ▶返回页面设计视图，可以看到页面中两个文本字段的效果。

提示 对于网页中不同的几个元素采用相同的 CSS 样式设置，可以采用复合选择符的方式，通过集中列出选择符，并用逗号将它们隔开，可以联合 CSS 样式设置。使用这种方法可以联合所有种类的选择符。

15 ▶将光标移至第 2 个文本字段之后，单击“插入”面板上“表单”选项卡中的“图像域”按钮，在弹出的对话框中选择需要的图像。

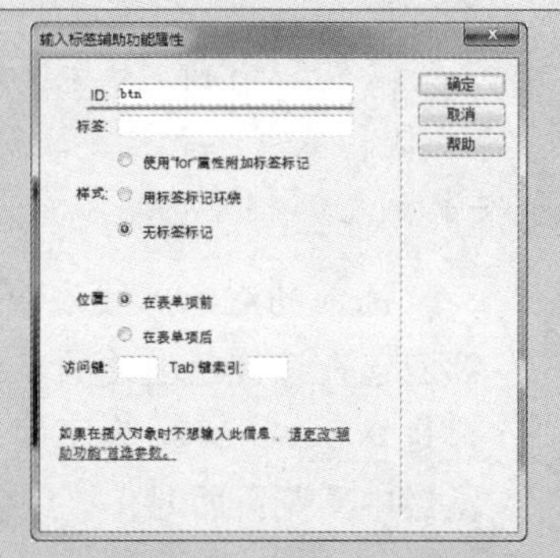

16 ▶单击“确定”按钮，在弹出的对话框中对相关选项进行设置。

17 ▶单击“确定”按钮，即可在光标所在位置插入图像域，将光标移至图像域之后。

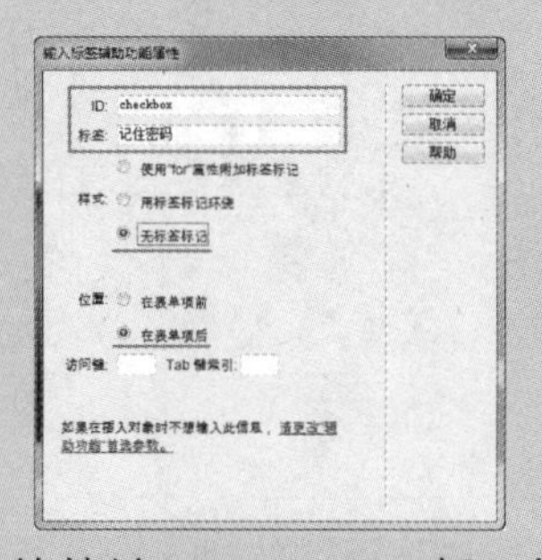

18 ▶按快捷键 Shift+Enter，插入换行符，单击“插入”面板上“表单”选项卡中的“复选框”按钮，在弹出的对话框中进行设置。

19 ▶单击“确定”按钮，在光标所在位置插入复选框。

21 ▶返回页面设计视图，可以看到页面中两个文本字段的效果。

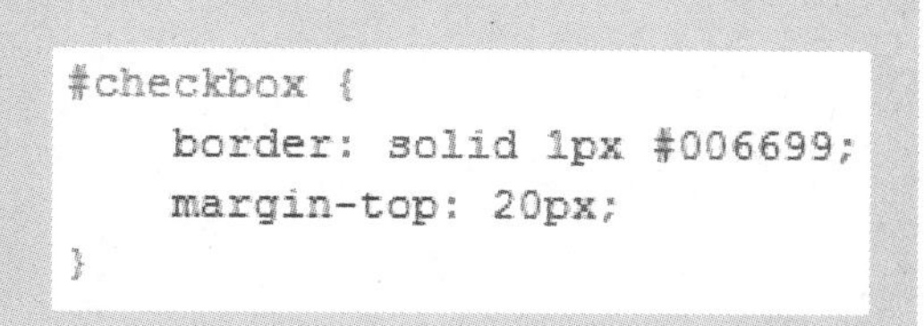

```
#checkbox {
    border: solid 1px #006699;
    margin-top: 20px;
}
```

20 ▶转换到 9-2-1.css 文件中，创建名为 #checkbox 的 CSS 样式。

22 ▶保存页面和外部 CSS 样式文件，在浏览器中预览页面。

提问：在表单域中插入的图像域作用是什么？

答：使用“图像域”按钮在网页中插入图像域，插入的图像按钮与“提交表单”按钮的效果是一样的，同样具有提交表单的功能。但是如果需要插入一个“重设表单”按钮，就不可以使用“图像域”按钮插入图像按钮来完成。

9.2.2　使用 CSS 样式实现圆角文本字段

网页中的文本字段默认都是矩形的，前面已经介绍了如何使用 CSS 样式对文本字段的背景颜色和边框进行设置，通过 CSS 样式还可以实现圆角的文本字段效果，从而给浏览者带来不一样的视觉效果。

实例 67+ 视频：制作圆角登录框

使用 CSS 样式实现圆角的文本字段主要是通过 CSS 样式中的 border 属性和 background-image 属性来实现的，通过 border 属性可以将文本字段的边框设置为无，通过 background-image 属性为文本字段设置一个圆角的背景图像，即可实现圆角登录框的效果。

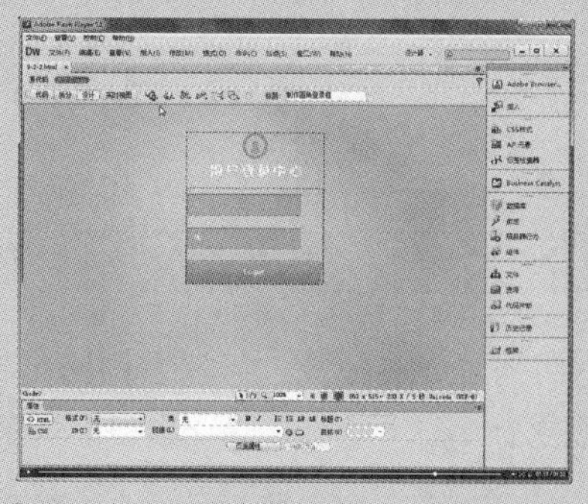

源文件：源文件\第 9 章\9-2-2. html　　操作视频：视频\第 9 章\9-2-2. swf

01 ▶执行“文件>打开”命令，打开页面“源文件\第9章\9-2-2.html”，可以看到页面效果。

02 ▶在浏览器中预览页面，可以看到网页中的表单效果。

```
#uname {
    width: 250px;
    height: 25px;
    background-color: #F4F4F4;
    border: solid 1px #999;
    margin-top: 10px;
    margin-bottom: 10px;
}
```

03 ▶转换到链接的外部CSS样式文件9-2-2.css中，找到名为#uname的CSS样式。

```
#uname {
    width: 215px;
    height: 41px;
    border: none;
    background-image: url(../images/92203.png);
    padding-left: 35px;
    line-height: 41px;
    margin-top: 10px;
    margin-bottom: 10px;
}
```

04 ▶对该CSS样式设置进行修改。

```
#upass {
    width: 250px;
    height: 25px;
    background-color: #F4F4F4;
    border: solid 1px #999;
    margin-top: 10px;
    margin-bottom: 10px;
}
```

05 ▶在外部CSS样式文件9-2-2.css中，找到名为#upass的CSS样式。

```
#upass {
    width: 215px;
    height: 41px;
    border: none;
    background-image: url(../images/92204.png);
    padding-left: 35px;
    line-height: 41px;
    margin-top: 10px;
    margin-bottom: 10px;
}
```

06 ▶对该CSS样式设置进行修改。

07 ▶返回网页设计视图，可以看到网页中表单的效果。

08 ▶保存页面和外部CSS样式文件，在浏览器中预览页面，可以看到圆角文本字段的效果。

提问：什么是表单？网页中的表单起到什么作用？

答：表单是 Internet 用户与服务器进行信息交流的重要工具。通常一个表单中会包含多个对象，有时它们也被称为控件，如用于输入文本的文本域、用于发送命令的按钮、用于选择项目的单选按钮和复选框，以及用于显示选项列表的列表框等。

大量的表单元素使得表单的功能更加强大，在网页界面中起到的作用也不容忽视，主要是用来实现用户数据的采集，例如采集浏览者的姓名、邮箱地址和身份信息等数据。

9.2.3　使用 CSS 样式设置下拉列表效果

在 Dreamweaver 中，通过使用 <select> 标签包含一个或者多个 <option> 标签可以构造选择列表，如果没有给出 size 属性值，则选择列表是下拉列表框的样式；如果给出了 size 值，则选择列表将会是可滚动列表，并且通过 size 属性值的设置能够使列表以多行的形式显示。

实例 68+ 视频：制作网站搜索栏

搜索栏也是网页中非常常见和重要的表单应用方式，在搜索栏中主要包括列表菜单、文本字段等表单元素，前面已经介绍了使用 CSS 样式对文本字段的美化方法，本实例将介绍如何通过 CSS 样式对下拉列表进行美化，使下拉列表的效果更加美观。

源文件：源文件 \ 第 9 章 \9-2-3.html

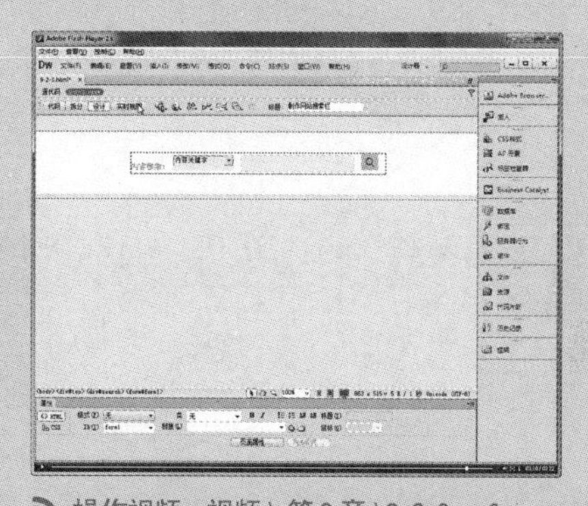

操作视频：视频 \ 第 9 章 \9-2-3.swf

01 执行“文件 > 打开”命令，打开页面“源文件 \ 第 9 章 \9-2-3.html”，可以看到页面效果。

02 将光标移至“内容搜索：”文字之后，单击“插入”面板上的“选择 (列表 / 菜单)”按钮，在弹出的对话框中进行设置。

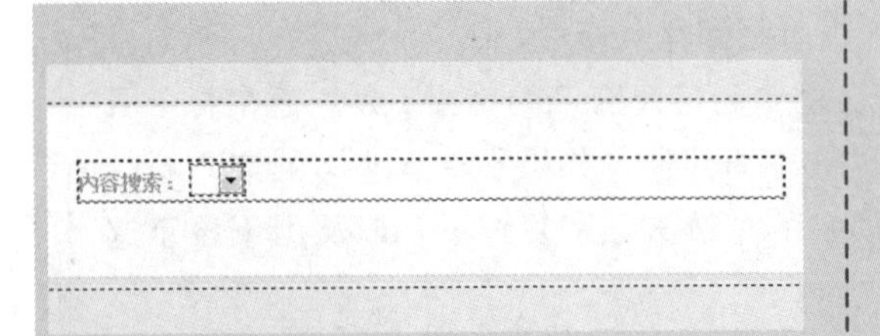

03 ▶单击“确定”按钮，在光标所在位置插入下拉列表。

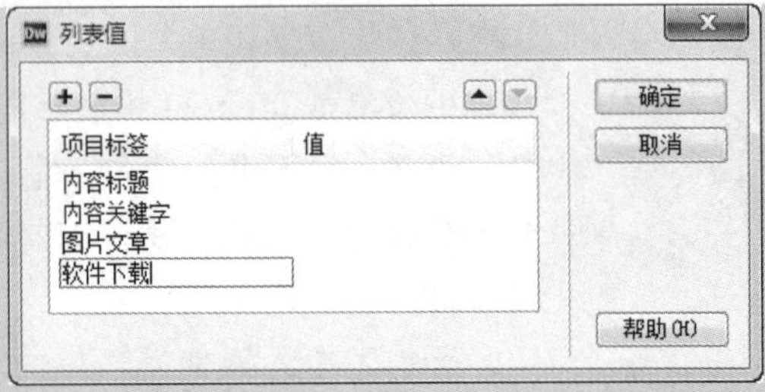

04 ▶选中刚插入的下拉列表，单击“属性”面板上的“列表值”按钮，在弹出的对话框中添加相应的列表值。

```
#list {
    width: 120px;
    height: 30px;
    background-color: #EEEEEE;
    border: solid 1px #CCCCCC;
    margin-left: 10px;
}
```

05 ▶转换到链接的外部 CSS 样式文件 9-2-3.css 中，创建名为 #list 的 CSS 样式。

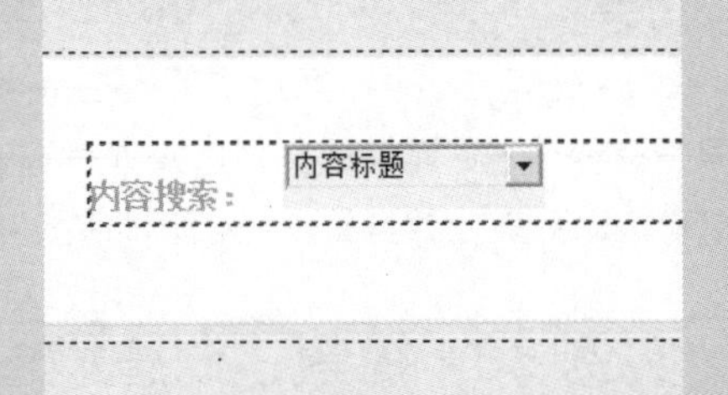

06 ▶返回网页设计视图中，可以看到下拉列表的效果。

```
<div id="search">
  <form id="form1" name="form1" method="post" action="">
    内容搜索：
    <select name="list" id="list">
      <option selected="selected">内容标题</option>
      <option>内容关键字</option>
      <option>图片文章</option>
      <option>软件下载</option>
    </select>
  </form>
</div>
```

07 ▶转换到代码视图中，可以看到列表 / 菜单的相关 HTML 代码。

```
<div id="search">
  <form id="form1" name="form1" method="post" action="">
    内容搜索：
    <select name="list" id="list">
      <option selected="selected" id="color1">内容标题</option>
      <option id="color2">内容关键字</option>
      <option id="color3">图片文章</option>
      <option id="color4">软件下载</option>
    </select>
  </form>
</div>
```

08 ▶在列表选项的 <option> 标签中添加 id 属性设置。

```
#color1 {
    background-color: #F4F4F4;
}
#color2 {
    background-color: #FFC;
}
#color3 {
    background-color: #CFF;
}
#color4 {
    background-color: #FCF;
}
```

09 ▶转换到 9-2-3.css 文件中，分别创建名为 #color1、#color2、#color3 和 #color4 的 CSS 样式。

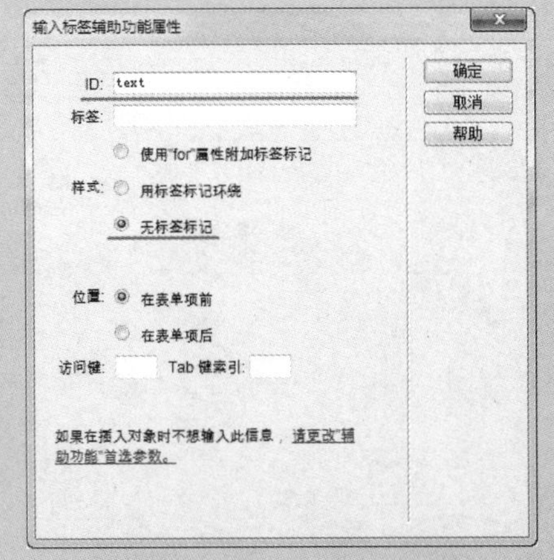

10 ▶返回设计视图，将光标移至下拉列表之后，单击“插入”面板上“表单”选项卡中的“文本字段”按钮，在弹出的对话框中进行设置。

11 ▶单击“确定”按钮，在页面中插入文本字段。

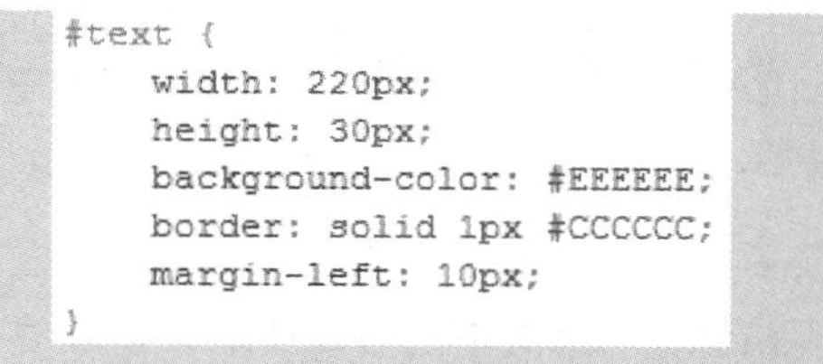

```
#text {
    width: 220px;
    height: 30px;
    background-color: #EEEEEE;
    border: solid 1px #CCCCCC;
    margin-left: 10px;
}
```

12 ▶转换到 9-2-3.css 文件中，创建名为 #text 的 CSS 样式。

13 ▶返回网页设计视图中，可以看到页面中文本字段的效果，将光标移至文本字段之后。

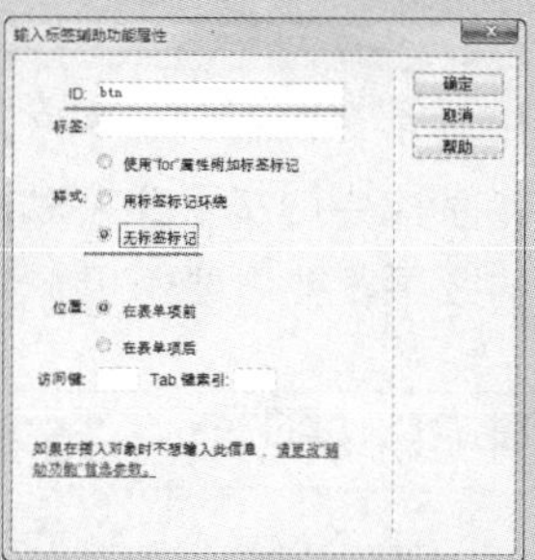

14 ▶单击“插入”面板上“表单”选项卡中的“图像域”按钮，选择合适的图像，单击“确定”按钮，在弹出的对话框中对相关选项进行设置。

```
#btn {
    margin-left: 10px;
    vertical-align: middle;
}
```

15 ▶单击“确定”按钮，插入图像域，转换到 9-2-3.css 文件中，创建名为 #btn 的 CSS 样式。

16 ▶返回网页设计视图中，可以看到网页中图像域的效果。

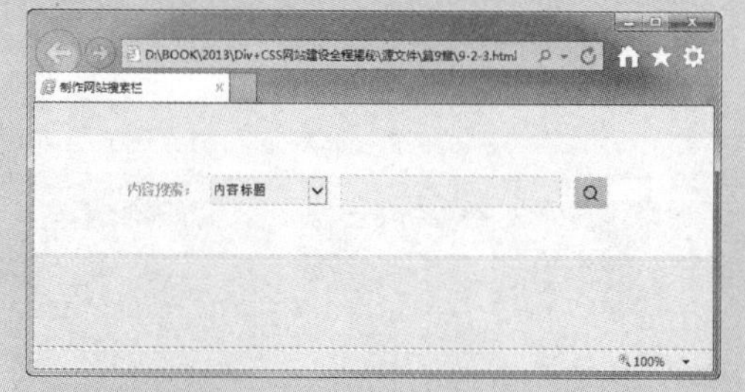

17 ▶完成搜索栏的制作，保存页面，并保存外部 CSS 样式文件，在浏览器中预览页面。

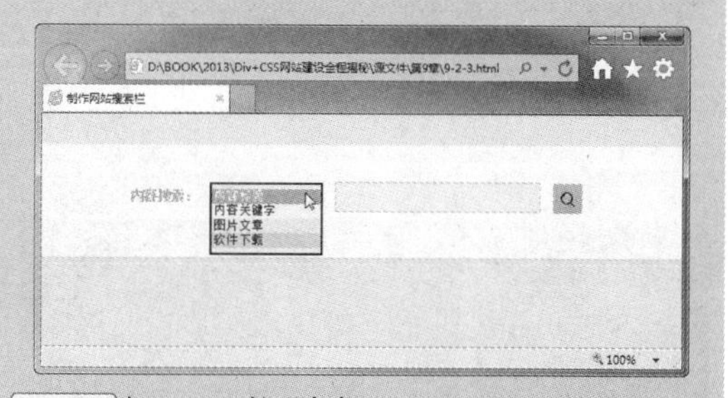

18 ▶打开下拉列表，可以看到使用 CSS 样式对下拉列表进行设置的效果。

提问：在网页中是不是可以在任意位置插入任何的表单元素？

答：表单域是表单中必不可少的元素之一，所有的表单元素只有在表单域中才会生效，因此，制作表单页面的第 1 步就是插入表单域。如果插入表单域后，在 Dreamweaver 设计视图中并没有显示红色的虚线框，执行“查看 > 可视化助理 > 不可见元素”命令，即可在设计视图中看到红色虚线的表单域。红色虚线的表单域在浏览器中浏览时是看不到的。

9.3 表单在网页中的特殊应用

表单是网页中非常重要的网页元素，在大多数的网页中都会有表单元素的应用，应用最多的表单元素包括文本字段、复选框、单选按钮和按钮等。使用 JavaScript 和 CSS 样式相结合，在网页中还可以实现许多表单的特殊效果，通过为表单应用相应的特殊效果，可以使表单具有更好的交互性，也使得网页操作便利性更强。

9.3.1 聚焦型提示语消失

网页中常常可以看到文本字段中会有颜色较浅的提示文字，当光标在该文本字段中单击时，文本字段中的提示文字就会消失，这就称为聚焦型提示语消失。在网页中如果需要实现这样的效果，就需要使用 CSS 样式与 JavaScript 脚本相结合。

实例 69+ 视频：文本字段提示语效果 1

本实例制作的效果是聚焦型提示语消失效果，也就是当光标在文本字段中单击时，该文本字段中的提示文字隐藏，这是在网页中非常常见的效果，接下来通过实例练习介绍如何在网页中实现聚焦性提示语消失效果。

源文件：源文件 \ 第 9 章 \9-3-1. html

操作视频：视频 \ 第 9 章 \9-3-1. swf

01 执行“文件 > 打开”命令，打开页面“源文件 \ 第 9 章 \9-3-1.html”，可以看到页面效果。

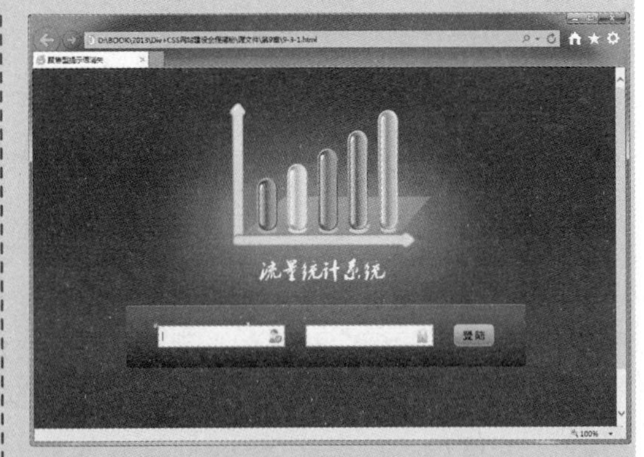

02 在浏览器中预览该页面，可以看到页面中表单的效果。

```
<div id="login">
  <form id="form1" name="form1" method="post" action="">
    <input type="text" name="uname" id="uname" />
    <input type="password" name="upass" id="upass" />
    <input type="image" name="btn" id="btn" src=
"images/93105.jpg" />
  </form>
</div>
```

03 ▶转换到代码视图中，可以看表单部分的 HTML 代码。

```
<form id="form1" name="form1" method="post" action="">
  <label>
  <input type="text" name="uname" id="uname" />
  </label>
  <label>
  <input type="password" name="upass" id="upass" />
  </label>
  <input type="image" name="btn" id="btn" src=
"images/93105.jpg" />
</form>
```

04 ▶在表单代码中分别添加 <label> 标签，包含 <input> 标签。

```
label{
    display: block;
    height: 37px;
    position: relative;
    float: left;
}
```

05 ▶转换到链接的外部 CSS 样式 9-3-1.css 文件中，创建名为 label 的 CSS 样式。

```
<form id="form1" name="form1" method="post" action="">
  <label><span>请输入用户名</span>
  <input type="text" name="uname" id="uname" />
  </label>
  <label><span>请输入密码</span>
  <input type="password" name="upass" id="upass" />
  </label>
  <input type="image" name="btn" id="btn" src=
"images/93105.jpg" />
</form>
```

06 ▶转换到网页代码视图中，在 <label> 标签中添加 <span> 标签并输入相应文字。

```
label span{
    position:absolute;
    float:left;
    line-height:37px;
    left:10px;
    color:#BCBCBC;
    cursor:text;
}
```

07 ▶转换到 9-3-1.css 文件中，创建名为 label span 的 CSS 样式。

08 ▶返回网页设计视图中，可以看到页面中表单元素的效果。

```
#uname:focus {
    background-color: #CFF4F8;
    border-color: #F30;
}
#upass:focus {
    background-color: #CFF4F8;
    border-color: #F30;
}
```

09 ▶转换 9-3-1.css 文件中，创建名为 #uname:focus 和名为 #upass:focus 的 CSS 样式。

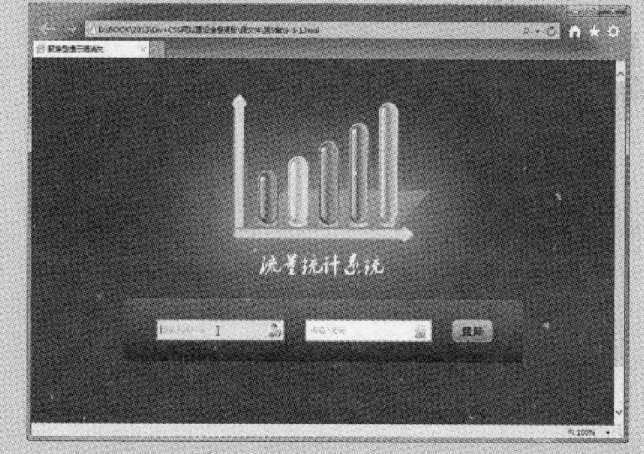

10 ▶保存页面，并保存外部 CSS 样式文件，在浏览器中预览页面，可以看到当光标在文本框中单击时，文本框的边框背景颜色和边框颜色会发生变化。

提示　:focus 伪类样式也是 CSS 样式中的一种伪类，该伪类应用于焦点的元素。例如 HTML 中一个有文本输入焦点的输入框，其中出现了文本输入光标；也就是说，在用户开始输入时，文本会输入到这个输入框。其他元素（如超链接）也可以有焦点，不过 CSS 样式没有定义哪些元素可以有焦点。

```
<head>
<meta http-equiv="Content-Type" content="text/html; charset=utf-8" />
<title>聚焦型提示语消失</title>
<link href="style/9-3-1.css" rel="stylesheet" type="text/css" />
<script type="text/javascript" src="js/jquery.js"></script>
</head>
```

11 ▶ 返回网页代码视图中，在 <head> 与 </head> 标签之间添加链接外部 js 脚本文件代码。

```
<script type="text/javascript">
 $(document).ready(function(){
   $("#uname").each(function(){
     var thisVal=$(this).val();//判断文本框的值是否为空，有值的情况就隐藏提示语，没有值就显示
     if(thisVal!=""){
       $(this).siblings("span").hide();
      }else{
       $(this).siblings("span").show();
      }
     $(this).focus(function(){ //聚焦型输入框验证
       $(this).siblings("span").hide();
      }).blur(function(){
        var val=$(this).val();
        if(val!=""){
         $(this).siblings("span").hide();
        }else{
         $(this).siblings("span").show();
        }
      });
    })
```

12 ▶ 在 <head> 与 </head> 标签之间编写相应的 JavaScript 脚本代码。

提示

链接的外部 js 文件为编写好的 jQuery 文件，页面中所编辑的 JavaScript 脚本代码主要对网页中 id 名为 uname 和 upass 的两个文本字段进行判断和控制，此处的截图中只截取了对 id 名为 uname 的文本字段进行判断和控制的代码，对 id 名为 upass 的文本字段进行判断和控制的代码与该部分基本相同，读者可以打开源文件进行查看。

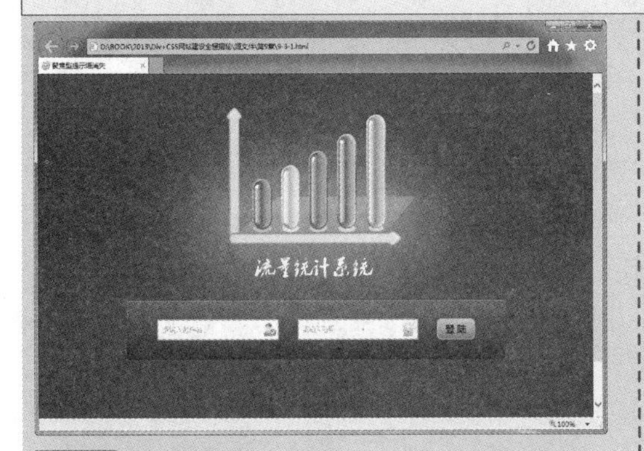

13 ▶ 保存页面，在浏览器中预览页面，可以看到页面的效果。

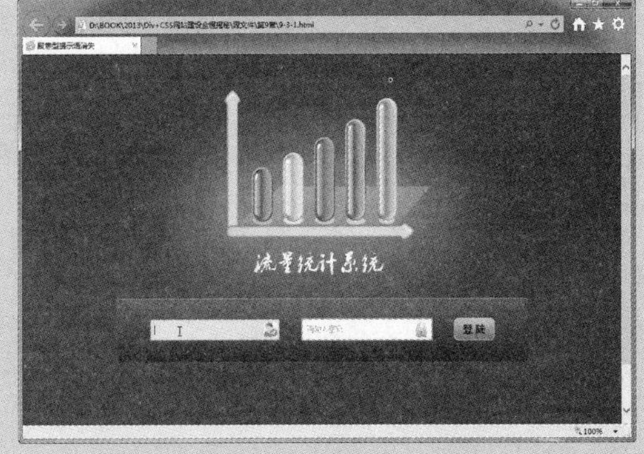

14 ▶ 将光标在某个文本框中单击，则该文本框的背景颜色和边框颜色发生变化，并且提示文字消失。

提问

提问：可以在表单域以外插入表单元素吗？

答：不可以，如果在表单区域外插入文本域，Dreamweaver 会弹出一个提示框，提示用户插入表单域，单击“是”按钮，Dreamweaver 会在插入文本域的同时，在它周围创建一个表单域。这种情况不仅针对于文本域会出现，其他的表单元素也同样会出现。

9.3.2 输入型提示语消失

输入型提示语消失与聚焦型提示语消失非常相似，唯一不同的是，输入型提示语消失是当在文本字段中开始输入内容之后，文本字段中的提示语才会消失，而不是当光标在文

本字段中单击时。

实例 70+ 视频：文本字段提示语效果 2

了解了输入型提示语消失的效果，接下来通过实例练习介绍如何通过 CSS 样式与 JavaScript 实现网页中输入型提示语消失的效果。该效果的实现与上一节介绍的聚焦型提示语消失非常相似，不同的主要是 JavaScript 脚本代码。

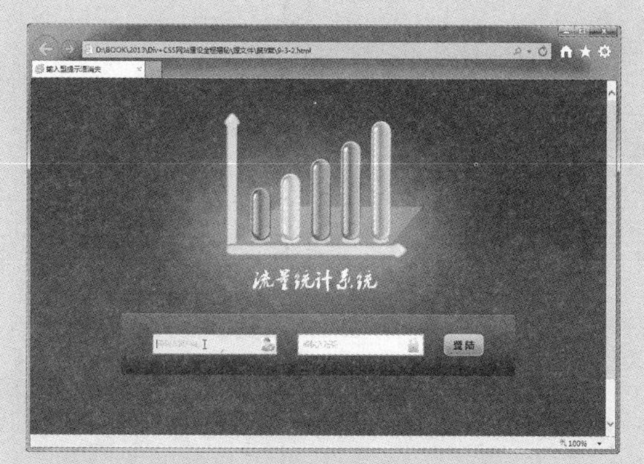

源文件：源文件 \ 第 9 章 \9-3-2. html

操作视频：视频 \ 第 9 章 \9-3-2. swf

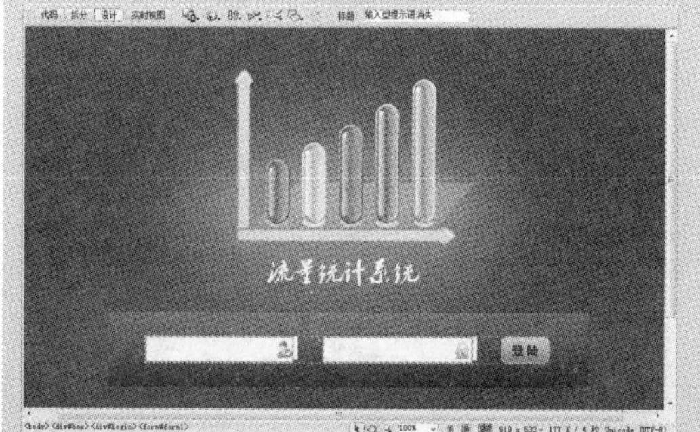

01 执行“文件 > 打开”命令，打开页面“源文件 \ 第 9 章 \9-3-2.html”，可以看到页面效果。

```
<form id="form1" name="form1" method="post" action="">
    <label><span>请输入用户名</span>
    <input type="text" name="uname" id="uname" />
    </label>
    <label><span>请输入密码</span>
    <input type="text" name="upass" id="upass" />
    </label>
    <input type="image" name="btn" id="btn" src=
"images/93105.jpg" />
  </form>
```

02 转换到代码视图中，根据上一个实例中相同的方法，为表单元素添加 <label> 和 <span> 标签。

```
label{
    display: block;
    height: 37px;
    position: relative;
    float: left;
}
label span{
    position:absolute;
    float:left;
    line-height:37px;
    left:10px;
    color:#BCBCBC;
    cursor:text;
}
```

03 转换到该网页所链接的外部 CSS 样式文件 9-3-2.css 中，分别创建名为 label 和 label span 的 CSS 样式。

04 返回网页设计视图中，可以看到页面中表单元素的效果。

```
#uname:focus {
    background-color: #CFF4F8;
    border-color: #F30;
}
#upass:focus {
    background-color: #CFF4F8;
    border-color: #F30;
}
```

05 ▶转换到 9-3-2.css 文件中，创建名为 #uname:focus 和名为 #upass:focus 的 CSS 样式。

```
<script type="text/javascript" src="js/jquery.js"></script>
<script type="text/javascript">
 $(document).ready(function(){
    $("#uname").each(function(){
     var thisVal=$(this).val();
     //判断文本框的值是否为空，有值的情况就隐藏提示语，没有值就显示
     if(thisVal!=""){
       $(this).siblings("span").hide();
      }else{
       $(this).siblings("span").show();
      }
      $(this).keyup(function(){
       var val=$(this).val();
       $(this).siblings("span").hide();
      }).blur(function(){
        var val=$(this).val();
        if(val!=""){
         $(this).siblings("span").hide();
        }else{
         $(this).siblings("span").show();
        }
       })
    })
```

06 ▶返回网页代码视图中，在 <head> 与 </head> 标签之间添加链接外部 js 文件代码并添加 JavaScript 脚本代码。

提示 此处所链接的外部 jqrery.js 文件与上一小节中所链接的外部 js 文件是相同的。所编写的 JavaScript 脚本代码同样是针对 id 名为 uname 和 upass 两个表单元素编写了两段脚本代码。由于篇幅问题，截图只截取了部分，读者可以打开源文件进行查看。

07 ▶保存页面，在浏览器中预览页面，当光标在文本字段中单击时，文本字段中的提示文字并不会消失。

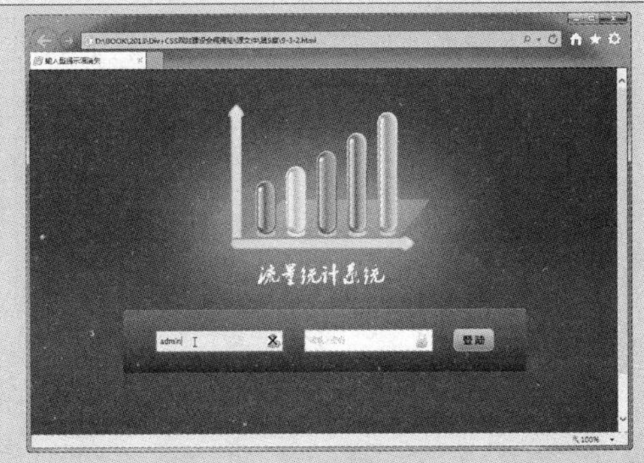

08 ▶只有当在文本字段中输入内容时，该文本字段中的提示文字才会消失。

提问 **提问：如何在网页中插入密码域？**

答：其实密码域就是普通的文本字段，当在网页中插入文本字段时，在文本字段的“属性”面板的“类型”选项中选择“密码”单选按钮后，即可将文本域转换为密码域。

9.4 本章小结

本章主要介绍了在 Dreamweaver 中怎样通过 CSS 属性对表单元素的样式进行控制以及控制，表单样式的 CSS 属性及其作用。表单元素的内容较多且复杂，通过本章内容的学习以及一些实例的实际操作，相信大家已经掌握了使用 CSS 控制表单元素的方法和技巧了，然而要想在以后设计制作网页登录页面的时候能够得心应手，还是需要多加练习。

第 10 章　CSS 滤镜的应用

在浏览网页的时候，经常会看到制作精美、页面效果特别的网页，这样的网页总是能迅速抓住浏览者的眼球。这些具有不同效果的网页不少是通过 CSS 滤镜实现的，CSS 滤镜具有美化网页页面的强大功能，为网页页面增色不少。本章将介绍 CSS 滤镜在网页中的相关应用。

本章知识点

- 了解 CSS 滤镜
- 理解 CSS 滤镜语法
- 掌握 Alpha 滤镜的使用
- 掌握 Blur 滤镜的使用
- DropShadow 与 Shadow 滤镜

10.1　关于 CSS 滤镜

在网站页面中合理地使用 CSS 滤镜，可以起到不同凡响的视觉特效。例如模糊、阴影和遮罩等滤镜的应用，能让浏览者眼前一亮。

10.1.1　什么是 CSS 滤镜

随着网络技术的不断发展，仅仅使用原有的 HTML 标签设计的网页已经无法满足大众的审美及使用需要。要想在众多的网页页面中脱颖而出，需要制作出丰富多彩、创意性独特、实用性强的网页。CSS 滤镜能够实现很多与众不同的页面效果，因此网页制作者有必要了解有关 CSS 滤镜的知识。

CSS 滤镜的标识符是 filter，在创建 CSS 滤镜时首先要对 filter 进行定义，其使用方法与其他的 CSS 语句相同。基本滤镜和高级滤镜是 CSS 滤镜的两种基本类型。两者有一定的区别，基本滤镜又称“视觉滤镜”，只要将其应用于对象上，便可立即产生视觉特效，但是其效果远远不及高级滤镜。高级滤镜能产生更多丰富、变幻无穷的视觉效果，如百叶窗、开关门效果等，因而又有“转换滤镜”之称，然而实现这种特殊效果则需要配合 JavaScript 等脚本语言。

10.1.2　CSS 滤镜语法

CSS 滤镜的标识符 filter 的具体书写格式如下。

```
filter:filter name(parameters);
```

filter 是滤镜属性选择符，当为对象应用某种 CSS 滤镜时，首先要定义 filter。filter name 是具体的滤镜名称，如 Alpha、Gray 和 Wave 等，用于指定应用的 CSS 滤镜类型；parameters 是所指定的滤镜实现参数值，通过对其参数进行不同设置，可以形成不同的视觉效果。

常用的 CSS 滤镜简单介绍如下。

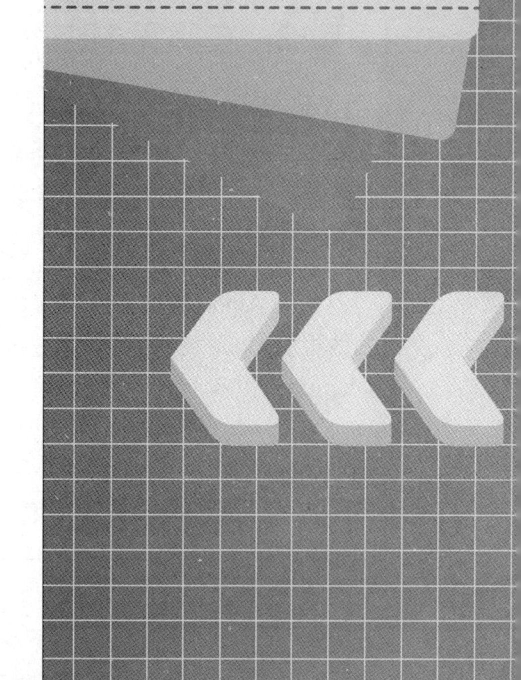

- Alpha 滤镜

使用该 CSS 滤镜，可以设置网页中元素的透明度。

- BlendTrans 滤镜

使用该 CSS 滤镜，可以实现网页中图像之间的淡入和淡出的效果。

- Blur 滤镜

使用该 CSS 滤镜，可以设置网页中元素的模糊效果。

- Chroma 滤镜

使用该 CSS 滤镜，可以将网页中某元素指定的颜色设置为透明色。

- DropShadow 滤镜

使用该 CSS 滤镜，可以设置网页元素的阴影效果。

- FlipH 滤镜

使用该 CSS 滤镜，可以实现网页中元素的水平翻转效果。

- FlipV 滤镜

使用该 CSS 滤镜，可以实现网页中元素的垂直翻转效果。

- Glow 滤镜

使用该 CSS 滤镜，可以实现网页元素的外发光效果。

- Gray 滤镜

使用该 CSS 滤镜，可以实现网页中图像的灰度显示效果，即黑白显示效果。

- Invert 滤镜

使用该 CSS 滤镜，可以实现网页中图像的反相效果，包括色彩、饱和度和亮度值，类似底片效果。

- Light 滤镜

使用该 CSS 滤镜，可以设置网页中元素的光源效果。

- Mask 滤镜

使用该 CSS 滤镜，可以在网页中实现元素的透明遮罩效果。

- RevealTrans 滤镜

使用该 CSS 滤镜，可以在网页中实现元素的切换效果。

- Shadow 滤镜

使用该 CSS 滤镜，可以设置网页中元素的阴影效果，该属性与 DropShadow 属性所设置的阴影效果不同。

- Wave 滤镜

使用该 CSS 滤镜，可以设置网页元素的波纹效果。

- Xray 滤镜

使用该 CSS 滤镜，可以显示网页元素的轮廓，类似于 X 光片的效果。

10.2 在网页中应用 CSS 滤镜

通过前面的学习，我们对 CSS 滤镜已经有了概念性的了解。只有深入地了解 CSS 滤镜，才能达到灵活运用的目的。CSS 滤镜包括很多种类，不同的 CSS 滤镜可以营造出不同的页面效果。本节将介绍各种 CSS 滤镜在网页中的应用方法。

10.2.1 Alpha 滤镜

使用 Alpha 滤镜，可使网页中的图像和文字产生透明效果，使页面达到一种融合统一的效果。Alpha 滤镜的语法格式如下。

```
.alpha{ filter: alpha(Opacity=?, FinishOpacity=?, Style=?, StartX=?, StartY=?, FinishX=?,
 FinishY=?);}
```

- Opacity

该属性用于设置透明度值，有效值范围在 0~100。0 代表完全透明、100 代表完全不透明。

- FinishOpacity

该属性为可选参数，当设置渐变的透明效果时，用来指定结束时的透明度，取值范围也是 0~100。

- Style

该属性用于设置透明区域的样式。0 代表无渐变、1 代表线性渐变、2 代表放射状渐变、3 代表菱形渐变。当 style 为 2 或 3 的时候，startX、startY、FinishX 和 FinishY 参数没有意义，都是以对象中心为起始，四周为结束。

- StartX

该属性用于设置透明渐变效果开始的水平坐标（即 *x* 轴坐标）。

- StartY

该属性用于设置透明渐变效果开始的垂直坐标（即 *y* 轴坐标）。

- FinishX

该属性用于设置透明渐变效果结束的水平坐标（即 *x* 轴坐标）。

- FinishY

该属性用于设置透明渐变效果结束的垂直坐标（即 *y* 轴坐标）。

实例 71+ 视频：实现网页中图像的半透明效果

使用 Alpha 滤镜可以为网页中的图片和文字等元素添加不同程度和不同方式的透明效果，了解了 Alpha 滤镜的语法格式，接下来通过实例练习介绍如何使用 Alpha 滤镜在网页中实现图像的半透明效果。

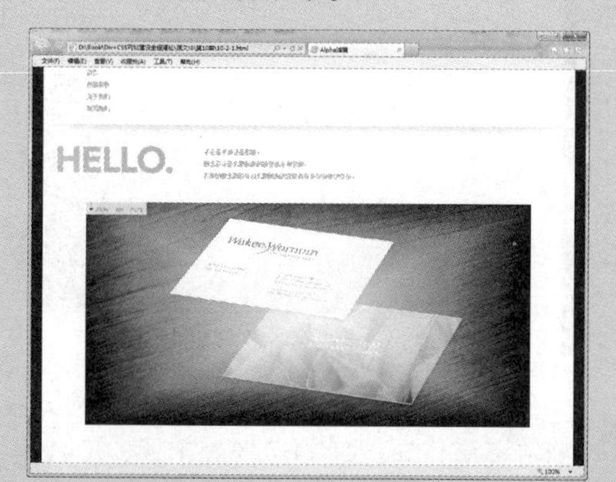

源文件：源文件 \ 第 10 章 \10-2-1. html

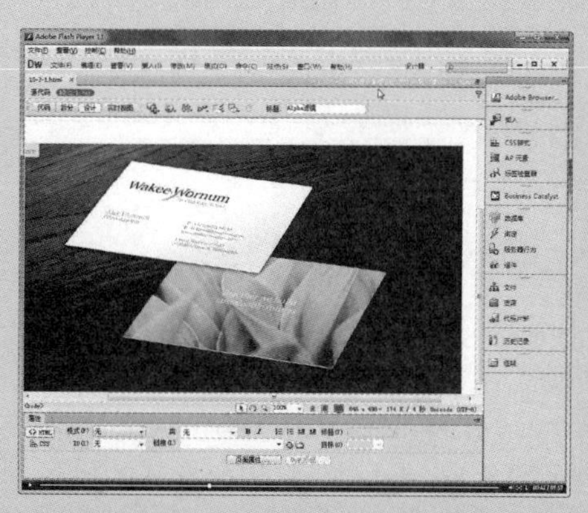

操作视频：视频 \ 第 10 章 \10-2-1. swf

01 ▶执行“文件 > 打开”命令，打开页面“源文件 \ 第 10 章 \10-2-1.html”，可以看到页面效果。

```
.alpha{
    filter:alpha(opacity=50);
}
```

02 ▶转换到该网页链接的外部样式表 10-2-1.css 文件中，定义名为 .alpha 的类 CSS 样式。

03 ▶返回设计视图中，选中页面中插入的图像，在“类”下拉列表中选择刚定义的 CSS 样式 .alpha 应用。

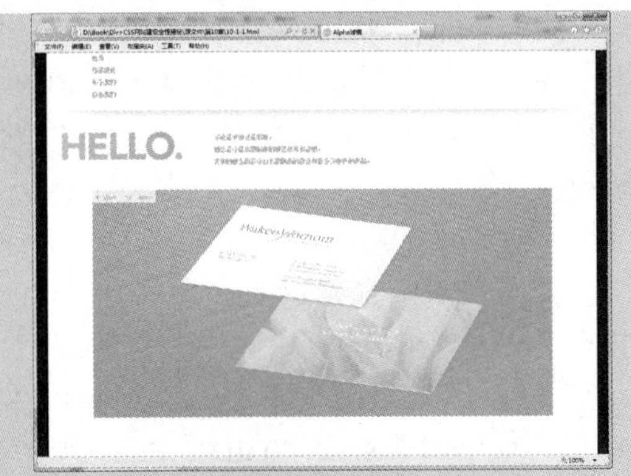

04 ▶保存页面，并保存外部 CSS 样式文件，在浏览器中预览该页面，可以看到应用 Alpha 滤镜的效果。

提示

应用的大多数 CSS 滤镜效果不会直接反映在 Dreamweaver 的设计视图中，用户需要保存 CSS 样式表文件和网页，在浏览器中预览页面，才能够查看到所应用的 CSS 滤镜效果。

```
.alpha{
    filter:alpha(opacity=10
    finishopacity=100,
    style=1,
    startx=0,
    starty=0,
    finshx=0,
    finishy=100);
}
```

05 ▶返回外部 CSS 样式 10-2-1.css 文件中，修改名为 .alpha 的类 CSS 样式的代码。

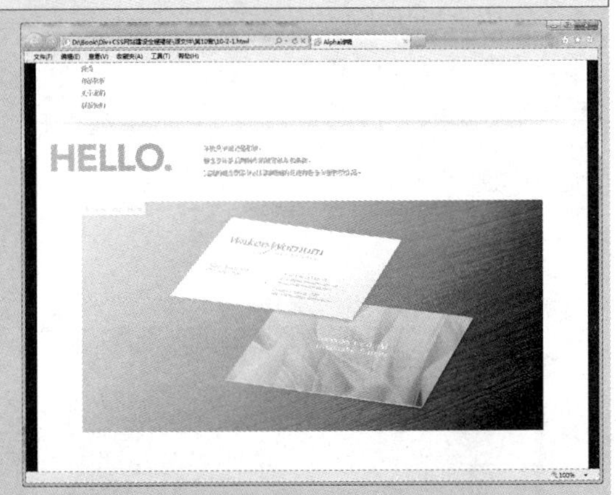

06 ▶保存外部 CSS 样式文件，在浏览器中预览页面，可以看到设置的不透明度效果。

```
.alpha{
    filter:alpha(opacity=10
    finishopacity=80,
    style=2);
}
```

07 ▶返回外部 CSS 样式 10-2-1.css 文件中，修改名为 .alpha 的类 CSS 样式的代码。

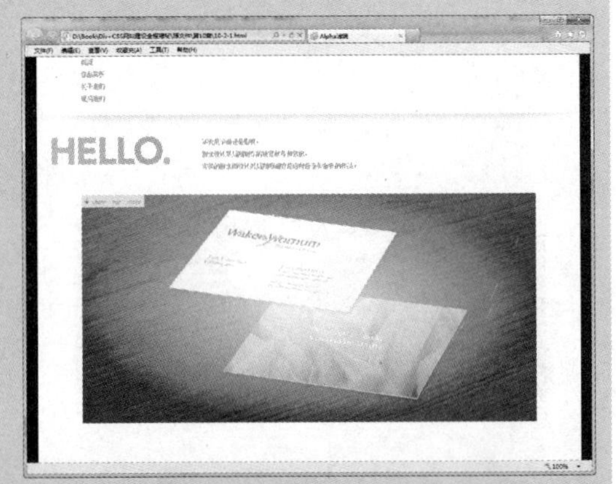

08 ▶保存外部 CSS 样式文件，在浏览器中预览页面，可以看到径向不透明度效果。

```
.alpha{
    filter:alpha(opacity=10
    finishopacity=100,
    style=3);
}
```

09 ▶返回外部 CSS 样式 10-2-1.css 文件中，修改名为 .alpha 的类 CSS 样式的代码。

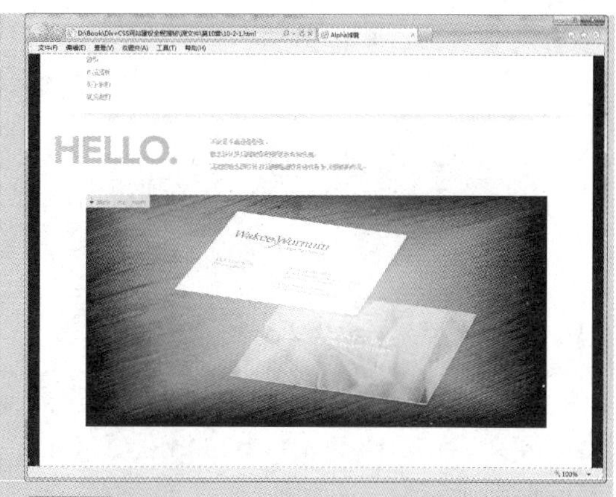

10 ▶保存外部 CSS 样式文件，在浏览器中预览页面，可以看到菱形不透明度效果。

提问

提问：在使用 Alpha 滤镜时需要注意什么？

答：在使用 Alpha 滤镜时需要注意以下两点：（1）由于 Alpha 滤镜使当前元素部分透明，该元素下层内容的颜色对整个效果起着重要的作用，因此颜色的合理搭配非常重要。（2）透明度的大小要根据具体情况仔细调整，取一个最佳值。

10.2.2 BlendTrans 滤镜

BlendTrans 滤镜可以实现 HTML 元素的渐隐渐现效果。该滤镜是一种 CSS 高级滤镜，应用该滤镜需要与 JavaScript 脚本结合。BlendTrans 滤镜的语法格式如下。

```
.blendtrans {filter: BlendTrans(Duration=?);}
```

实例 72+ 视频：实现网页中图像的渐隐渐现效果

在网站页面中对图片应用渐隐效果很常见，这种效果能够实现两张图片之间的转换，并且通过 BlendTrans 滤镜可以控制转换的具体时间。接下来通过实例练习介绍如何实现网页中图像的渐隐渐现效果。

源文件：源文件 \ 第 10 章 \10-2-2. html　　操作视频：视频 \ 第 10 章 \10-2-2. swf

01 ▶执行“文件 > 打开”命令，打开页面“源文件 \ 第 10 章 \10-2-2.html”，可以看到页面效果。

02 ▶选中页面中需要转换的图像，在“属性”面板中设置其 ID 为 imgpic。

```
<script language="javascript">
  <!--
  ImgNum = new ImgArray(2);
  ImgNum[0] = "images/102202.jpg";
  ImgNum[0] = "images/102201.jpg";
  function ImgArray(len)
  {
      this.length = len;
      }
      var i = 1;
      function playImg() {
          if(i=1){
              i=0;
          }
          else{
              i++;
          }
         imgpic.filters[0].apply();
          imgpic.src = ImgNum[i];
          imgpic.filters[0].play();
          timeout = serTimeout('playImg()',4000);
      }
      -->
  </script>
```

03 ▶转换到代码视图中，在 <body> 与 </body> 标签之间添加 JavaScript 脚本代码。

```
.blendtrans{
    filter:BlendTrans(Duration=6);
}
```

04 ▶转换到外部 CSS 样式表 10-2-2.css 文件中，定义名为 .blendtrans 的类 CSS 样式。

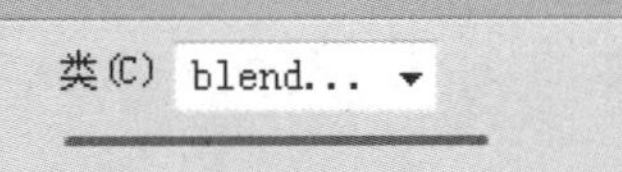

05 ▶返回设计视图，选中页面中插入的图像，在“类”下拉列表中选择刚定义的 CSS 样式 blendtrans 应用。

```
<body onload="playImg()">
<div id="box"><img src="images/102202.jpg" name="imgpic"
width="1200" height="795" class="blendtrans" id="imgpic" /
></div>
<script language="javascript">
  <!--
  ImgNum = new ImgArray(2);
  ImgNum[0] = "images/102202.jpg";
  ImgNum[0] = "images/102201.jpg";
  function ImgArray(len)
```

06 ▶转换到代码视图中，在 <body> 标签中添加相应的代码。

07 ▶保存页面和外部 CSS 样式文件，在浏览器中预览页面，可以看到页面的效果。

08 ▶在该网页中使用 BlendTrans 滤镜与 JavaScript 相结合，实现了图像之间的渐变效果。

提问：BlendTrans 滤镜中的 Duration 属性作用是什么？

答：BlendTrans 滤镜中的 Duration 属性用于设置整个转换过程所需要的时间，单位为秒。BlendTrans 滤镜是一种高级 CSS 滤镜，单击在网页中应用并不会产生任何的效果，必须与 JavaScript 脚本相结合使用。

10.2.3 Blur 滤镜

Blur 滤镜可以为页面中的元素添加模糊的效果。Blur 滤镜的语法格式如下。

```
.blur{ filter: blur (Add=?, Direction=?, Strength=?);}
```

- **Add**

该属性是布尔参数，用来指定图片是否设置为模糊效果。有效值为 Ture 或 False，Ture 为默认值，表示为图片应用模糊效果，Flase 表示不应用。

- **Direction**

该属性用来设置图片的模糊方向。

- **Strength**

该属性用于指定模糊半径的大小，即模糊效果的延伸范围，其取值范围为任意自然数，默认值为 5，单位是像素。

实例 73+ 视频：实现网页中图像的模糊效果

Blur 是一个只需要基本语法就能实现效果的滤镜，该滤镜用于为页面元素添加模糊的效果，并且可以通过属性控制模糊的程度和方向。接下来通过实例练习介绍如何使用 blur 滤镜在网页中实现图像的模糊效果。

源文件：源文件 \ 第 10 章 \10-2-3. html

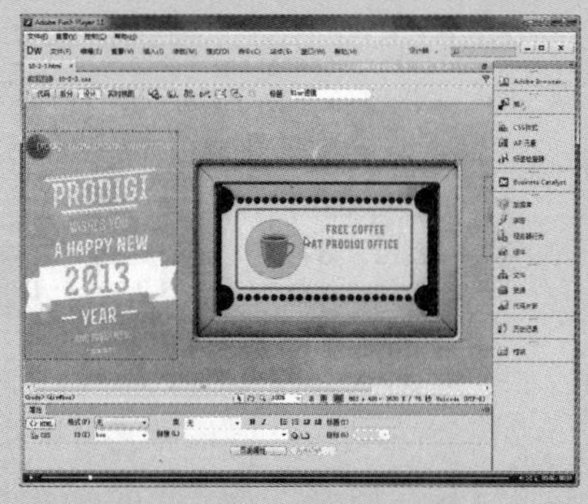

操作视频：视频 \ 第 10 章 \10-2-3. swf

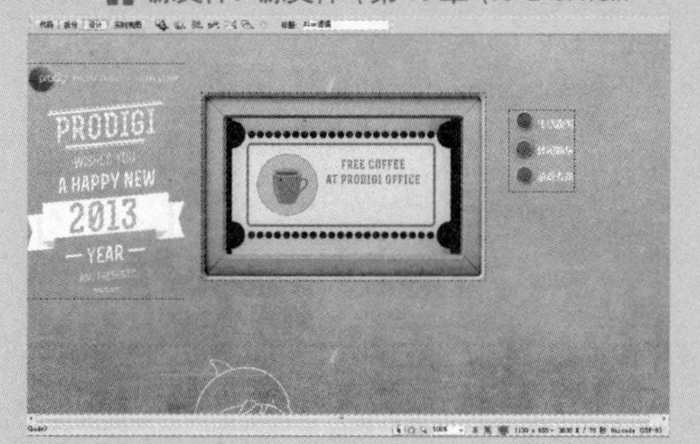

01 执行“文件 > 打开”命令，打开页面“源文件 \ 第 10 章 \10-2-3.html”，可以看到页面效果。

```
.blur{
    filter:blur(add=true,
                direction=180,
                strength=20);
}
```

02 转换到该网页链接的外部样式 10-2-3.css 文件中，定义名为 .blur 的类 CSS 样式。

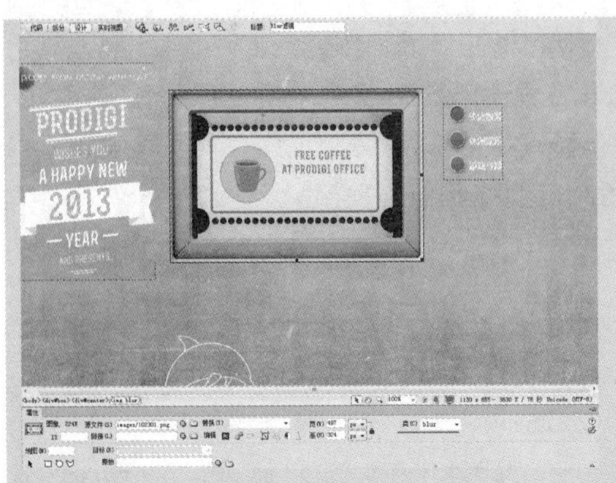

03 返回设计视图，选中页面中插入的图像，在“类”下拉列表中选择刚定义的CSS样式blur应用。

04 保存页面和外部CSS样式文件，在浏览器中预览该页面，可以看到应用Blur滤镜的效果。

```
.blur{
    filter:blur(add=true,
               direction=270,
               strength=50);
}
```

05 返回外部样式10-2-3.css文件中，修改名为.blur的类CSS样式的代码。

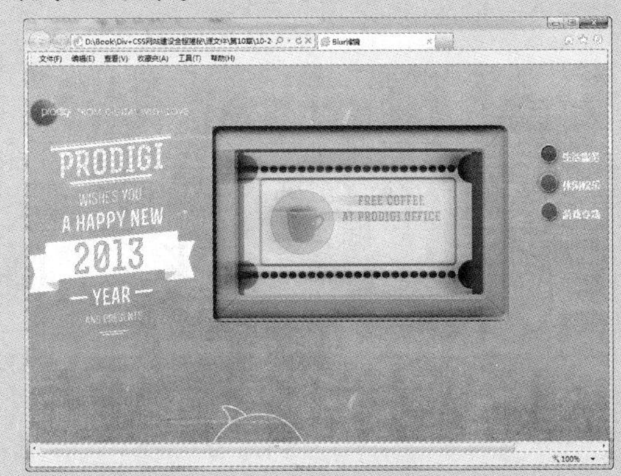

06 保存外部CSS样式文件，在浏览器中预览页面，可以看到元素的模糊效果。

提问

提问：Blur滤镜中的Direction属性如何设置？

答：Blur滤镜中的Direction属性取值范围为0~360，按顺时针的方向起作用，其中450为一个间隔，因此，有8个方向值：0表示向上，45表示右上，90表示向右，135表示右下，180表示向下，225表示左下，270表示向左，315表示向上。

10.2.4 Chroma滤镜

Chroma滤镜可以设置HTML对象中指定的颜色为透明色。Chroma滤镜的语法格式如下。

```
.Chroma{ filter: chroma (Color=?);}
```

Color属性用来设置要变为透明色的颜色。

实例74+视频：将网页中指定颜色设置为透明

该滤镜能够使作用对象的颜色变为透明，主要作用于文字。了解了该滤镜的语法格式，接下来通过实例练习介绍如何应用Chroma滤镜。

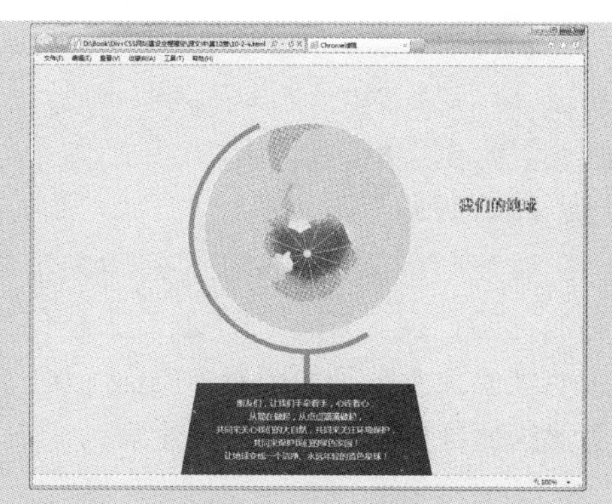

源文件：源文件 \ 第 10 章 \10-2-4. html

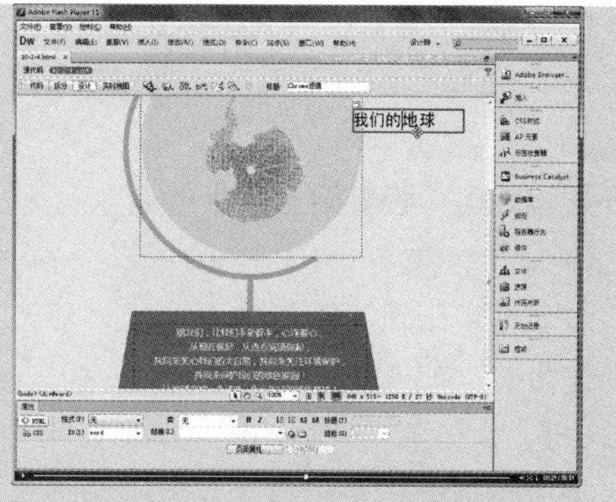

操作视频：视频 \ 第 10 章 \10-2-4. swf

01 ▶执行“文件 > 打开”命令，打开页面“源文件 \ 第 10 章 \10-2-4.html”，可以看到页面效果。

```
<body>
<div id="word">我们的地球</div>
<div id="box"><img src="images/102401.gif" width=
"400" height="400" /></div>
<div id="text">
  <p>朋友们，让我们手牵着手，心连着心，</p>
  <p>从现在做起，从点点滴滴做起，</p>
  <p>共同来关心我们的大自然，共同来关注环境保护，</p>
  <p>共同来保护我们的绿色家园！</p>
  <p>让地球变成一个洁净、永远年轻的蓝色星球！</p>
</div>
</body>
```

02 ▶转换到代码视图中，可以看到该页面的代码。

```
.chroma{
    filter:chroma(
    color=#00000b);
}
```

03 ▶转换到该网页链接的外部 CSS 样式 10-2-4.css 文件中，定义名为 . chroma 的类 CSS 样式。

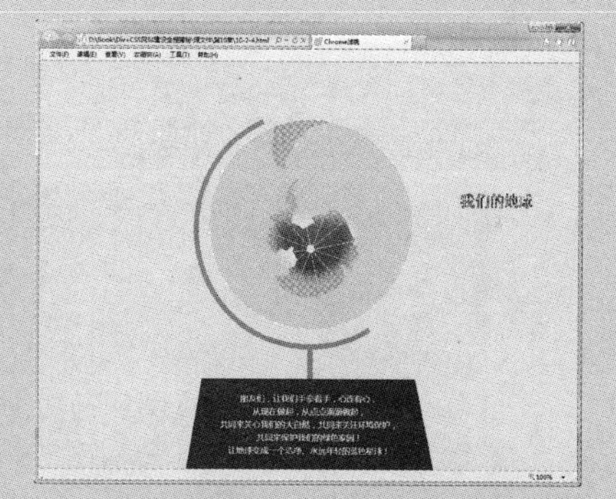

04 ▶返回设计视图，选中页面中的“我们的地球”文字，选择刚定义的 CSS 样式 chroma 应用，保存页面，在浏览器中预览该页面，可以看到 Chroma 滤镜的效果。

提问：Chroma 滤镜主要用于设置什么？

答：通常情况下，Chroma 滤镜多用于文字特效，对于一些格式的图片并不太适用。例如 JPEG 格式的图片，它是一种已经减色，并且经过压缩处理过的图片，要设置图片中某种颜色为透明色就显得十分困难。

10.2.5　DropShadow 与 Shadow 滤镜

DropShadow 和 Shadow 滤镜可以为页面中的图片或文字添加阴影效果，有效地使元素内容在页面中产生投影，其工作原理是为元素创建偏移量，并定义阴影的颜色。

DropShadow 滤镜的语法格式如下。

```
.dropshadow{ filter: dropshadow (Color=?, Offx=?, Offy=?,Positive=?);}
```

- Color

该属性用于设置阴影产生的颜色。

- Offx

该属性用于设置阴影水平方向偏移量，默认值为 5，单位是像素。

- Offy

该属性用于设置阴影垂直方向偏移量，默认值为 5，单位是像素。

- Positive

该属性的值为布尔值，是用来指定阴影的透明程度。True（1）表示为任何的非透明像素建立可见的阴影；False（0）表示为透明的像素部分建立透明效果。

Shadow 滤镜的语法格式如下。

```
.shadow{ filter: shadow (Color=?,Direction=?);}
```

- Color

该属性用于设置投影的颜色。

- Direction

该属性用于设置投影的方向，有 8 种数值代表 8 种方向，取值范围为 0~360，当取值为 0 代表向上，45 为右上，90 为右，135 为右下，180 为下方，225 为左下方，270 为左方，315 为左上方。

实例 75+ 视频：为网页中的元素添加阴影效果

设置 DropShadow 和 Shadow 滤镜能够使作用对象产生阴影效果，并且能够通过属性控制阴影的颜色、模糊范围和方向等。接下来通过实例练习介绍如何应用 DropShadow 和 Shadow 滤镜。

源文件：源文件\第 10 章\10-2-5. html

操作视频：视频\第 10 章\10-2-5. swf

01 执行“文件 > 打开”命令，打开页面“源文件\第 10 章\10-2-5.html”，可以看到页面效果。

```
#pic{
    height:560px;
    text-align:center;
}
```

02 转换到链接的外部 CSS 样式 10-2-5.css 文件中，可以看到名为 #pic 的 CSS 样式。

```
#pic{
    height:560px;
    text-align:center;
    filter: DropShadow(Color=#6b6666,
    OffX=15, OffY=15, Positive=1);
}
```

03 ▶ 在名为 #pic 的 CSS 样式中添加 DropShadow 滤镜的设置代码。

04 ▶ 保存页面，并保存外部 CSS 样式文件，在浏览器中预览该页面，可以看到网页元素的阴影效果。

提示　如果为 DropShadow 滤镜设置的颜色是简写的十六进制颜色格式（如 #CCC），则滤镜的颜色不会发生变化，而且为对象添加的其他滤镜也不会产生相应的效果。

```
#pic{
    height:560px;
    text-align:center;
    filter:shadow(Color=#555151,
    direction=225);
}
```

05 ▶ 返回 CSS 样式 10-2-5.css 文件中，修改名为 #pic 的 CSS 样式代码。

06 ▶ 保存外部 CSS 样式文件，在浏览器中预览页面，可以看到应用 Shadow 滤镜的效果。

```
#pic{
    height:560px;
    text-align:center;
    filter:shadow(Color=#555151,
    direction=180);
}
```

07 ▶ 返回 CSS 样式 10-2-5.css 文件中，修改名为 #pic 的 CSS 样式代码。

08 ▶ 保存外部 CSS 样式文件，在浏览器中预览页面，可以看到元素的阴影效果。

提问

提问：DropShadow 滤镜与 Shadow 滤镜有什么区别？

答：DropShadow 滤镜与 Shadow 滤镜都能够为网页中的元素添加阴影效果，Shadow 滤镜只能够设置阴影的颜色和方向，而 DropShadow 滤镜不仅可以设置阴影的颜色和方向，还可以设置阴影在水平方向和垂直方向上的偏移值。

10.2.6 FlipH 与 FlipV 滤镜

FlipH 滤镜可以实现对象的水平翻转效果，即将元素对象按水平方向进行 180° 翻转。FlipV 滤镜可以对网页中的文字及图像实现垂直翻转效果。

实例 76+ 视频：实现网页中元素的水平和垂直翻转

FlipH 滤镜和 FlipV 滤镜能够实现对象的水平和垂直翻转，只需要添加相应的基本语法就能实现翻转效果。了解了 FlipH 滤镜和 FlipV 滤镜的基本语法，接下来通过实例练习介绍如何应用 FlipH 滤镜和 FlipV 滤镜。

源文件：源文件 \ 第 10 章 \10-2-6.html

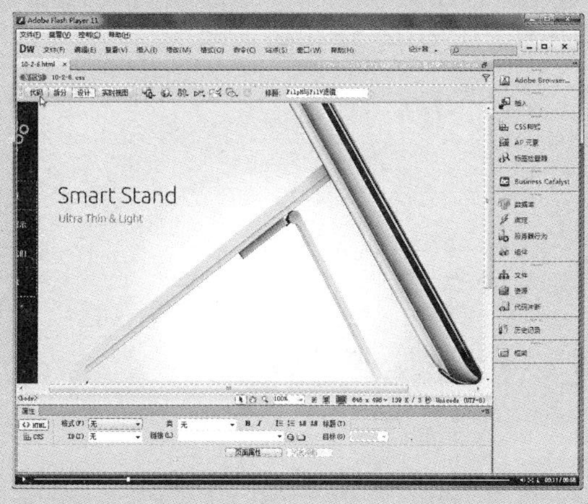

操作视频：视频 \ 第 10 章 \10-2-6.swf

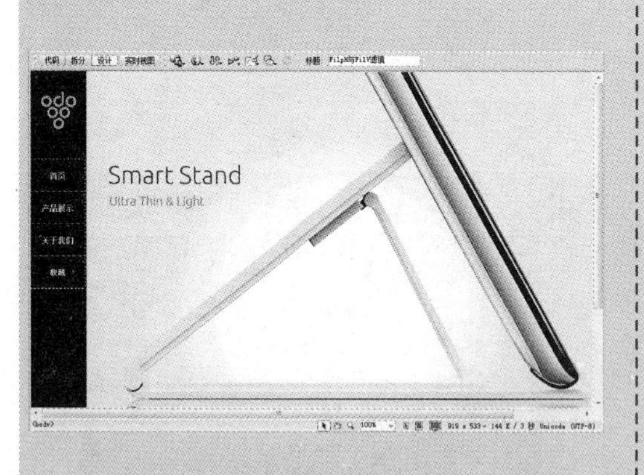

01 ▶ 执行“文件 > 打开”命令，打开页面“源文件 \ 第 10 章 \10-2-6.html”，可以看到页面效果。

```
<body>
<div id="left">
 <img src="images/102604.png" width="90" height="120"
/>
  <div id="nav">
    <ul>
      <li>首页</li>
      <li>产品展示</li>
      <li>关于我们</li>
      <li>收藏</li>
    </ul>
  </div>
</div>
<div id="right"><img src="images/102601.jpg" width=
"950" height="590" /></div>
<div id="bottom"><img src="images/102602.jpg" width=
"454" height="130" /><img src="images/102603.jpg"
width="453" height="131" /></div>
</body>
```

02 ▶ 转换到代码视图中，可以看到该页面的代码。

```
#right img{
    filter:FlipH;
}
```

03 ▶转换到该网页链接的外部 CSS 样式 10-2-6.css 文件中，定义名为 #right img 的 CSS 样式。

04 ▶保存页面，并保存外部 CSS 样式文件，在浏览器中预览页面，可以看到图像水平翻转的效果。

```
#right img{
    filter:FlipV;
}
```

05 ▶返回外部 CSS 样式 10-2-6.css 文件中，修改名为 #right img 的 CSS 样式。

06 ▶保存外部 CSS 样式文件，在浏览器中预览页面，可以看到图像垂直翻转的效果。

提问

提问：FlipH 和 FlipV 滤镜有相关的参数吗？

答：FlipH 和 FlipV 滤镜没有相关的设置参数，只要直接添加相应的 CSS 样式代码，即可为对象应用翻转变换滤镜，非常简单方便。

10.2.7 Glow 滤镜

Glow 滤镜可以为对象的边缘添加一种柔和的边框或光晕，增加元素的醒目性，从而更好地吸引浏览者的注意力。

Glow 滤镜的语法格式如下。

```
.glow{ filter: glow (Color=?, Strength=?);}
```

- **Color**

该属性用于设置指定对象边缘光晕的颜色。

- **Strength**

该属性用于设置晕圈范围，其值为整数型，取值范围是 1~255，如果数值越大，则效果越强。

实例 77+ 视频：为网页中的文字添加光晕效果

Glow 滤镜能使作用对象产生边框或光晕的效果，并且可以通过属性控制光晕的颜色和强度。了解了 Glow 滤镜的语法格式，接下来通过实例练习介绍如何应用 Glow 滤镜。

源文件：源文件 \ 第 10 章 \10-2-7.html

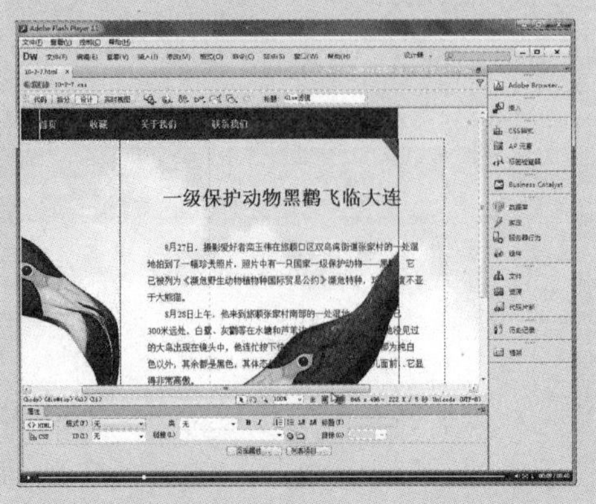

操作视频：视频 \ 第 10 章 \10-2-7.swf

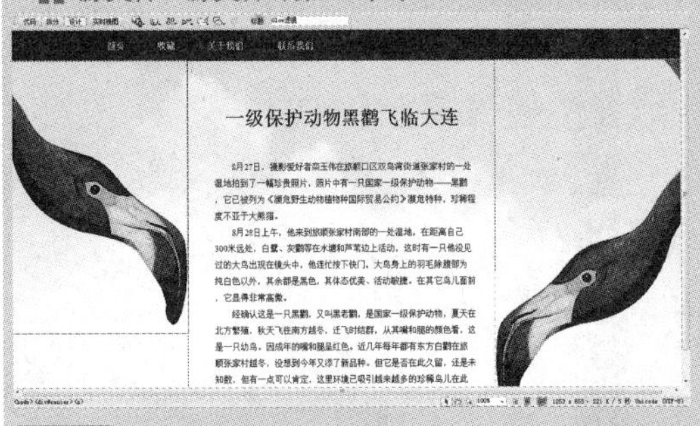

01 执行“文件 > 打开”命令，打开页面“源文件 \ 第 10 章 \10-2-7.html”，可以看到页面效果。

```
.font{
    font-size:36px;
    text-align:center;
    font-weight:bold;
    line-height:150px;
}
```

02 转换到链接的外部 CSS 样式 10-2-7.css 文件中，可以看到名为 .font 的 CSS 样式。

```
.font{
    font-size:36px;
    text-align:center;
    font-weight:bold;
    line-height:150px;
    filter:glow(color=#999999,
    strength=10);
}
```

03 在名为 .font 的类 CSS 样式中添加 Glow 滤镜设置代码。

04 保存外部 CSS 样式文件，在浏览器中预览页面，可以看到使用 Glow 滤镜为文字添加的光晕效果。

提问

提问：Glow 滤镜主要应用在网页中哪些元素上？

答：Glow 滤镜作用于文字与图片上时，所产生的光晕效果是不同的，当 Glow 滤镜作用于文字上时，每个文字边缘都会出现光晕，并且效果也较为明显，然而对于图片而言，Glow 滤镜则只会在其边缘上添加光晕。还需注意的是，应用 Glow 滤镜的对象其边缘与边界相邻的部分不会显示任何效果，如果为边界添加 padding（填充）四周就会全部显示光晕效果。

10.2.8 Gray 滤镜与 Invert 滤镜

Gray 滤镜可以为彩色的图片进行去色，从而打造黑白怀旧风格图片效果的页面。Invert 滤镜可以把 HTML 对象中的可视化属性全部翻转，包括图片的色彩、饱和度以及亮度值，可以产生一种十分形象的“底片”或负片效果。这两个滤镜都没有参数值，只需添加相应的 CSS 样式代码即可。

实例 78+ 视频：实现黑白网页效果

Gray 滤镜与 Invert 滤镜能使图片的颜色发生完全不同的变化，而且实现的方法很简单，只需要基本的语法就能实现。接下来通过实例练习介绍如何应用 Gray 滤镜与 Invert 滤镜。

源文件：源文件 \ 第 10 章 \10-2-8. html

操作视频：视频 \ 第 10 章 \10-2-8. swf

01 ▶ 执行“文件 > 打开”命令，打开页面“源文件 \ 第 10 章 \10-2-8.html”，可以看到页面效果。

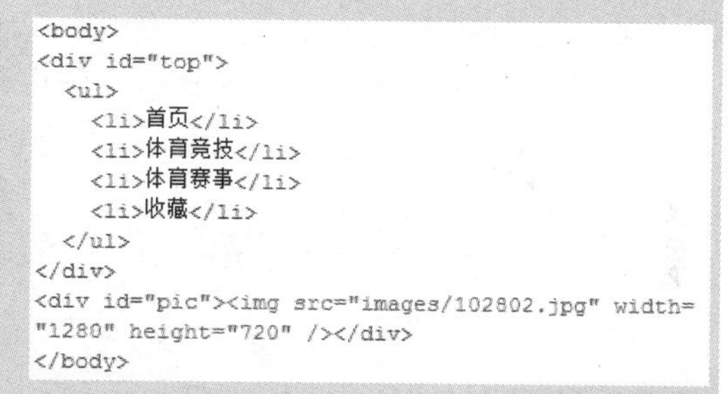

```
<body>
<div id="top">
  <ul>
    <li>首页</li>
    <li>体育竞技</li>
    <li>体育赛事</li>
    <li>收藏</li>
  </ul>
</div>
<div id="pic"><img src="images/102802.jpg" width=
"1280" height="720" /></div>
</body>
```

02 ▶ 转换到代码视图中，可以看到该页面的代码。

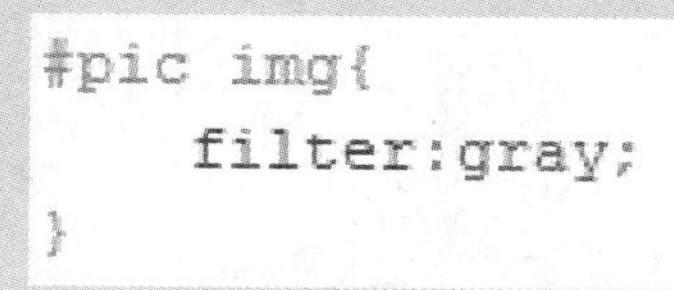

```
#pic img{
    filter:gray;
}
```

03 ▶ 转换到链接的外部 CSS 样式 10-2-8.css 文件中，定义名为 #pic img 的 CSS 样式。

04 ▶ 保存外部 CSS 样式文件，在浏览器中预览页面，可以看到使用 Gray 滤镜实现的黑白效果。

```
#pic img{
    filter:Invert;
}
```

05 ▶返回外部 CSS 样式 10-2-8.css 文件中，修改名为 #pic img 的 CSS 样式。

06 ▶保存外部 CSS 样式文件，在浏览器中预览页面，可以看到使用 Invert 滤镜实现的负片效果。

提问

提问：Gray 滤镜的用途是什么？

答：在进行网页设计时，为了成功构建怀旧风格的页面，常会采用黑白图片作为主要视觉元素，而 Gray 滤镜可以为彩色的图片进行去色，从而可以打造黑白图片的效果。该滤镜没有参数，应用该滤镜时，可以添加相应的 CSS 样式代码。

10.2.9 Light 滤镜

Light 滤镜是一个高级 CSS 滤镜，使用该滤镜与 JavaScript 相结合，可以产生类似于聚光灯的效果，并且可以调节亮度以及颜色。

实例 79+ 视频：在网页中实现聚光灯效果

Light 滤镜产生的效果类似于聚光灯，并且伴随鼠标移动，聚光区也在不断发生变化。接下来通过实例练习介绍如何使用 Light 滤镜与 JavaScript 相结合在网页中实现聚光灯效果。

源文件：源文件 \ 第 10 章 \10-2-9.html

操作视频：视频 \ 第 10 章 \10-2-9.swf

01 ▶执行“文件 > 打开”命令，打开页面“源文件 \ 第 10 章 \10-2-9.html”，可以看到页面效果。

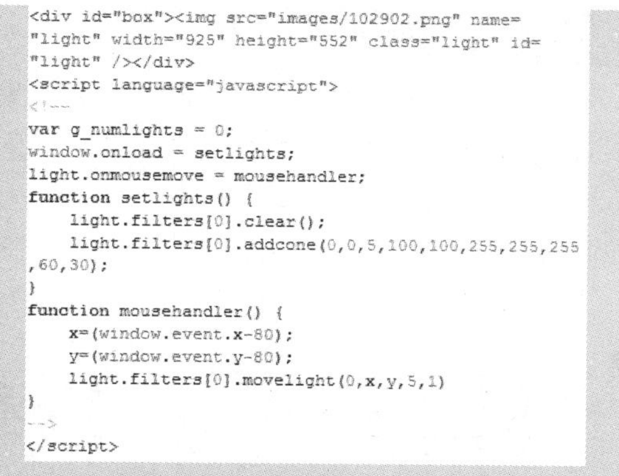

```
<div id="box"><img src="images/102902.png" name=
"light" width="925" height="552" class="light" id=
"light" /></div>
<script language="javascript">
<!--
var g_numlights = 0;
window.onload = setlights;
light.onmousemove = mousehandler;
function setlights() {
    light.filters[0].clear();
    light.filters[0].addcone(0,0,5,100,100,255,255,255
,60,30);
}
function mousehandler() {
    x=(window.event.x-80);
    y=(window.event.y-80);
    light.filters[0].movelight(0,x,y,5,1)
}
-->
</script>
```

02 ▶转换到代码视图中，在 <body> 与 </body> 标签之间添加 JavaScript 脚本代码。

```
.light{
    filter: Light();
}
```

03 ▶转换到链接的外部 CSS 样式 10-2-9.css 文件中，定义名为 .light 的类 CSS 样式。

04 ▶返回设计视图，选中页面中的图像，在“类”下拉列表中选择刚定义的 CSS 样式 light 应用。

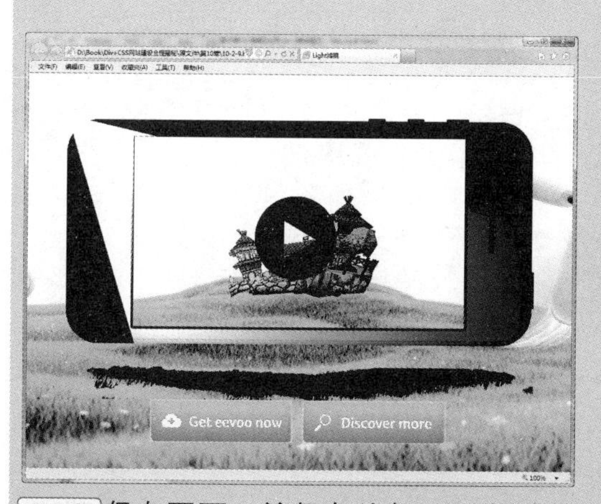

05 ▶保存页面，并保存外部 CSS 样式文件，在浏览器中预览页面，可以看到通过 Light 滤镜与 JavaScript 脚本结合所实现的聚光灯效果。

06 ▶当光标在网页中移动时，聚光灯效果也会跟随着光标一起移动。

提问：如何设置 Light 滤镜的光源效果？

答：对于已定义的 Light 滤镜属性，可以调用它的方法（Method）来设置或改变属性，这些方法包括：AddAmbIE9.0nt（加入包围的光源）、AddCone（加入锥形光源）、AddPoint（加入点光源）、Changcolor（改变光的颜色）、Changstrength（改变光源的强度）、Clear（清除所有光源）和 MoveLight（移动光源）。

10.2.10 Mask 滤镜

使用 Mask 滤镜，可以为网页中的元素添加一个矩形遮罩。遮罩就是使用一个颜色块将包含文字或图像等对象的区域遮盖，但是文字或图像部分却以背景色显示出来。

Mask 滤镜的语法格式如下。

```
.mask { filter: mask(color=?);}
```

color 属性用来设置 Mask 滤镜作用的颜色。

实例 80+ 视频：实现文字遮罩效果

Mask 滤镜可以为作用对象添加遮罩效果，只需要添加相应的 CSS 代码就能实现。了解了该滤镜的基本语法，接下来通过实例练习介绍如何应用 Mask 滤镜。

源文件：源文件 \ 第 10 章 \10-2-10. html

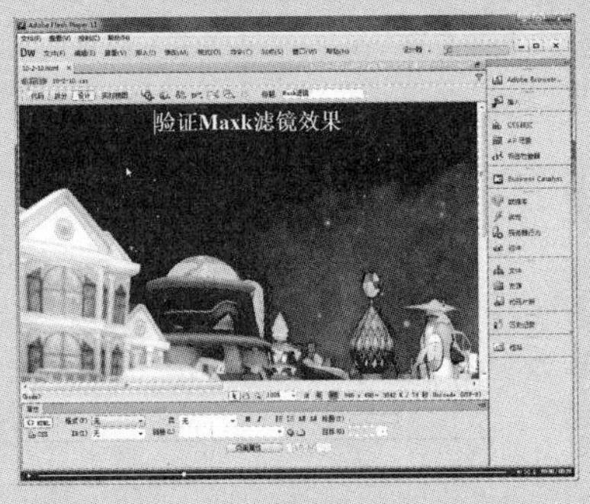

操作视频：视频 \ 第 10 章 \10-2-10. swf

01 执行“文件>打开”命令，打开页面“源文件 \ 第 10 章 \10-2-10.html”，可以看到页面效果。

```
#top{
    height:50px;
    margin:10px 0px 50px 0px;
    font-size:40px;
    font-weight:bold;
    color:#fff;
    text-align:center;
}
```

02 转换到该网页链接的外部 CSS 样式 10-2-10.css 文件中，可以看到名为 #top 的 CSS 样式。

```
#top{
    height:50px;
    margin:10px 0px 50px 0px;
    font-size:40px;
    font-weight:bold;
    color:#fff;
    text-align:center;
    filter: Mask(Color=#5a8aba);
}
```

03 在名为 #box 的 CSS 样式中添加 Mask 滤镜的设置。

04 保存外部 CSS 样式文件，在浏览器中预览页面，可以看到 Mask 滤镜的效果。

提问：Mask 滤镜在网页中主要用于什么元素？

答：Mask 滤镜在网页中的应用很少，通过该滤镜可以实现颜色遮罩的效果，通常应用于遮罩文字的颜色，使其透出下层的页面颜色，当然也可以应用于其他一些元素的纯色遮罩，但对于渐变颜色和图像并不起作用。

10.2.11 RevealTrans 滤镜

RevealTrans 滤镜也是一个高级 CSS 滤镜，与 JavaScript 脚本相结合能够产生图像转换的动态效果，在图像转换时，共有 24 种动态转换效果，例如水平展幕、百叶窗和溶解等，而且还可以随机选取其中一种效果进行转换。

RevealTrans 滤镜的语法格式如下。

```
.revealtrans{ RevealTrans(Duration=?, Transition=?); }
```

- **Duration**

该属性用于设置转换停留时间。

- **Transition**

该属性用于设置转换的方式，取值范围为 0~23。

实例 81+ 视频：实现图像的动态转换

RevealTrans 滤镜能够实现图像转换的动态效果，并且可以通过属性设置不同的转换方式及停留时间。了解了该滤镜的实现方法，接下来通过实例练习介绍如何实现图像的动态转换。

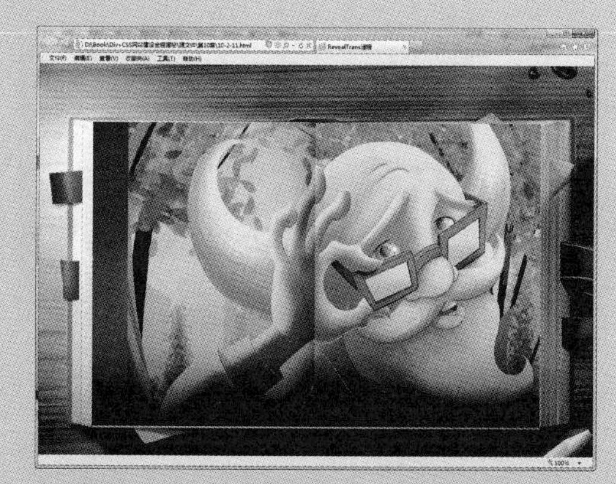

源文件：源文件 \ 第 10 章 \10-2-11. html

操作视频：视频 \ 第 10 章 \10-2-11. swf

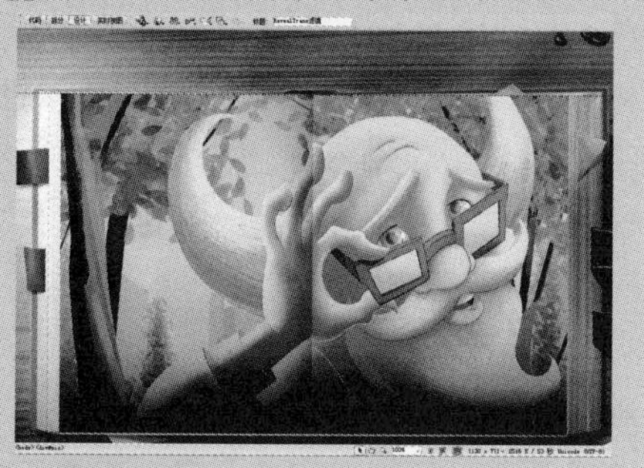

01 ▶执行“文件 > 打开”命令，打开页面“源文件 \ 第 10 章 \10-2-11.html”，可以看到页面效果。

属性
图像，287K　源文件(S) images/1021103.j
ID imgpic　链接(L)
地图(M)　目标(R)
原始

02 ▶选中页面中需要切换的图像，在“属性”面板设置其 ID 为 imgpic。

```
<script language="javascript">
<!--
ImgNum = new ImgArray(2);
ImgNum[0] ="images/1021103.jpg";
ImgNum[1] ="images/1021104.jpg";
function ImgArray(len) {
    this.length = len;
}
var i=1;
function playImg() {
    if(i==1) {
        i=0;
    }
    else{
        i++;
    }
    imgpic.filters[0].apply();
    imgpic.src = ImgNum[i];
    imgpic.filters[0].play();
    timeout = setTimeout('playImg()',4000);
}
-->
</script>
```

03 ▶转换到代码视图中，在 <body> 与 </body> 标签之间添加 JavaScript 脚本代码。

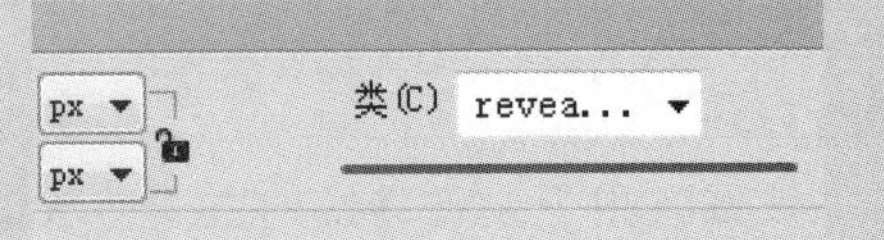

05 ▶返回设计视图中，选中页面中的图像，在“类”下拉列表中选择刚定义的 CSS 样式 revealtrans 应用。

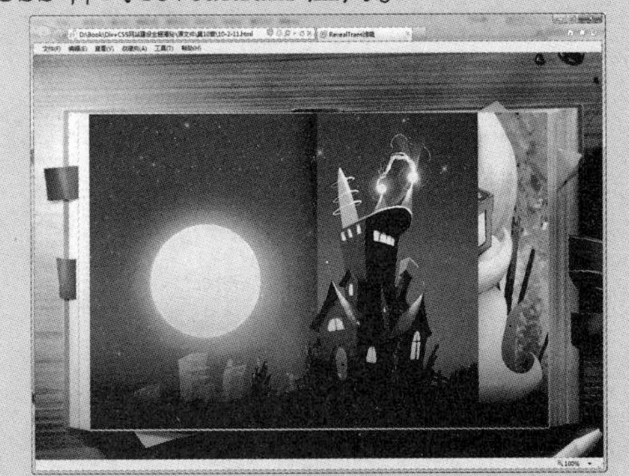

07 ▶保存页面，并保存外部 CSS 样式文件，在浏览器中预览页面，可以看到页面的效果。

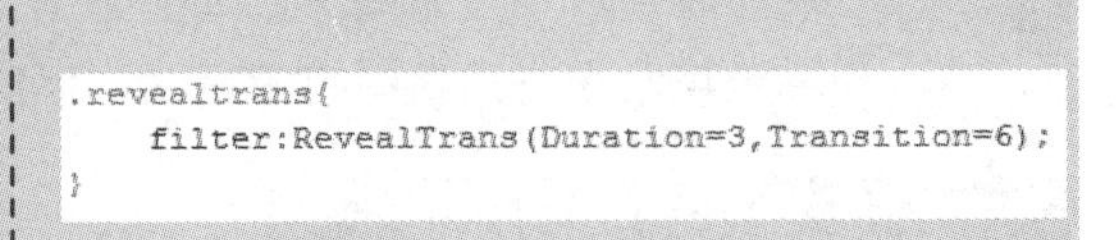

```
.revealtrans{
    filter:RevealTrans(Duration=3,Transition=6);
}
```

04 ▶转换到外部 CSS 样式 10-2-11.css 文件中，定义名为 .revealtrans 的类 CSS 样式。

```
<body onload="playImg()">
<div id="pic"><img src="images/1021103.jpg" name="imgpic" width="960" height="631" class="revealtrans" id="imgpic" /></div>
<script language="javascript">
<!--
ImgNum = new ImgArray(2);
ImgNum[0] ="images/1021103.jpg";
ImgNum[1] ="images/1021104.jpg";
function ImgArray(len) {
    this.length = len;
```

06 ▶转换到代码视图中，在 <body> 标签中添加相应的代码。

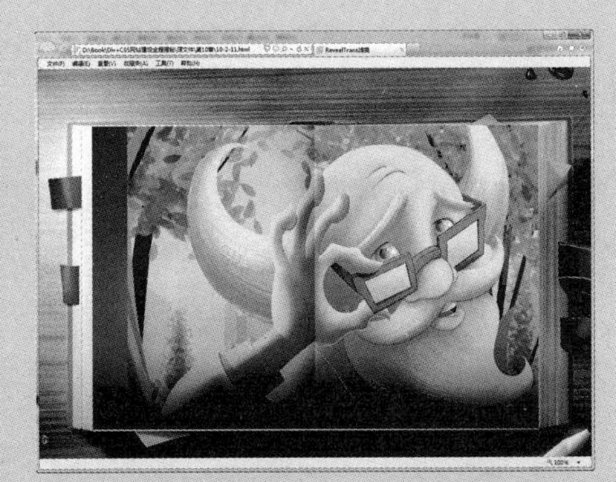

08 ▶在网页中使用 RevealTrans 滤镜与 JavaScript 相结合，图像会自动切换。

提问

提问：如何设置 RevealTrans 滤镜的动态转换效果？

答：RevealTrans 滤镜的 Transition 属性可以设置动态转换效果，其属性值包括：0 表示矩形从大至小；1 表示矩形从小至大；2 表示圆形从大到小；3 表示圆形从小到大；4 表示向上推开；5 表示向下推开；6 表示向右推开；7 表示向左推开；8 表示垂直形百叶窗；9 表示水平形百叶窗；10 表示水平棋盘；11 表示垂直棋盘；12 表示随机溶解；13 表示从上下向中间展开；14 表示从中间向上下展开；15 表示从两边向中间展开；16 表示从中间向两边展开；17 表示从右上向左下展开；18 表示从右下向左上展开；19 表示从左上向右下展开；20 表示从左下向右上展开；21 表示随机水平细纹；22 表示随机垂直细纹；23 表示随机选取一种效果。

10.2.12 Wave 滤镜

Wave 滤镜可以为对象添加垂直向上的波浪效果，同时也可以把对象按照垂直方向的波浪效果打乱，从而可以达到一种特殊的效果。

Wave 滤镜的语法格式如下。

```
.wave{ filter: wave (Add=?, Frep=?, LightStrength=?, Phase=?, Strength=?);}
```

- **Add**

该属性的值为布尔值，表示是否在指定对象上显示效果。Ture 表示显示，False 表示不显示。

- **Freq**

该属性用于设置生成波纹的频率，指定在对象上一共产生了多少个完整的波纹条数。

- **LightStrength**

该属性用于设置所生成波纹效果的光照强度，其值为整数型，取值范围为 0~100。

- **Phase**

该属性用于设置正弦波开始的偏移量，取百分比值为 0~100，默认值为 0。若取值为 25，就代表正弦波的偏移量为 90；取值为 50，就代表正弦波的偏移量为 180。

- **Strength**

该属性用于设置波纹振幅的大小。

实例 82+ 视频：实现网页中图像的波纹效果

Wave 滤镜用于为对象添加波浪效果，并且可以通过属性设置波纹的条数、偏移量等参数。了解了该滤镜的语法格式，接下来通过实例练习介绍如何应用 Wave 滤镜。

源文件：源文件 \ 第 10 章 \10-2-12. html

操作视频：视频 \ 第 10 章 \10-2-12. swf

01 执行“文件 > 打开”命令，打开页面“源文件 \ 第 10 章 \10-2-12.html”，可以看到页面效果。

```
<body>
<div id="top"><img src="images/1021202.png" width=
"1000" height="142" /></div>
<div id="pic"><img src="images/1021201.jpg" width=
"905" height="596" /></div>
</body>
```

02 转换到代码视图中，可以看到该页面的代码。

```
.wave{
    filter:
wave(add=true,freq=5,phase=25,strength=3);
}
```

03 ▶转换到该网页链接的外部 CSS 样式 10-2-12.css 文件中，定义名为 .wave 的类 CSS 样式。

04 ▶返回设计视图中，选中页面中的图像，为其应用 wave 类 CSS 样式，保存页面，在浏览器中预览该页面。

```
.wave{
    filter:
wave(add=true,freq=15,phase=5,strength=15);
}
```

05 ▶返回外部 CSS 样式 10-2-12.css 文件中，修改名为 .wave 的类 CSS 样式代码。

06 ▶保存外部 CSS 样式文件，在浏览器中预览页面，可以看到图像的波纹效果。

提问：Wave 滤镜中 phase 属性的取值是什么？

答：phase 属性取百分比值为 0~100，默认值为 0。若取值为 25，就代表正弦波的偏移量为 90；取值为 50，就代表正弦波的偏移量为 180。

10.2.13 Xray 滤镜

通过 Xray 滤镜可以使对象呈现出轮廓，并且把这些轮廓的颜色加亮，整体上给人一种 X 光照射的感觉。该滤镜没有参数值，只需添加相应的 CSS 样式代码即可。

实例 83+ 视频：将网页中的图像处理为 X 光片效果

Xray 是一个只需要基本语法就能产生效果的滤镜，实现方法较为简单。接下来通过实例练习介绍如何应用 Xray 滤镜。

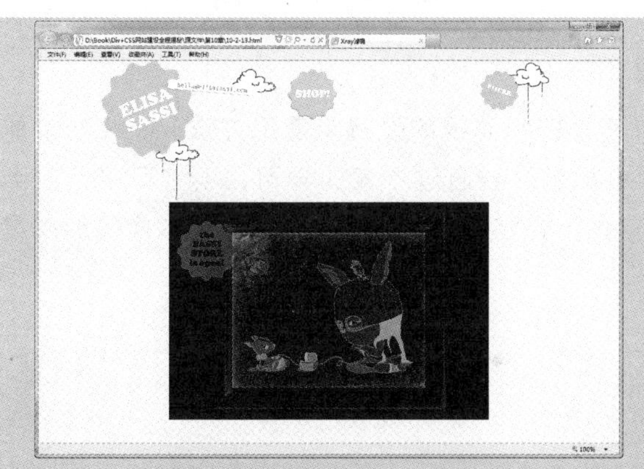

源文件：源文件 \ 第 10 章 \10-2-13. html

操作视频：视频 \ 第 10 章 \10-2-13. swf

01 ▶执行“文件 > 打开”命令，打开页面“源文件 \ 第 10 章 \10-2-13.html”，可以看到页面效果。

```
.xray{
    filter:Xray;
}
```

02 ▶转换到链接的外部 CSS 样式 10-2-13.css 文件中，定义名为 .xray 的类 CSS 样式。

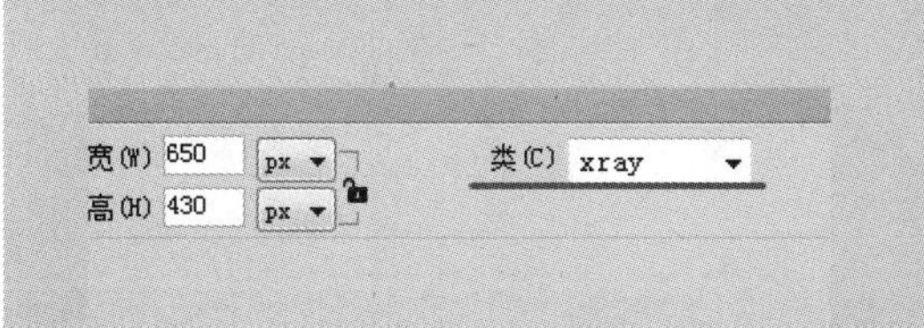

03 ▶返回设计视图，选中页面中的图像，在“类”下拉列表中选择刚定义的 CSS 样式 xray 应用。

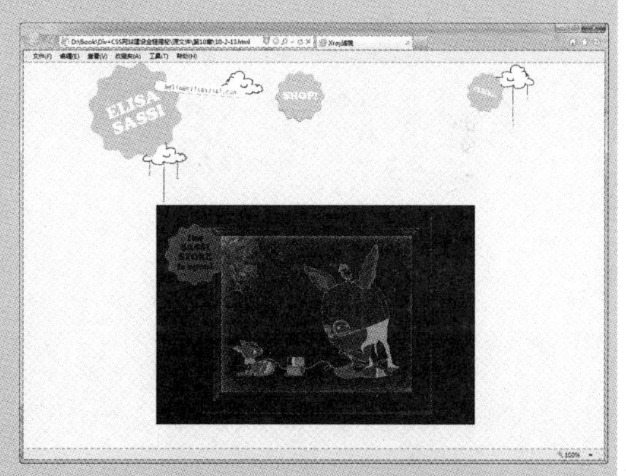

04 ▶保存页面，并保存外部 CSS 样式文件，在浏览器中预览页面，可以看到使用 Xray 滤镜的效果。

提问

提问：为什么要应用 CSS 滤镜？

答：在网页设计中可以应用一些滤镜，如外发光和阴影等，这些滤镜被称为 CSS 滤镜。通过 CSS 样式定义对指定的元素应用滤镜，CSS 滤镜只能在 IE 浏览器或基于 IE 内核的浏览器中显示。滤镜是微软公司为增强 IE 浏览器功能而开发并整合在浏览器中的扩展性 CSS 功能。

10.3 本章小结

本章主要介绍 CSS 滤镜的相关知识，包括 CSS 滤镜的设置及使用方法。CSS 滤镜能够实现很多意想不到的效果，使网页元素更加丰富。通过本章的学习，读者可以了解到 CSS 滤镜并不神奇，重点在于基本语法的掌握，并结合一定的 JavaScript 脚本代码加以灵活运用。

第 11 章　CSS 高级应用与 CSS 3 属性

CSS 样式的功能非常强大，经过前面几章的学习已经了解到 CSS 在网页布局和排版中的作用，可以说 CSS 是网页设计的利器。不但如此，CSS 样式在原有的基础上还在不断完善，CSS 3 有很多新增属性，如新增颜色的定义方法、新增内容和透明度属性等，实现了以前无法实现或难以实现的功能。本章将介绍 CSS 的高级应用与 CSS 3 属性。

本章知识点

- ☑ 了解<div>与<span>标签的区别
- ☑ 掌握 CSS 样式的简写
- ☑ 了解优化 CSS 样式的方法
- ☑ 掌握 CSS 3 新增属性
- ☑ 使用 CSS 3 实现网页特效

11.1　<div>与<span>标签的区别

HTML 中的<div>和<span>是 DIV+CSS 布局中两个常用的标签。通过这两个标签，再加上 CSS 样式对其进行控制，可以很方便地实现各种效果。

<div>标签简单而言是一个区块容器标签，即<div>与</div>之间相当于一个容器，可以容纳段落、表格和图片等各种 HTML 元素。

<span>标签与<div>标签一样，作为容器标签而被广泛地应用在 HTML 语言中，在<span>与</span>中间同样可以容纳各种 HTML 元素，从而形成独立的对象。

在使用上，<div>与<span>标签属性几乎相同，但是在实际的页面应用中，<div>与<span>在使用方式上有很大差别，它们的差别从以下实例中就可以看出。

HTML 代码如下。

```
<div id="box1">div容器1</div>
<div id="box2">div容器2</div></br>
<span id="span1">span容器1</span>
<span id="span2">span容器2</span>
```

CSS 代码如下。

```
#box1,#box2,#span1,#span2{
   border:1px solid #00f;
   padding:10px;
}
```

在浏览器中预览的效果如下所示。

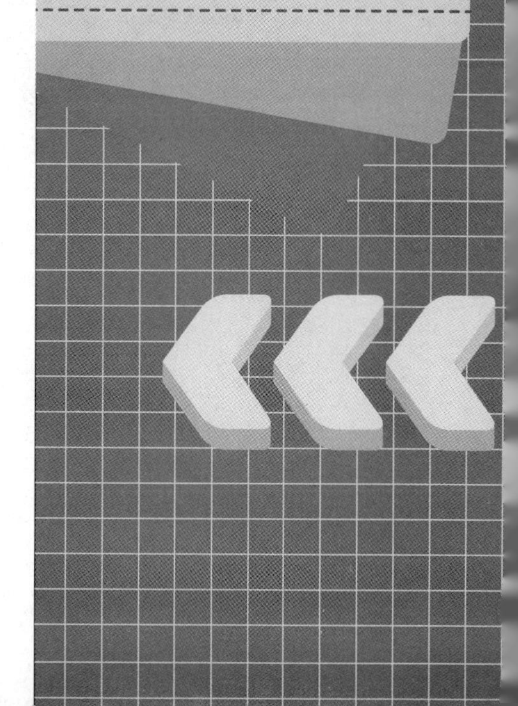

div容器1

div容器2

span容器1 span容器2

从预览效果中可以看到，在相同的 CSS 样式的情况下，两个 Div 之间出现了换行关系，而两个 span 对象则是同行左右关系。Div 与 span 元素在显示上的不同，是因为其默认的显示模式（display）不同。

对于 HTML 中的每一个对象而言，都用于自己默认的显示模式，Div 对象的默认显示模式是 display:inline;，而 span 作为一个行间内联对象显示时，是以行内连接的方式进行显示的。

因为两个对象不同的显示模式，所以在实际的页面使用中两个对象有着不同的用途。Div 对象是一个块状的内容，如导航区域等显示为块状的内容进行结构编码并进行样式设计。而作为内联对象的 <span> 标签，可以对行内元素进行结构编码，以方便样式表设计，span 默认状态下是不会破坏行中元素顺序的，例如在一大段文本中，需要将其中的一段或几个文字修改为其他颜色，可以将这一部分内容使用 <span> 标签，再进行样式设计，这并不会改变一整段文本的显示方式。

11.2 如何简写 CSS 样式

CSS 样式的简写是指将多个 CSS 属性集合到一起的编写方式，这种写法的好处是能够简写大量的代码，同时也方便阅读。本节将分别介绍各种 CSS 样式的简写方法。

11.2.1 颜色值简写

CSS 提供了颜色代码的简写模式，主要是针对十六进制颜色代码。十六进制代码的传统写法一般使用 #ABCDEF，ABCDEF 分别代表 6 个十六进制数。CSS 的颜色简写必须要符合一定的要求，当 A 与 B 数字相同，C 与 D 数字相同，E 与 F 数字相同时，可使用颜色简写，例如下面的代码。

```
#000000可以简写为：#000
#2233dd可以简写为：#23d
```

11.2.2 简写 font 属性

字体样式的简写包括字体、字号和行高等属性，使用方法如下。

```
font:
font-style    （样式）
font-variant   （变体）
font-weight    （粗细）
font-size     （大小）
line-height    （行高）
font-family    （字体）
```

例如，下面的 CSS 样式是字体样式的传统写法。

```
.font01{
```

```
    font-family:"宋体";
    font-size:12px;
    font-style:italic;
    line-height:20px;
    font-weight:bold;
    font-variant:normal;
}
```

可以对字体 CSS 样式的代码进行简写，代码如下。

```
.font01{
    font:italic normal bold 12px/20px 宋体;
}
```

字体颜色不可与字体样式一起缩写，如果要加入字体的颜色，颜色的样式应该写为如下格式。

```
.font01{
font :italic normal bold 12px/20px 宋体;
    color:#000000;
}
```

提示

使用 CSS 简写时，不需要的参数可以使用 normal 代替，也可以直接去掉整个参数。因为在 CSS 中，各个属性的值的写法都不相同，因此直接去掉某个参数不会影响顺序和值的关系。但是本例中的 font-size（字号）和 line-height（行高）使用的是同一计量单位，为了保证 CSS 对两个值所对应的属性一致，在缩写时必须使用反斜线来分割两个数值。

对于字体样式的简写来说，只需要使用 font 作为属性名称，后接各个属性的值，各个属性之间用空格分开。

11.2.3 简写 background 属性

背景简写主要用于对背景控制的相关属性进行简写，语法格式如下。

```
background:
background-color    (背景颜色)
background-image    (背景图像)
background-repeat    (背景重复)
background-attachment    (背景滚动)
background-position    (背景位置)
```

例如，下面一段背景控制 CSS 代码。

```
#box{
    background-color:#FFFFFF;
    background-image:url(images/bg.gif);
    background-repeat:no-repeat:no-repeat;
    background-attachment:fixed;
```

```
    background-position:20% 30%;
}
```

可对背景样式代码简写，简写后的代码如下。

```
#box{
    background:#FFF url(images/bg.gif) no-repeat fixed 20% 30px;
}
```

11.2.4 简写 border 属性

相对前面的属性而言，border 是一个稍微复杂的属性，它包含了 4 条边的不同宽度、不同颜色和不同样式，因此 border 属性提供的缩写形式相对来说要复杂一些。不仅可对整个对象进行 border 样式缩写，也可以单独对某一边进行样式缩写。对整个对象而言，简写格式如下。

```
border:border-width border-style color;
```

border 属性对于 4 个边都可以单独应用简写 CSS 样式，语法格式如下。

```
border-top:border-width border-style color;
border-right:border-width border-style color;
border-bottom:border-width border-style color;
border-left:border-width border-style color;
```

例如，设置 id 名为 news 的 Div 的 4 个边均为 2px 宽度、实线和红色边框，样式表可简写为如下格式。

```
#news{
    border:2px solid red;
}
```

如果设置 id 名为 news 的 Div 上边框为 2px 宽度、实线和蓝色边框，左边框为 1px 宽度、虚线和红色边框，样式表可简写为如下格式。

```
#news{
border-top:2px solid blue;
border-left:1px dashed red;
}
```

除了对边框整体及 4 个边单独的缩写之外，border 属性还提供了对 border-style 属性、border-width 属性和 border-color 属性的单独简写方式，语法格式如下。

```
border-style:top right bottom left;
border-width:top right bottom left;
border-color:top right bottom left;
```

例如，设置 id 名为 box 的 Div 的 4 个边框宽度分别为上 1 像素、右 2 像素、下 3 像素和左 4 像素，而颜色分别为蓝、白、红、绿 4 种颜色，边框的样式上下为单线，左右为虚线。与 margin 属性和 padding 属性的简写一样，所有参数的顺序都是上右下左的顺时针顺序，而且支持 1~4 个参数不同的编写方式，样式表可简写为如下格式。

```
#box{
    border-width:1px 2px 3px 4px;
    border-color:blue white red green;
    border-style:solid dashed;
}
```

11.2.5 简写 margin 和 padding 属性

margin 和 padding 都是盒模型中两个重要的概念，也是制作页面布局时常用到的两个 CSS 属性，它们都有上、下、左、右 4 个边的属性值，通常的写法如下。

```
#top{
    margin-top:100px;
    margin-left:20px;
    margin-right:70px;
    margin-bottom:50px;
}
#main{
    padding-top:100px;
    padding-left:20px;
    padding-right:70px;
    padding-bottom:50px;
}
```

在 CSS 简写中，可用以下简写格式。

```
margin:margin-top margin-right margin-bottom margin-left
padding:padding-top padding-right padding-bottom padding-left
```

CSS 简写如下。

```
#top{
    margin:100px 70px 50px 20px;
}
#main{
    padding: 100px 70px 50px 20px;
}
```

margin 和 padding 的简写在默认状态下都提供 4 个参数值，按照上、右、下、左的顺时针顺序。

如果元素上、右、下、左的边界或者填充都是相同值，可单独使用一个参数进行定义，可简写为如下格式。

```
#box{
    padding:20px;
}
```

如果元素的上、下边界或者填充是相同的值，左、右边界或者填充的值都相同，可使用两个参数进行定义，分别表示上下和左右，可简写为如下格式。

```
#box{
    padding:20px 10px;
}
```

如果元素的左右边界或者填充是相同的值，其他边界或者填充的值不相同，可以用3个参数进行定义，分别表示上、左、右和下，可简写为如下格式。

```
#box{
padding:20px 10px 50px;
}
```

margin 属性和 padding 属性的完整写法都是 4 个参数，分别表示上、右、下、左四边的边距或者填充，即以顺时针方向进行设置。

11.2.6 简写 list 属性

list 属性的 CSS 样式简写是针对 list-style-type、list-style-position 等用于 <ul> 标签的 list 属性，简写格式如下。

```
list-style:list-style-type list-style-position list-style-image;
```

例如，设置 li 对象，类型为圆点，出现在对象外，项目符号图像为无，CSS 样式代码如下所示。

```
li{
list-style-position:outside;
    list-style-image:none;
    list-style-type:disc;
}
```

CSS 样式可简写为如下格式。

```
li{
    list-style:disc outside none;
}
```

CSS 提供的简写样式相当丰富，灵活运用能够消除大量多余的代码，节省大量字节数和开发维护时间。

11.3 优化 CSS 样式

CSS 在网页中的应用已经非常普及，使用 Dreamweaver 这样的可视化制作软件就可以使这项工作在一个统一的界面中进行，并且还可以通过简单的操作完成创建、修改、添加等的 CSS 样式功能，这些设置可以影响到页面中的元素。从普通的文本布局到复杂的多媒体文件的控制，通过修改一个单一的外部 CSS 样式表文件，就可以迅速地改变整个页面的外观。

11.3.1　CSS 选择符的命名规范

CSS 的样式属性是不区分大小写的，可以使用任意大小写的 CSS 样式属性。CSS 对于标签选择器如 body、td、Div 也是不区分大小写的。但是 CSS 对于类选择符和 ID 选择符的名称是区分大小写的。例如，对于类选择符和 ID 选择符来说，CSS 样式 .MAIN 不等于 CSS 样式 .main 或 .Main。因此在标示类选择符和 ID 选择符以及编写 CSS 样式的时候，最好使用统一的规范来编写自己的样式。

在 CSS 样式以及 HTML 代码中，类选择器和 ID 选择符必须由大小写字母开始，随后可以使用任意的字母、数字、连接线或下划线。

可以结合 CSS 所支持的下划线及连接线来帮助命名，如可以将 CSS 样式命名为 news_title 或 news-list。在实际应用过程中，还可以使用网站设计通用名称对网页中元素的命名进行组织。

11.3.2　重用 CSS 样式

在网站设计制作过程中，对于设计制作和规划人员来讲最希望的就是高效制作、规划及简单的维护，也就是网站的制作、规划与运营成本的关键所在，通过内容与表现的分离设计，可以使具体内容与 CSS 样式分离开来，并使得同一个 CSS 样式可以重复使用，当定义界面上某一个元素的 CSS 样式后，通过内容与表现的分离，可以将这段 CSS 样式代码重用于另一个信息内容之中，直接应用或继承这段 CSS 代码进行扩展，做到重用的目的，可以减少重复代码，加快制作与规划效率，这种重用的手段在维护中同样也可起到事半功倍的作用，通过修改同一段代码，可使重用这段代码的所有区域同时改变样式，使得维护简单高效，更值得注意的是，由于内容与表现分离，样式的编写可以专注于 CSS 样式的表现，而不用重复定义 CSS 样式内容，在可读性和维护性上都得到极大提高。

信息跨平台的可用性

通过将内容与表现进行分离，可以使信息实现跨平台访问，由于内容与表现已经分离，可以针对其他设备进行样式上的替换，如针对掌上电脑或游戏机终端，只需要替换一个 CSS 样式的文件，即可与另一种设备上拥有不同样式表现，以适应不同设备的屏幕，而内容本身是不需要改变的。

降低服务器成本

通过 CSS 样式的重用，整个网站的文件量可成倍减小，降低了服务器带宽成本，特别是对于大型门户网站，网页的数量越大，就意味着重用的代码数量越多，从而使同一时间服务器的数据访问量降低，降低带宽使用。

便于改版

对于经常改版的网站来说，内容与表现进行分离，会使改版的成本大幅降低，每次改版只需改动 CSS 样式文件即可，而不需要改变信息内容，使改版技术难度与实施周期都得到降低。

加快网页解析速度

一些测试表明，目前通过内容与表现分离的结构进行网页设计，可使浏览器对网页解析的速度大幅提高，相对于老式内容与表现的混合编码而言，浏览器在解析中可以更好的解析方式分析结构元素和设计元素，良好的网页浏览速度使得用户的浏览体验得到提升。

11.3.3　覆盖的方法简化 CSS 样式

在 CSS 代码中对某一元素如果应用多个样式表代码，在最基本的情况下，往往是后一段代码中的属性会替换前一段代码中相同的属性设置，应用 CSS 样式表的这一特点，可以采用覆盖的方式，使代码得到重用，例如下面是 CSS 样式表的代码。

```
.style_01 , .style_02 , #style_03{
   font-size: 12px;
   list-style: none;
   width: 666px;
   padding: 66px;
   background-color: #cccccc;
}
.style_01{ border: 1px solid #ac4bd5; }
.style_02{ border: 1px solid #4b4ed5; }
.style_03{ border: 1px solid #82d54b; }
```

在这 3 个样式表的代码中可以看出，边框样式只有边框的颜色不同，其他的属性值都是一样的，那么就可以将该样式表进行简化，简化后的 CSS 样式表如下所示。

```
.style_01 , .style_02 , #style_03{
   font-size: 12px;
   list-style: none;
   width: 666px;
   padding: 66px;
   background-color: #cccccc;
   border: 1px solid #ac4bd5;
}
.style_02{ border-color: #4b4ed5;}
.style_03{ border-color: #82d54b;}
```

优化后的代码，使 3 个样式都具有一种颜色的边框设置，再根据每一个样式的边框颜色有所区分，只需要使用 border-color 属性设置新的颜色即可，新的颜色将覆盖掉之前的样式设置，从而实现了样式优化。

在实际的网站开发中，可以用于简化的地方非常之多，可以根据网站实际开发需求及 CSS 样式的编码方式的不同情况分别对待，最终实现 CSS 代码的优化、简化，使之更简洁、合理。

11.4 CSS 3 中新增的颜色定义方法

在 CSS 3 中新增了 3 种颜色的定义方法，分别是 HSL colors、HSLA colors 和 RGBA colors，下面分别对这 3 种新增的网页中的颜色定义方法进行简单的介绍。

11.4.1 HSL 和 HSLA 方法

CSS 3 中新增了 HSL 颜色表现方式。HSL 色彩模式是工业界的一种颜色标准，这个标准几乎包括了人类视力可以感知的所有颜色，是目前运用最广的颜色系统之一。

HSLA 是 HSL 颜色定义方法的扩展，在色相、饱和度和亮度三个要素的基础上增加了透明度的设置，使用 HSLA 颜色定义方法，能够灵活地设置各种不同的透明效果。

HSLA 色彩的定义语法格式如下。

```
hsla(<length>,<percentage>,<percentage>,<opacity>);
```

- length

  表示 Hue(色调), 0(或 360)表示红色，120 表示绿色，240 表示蓝色，当然也可以用其他的数值来确定其他颜色。

- percentage

  表示 Saturation（饱和度），取值为 0%~100% 的值。

- percentage

  表示 Lightness(亮度), 取值为 0%~100%。

- opacity

  表示不透明度，取值范围为 0~1。

实例 84+ 视频：使用 HSL 方式定义网页元素背景颜色

在网页设计中，颜色的表现方式有很多种，了解了 HSL 和 HSLA 颜色定义的方法，接下来通过实例练习介绍如何使用 HSLA 方法为网页元素设置半透明背景色。

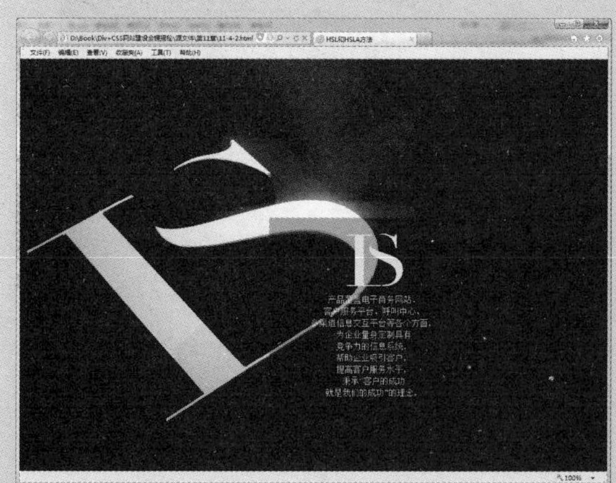

源文件：源文件 \ 第 11 章 \11-4-1. html

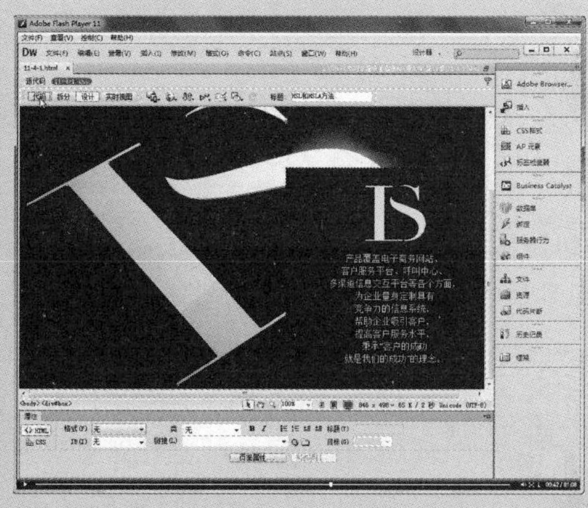

操作视频：视频 \ 第 11 章 \11-4-1. swf

01 执行“文件 > 打开”命令，打开页面“源文件 \ 第 11 章 \11-4-1.html”，可以看到页面效果。

```
#box{
    width:400px;
    height:360px;
    padding-top:30px;
    margin-left:480px;
    margin-top:300px;
    line-height:22px;
    color:#fff;
    text-align:center;
}
```

02 转换到该网页所链接的外部 CSS 样式 11-4-1.css 文件中，找到名为 #box 的 CSS 样式。

```
#box{
    width:400px;
    height:360px;
    padding-top:30px;
    margin-left:480px;
    margin-top:300px;
    line-height:22px;
    color:#fff;
    text-align:center;
    background-color:hsl(30,20%,20%);
}
```

03 ▶在名为 #box 的 CSS 样式中添加背景颜色的设置，并使用 HSL 颜色定义方法。

04 ▶保存页面，并保存外部 CSS 样式文件，在 IE 浏览器中预览页面，可以看到所设置的背景色效果。

```
#box{
    width:400px;
    height:360px;
    padding-top:30px;
    margin-left:480px;
    margin-top:300px;
    line-height:22px;
    color:#fff;
    text-align:center;
    background-color:hsla(30,20%,20%,0.5);
}
```

05 ▶转换到代码视图中，修改名为 #box 的 CSS 样式代码。

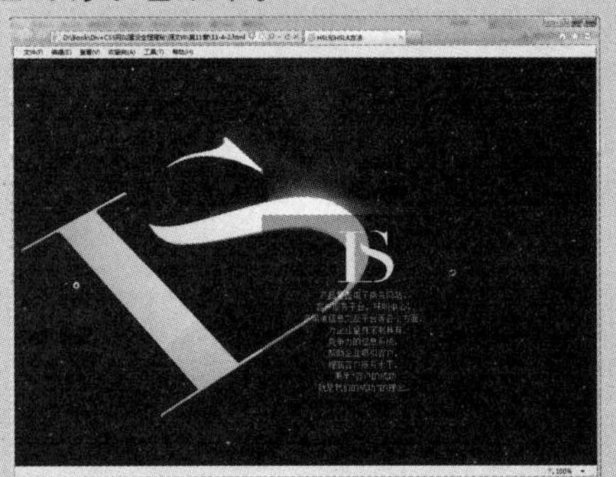

06 ▶保存外部 CSS 样式文件，在浏览器中预览页面，可以看到所设置的半透明背景色效果。

提问：HSL 颜色方法是什么意思？

答：HSL 是一种工业界广泛使用的颜色标准，通过对色调（H）、饱和度（S）和亮度（L）3 个颜色通道的改变，以及它们相互之间的叠加来获得各种颜色。在使用 HSL 方法设置颜色时，需要定义 3 个值，分别是色调（H）、饱和度（S）和亮度（L）。

11.4.2 RGBA 方法

RGBA 是在 RGB 的基础上多了控制 Alpha 透明度的参数。

RGBA 色彩定义的语法格式如下。

```
rgba(r,g,b<opacity>);
```

其中 r、g、b 分别表示红色、绿色和蓝色 3 种原色所占的比重。第 4 个属性 <opacity> 表示不透明度，取值范围为 0~1。

实例 85+ 视频：使用 RGBA 方式定义网页元素背景颜色

RGBA 是在 RGB 的基础上新增的定义颜色的方法，与 RGB 方法不同的是多了定义颜色透明度的属性，接下来通过实例练习介绍如何使用 RGBA 为网页元素设置具有透明度的颜色。

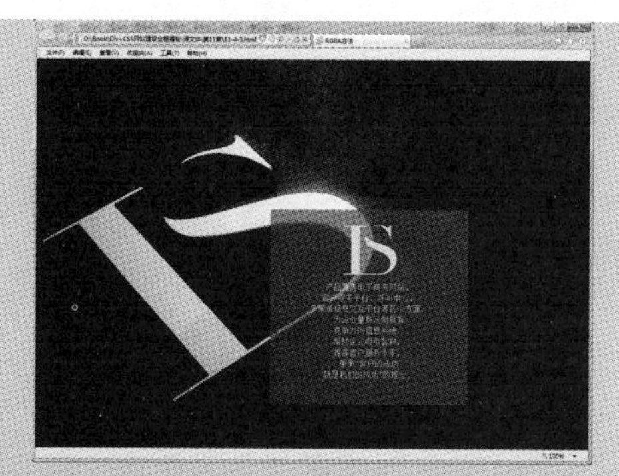

源文件：源文件 \ 第 11 章 \11-4-2. html

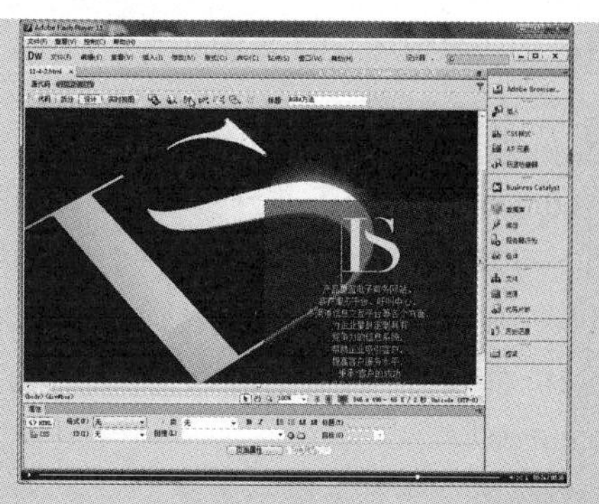

操作视频：视频 \ 第 11 章 \11-4-2. swf

01 ▶执行“文件>打开”命令，打开页面“源文件 \ 第 11 章 \11-4-2.html”。

```
#box{
    width:400px;
    height:360px;
    padding-top:30px;
    margin-left:480px;
    margin-top:300px;
    line-height:22px;
    color:#fff;
    text-align:center;
}
```

02 ▶转换到链接的外部 CSS 样式 11-4-2.css 文件中，找到名为 #box 的 CSS 样式。

```
#box{
    width:400px;
    height:360px;
    padding-top:30px;
    margin-left:480px;
    margin-top:300px;
    line-height:22px;
    color:#fff;
    text-align:center;
    background-color:rgba(90,86,77,0.8);
}
```

03 ▶在名为 #box 的 CSS 样式代码中添加背景颜色的设置，并使用 RGBA 颜色定义方法。

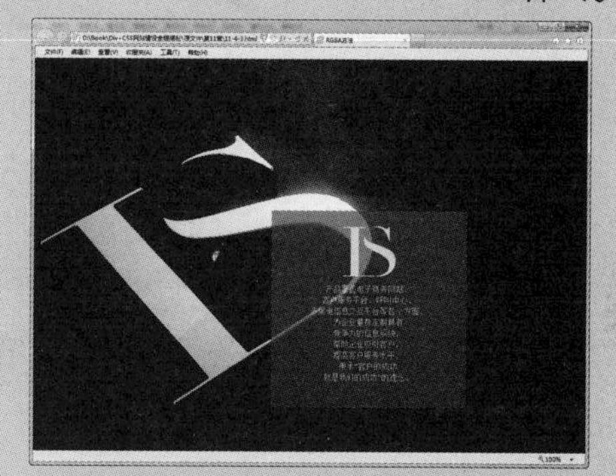

04 ▶保存页面，并保存外部 CSS 样式文件，在浏览器中预览，可以看到元素半透明背景色效果。

提问

提问：RGBA 颜色定义方法各参数的取值范围是什么？

答：R、G、B 这 3 个参数，正整数值的取值范围为 0~255，百分比数值的取值范围为 0%~100%，超出范围的数值将被截至其最接近的取值极限。注意，并不是所有的浏览器都支持使用百分比数值。A 参数的取值范围为 0~1，不可以为负值。

11.5　CSS 3 新增内容和透明度属性

在 CSS 3 中还新增了控制元素和透明度的新属性，通过这些属性，能够非常方便地为容器赋予内容或者设置元素的不透明度。

11.5.1 内容 content

content 属性用于在网页中插入生成内容。content 属性与 :before 及 :after 伪元素配合使用，可以将生成的内容放在一个元素内容的前面或者后面。

content 属性的语法格式如下。

```
content:normal|string|attr()|url()|counter();
```

- normal

  默认值，表示不赋予内容。

- string

  赋予文本内容。

- attr()

  赋予元素的属性值。

- url()

  赋予一个外部资源（图像、声音、视频或浏览器支持的其他任何资源）。

- counter()

  计数器，用于插入和赋予标识符。

实例 86+ 视频：为网页中的元素赋予内容

为网页设置的内容属性只有在预览页面时才可见，并且需要结合伪类才能实现效果。了解了内容属性的语法格式，接下来通过实例练习介绍如何为页面添加内容。

源文件：源文件 \ 第 11 章 \11-5-1.html

操作视频：视频 \ 第 11 章 \11-5-1.swf

01 ▶ 执行“文件 > 打开”命令，打开页面“源文件 \ 第 11 章 \11-5-1.html”，可以看到页面效果。

```
#title:after{
    content:"走在路上";
}
```

02 ▶ 在页面中可以看到 ID 名为 title 的 Div，将该 Div 中的提示文字删除。转换到该网页所链接的外部 CSS 样式 11-5-1.css 文件中，创建名为 #title:after 的 CSS 样式。

03 ▶返回设计视图，在设计视图中看不出任何效果。

04 ▶保存页面和外部 CSS 样式文件，在浏览器中预览页面，可以看到通过 content 属性为 ID 名为 title 的 Div 赋予文字内容效果。

提问：CSS 1、CSS 2 和 CSS 3 分别有哪些特点？

答：CSS 1 主要定义了网页的基本属性，如字体、颜色和空白边等。CSS 2 在此基础上添加了一些高级功能，如浮动和定位，以及一些高级选择器，如子选择器和相邻选择器等。CSS 3 开始遵循模块化开发，这将有助于理清模块化规范之间的不同关系，减少完整文件的大小。以前的规范是一个完整的模块，太过于庞大，而且比较复杂，所以新的 CSS 3 规范将其分成了多个模块。

11.5.2 透明度 opacity

opacity 属性用来设置一个元素的透明度，opacity 取值为 1 时是完全不透明的，反之，取值为 0 是完全透明的。1~0 的任何值都表示该元素的透明度。

opacity 属性的语法格式如下。

```
opacity:<length>|inherit;
```

- length

由浮点数字和单位标识符组成的长度值，不可以为负值，默认值为 1。

- inherit

默认继承，继承父级元素的 opacity 属性设置。

实例 87+ 视频：设置图片半透明效果

opacity 属性能够使页面元素呈现透明效果，并且可以通过具体的数值设置透明的程度。了解了 opacity 属性的语法格式，接下来通过实例练习介绍如何使用 opacity 属性用来设置一个元素的透明度。

源文件：源文件\第 11 章\11-5-2.html

操作视频：视频\第 11 章\11-5-2.swf

01 ▶执行“文件 > 打开”命令，打开页面“源文件 \ 第 11 章 \11-5-2.html”，可以看到页面效果。

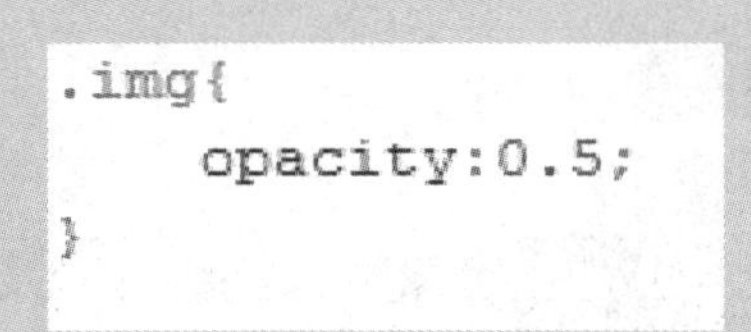

02 ▶转换到该网页所链接的外部 CSS 样式 11-5-2.css 文件中，创建名为 .img 的类 CSS 样式。

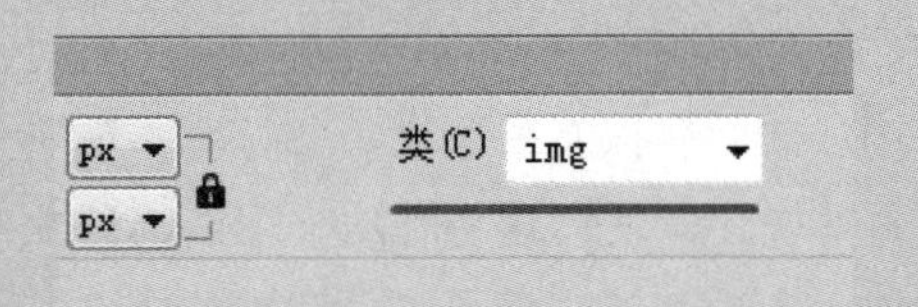

03 ▶返回设计视图，选中页面中插入的图像，在“属性”面板的“类”下拉列表中选择刚定义的 img 样式应用。

04 ▶保存页面，并保存外部 CSS 样式文件，在浏览器中预览页面，可以看到半透明图像的效果。

提问

提问：什么是 CSS 选择符？

答：选择符也称为选择器，HTML 中的所有标签都是通过不同的 CSS 选择符进行控制的。选择符不只是 HTML 文档中的元素标签，它还可以是类（class）、ID（元素的唯一标记名称）或是元素的某种状态（如 a:hover）。根据 CSS 选择符用途可以把选择符分为标签选择器、类选择器、全局选择器、ID 选择器和伪类选择器。

11.6 CSS 3 中新增文字效果设置

在 CSS 3 中新增加了 4 种有关网页文字控制的新增属性，分别是 text-shadow、word-wrap、font-size-adjust 和 text-overflow。本节将重点介绍 text-shadow 和 text-overflow 属性的设置应用。

11.6.1 文字阴影 text-shadow

在显示文字时，有时根据需要，给出文字的阴影效果，从而增强文字的瞩目性。通过 CSS 3 中新增的 text-shadow 属性就可以轻松地实现为文字添加阴影的效果。

text-shadow 语法格式如下。

```
text-shadow: none | <length> none | [ <shadow>,]* <opacity>或none | <color> [ ,<color>]*
```

- length

　　由浮点数字和单位标识符组成的长度值，可以为负值，用于设置阴影的水平延伸距离。

- color

　　用于设置阴影的颜色。

- opacity

　　用于指定模糊效果的作用距离。

实例 88+ 视频：为网页中的文字添加阴影效果

通过 CSS 的新增属性，可以使文字不仅产生字体和字号上的变化，还能够为文字添加阴影效果，并且能够通过参数控制阴影的距离和颜色等。接下来通过实例练习介绍如何为文字设置阴影。

源文件：源文件 \ 第 11 章 \11-6-1.html

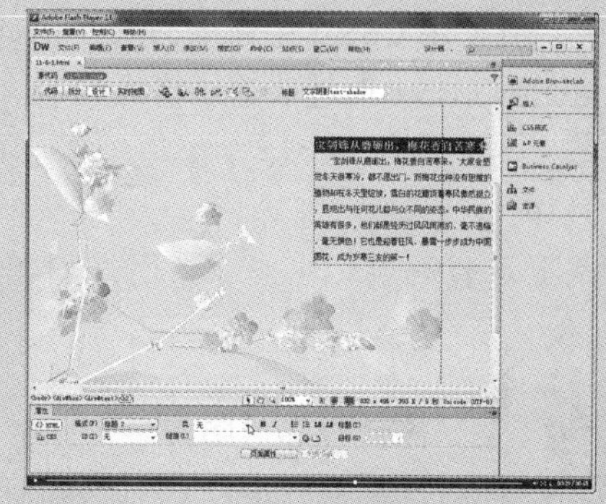

操作视频：视频 \ 第 11 章 \11-6-1.swf

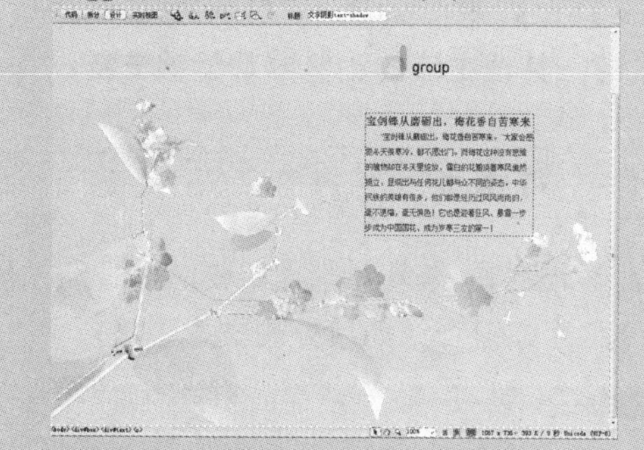

01 执行“文件 > 打开”命令，打开页面“源文件 \ 第 11 章 \11-6-1.html”。

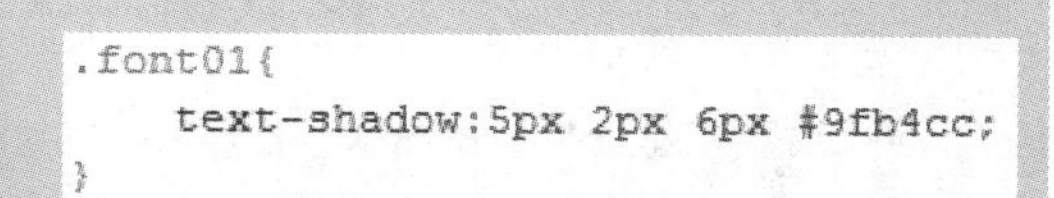

```
.font01{
    text-shadow:5px 2px 6px #9fb4cc;
}
```

02 转换到链接的外部 CSS 样式文件 11-6-1.css，定义名为 .font01 的 CSS 类样式。

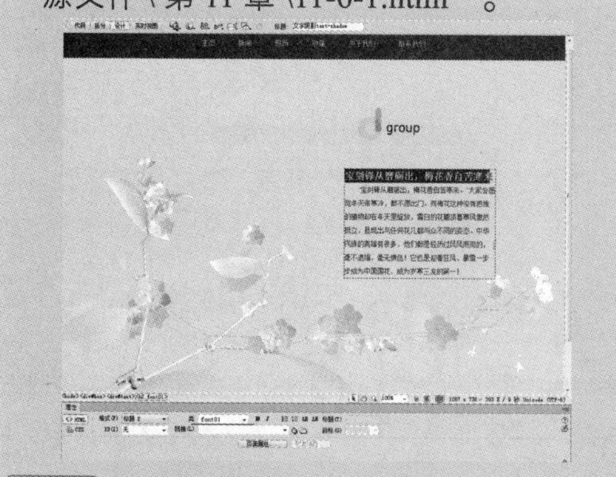

03 返回设计视图，为相应的文字应用刚刚定义的 font01 样式。

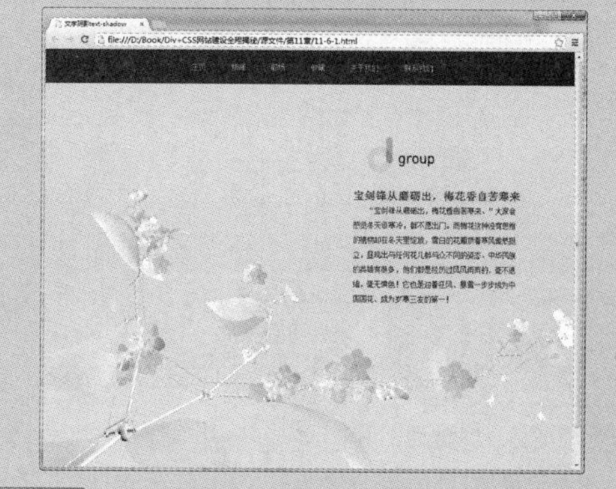

04 保存页面，并保存外部 CSS 样式文件，在 Chrome 浏览器中预览页面，可以看到文字阴影的效果。

提问：text-shadow 属性中 opacity 参数的取值是什么？

答：text-shadow 属性中的 opacity 参数表示文字阴影的模糊效果距离，由浮点数字和单位标识符组成的长度值，不可以为负值。如果仅仅需要模糊效果，将前两个 length 属性全部设置为 0 即可。

11.6.2 文本溢出处理 text-overflow

在网页中显示信息时，如果指定显示信息过长超过了显示区域的宽度，其结果就是信息撑破指定的信息区域，从而破坏了整个网页布局。如果设置的信息显示区域过长，就会影响整体页面的效果。以前遇到这种情况，需要使用 JavaScript 将超出的信息进行省略。现在只需要使用 CSS 3 中新增的 text-overflow 属性，就可以解决这个问题。

text-overflow 属性的语法格式如下。

```
text-overflow: clip | ellipsis
```

- **clip**

  不显示省略标记（…），而是简单的裁切。

- **ellipsis**

  当对象内文本溢出时显示省略标记（…）。

提示 需要特殊说明的是，text-overflow 属性非常特殊，当设置的属性值不同时，其浏览器对 text-overflow 属性支持也不相同。当 text-overflow 属性值为 clip 时，主流的浏览器都能够支持；如果 text-overflow 属性值为 ellipsis 时，除了 Firefox 浏览器不支持，其他主流的浏览器都能够支持。

实例 89+ 视频：设置溢出文本显示为省略号

通过新增的 text-overflow 属性可以让一段超过容器范围的文本被裁切或是以省略号显示。了解了 text-overflow 的语法格式，接下来通过实例练习介绍如何处理文本溢出。

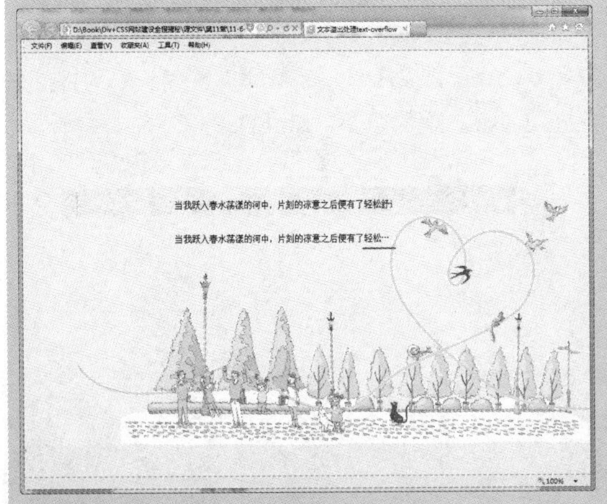

源文件：源文件 \ 第 11 章 \11-6-2.html

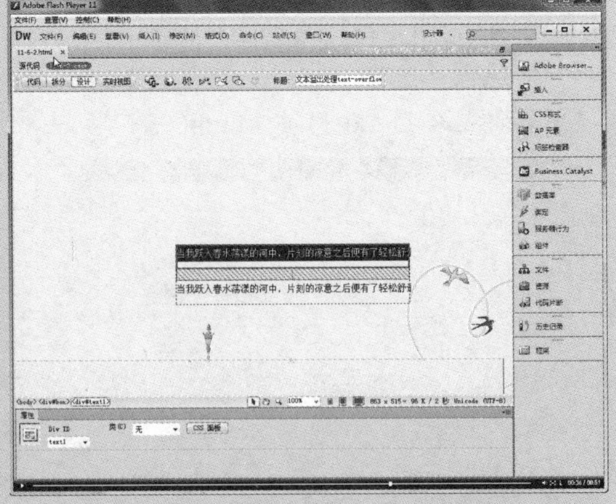

操作视频：视频 \ 第 11 章 \11-6-2.swf

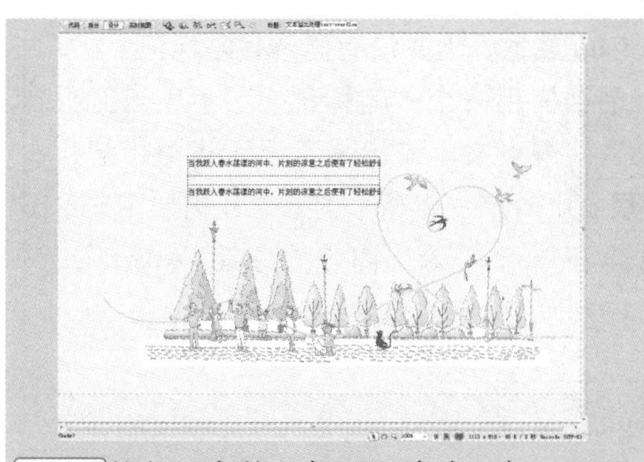

01 ▶执行“文件 > 打开”命令，打开页面“源文件 \ 第 11 章 \11-6-2.html”，可以看到页面中两个 Div 的文本内容溢出。

```
<div id="box">
<div id="text1">
当我跃入春水荡漾的河中，片刻的凉意之后便有了轻松舒适
的感觉，好久没有如此酣畅淋漓!
</div>
<div id="text2">当我跃入春水荡漾的河中，片刻的凉意之
后便有了轻松舒适的感觉，好久没有如此酣畅淋漓!
</div>
</div>
```

02 ▶转换到代码视图，可以看到这两个 Div 中的代码。

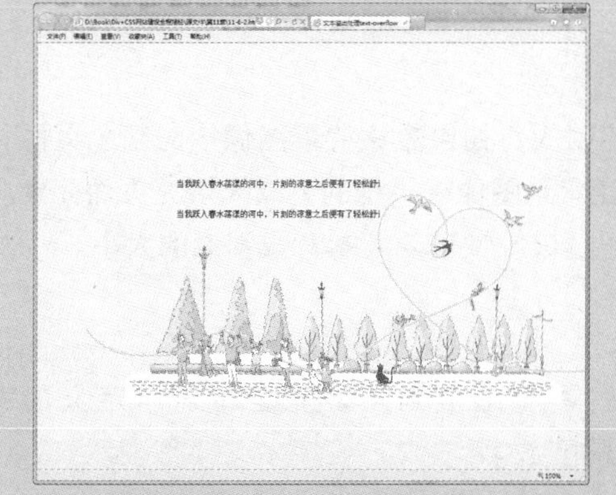

03 ▶在浏览器中预览该页面，可以看到溢出的文本被自动截断了。

```
#text1{
    width:405px;
    height:40px;
    margin-bottom:20px;
    overflow:hidden;
    white-space:nowrap;
}
#text2{
    width:405px;
    height:40px;
    overflow:hidden;
    white-space:nowrap;
}
```

04 ▶转换到该网页链接的外部 CSS 样式 11-6-2.css 文件，可以看到名为 #text1 和 #text2 的 CSS 样式代码。

提示

在 CSS 样式代码中 white-space:nowrap; 是强制文本在一行内显示，overflow:hidden; 是设置溢出内容为隐藏。要想通过 text-overflow 属性实现溢出文本显示省略号，就必须添加这两个属性定义，否则无法实现。

```
#text1{
    width:405px;
    height:40px;
    margin-bottom:20px;
    overflow:hidden;
    white-space:nowrap;
    text-overflow:clip;
}
#text2{
    width:405px;
    height:40px;
    overflow:hidden;
    white-space:nowrap;
    text-overflow:ellipsis;
}
```

05 ▶分别在名为 #text1 和 #text2 的 CSS 样式中添加 text-overflow 属性设置。

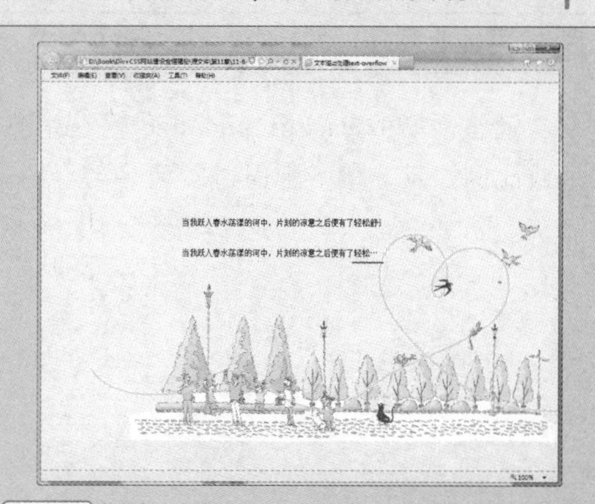

06 ▶保存外部 CSS 样式文件，在浏览器中预览页面，可以看到通过 text-overflow 属性实现的溢出文本显示为省略号的效果。

提问

提问：为什么定义了 text-overflow 属性，但并没有显示省略标记？

答：text-overflow 属性用于设置是否使用一个省略标记（…）表示对象内文本的溢出。text-overflow 属性仅是注解当文本溢出是否显示省略标记，并不具备其他的样式属性定义。要实现溢出时产生省略号的效果还需要定义：强制文本在一行内显示（white-space: nowrap）及溢出内容为隐藏（overflow: hidden），只有这样才能实现溢出文本显示省略号的效果。

11.7 CSS 3 中新增背景效果设置

在 CSS 3 中新增加了 3 种有关网页背景控制的属性，分别是 background-size、background-origin 和 background-clip，下面分别对这 3 种新增的背景控制属性进行简单的介绍。

11.7.1 背景图像大小 background-size

以前在网页设计中背景图像的大小是无法控制的，如果想让背景图像填充整个页面背景，则需要事先设计一个较大的背景图像，只能让背景图像以平铺的方式来填充页面元素。在 CSS 3 中新增了一个 background-size 属性，通过该属性可以控制背景图像的大小。

background-size 语法格式如下。

```
background-size: [<length> | <percentage> | auto]{1,2} | cover | contain
```

- length

由浮点数字和单位标识符组成的长度值，不可以为负值。

- percentage

取值为 0%~100% 的值，不可以为负值。

- cover

保持背景图像本身的宽高比，将背景图像缩放到正好完全覆盖所定义的背景区域。

- contain

保持背景图像本身的宽高比，将图片缩放到宽度和高度正好适应所定义的背景区域。

实例 90+ 视频：控制网页元素背景图像大小

通过新增的 background-size 属性能够自由控制背景图像的大小，使背景图像以固定大小或比例显示。接下来通过实例练习介绍如何控制背景图像的大小。

源文件：源文件 \ 第 11 章 \11-7-1. html

操作视频：视频 \ 第 11 章 \11-7-1. swf

01 ▶执行“文件 > 打开”命令，打开页面“源文件 \ 第 11 章 \11-7-1.html”，可以看到页面效果。

```
#bg{
    width:665px;
    height:338px;
    margin-left:15px;
    margin-top:10px;
}
```

02 ▶转换到该网页所链接的外部 CSS 样式 11-7-1.css 文件中，可以看到名为 #bg 的 CSS 样式设置。

```
#bg{
    width:665px;
    height:338px;
    margin-left:15px;
    margin-top:10px;
    background-image:url(../images/1170109.jpg);
    background-repeat:no-repeat;
}
```

03 ▶在名为 #bg 的 CSS 样式中添加背景图像的 CSS 样式设置。

04 ▶保存外部 CSS 样式文件，在 Chrome 浏览器中预览页面，可以看到网页元素背景图像效果。

```
#bg{
    width:665px;
    height:338px;
    margin-left:15px;
    margin-top:10px;
    background-image:url(../images/1170109.jpg);
    background-repeat:no-repeat;
    -webkit-background-size:95% 300px;
}
```

05 ▶返回外部 CSS 样式 11-7-1.css 文件中，在名为 #bg 的 CSS 样式中添加背景图像大小的属性设置。

06 ▶保存外部 CSS 样式文件，在 Chrome 浏览器中预览页面，可以看到控制背景图像大小的效果。

提问

提问：在不同引擎类型的浏览器下，background-size 是什么形式？

答：由于 CSS 3 还没有正式发布，所以各种不同核心技术的浏览器对于 CSS 3 中新增属性的支持情况也不相同，在属性名称前加“-webkit-”的是 Webkit 核心的浏览器，例如 Chrome 浏览器；加“-o-”为 Presto 核心浏览器，例如 Opera 浏览器；加“-moz-”的是 Gecko 核心的浏览器，例如 Firefox 浏览器。

11.7.2 背景图像显示区域 background-origin

在 CSS 3 中新增了 background-origin 属性，通过该属性可以大大改善背景图像的定位方式，能够更加灵活地对背景图像进行定位。默认情况下，background-position 属性总是以元素左上角原点作为背景图像定位，使用新增的 background-origin 属性可以改变这种背景图像定位方式。

background-origin 语法格式如下。

```
background-origin: border | padding | content
```

- **border**

  从 border 区域开始显示背景图像。

- **padding**

  从 padding 区域开始显示背景图像。

- **content**

  从盒子内容区域开始显示背景图像。

实例 91+ 视频：控制背景图像显示位置

背景图像新增的属性中还新增了控制背景图像显示区域的属性，通过 background-origin 属性可以使背景图像的定位更加灵活。接下来通过实例练习介绍如何控制背景图像的显示区域。

源文件：源文件\第 11 章\11-7-2.html

操作视频：视频\第 11 章\11-7-2.swf

01 ▶执行“文件 > 打开”命令，打开页面“源文件\第 11 章\11-7-2.html”，可以看到页面效果。

```
#bg{
    padding:15px;
    border:15px solid #533d1d;
    width:605px;
    height:278px;
    margin-left:15px;
    margin-top:10px;
    background-image:url(../images/1170109.jpg);
    background-repeat:no-repeat;
}
```

02 ▶转换到该网页所链接的外部 CSS 样式 11-7-2.css 文件中，可以看到名为 #bg 的 CSS 样式设置。

```
#bg{
    padding:15px;
    border:15px solid #533d1d;
    width:605px;
    height:278px;
    margin-left:15px;
    margin-top:10px;
    background-image:url(../images/1170109.jpg);
    background-repeat:no-repeat;
    -webkit-background-size:605px 278px;
    -webkit-background-origin:content;
}
```

03 ▶ 返回外部 CSS 样式 11-7-2.css 文件中，在名为 #bg 的 CSS 样式代码中添加背景图像显示区域的 CSS 样式设置。

04 ▶ 保存外部 CSS 样式文件，在 Chrome 浏览器中预览页面，可以看到页面中背景图像的显示效果。

提示

注意比较两次在 Chrome 浏览器中预览页面的效果，可以发现，默认情况下，背景图像是在边框以内开始显示，通过 background-origin 属性的设置，使背景图像从内容区域开始显示，并通过 background-size 属性控制了背景图像的大小。

提问

提问：目前常用的浏览器都是以什么为内核引擎的？

答：IE 浏览器采用的是自己的 IE 内核，包括国内的遨游、腾讯 TT 等浏览器都是以 IE 为内核的。而以 Gecko 为引擎的浏览器主要有 Netscape、Mozilla 和 Firefox。以 Webkit 为引擎核心的浏览器主要有 Safari 和 Chrome。以 Presto 为引擎核心的浏览器主要有 Opera。

11.7.3　背景图像裁剪区域 background-clip

在 CSS 3 中新增了 background-clip 属性，通过该属性可以定义背景图像的裁剪区域。background-clip 属性与 background-origin 属性有一些相似，background-clip 属性用来判断背景图像是否包含边框区域，而 background-origin 属性用来决定 background-position 属性定位的参考位置。

background-clip 语法格式如下。

```
background-clip: border-box | padding-box | content-box | no-clip
```

- border-box

  从 border 区域向外裁剪背景图像。

- padding-box

  从 padding 区域向外裁剪背景图像。

- content-box

  从盒模型内容区域向外裁剪背景图像。

- no-clip

  与 border-box 属性值相同，从 border 区域向外裁剪背景图像。

实例 92+ 视频：控制背景图像裁剪

background-clip 属性与 background-origin 属性有一些相似，如果对这两个属性设置了相同的属性值，则它们显示的区域相同，但显示内容不同。接下来通过实例练习介绍如何通过 background-clip 属性设置背景图像裁剪区域。

源文件：源文件 \ 第 11 章 \11-7-3. html

操作视频：视频 \ 第 11 章 \11-7-3. swf

01 ▶执行“文件 > 打开”命令，打开页面“源文件 \ 第 11 章 \11-7-3.html”。

```
#bg{
    padding:15px;
    border:15px solid #533d1d;
    width:605px;
    height:278px;
    margin-left:15px;
    margin-top:10px;
    background-image:url(../images/1170109.jpg);
    background-repeat:no-repeat;
}
```

02 ▶转换到链接的外部 CSS 样式 11-7-3.css 文件中，可以看到名为 #bg 的 CSS 样式设置。

```
#bg{
    padding:15px;
    border:15px solid #533d1d;
    width:605px;
    height:278px;
    margin-left:15px;
    margin-top:10px;
    background-image:url(../images/1170109.jpg);
    background-repeat:no-repeat;
    -webkit-background-clip:content-box;
}
```

03 ▶返回外部 CSS 样式 11-7-3.css 文件中，在名为 #bg 的 CSS 样式代码中添加背景图像裁剪区域的 CSS 样式设置。

04 ▶保存外部 CSS 样式文件，在 Chrome 浏览器中预览页面，可以看到背景图像裁剪的效果。

提示

注意比较两次在 Chrome 浏览器中预览页面的效果，可以发现，默认情况下，背景图像是在边框以内开始显示，通过 background-clip 属性，并设置其属性值为 content-box，则从 content 区域向外裁剪掉多余的背景图像，只显示 content 区域中的背景图像。

提问

提问：在 CSS 3 中可以为页面元素定义多重背景图像吗？

答：在 CSS 3 中允许使用 background 属性定义多重背景图像，可以把不同的背景图像只放到一个块元素中。在 CSS 3 中允许为容器设置多层背景图像，多个背景图像的 url 之间使用逗号（,）隔开；如果有多个背景图像，而其他属性只有一个（例如 background-repeat 属性只有一个），则表示所有背景图像都应用这一个 background-repeat 属性值。

11.8　CSS 3 中新增边框效果设置

在 CSS 中新增了 3 种有关边框（border）控制的属性，分别是 border-colors、order-radius 和 border-image，下面分别对这 3 种新增的边框控制属性进行简单介绍。

11.8.1　多重边框颜色 border-colors

border-colors 属性可以用来设置对象边框的颜色，在 CSS 3 中增强了该属性的功能。如果设置了 border 的宽度为 Npx，那么就可以在这个 border 上使用 N 种颜色，每种颜色显示 1px 的宽度。如果所设置的 border 的宽度为 10 像素，但只声明了 5 或 6 种颜色，那么最后一个颜色将被添加到剩下的宽度。

border-colors 语法格式如下。

```
border-colors: <color> <color> <color>…
```

实例 93+ 视频：为网页中的图像添加多彩边框

border-colors 属性可以为网页对象设置丰富的边框颜色，了解了该属性的基本语法，接下来通过实例练习介绍如何通过 border-color 属性设置多重边框颜色。

源文件：源文件 \ 第 11 章 \11-8-1.html

操作视频：视频 \ 第 11 章 \11-8-1.swf

01 执行“文件 > 打开”命令，打开页面“源文件 \ 第 11 章 \11-8-1.html”，可以看到页面效果。

```
.pic{
    border:5px solid #fff;
    -moz-border-top-colors:#03f #0066ff #0099ff
#00ccff #fff;
    -moz-border-right-colors:#90f #9933ff #9966ff
#9999ff #fff;
    -moz-border-bottom-colors:#f30 #ff6600 #ff9900
#ffcc00 #fff;
    -moz-border-left-colors:#060 #009900 #00cc00
#00ff33 #fff;
}
```

02 转换到该网页所链接的外部 CSS 样式 11-8-1.css 文件中，创建名为 .pic1 的 CSS 类样式。

03 ▶返回设计页面中，选中页面中的图像，应用刚创建的 CSS 样式 pic。

04 ▶保存页面，并保存外部 CSS 样式文件，在 Firefox 浏览器中预览页面，可以看到为图像添加的多重颜色边框的效果。

提问

提问：border-colors 属性可以分开进行设置吗？

答：border-colors 属性可以分开进行设置，分别为四边设置多种颜色，即 border-top-colors（定义顶部的边框颜色）、border-right-colors（定义右侧的边框颜色）、border-bottom-colors（定义底部的边框颜色）和 border-left-colors（定义左侧的边框颜色）。

11.8.2 圆角边框 border-radius

在 CSS 3 之前，如果需要在网页中实现圆角边框的效果，通常都是使用图像来实现，而在 CSS 3 中新增了圆角边框的定义属性 border-radius，通过该属性，可以轻松地在网页中实现圆角边框效果。

border-radius 属性的语法格式如下。

```
border-radius: none | <length>{ 1,4} [ / <length>{ 1,4} ]?
```

- none

none 为默认值，表示不设置圆角效果。

- length

用于设置圆角度数值，由浮点数字和单位标识符组成，不可以设置为负值。

实例 94+ 视频：为网页元素添加圆角边框效果

border-radius 属性能够使页面元素呈现圆角边框的效果，并且可以通过具体数值设置圆角的半径。了解了该属性的语法格式，接下来通过实例练习介绍如何设置圆角边框。

源文件：源文件 \ 第 11 章 \11-8-2. html

操作视频：视频 \ 第 11 章 \11-8-2. swf

01 执行“文件 > 打开”命令，打开页面“源文件 \ 第 11 章 \11-8-2.html”，可以看到页面效果。

```
#top{
    width:400px;
    margin:185px auto 20px auto;
    font-size:26px;
    font-weight:bold;
    letter-spacing:0.5em;
}
```

02 转换到该网页所链接的外部 CSS 样式 11-8-2.css 文件中，找到名为 #top 的 CSS 样式。

```
#top{
    width:400px;
    margin:185px auto 20px auto;
    font-size:26px;
    font-weight:bold;
    letter-spacing:0.5em;
    border:2px solid #444444;
    background-color:#aa4e91;
    border-radius:15px;
}
```

03 在名为 #top 的 CSS 样式中添加边框和背景颜色的 CSS 样式设置，并且添加圆角边框的 CSS 样式设置。

04 保存页面，并保存外部 CSS 样式文件，在浏览器中预览页面，可以看到所实现的圆角边框效果。

```
#top{
    width:400px;
    margin:185px auto 20px auto;
    font-size:26px;
    font-weight:bold;
    letter-spacing:0.5em;
    border:2px solid #444444;
    background-color:#aa4e91;
    border-radius:15px 0px 15px 0px;
}
```

05 返回外部 CSS 样式 11-8-2.css 文件中，修改名为 #top 的 CSS 样式中圆角边框的 CSS 样式定义。

06 保存外部 CSS 样式文件，在浏览器中预览页面，可以看到所实现的圆角边框效果。

提示

第 1 个值是水平半径值。如果第 2 个值省略，则它等于第 1 个值，这时这个角就是一个四分之一圆角。如果任意一个值为 0，则这个角是矩形，不会是圆的。所设置的角不允许为负值。

提问

提问：border-radius 属性可以分开进行设置吗？

答：border-radius 属性可以分开，分别为四个角设置相应的圆角值，分别写为 border-top-right-radius（右上角）、border-bottom-right-radius（右下角）、border-bottom-left-radius（左下角）、border-top-left-radius（左上角）。

11.8.3 图像边框 border-image

为了增强边框效果，CSS 3 中新增了 border-image 属性，用来设置使用图像作为对象的边框效果，如果 <table> 标签设置了 border-collapse: collapse，则 border-image 属性设置将会无效。

border-image 属性的语法格式如下。

```
border-image: none | <image> [ <number> | <percentage>]{1,4}[ / <border-width>{1,4} ]? [ stretch |
  repeat | round] {0,2}
```

- **none**

  none 为默认值，表示无图像。

- **image**

  用于设置边框图像，可以使用绝对地址或相对地址。

- **number**

  边框宽度或者边框图像的大小，使用固定像素值表示。

- **percentage**

  用于设置边框图像的大小，即边框宽度，用百分比表示。

- **stretch | repeat | round**

  拉伸 / 重复 / 平铺（其中 stretch 是默认值）。

实例 95+ 视频：设置网页元素的图像边框效果

border-image 属性能够使用图片作为边框样式，因此通过该属性能够为边框设置多种多样的样式。了解了该属性的语法格式，接下来通过实例练习介绍图像边框的效果。

源文件：源文件 \ 第 11 章 \11-8-3. html

操作视频：视频 \ 第 11 章 \11-8-3. swf

01 ▶ 执行“文件 > 打开”命令，打开页面“源文件 \ 第 11 章 \11-8-3.html”，可以看到页面效果。

```
#top{
    width:400px;
    height:45px;
    line-height:45px;
    margin:185px auto 20px auto;
    font-size:26px;
    font-weight:bold;
    letter-spacing:0.5em;
    border-width:0 12px;
    -webkit-border-image:url(../images/118301.gif) 0
 12 0 12 stretch stretch;
}
```

02 ▶ 转换到该网页所链接的外部 CSS 样式 11-8-3.css 文件中，找到名为 #top 的 CSS 样式，添加图像边框的 CSS 样式设置。

03 ▶在这里所设置的边框图像是一个比较小的图像。

04 ▶保存页面，并保存外部 CSS 样式文件，在 Chrome 浏览器中预览页面，可以看到所实现的图像边框效果。

提问

提问：border-image 属性可以派生出相应的属性吗？都有哪些？

答：为了能够更加方便灵活定义边框图像，CSS 3 允许从 border-image 属性派生出众多的子属性，包括 border-top-image（定义上边框图像）、border-right-image（定义右边框图像）、border-bottom-image（定义下边框图像）、border-left-image（定义左边框图像）、border-top-left-image（定义边框左上角图像）、border-top-right-image（定义边框右上角图像）、border-bottom-left-image（定义边框左下角图像）、border-bottom-right-image（定义边框右下角图像）、border-image-source（定义边框图像源，即图像的地址）、border-image-slice（定义如何裁切边框图像）、border-image-repeat（定义边框图像重复属性）、border-image-width（定义边框图像的大小）和 border-image-outset（定义边框图像的偏移位置）。

11.9　CSS 3 新增界面相关属性

在 CSS 3 中新增加了 5 种有关网页用户界面控制的属性，分别是 box-shadow、overflow、resize、outline（outline-width、outline-style、outline-offset、outline-color） 和 nav-index（nav-up、nav-right、nav-down、nav-left）。下面分别对这 5 种新增的 CSS 属性进行简单介绍。

11.9.1　元素阴影 box-shadow

在 CSS 3 中新增了为元素添加阴影的新属性 box-shadow，通过该属性可以轻松地实现网页中元素的阴影效果。

box-shadow 属性的语法格式如下。

```
box-shadow: <length> <length> <length> || <color>;
```

- length

  第 1 个 length 值表示阴影水平偏移值（可以取正负值）；第 2 个 length 值表示阴影垂直偏移值（可以取正负值）；第 3 个 length 值表示阴影模糊值。

- color

  该属性值用于设置阴影的颜色。

实例 96+ 视频：为网页元素添加阴影效果

通过 CSS 3 新增的 box-shadow 属性能使作用对象产生阴影，并且可以通过参数设置阴影偏移量和颜色，接下来通过实例练习介绍如何为页面元素添加阴影。

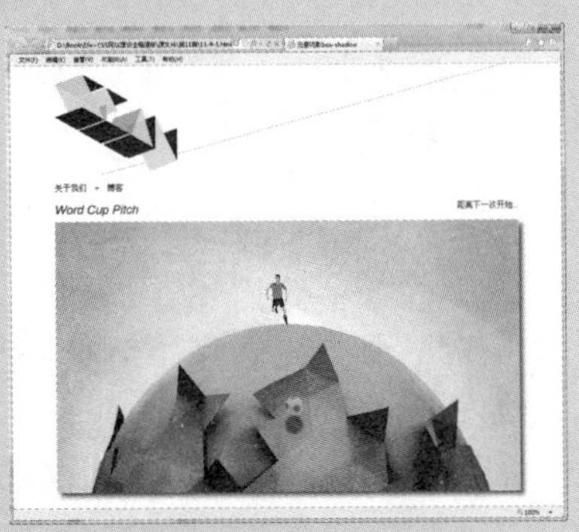

源文件：源文件 \ 第 11 章 \11-9-1. html

操作视频：视频 \ 第 11 章 \11-9-1. swf

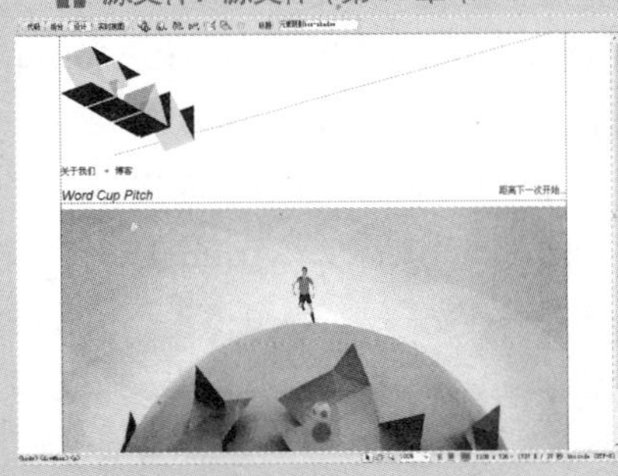

01 执行“文件 > 打开”命令，打开页面“源文件 \ 第 11 章 \11-9-1.html”，可以看到页面效果。

```
.bg01{
    box-shadow:8px 8px 10px #815c12;
}
```

02 转换到该网页链接的外部 CSS 样式 11-9-1.css 文件中，创建名为 .bg01 的类 CSS 样式。

03 返回设计视图，选中页面中的图像，在“类”下拉列表中选择刚定义的类 CSS 样式 bg01 应用。

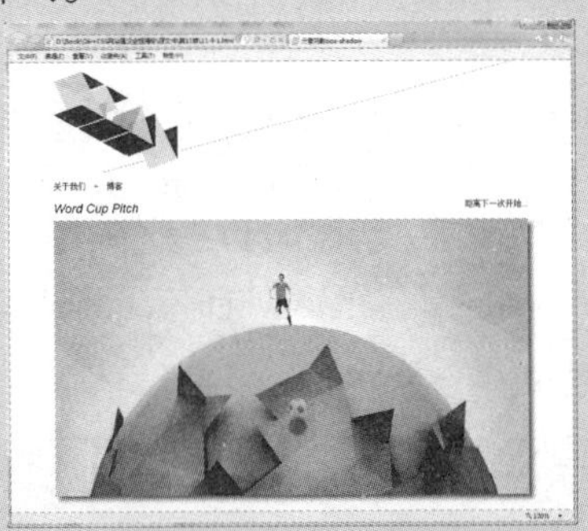

04 保存页面，并保存外部 CSS 样式文件，在浏览器中预览页面，可以看到为图像添加的阴影效果。

提问

提问：如果不通过 CSS 3 新增的 box-shadow 属性，如何实现网页元素的阴影效果？

答：目前 CSS 3 还没有正式发布，各浏览器对 CSS 3 的支持也不相同，如果不使用 CSS 3 新增的 box-shadow 属性，要实现网页元素的阴影效果，可以通过 CSS 中的 shadow 或 Dropshadow 滤镜来实现。

11.9.2　内容溢出处理 overflow

当对象的内容超过其指定的高度及宽度时，应该如何进行处理？在 CSS 3 中新增了 overflow 属性，通过该属性可以设置当内容溢出时的处理方法。

overflow 属性的语法格式如下。

```
overflow: visible | auto | hidden | scroll;
```

- visible

  不剪切内容也不添加滚动条。如果显示声明该默认值，对象将被剪切为包含对象的 window 或 frame 的大小，并且 clip 属性设置将失效。

- auto

  该属性值为 body 对象和 textarea 的默认值，在需要时剪切内容并添加滚动条。

- hidden

  不显示超过对象尺寸的内容。

- scroll

  总是显示滚动条。

overflow 属性还有两个相关属性 overflow-x 和 overflow-y，分别用于设置水平方向溢出处理方式和垂直方向上的溢出处理方式。

实例 97+ 视频：为网页中的溢出文本添加滚动条

对于溢出的内容，CSS 样式提供了多种处理方法，前面介绍了裁切和以省略号显示的方式，接下来通过实例练习介绍通过 overflow 属性处理内容溢出。

源文件：源文件 \ 第 11 章 \11-9-2. html

操作视频：视频 \ 第 11 章 \11-9-2. swf

01 ▶ 执行“文件 > 打开”命令，打开页面“源文件 \ 第 11 章 \11-9-2.html”，可以看到页面效果。

```
<body>
<div id="top"><img src="images/119207.png" width=
"74" height="51" /></div>
<div id="box">
<div id="text">
  <p><img src="images/119201.png" width="452" height
="290" />    孩子的梦想对孩子来说，有着无穷的魅力，
对孩子的成长具有巨大的牵引和激励作用。儿童心理学家认
为，梦想是孩子自我形象的理想化。鼓励孩子追梦，孩子会
产生强劲的内驱力，面对各种困难也会主动想办法去克服。</p>
  <p>    父母对孩子的梦想坚信不疑，孩子就会从父母那
里获得力量，获得勇气，树立信心。为了使孩子的梦想能成
为现实，在孩子追梦的过程中，还应予以多方面的关注。比
如，帮助孩子寻找梦想的偶像，和孩子讨论偶像的成长史、
奋斗史、成就史，明确成功必须付出辛劳和汗水，让偶像在
孩子心里生根；给孩子的圆梦计划提供建议和支持；经常提
醒孩子践诺，在孩子怀疑梦想时给孩子鼓励。</p>
</div>
<div id="pic"><img src="images/119202.png" width=
"244" height="127" /></div>
</div>
<div id="bottom"><img src="images/119206.png" width=
"281" height="84" /></div>
</body>
```

02 ▶ 转换到代码视图，可以看到页面的 HTML 代码。

```
#text{
    height:290px;
    color:#f1da13;
    font-size:18px;
    line-height:28px;
    padding:0px 25px 10px 0px;
    overflow:scroll;
}
```

03 ▶转换到该网页所链接的外部 CSS 样式 11-9-2.css 文件中，在名为 #text 的 CSS 样式中添加 overflow 的属性设置。

04 ▶保存外部 CSS 样式文件，在浏览器中预览页面，可以看到页面的效果。

```
#text{
    height:290px;
    color:#f1da13;
    font-size:18px;
    line-height:28px;
    padding:0px 25px 10px 0px;
    overflow-y:scroll;
}
```

05 ▶转换到外部 CSS 样式 11-9-2.css 文件中，将名为 #text 的 CSS 样式中的 overflow 属性修改为 overflow-y。

06 ▶保存外部 CSS 样式文件，在浏览器中预览页面，可以看到页面的效果。

提问：overflow 属性与 AP Div 的溢出设置是否相同？

答：基本相同，AP Div 拥有“溢出”选项设置，而网页中的普通容器则需要通过在 CSS 样式中的 overflow 属性设置其溢出。目前几乎所有浏览器都支持 overflow 属性。

11.9.3 区域缩放调节 resize

在 CSS 3 中新增了区域缩放调节的功能设置，通过新增的 resize 属性，就可以实现页面中元素的区域缩放操作，调节元素的尺寸大小。

resize 属性的语法格式如下。

```
resize: none | both | horizontal | vertical | inherit;
```

- **none**

  不提供元素尺寸调整机制，用户不能操纵调节元素的尺寸。

- **both**

  提供元素尺寸的双向调整机制，让用户可以调节元素的宽度和高度。

- **horizontal**

  提供元素尺寸的单向水平方向调整机制，让用户可以调节元素的宽度。

- **vertical**

  提供元素尺寸的单向垂直方向调整机制，让用户可以调节元素的高度。

- **inherit**

  默认继承。

实例 98+ 视频：实现网页中可以自由缩放的文本区域

通过 CSS 3 中的新增属性，不仅能够为元素添加滚动条，还可以实现区域缩放，让用户调节页面元素的大小，这样的设置能使页面与浏览者更加贴近。接下来通过实例练习介绍如何通过 resize 属性实现区域缩放调节。

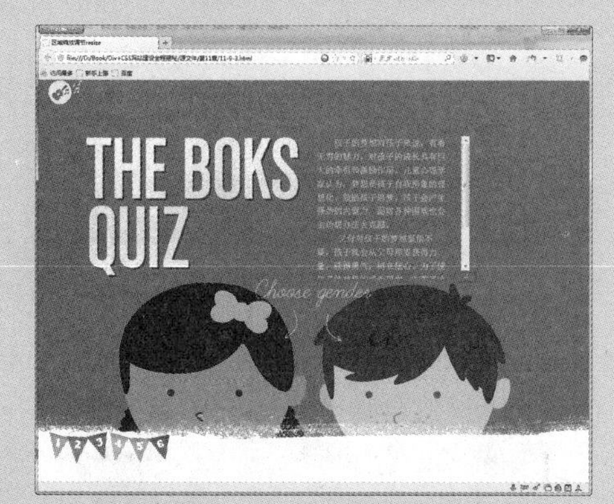

源文件：源文件 \ 第 11 章 \11-9-3. html

操作视频：视频 \ 第 11 章 \11-9-3. swf

01 ▶执行“文件 > 打开”命令，打开页面“源文件 \ 第 11 章 \11-9-3.html”，可以看到页面效果。

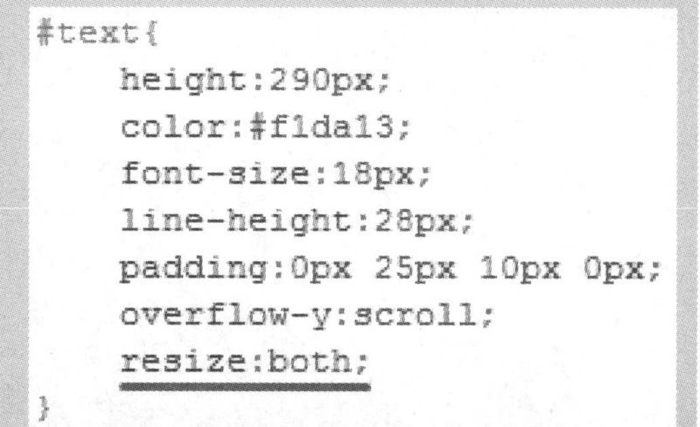

```
#text{
    height:290px;
    color:#f1da13;
    font-size:18px;
    line-height:28px;
    padding:0px 25px 10px 0px;
    overflow-y:scroll;
    resize:both;
}
```

02 ▶转换到该网页所链接的外部 CSS 样式 11-9-3.css 文件中，在名为 #text 的 CSS 样式中添加 resize 的属性设置。

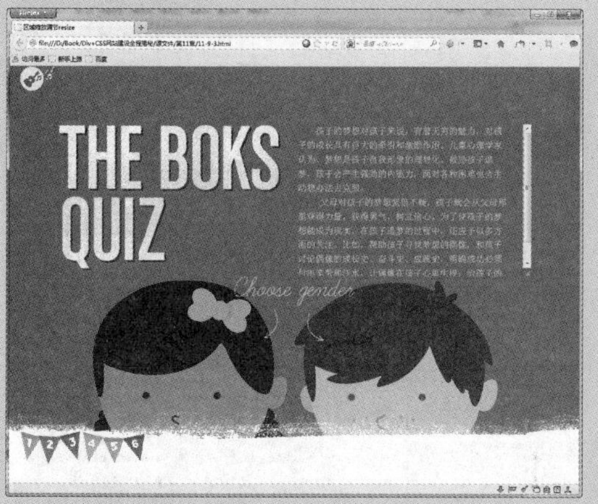

03 ▶保存外部 CSS 样式文件，在 Firefox 浏览器中预览页面，可以看到页面的效果。

04 ▶在网页中可以使用鼠标拖动 ID 名为 text 的 Div，从而调整该 Div 的大小。

提问：resize属性是不是在所有浏览器中都能够实现效果？

答：不是，resize属性是CSS 3新增的属性，目前各种不同引擎核心的浏览器对CSS 3的支持并不统一，IE 8及其以下浏览器都不支持该属性，Firefox和Chrome浏览器支持该属性。在使用该属性时，一定要慎重。

11.9.4 轮廓外边框 outline

outline属性用于为元素周围绘制轮廓外边框，通过设置一个数值使边框边缘的外围偏移，可以起到突出元素的作用。

outline属性的语法格式如下。

```
outline: [ outline-color] || [ outline-style] || [ outline-width] || [ outline-offset] | inherit;
```

- outline-color

  该属性值用于指定轮廓边框的颜色。

- outline-style

  该属性值用于指定轮廓边框的样式。

- outline-width

  该属性值用于指定轮廓边框的宽度。

- outline-offset

  该属性值用于指定轮廓边框偏移位置的数值。

- inherit

  默认继承。

实例99+视频：为网页中的图像添加轮廓外边框效果

为网页元素设置轮廓外边框能够使作用对象更加醒目，吸引浏览者的注意。了解了轮廓外边框的设置方法，接下来通过实例练习介绍如何通过outline属性设置轮廓外边框。

源文件：源文件\第11章\11-9-4.html

操作视频：视频\第11章\11-9-4.swf

01 执行“文件>打开”命令，打开页面“源文件\第11章\11-9-4.html”，可以看到页面效果。

```
#text img{
    float:left;
    margin-right:35px;
    border:solid 4px #C36;
}
```

02 转换到该网页所链接的外部CSS样式11-9-4.css文件中，找到名为#text img的CSS样式。

```
#text img{
    float:left;
    margin-right:35px;
    border:solid 4px #C36;
    outline-color:#cf2b89;
    outline-style:groove;
    outline-width:8px;
    outline-offset:5px;
}
```

03 ▶在名为 #text img 的 CSS 样式代码中添加 outline 属性设置。

04 ▶保存外部 CSS 样式文件，在 Firefox 浏览器中预览页面，可以看到为网页元素添加外轮廓边框的效果。

提问：outline 属性是否可以派生出子属性？

答：outline 属性还有 4 个相关子属性 outline-style、outline-width、outline-color 和 outline-offset，用于对外边框的相关属性分别进行设置。

11.9.5 多列布局 column

网页设计者如果要设计多列布局，有两种方法，一种是浮动布局，另一种是定位布局。浮动布局比较灵活，但容易发生错位，需要添加大量的附加代码或无用的换行符，增加了不必要的工作量。定位布局可以精确地确定位置，不会发生错位，但无法满足模块的适应能力。在 CSS 3 中新增了 column 属性，通过该属性可以轻松实现多列布局。

column 属性的语法格式如下。

```
column-width: [<length> | auto];
column-count: <integer> | auto;
column-gap: <length> | normal;
column-rule:<length>|<style>|<color>;
```

- **column-width**

该属性用于定义列宽度，length 由浮点数和单位标识符组成的长度值。

- **column-count**

该属性用于定义列数，integer 用于定义栏目的列数，取值为大于 0 的整数，不可为负值。

- **column-gap**

该属性用于定义列间距，length 由浮点数和单位标识符组成的长度值。

- **column-rule**

该属性用于定义列边框，length 由浮点数和单位标识符组成的长度值；style 用于设置边框样式；color 用于设置边框的颜色。

实例 100+ 视频：实现网页文章的分栏显示

column 属性用于设置多列布局，并且可以通过参数设置列宽和列间距等，实现多列的轻松布局。接下来通过实例练习介绍如何在网页中实现多列布局。

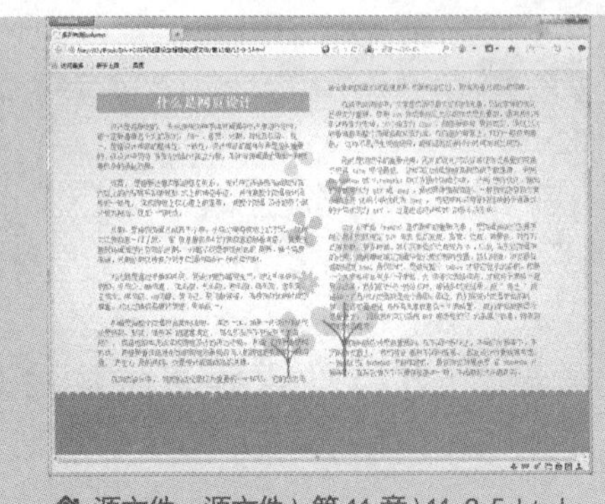

源文件：源文件 \ 第 11 章 \11-9-5. html

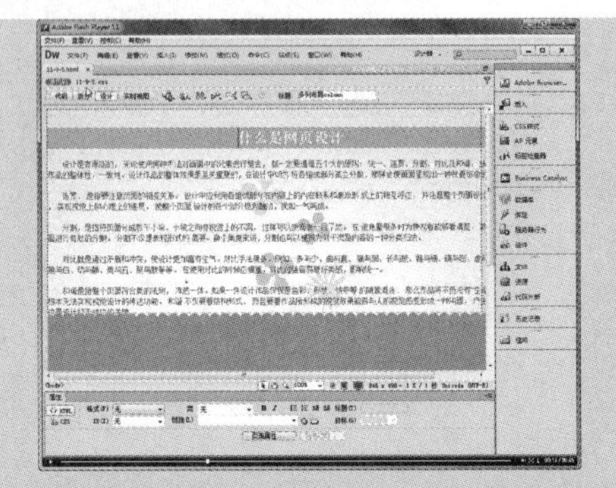

操作视频：视频 \ 第 11 章 \11-9-5. swf

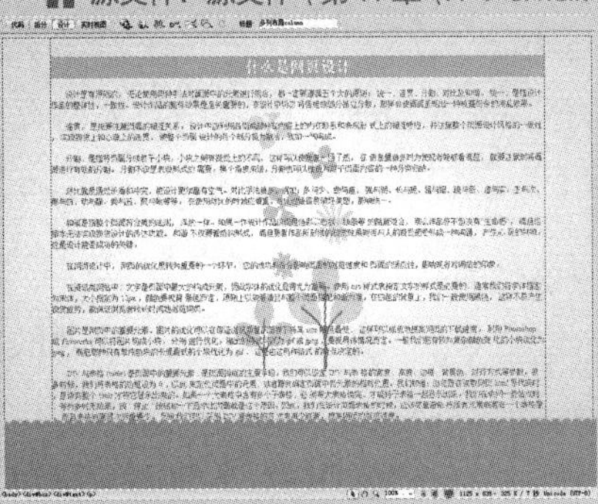

01 执行“文件 > 打开”命令，打开页面“源文件 \ 第 11 章 \11-9-4.html”，可以看到页面效果。

```
#text{
    width:930px;
    height:730px;
    margin:0px auto;
    padding-top:15px;
    background-image:url(../images/119504.png);
    background-repeat:no-repeat;
    background-position:center center;
}
```

02 转换到该网页所链接的外部样式 11-9-5.css 文件中，找到名为 #text 的 CSS 样式设置。

```
#text{
    width:930px;
    height:730px;
    margin:0px auto;
    padding-top:15px;
    background-image:url(../images/119504.png);
    background-repeat:no-repeat;
    background-position:center center;
    -moz-column-count:2;
    -moz-column-gap:40px;
}
```

03 在名为 #text 的 CSS 样式中添加列间距的设置代码。

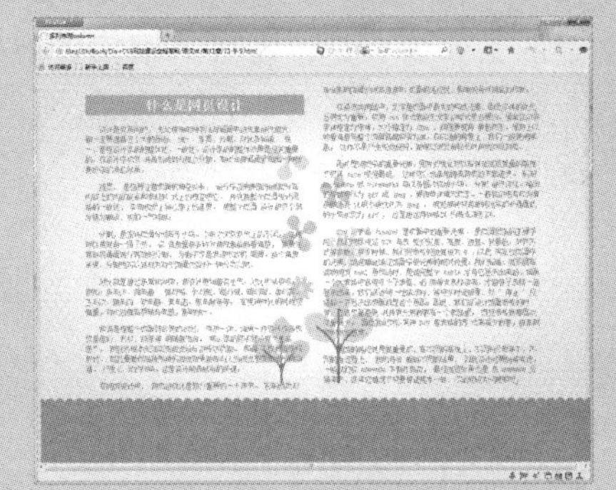

04 保存外部 CSS 样式文件，在 Firefox 浏览器中预览页面，可以看到设置了列间距的效果。

提问：IE 9 是否支持 column 相关属性？

答：目前 IE 9 及其以下浏览器还不支持 column 相关属性，但 Firefox、Chrome 和 Safari 浏览器都已经能够对 column 相关属性进行支持。

11.9.6 导航序列号 nav-index

nav-index 属性是 HTML 4 中 tabindex 属性的替代品，从 HTML 4 中引入并做了一些很小的修改。该属性为当前元素指定了其在当前文档中导航的序列号。导航的序列号指定了页面中元素通过键盘操作获得焦点的顺序。该属性可以存在于嵌套的页面元素当中。

nav-index 属性的语法格式如下。

```
nav-index: auto | <number> | inherit
```

- auto

采用默认的切换顺序。

- number

该数字（必须为正整数）指定了元素的导航顺序。1 表示最先被导航。如果多个元素的 nav-index 值相同时，则按照文档的先后顺序进行导航。

- inherit

默认继承。

为了能在页面中按顺序获取焦点，页面元素需要遵循一定的规则。

（1）该元素支持 nav-index 属性，而被赋予正整数属性值的元素将会被优先导航。将按钮 nav-index 属性值从小到大进行导航。属性值无需按次序，也无需以特定的值开始。拥有同一 nav-index 属性值的元素将以它们在字符流中出现的顺序进行导航。

（2）对那些不支持 nav-index 属性或者 nav-index 属性值为 auto 的元素，将以它们在字符中出现的顺序进行导航。

对那些禁用的元素，将不参与导航的排序。

11.10　CSS 3 其他新增属性

在 CSS 3 中除了前面小节介绍的一些新增属性外，还新增了一些其他方面的属性，在本节中将重点介绍 @media 和 @font-face 属性。

11.10.1　判断对象 @media

通过 media queries 功能可以判断媒介（对象）类型来实现不同的展现。通过此特性可以让 CSS 可以更精确地作用于不同的媒介类型，同一媒介的不同条件（如分辨率、色数等）。

实例 101+ 视频：根据浏览器窗口不同显示不同的背景颜色

通过判断对象 @media 能够判断页面宽度，从而使作用对象显示不同的颜色，接下来通过实例练习介绍如何通过 @media 属性实现这一功能。

源文件：源文件 \ 第 11 章 \11-10-1.html

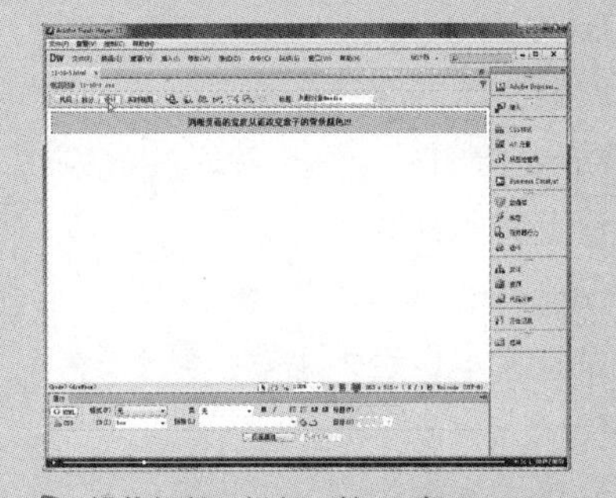

操作视频：视频 \ 第 11 章 \11-10-1.swf

01 执行“文件 > 打开”命令，打开页面“源文件 \ 第 11 章 \11-10-1.html”，可以看到页面效果。

```
<body>
<div id="box">判断页面的宽度从而改变盒子的背景颜色!!!</div>
</body>
```

02 转换到代码视图中，可以看到该页面的代码。

```
#box{
    padding:10px;
    font-weight:bold;
    text-align:center;
    background-color:#fc0;
}
```

03 ▶转换到该网页所链接的外部样式 11-10-1.css 文件中，可以看到名为 #box 的 CSS 样式设置。

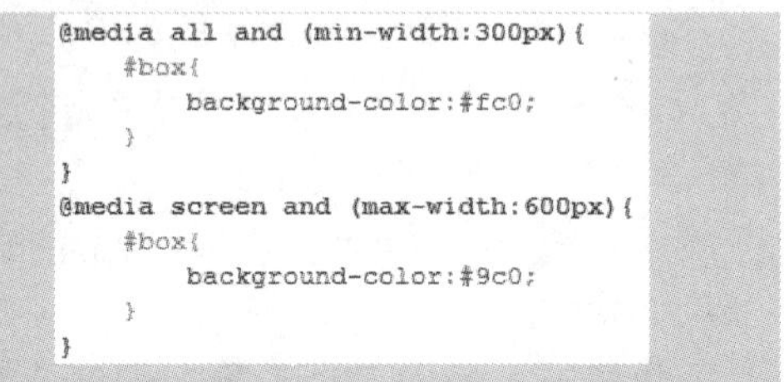

```
@media all and (min-width:300px){
    #box{
        background-color:#fc0;
    }
}
@media screen and (max-width:600px){
    #box{
        background-color:#9c0;
    }
}
```

04 ▶在外部 CSS 样式文件中创建两个 CSS 样式。

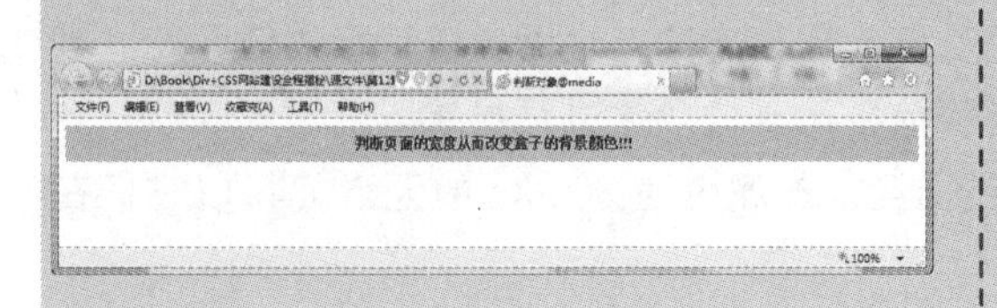

05 ▶保存页面，并保存外部 CSS 样式文件。在浏览器中预览页面，可以看到页面中元素的背景色为黄色。

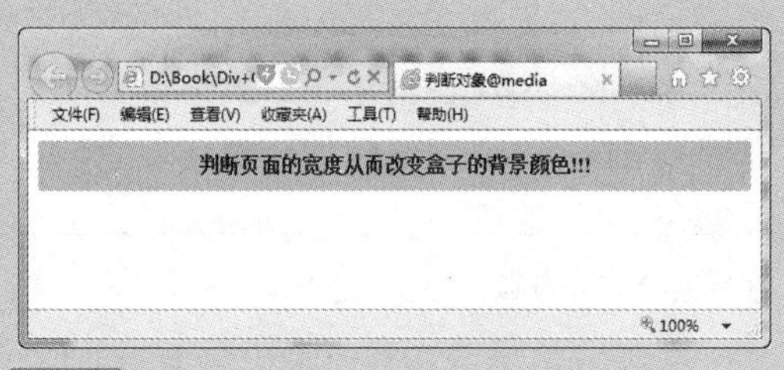

06 ▶当页面的宽度缩小到一定程度时，网页中元素的背景颜色变成了绿色。

提问：@media 属性的属性值是什么意思？

答：@media 属性的语法规则是 @media: <sMedia> { sRules }，其中 <sMedia> 用于指定设置名称，{ sRules } 表示 CSS 样式表定义。

11.10.2 加载服务器端字体 @font-face

通过 @font-face 属性可以加载服务器端的字体文件，让客户端显示当前所没有安装的字体。

@font-face 属性的语法格式如下。

```
@font-face: { 属性: 取值; }
```

- font-family

  设置文本的字体名称。

- font-style

  设置文本样式。

- font-variant

  设置文本是否大小写。

- font-weight

  设置文本的粗细。

- font-stretch

  设置文本是否横向的拉伸变形。

- font-size

  设置文本字体大小。

- src

  设置自定义字体的相对路径或者绝对路径，注意此属性只能在 @font-face 规则中使用。

微软的 IE 5 已经开始支持这个属性，但是只支持微软自有的 .eot（Embedded Open Type）格式，而其他浏览器直到现在都没有支持这一字体格式。然而从 Safari 3.1 开始，网页设计师已经可以设置 .ttf（TrueType）和 .otf（OpenType）两种字体作为自定义字体了。

11.11　使用 CSS 3 制作网页特效

CSS 3 可以说开辟了网页的一片新天地，通过 CSS 3 的新增属性可以在网页中实现许多特殊的效果，在前面的小节中已经介绍了有关 CSS 3 中众多的新增属性及其使用方法，在本章中将综合运用 CSS 3 的新增属性在网页中实现具有动态交互效果的导航菜单。

实例 102+ 视频：网页动态交互导航菜单

本实例制作网页动态交互导航菜单，完全使用 CSS 3 新增属性来实现动态交互效果，使用 @font-face 属性加载外部字体，使用 box-shadow 属性为元素添加阴影，使用 transition 属性为元素设置变换效果等，综合应用多个 CSS 3 属性。

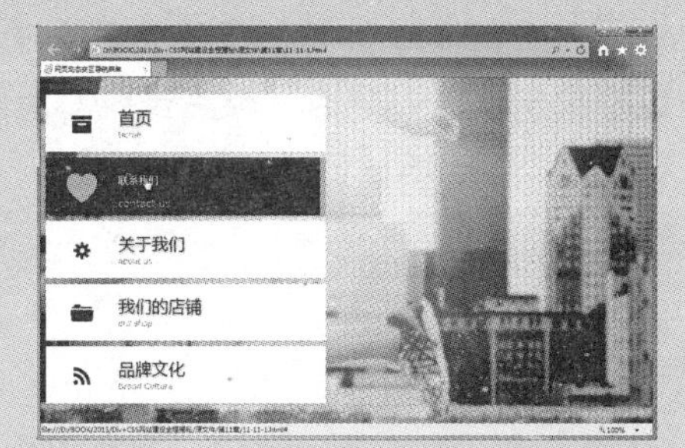

源文件：源文件 \ 第 11 章 \11-11-1. html

操作视频：视频 \ 第 11 章 \11-11-1. swf

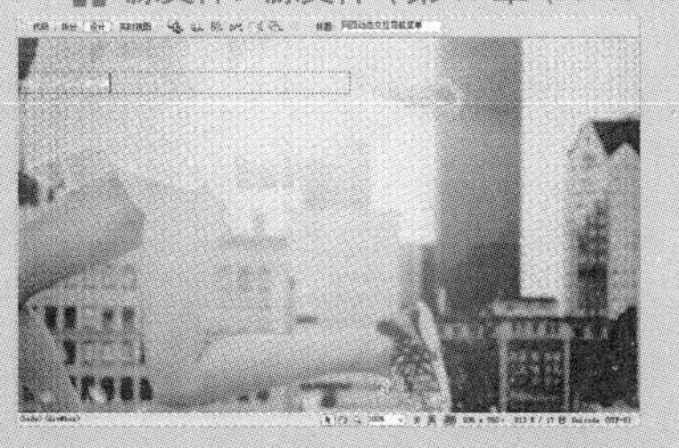

01 执行“文件 > 打开”命令，打开页面“源文件 \ 第 11 章 \11-11-1.html”，可以看到页面效果。

```
@font-face {
    font-family: "WebSymbolsRegular";
    src:url("websymbols.woff");
    src:url("websymbols.woff") format("woff"),
        url("websymbols.ttf") format("truetype");
    font-weight: normal;
    font-style: normal;
}
```

02 转换到该网页链接的外部 CSS 样式 11-11-1.css 文件中，创建名为 @font-face 的 CSS 样式，加载外部字体。

提示　此处使用 CSS 3 新建的 @font-face 属性加载外部字体，此处加载的两个外部字体是 websymbls. ttf 和 websymbols. woff，这两个字体文件与外部 CSS 样式文件放在同一目录中，在本实例中使用这种特殊的字体可以将英文字母转换为相应的图形。

03 返回网页设计视图，将光标移至名为 box 的 Div 中，将多余文字删除，输入相应的段落文本，并将段落文本创建为项目列表。

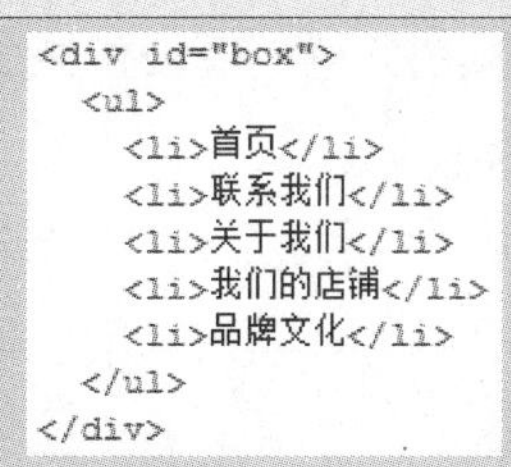

```
<div id="box">
  <ul>
    <li>首页</li>
    <li>联系我们</li>
    <li>关于我们</li>
    <li>我们的店铺</li>
    <li>品牌文化</li>
  </ul>
</div>
```

04 转换到代码视图中，可以看到该部分项目列表的代码。

```
#box li{
    position: relative;
    width: 500px;
    height: 100px;
    overflow: hidden;
    margin-bottom: 10px;
    background: #FFF;
    color: #333;
    list-style-type: none;
    box-shadow: 2px 2px 4px rgba(0, 0, 0, 0.2);
    -webkit-transition: 0.3s all ease;
    -moz-transition: 0.3s all ease;
    transition: 0.3s all ease;
}
```

05 ▶转换到 11-11-1.css 文件中，创建名为 #box li 的 CSS 样式。

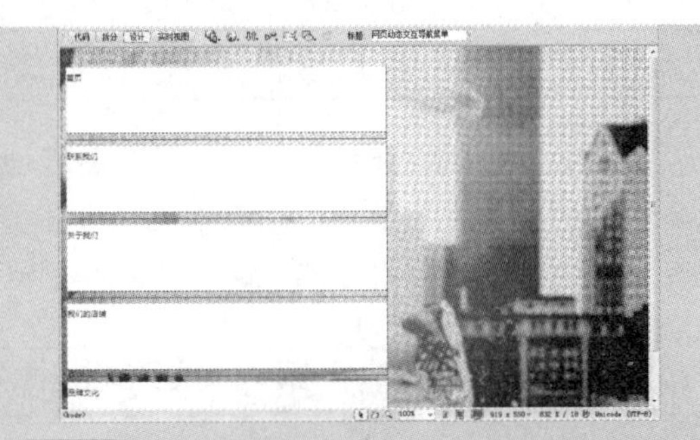

06 ▶返回网页设计视图，可以看到页面的效果。

提示

在名为 #box li 的 CSS 样式代码中，使用 CSS 3 新增的 box-shadow 属性为元素添加阴影效果。transition 属性允许 CSS 的属性值在一定的时间区间内平滑地过渡，这种效果可以在鼠标单击、获得焦点、被点击或对元素任何改变中触发，并圆滑地以动画效果改变 CSS 的属性值。

07 ▶将光标移至“首页”文字之前，在光标所在位置插入一个无 id 名称的 Div。

```
.border01 {
    position:absolute;
    width:10px;
    height:100px;
    overflow:hidden;
    left:0;
    top:0;
    background:#F90;
    opacity:0;
    transition:0.3s all ease;
    -webkit-transition:0.3s all ease;
    -moz-transition:0.3s all ease;
    -webkit-transition:.5s left ease;
}
```

08 ▶转换到 11-11-1.css 文件中，创建名为 .border01 的类 CSS 样式。

09 ▶返回设计视图，选中刚插入的 Div，在“类”下拉列表中选择刚定义的 border01 应用，并将该 Div 中多余的文字删除。

```
<div id="box">
  <ul>
    <li>
      <div class="border01"></div>
      <div>
      <h2><a href="#">首页</a></h2>
      <h3>Home</h3>
      </div>
    </li>
    <li>联系我们</li>
    <li>关于我们</li>
    <li>我们的店铺</li>
    <li>品牌文化</li>
  </ul>
</div>
```

10 ▶转换到代码视图中，为“首页”文字添加 <div> 标签，并且添加相应的 <h2> 和 <h3> 标签和文字。

```
.text{
    width:300px;
    height:70px;
    margin-top:24px;
    float: left;
    -webkit-animation:.5s .2s ease both;
    -moz-animation:1s .2s ease both;
    animation:.5s .2s ease both;
}
```

11 ▶转换到 11-11-1.css 文件中，创建名为 .text 的 CSS 样式。

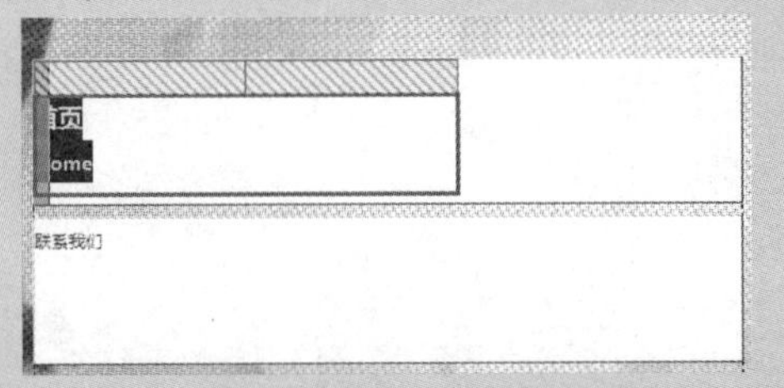

12 ▶返回设计视图，选中刚添加的 Div，选择名为 text 的 CSS 样式应用。

提示　在名为 .text 的 CSS 样式代码中，使用 CSS 3 新增的 animation 属性为元素添加动画效果。IE 10、Firefox 和 Opera 支持 animation 属性，Safari 和 Chrome 支持替代的 -webkit-animation 属性。

```
.text h2,.text a{
    text-shadow: 1px 2px 4px #999;
    font-size: 30px;
    color: #333;
    text-decoration: none;
    font-weight: normal;
    -webkit-transition: 0.3s all ease;
    -moz-transition: 0.3s all ease;
    transition: 0.3s all ease;
}
.text h3{
    font-family: Verdana;
    font-size: 14px;
    color: #666;
    font-weight: normal;
    -webkit-transition:0.3s all ease;
    -moz-transition:0.3s all ease;
    transition:0.3s all ease;
}
```

13 ▶转换到 11-11-1.css 文件中，创建名为 .text h2,.text a 和名为 .text h3 的 CSS 样式。

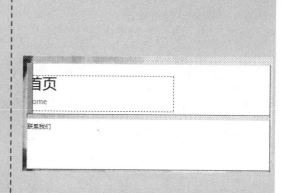

14 ▶返回设计视图，可以看到页面的效果。

```
<li>
  <div class="border01"></div>
  <span>Z</span>
  <div class="text">
  <h2><a href="#">首页</a></h2>
  <h3>Home</h3>
  </div>
</li>
<li>联系我们</li>
<li>关于我们</li>
<li>我们的店铺</li>
<li>品牌文化</li>
```

15 ▶转换到代码视图中，在相应的位置添加 <span> 标签和文字。

```
.icon {
    width:90px;
    height:90px;
    margin-left:20px;
    margin-top:5px;
    margin-right:20px;
    float:left;
    font-size:30px;
    font-family: "WebSymbolsRegular";
    line-height:90px;
    text-align:center;
    -webkit-transition:0.3s all ease;
    -moz-transition:0.3s all ease;
    transition:0.3s all ease;
    text-shadow:0 0 3px #CCCCCC;
}
```

16 ▶转换到 11-11-1.css 文件中，创建名为 .icon 的类 CSS 样式。

```
<li>
  <div class="border01"></div>
  <span class="icon">Z</span>
  <div class="text">
  <h2><a href="#">首页</a></h2>
  <h3>Home</h3>
  </div>
</li>
<li>联系我们</li>
<li>关于我们</li>
<li>我们的店铺</li>
<li>品牌文化</li>
```

17 ▶返回网页代码视图中，在刚刚添加的 <span> 标签中添加 class 属性，应用刚创建的名为 icon 的类 CSS 样式。

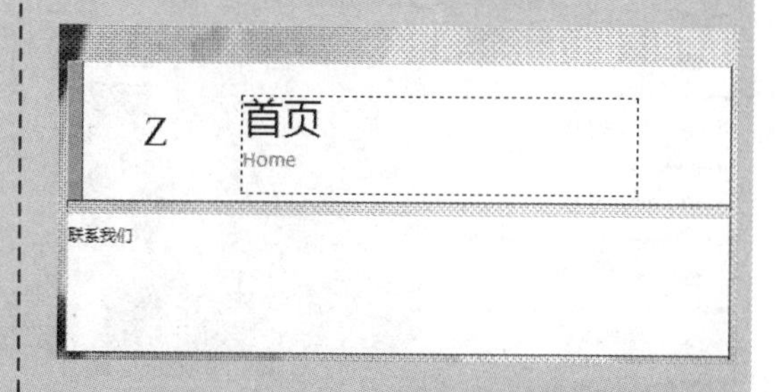

18 ▶返回网页设计视图，可以看到页面的效果。

```
<li>
  <div class="border01"></div>
  <span class="icon">N</span>
  <div class="text">
    <h2><a href="#">联系我们</a></h2>
    <h3>contact us</h3>
  </div>
  </li>
<li>
  <div class="border01"></div>
  <span class="icon">S</span>
  <div class="text">
    <h2><a href="#">关于我们</a></h2>
    <h3>about us</h3>
  </div>
</li>
<li>
  <div class="border01"></div>
  <span class="icon">F</span>
  <div class="text">
    <h2><a href="#">我们的店铺</a></h2>
    <h3>our shop</h3>
  </div>
</li>
<li>
  <div class="border01"></div>
  <span class="icon">B</span>
  <div class="text">
    <h2><a href="#">品牌文化</a></h2>
    <h3>Brand Culture</h3>
  </div>
</li>
```

19 ▶使用相同的制作方法，可以完成其他 <li> 标签中内容的制作。

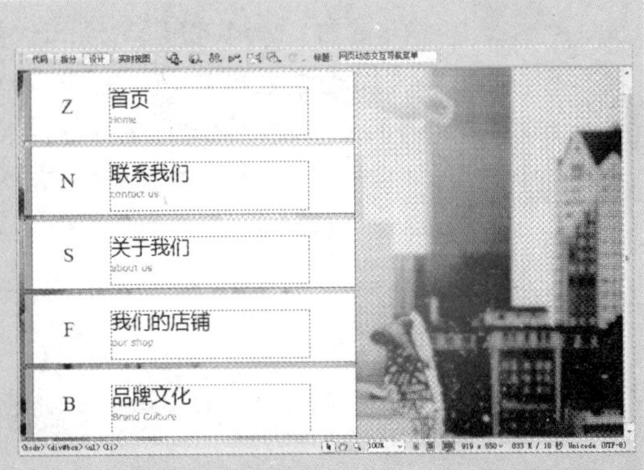

20 ▶返回到网页设计视图，可以看到页面的效果。

```
#box li:hover {
    background: #000;
    box-shadow: 2px 2px 4px rgba(0, 0, 0, 0.4);
}
#box li:hover .border01 {
    opacity: 1;
    left: 490px;
}
```

21 ▶转换到 11-11-1.css 文件中，创建名为 #box li:hover 和名为 #box li:hover .border01 的 CSS 样式。

```
#box li:hover h2,#box li:hover a{
    color:#FFF;
    font-size:18px;
    text-shadow:1px 2px 4px #333;
}
#box li:hover .text h3{
    color:#F60;
    font-size:18px;
    margin-top:10px;
}
```

22 ▶接着创建名为 #box li:hover h2,#box li:hover a 和名为 #box li:hover .text h3 的 CSS 样式。

```
#box li:hover .icon{
    color:#F90;
    font-size:50px;
}
#box li:hover .text{
    -webkit-animation-name:shake;
    -moz-animation-name:shake;
    animation-name:shake;
}
```

23 ▶在 11-11-1.css 文件中创建名为 #box li:hover .icon 和名为 #box li:hover .text 的 CSS 样式。

```
@-webkit-keyframes shake{
0%,100%{-webkit-transform:translateX(0);}
20%,60%{-webkit-transform:translateX(-10px);}
40%,80%{-webkit-transform:translateX(10px);}
}
@-moz-keyframes shake{
0%,100%{-moz-transform:translateX(0);}
20%,60%{-moz-transform:translateX(-10px);}
40%,80%{-moz-transform:translateX(10px);}
}
```

24 ▶接着创建名为 @-webkit-keyframes shake 和名为 @-moz-keyframes shake 的 CSS 样式。

25 ▶保存页面，并保存外部 CSS 样式文件，在浏览器中预览页面，可以看到导航菜单的效果。

26 ▶将光标移至各导航菜单项上时，可以看到导航菜单的交互效果。

提问

提问：为什么编写 CSS 3 属性设置代码时需要设置几遍？

答：因为 CSS 3 还没有正式发布，各种核心的浏览器对其支持情况不一，很多浏览器虽然可以支持相应的 CSS 3 属性，但是必须将 CSS 3 属性名称写为其私有格式，所以在编写 CSS 样式时，为了使页面在不同核心的浏览器中都能正常显示，设置 CSS 3 属性时，常常需要编写不同核心私有写法。

11.12　本章小结

本章主要介绍 CSS 高级应用与 CSS 3 属性，通过本章的学习，能使读者了解 CSS 的新增功能属性。不可否认这些功能的确强大，但它的局限性在于不少属性设置只有在特定的浏览器中才能预览真实效果。

第12章　使用 DIV+CSS 布局网页

在设计和制作网站页面时，能否控制好各个元素在页面中的位置是非常关键的。在前面的章节中，已经对 CSS 样式控制网页中各种元素的方法和技巧进行了详细讲解，本章将在此基础上对 CSS 定位和 Div 进行详细介绍，包括使用 DIV+CSS 布局制作网站页面的详细方法和技巧。

本章知识点

- ☑ 了解 Div 和如何插入 Div
- ☑ 理解 CSS 盒模型
- ☑ 掌握使用 CSS 定位网页元素
- ☑ 掌握常用 DIV+CSS 布局
- ☑ 掌握流体网格布局

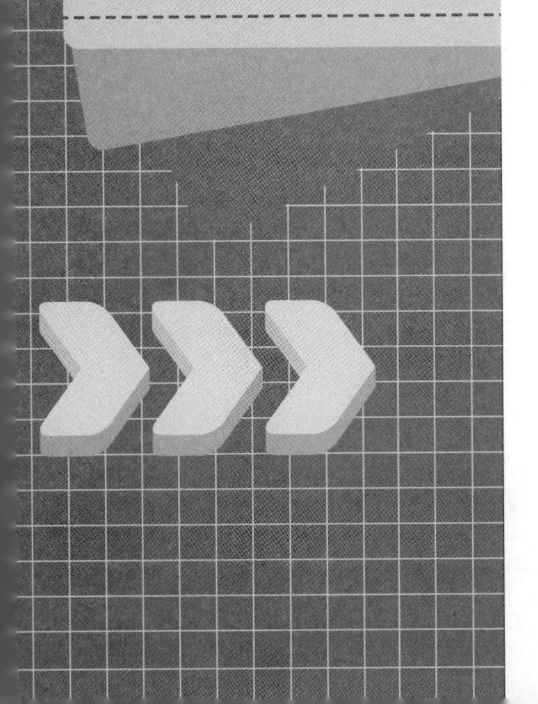

12.1　关于 Div

使用 Div 进行网页排版布局是现在网页设计制作的趋势，通过 CSS 样式可以轻松地控制 Div 的位置，从而实现许多不同的布局方式。Div 与其他 HTML 标签一样，是一个 HTML 所支持的标签。例如当使用一个表格时，应用 <table>…</table> 这样的结构一样，Div 在使用时也是同样以 <div>…</div> 的形式出现。

12.1.1　什么是 Div

Div 是一个容器。在 HTML 页面中的每个标签对象几乎都可以称得上是一个容器，例如使用 <P> 标签对象。

```
<p>文档内容</p>
```

<P> 标签作为一个容器，其中放入了内容。相同的，Div 也是一个容器，能够放置内容，代码如下。

```
<div>文档内容</div>
```

在传统的表格式的布局当中之所以能进行页面的排版布局设计，完全依赖于表格对象 table。在页面当中绘制一个由多个单元格组成的表格，在相应的表格中放置内容，通过表格单元格的位置控制，达到实现布局的目的，这是表格式布局的核心对象。而在今天，所要接触的是一种全新的布局方式“CSS 布局”，Div 是这种布局方式的核心对象，Div 是 HTML 中指定的，专门用于布局设计的容器对象。使用 CSS 布局的页面排版不需要依赖表格，仅从 Div 的使用上说，做一个简单的布局只需要依赖 Div 与 CSS，因此也可以称为 DIV+CSS 布局。

12.1.2　如何在网页中插入 Div

与其他 HTML 对象一样，只需在代码中应用 <div>…</div> 这样的标签形式，将内容放置其中，便可以应用 Div 标签。

提示　<div> 标签只是一个标记，作用是将内容标示一个区域，并不负责其他事情，Div 只是 CSS 布局工作的第一步，需要通过 Div 将页面中的内容元素标示出来，而为内容添加样式则由 CSS 来完成。

Div 对象除了可以直接放入文本和其他标签，也可以多个 Div 标签进行嵌套使用，最终的目的是合理地标示出页面的区域。

Div 对象在使用的时候，同其他 HTML 对象一样，可以加入其他属性，如：id、class、align、style 等，而在 CSS 布局方面，为了实现内容与表现分离，不应当将 align（对齐）属性，与 style（行间样式表）属性编写在 HTML 页面的 <div> 标签中，因此，Div 代码只可能拥有以下两种形式。

```
<div id="id名称">内容</div>
<div class="class名称">内容</div>
```

使用 id 属性，可以将当前这个 Div 指定一个 id 名称，在 CSS 中使用 id 选择器进行 CSS 样式编写。同样可以使用 class 属性，在 CSS 中使用类选择器进行 CSS 样式编写。

提示　同一名称的 id 值在当前 HTML 页面中只允许使用一次，无论是应用到 Div 还是其他对象的 id 中。而 class 名称则可以重复使用。

在一个没有 CSS 应用的页面中，即使应用了 Div，也没有任何实际效果，就如同直接输入了 Div 中的内容一样，那么该如何理解 Div 在布局上所带来的不同呢?

首先用表格与 Div 进行比较。用表格布局时，使用表格设计的左右分栏或上下分栏，都能够在浏览器预览中直接看到分栏效果。

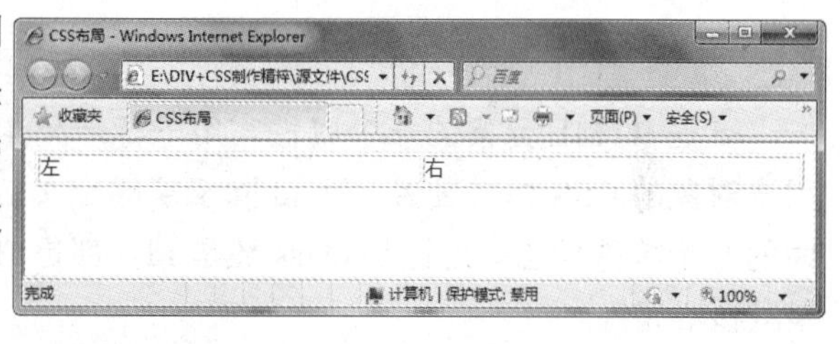

表格自身的代码形式，决定了在浏览器中显示的时候，两块内容分别显示在左单元格与右单元格之中，因此不管是否应用了表格线，都可以明确地知道内容存在于两个单元格之中，也达到了分栏的效果。

同表格的布局方式一样，用 Div 布局，编写两个 Div 代码。

```
<div>左</div>
<div>右</div>
```

而此时浏览能够看到的仅仅出现了两行文字，并没有看出 Div 的任何特征，可以看到在网页中的显示效果。

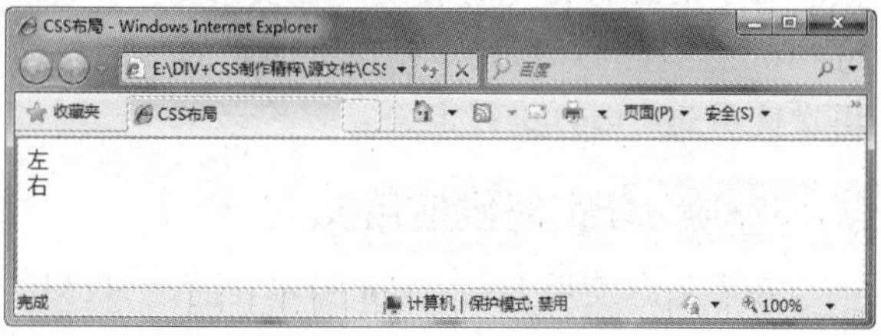

从表格与 Div 的比较中可以看出 Div 对象本身就是占据整行的一种对象，不允许其他对象与它在一行中并列显示，实际上，Div 就是一个“块状对象 (block)”。

> 提示 HTML 中的所有对象几乎都默认为两种类型。block 块状对象指的是当前对象显示为一个方块，默认的显示状态下，将占据整行，其他对象在下一行显示。in-line 行间对象正好和 block 相反，它允许下一个对象与它本身在一行中显示。

Div 在页面中并非用于类似于文本一样的行间排版，而是用于大面积、大区域的块状排版。

另外从页面的效果可以发现，网页中除了文字之外没有任何其他效果，两个 Div 之间的关系只是前后关系，并没有出现类似表格的田字形的组织形式，因此可以说，Div 本身与样式没有任何关系，样式需要编写 CSS 来实现，因此 Div 对象应该说从本质上实现了与样式分离。

因此在 CSS 布局之中所需要的工作可以简单归集为两个步骤，首先使用 Div 将内容标记出来，然后为这个 Div 编写需要的 CSS 样式。

由于 Div 与 CSS 样式分离，最终样式则由 CSS 来完成。这样的与样式无关的特性，使得 Div 在设计中拥有巨大的可伸缩性，可以根据自己的想法改变 Div 的样式，不再拘泥于单元格固定模式的束缚。

12.2 id 与 class

早期使用表格布局网站时，常常会使用类 CSS 样式对页面中的一些字体、链接等元素进行控制，在 HTML 中对对象应用 CSS 样式的方法都是 class。而使用了 DIV+CCS 制作符合 Web 标准的网站页面，id 与 class 会频繁地出现在网页代码及 CSS 样式表中。

12.2.1 什么是 id

id 是 HTML 元素的一个属性，用于标示元素名称。class 对于网页来说主要功能就是用于对象的 CSS 样式设置，而 id 除了能够定义 CSS 样式外，还可以是服务于网站交互行为的一个特殊标志。无论是 class 还是 id，都是 HTML 所有对象支持的一种公共属性，也是其核心属性。

id 名称是对网页中某一个对象的唯一标记，用于对这个对象进行交互行为的编写及 CSS 样式定义。如果在一个页面中出现了两个重复的 id 名称，并且页面中有对该 id 进行操作的 JavaScript 代码，JavaScript 就无法正确判断所要操作的对象位置而导致页面出现错误。每个定义的 id 名称在使用上要求每个页面中只能出现一次，如当在一个 Div 中使用了 id="top" 这样的标示后，在该页面中的其他任何地方，无论是 Div 还是别的对象，都不能再次使用 id="top" 进行定义。

12.2.2 什么时候使用 id

在不考虑使用 JavaScript 脚本，而是 HTML 代码结构及 CSS 样式应用的情况下，应有选择性地使用 id 属性对元素进行标示，使用时应遵循如下原则。

- 样式只能使用一次。

如果有某段 CSS 样式代码在网页中只能使用一次，那么可以使用 id 进行标示。例如网页中一般 Logo 图像只会在网页顶部显示一次，在这种情况下可以使用 id。

HTML 代码如下。

```
<div id="logo"><img src="logo.gif"/></div>
```

CSS 代码如下。

```
#logo {
    width:值;
    height:值;
}
```

- 用于对页面的区域进行标示。

对于编写 CSS 样式来说，很多时候需要考虑页面的视觉结构与代码结构，而在实际的 HTML 代码中，也需要对每个部分进行有意义的标示，这时候 id 就派上用场了。使用 id 对页面中的区域进行标示，有助于 HTML 结构的可读性，也有助于 CSS 样式的编写。

- 对于网页的顶部和底部，可以使用id进行具有明确意义的标示。

HTML 代码如下。

```
<div id="top">……  /</div>
<div id="bottom">……</div>
```

- 对于网页的视觉结构框架，也可采用id进行标示。

```
<div id="left_center">……</div>
<div id="main_center">……</div>
<div id="right_center">……</div>
```

- id除了对页面元素进行标示，也可以对页面中的栏目区块进行标示。

```
<div id="news">……</div>
<div id="login">……</div>
```

如果对页面中的栏目区块进行了明确的标示，CSS 编码就会容易很多，例如对页面中的导航元素，CSS 可以通过包含结构进行编写。

```
#top ul{ ……}
#top li{ ……}
#top a{ ……}
#top img{ ……}
```

12.2.3 什么是 class

class 直译为类、种类。class 是相对于 id 的一个属性，如果说 id 是对单独的元素进行标示，那么 class 则是对一类的元素进行标示，与 id 是完全相反的，每个 class 名称在页面中可以重复使用。

class 是 CSS 代码重用性最直接的体现，在实际使用中可将大量通用的样式定义为一个 class 名称，在 HTML 页面中重复使用 class 标示来达到代码重用的目的。

12.2.4 什么时候使用 class

某一种 CSS 样式在页面中需要使用多次。

如果网页中经常要出现红色或白色的文字，而又不希望每次都为文字分别编写 CSS 样式，可使用 class 标示，定义如下类 CSS 样式。

```
.font01 {  color:#ff0000; }
.font02 {  color:#FFFFFF; }
```

在页面设计中，无论 span 对象还是 p 对象或 Div 对象，只要需要红色文字，就可以通过 class 指定 CSS 样式名称，使当前对象中的文字应用样式。

```
<span class="font01">内容</span>
<p class="font01">内容</p>
<div class="font01">内容</div>
```

类似于这样的设置字体颜色的 CSS 样式，只需要在 CSS 样式表文件中定义一次，就可以在页面中的不同元素中同时使用。

在整个网站设计中，不同页面中常常能用到一些所谓的页面通用元素，例如页面中多个部分可能都需要一个广告区，而这个区域总是存在的，也有可能同时出现两个，对于这种情况，就可以将这个区域定义为一个 class 并编写相应的 CSS 样式。

```
.banner {
width:960px;
height:90px;
}
```

当页面中某处需要出现 960×90 尺寸的广告区域时，就可直接将其 class 设置为定义的类 CSS 样式 banner。

12.3 CSS 盒模型

盒模型是使用 DIV+CSS 对网页元素进行控制，是一个非常重要的概念，只有很好地理解和掌握了盒模型以及其中每个元素的用法，才能真正地控制页面中各元素的位置。

12.3.1 什么是 CSS 盒模型

在 CSS 中，所有的页面元素都包含在一个矩形框内，这个矩形框就称为盒模型。盒模型描述了元素及其属性在页面布局中所占的空间大小，因此盒模型可以影响其他元素的位置及大小。一般来说这些被占据的空间往往都比单纯的内容要大。换句话说，可以通过整个盒子的边框和距离等参数，来调节盒子的位置。

盒模型是由 margin（边界）、border（边框）、padding（填充）和 content（内容）几个部分组成的，此外，在盒模型中，还具备高度和宽度两个辅助属性，如下图所示。

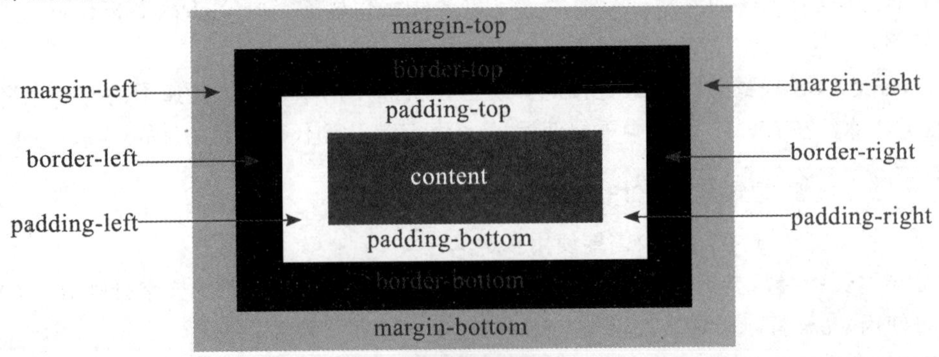

从图中可以看出，盒模型包含 4 个部分的内容。

- **margin 属性**

margin 属性称为边界或外边距，用来设置内容与内容之间的距离。

- **border 属性**

border 属性称为边框、内容边框线，可以设置边框的粗细、颜色和样式等。

- **padding 属性**

padding 属性称为填充或称为内边距，用来设置内容与边框之间的距离。

- **content**

称为内容，是盒模型中必需的一部分，可以放置文字、图像等内容。

提示 一个盒子的实际高度或宽度是由 content+padding+border+margin 组成的。在 CSS 中，可以通过设置 width 或 height 属性来控制 content 部分的大小，并且对于任何一个盒子，都可以分别设置四边的 border、margin 和 padding。

12.3.2 CSS 盒模型的要点

关于 CSS 盒模型，有以下几个要点是在使用过程中需要注意的。

（1）边框默认的样式（border-style）可设置为不显示（none）。

（2）填充值（padding）不可为负。

（3）边界值（margin）可以为负，其显示效果在各浏览器中可能不同。

（4）内联元素，例如 <a>，定义上下边界不会影响到行高。

（5）对于块级元素，未浮动的垂直相邻元素的上边界和下边界会被压缩。例如有上下两个元素，上面元素的下边界为 10px，下面元素的上边界为 5px，则实际两个元素的间距为 10px（两个边界值中较大的值），这就是盒模型的垂直空白边叠加的问题。

（6）浮动元素（无论是左还是右浮动）边界不压缩，并且如果浮动元素不声明宽度，则其宽度趋向于 0，即压缩到其内容能承受的最小宽度。

（7）如果盒中没有内容，则即使定义了宽度和高度都为 100%，实际上只占 0%，因此不会被显示，此处在使用 DIV+CSS 布局的时候需要特别注意。

12.3.3 margin 属性

margin 属性用于设置页面中元素和元素之间的距离，即定义元素周围的空间范围，是页面排版中一个比较重要的概念。margin 属性的语法格式如下。

```
margin: auto | length;
```

其中，auto 表示根据内容自动调整，length 表示由浮点数字和单位标识符组成的长度值或百分数，百分数是基于父对象的高度。对于内联元素来说，左右外延边距可以是负数值。

margin 属性包含 4 个子属性，分别用于控制元素四周的边距，包括 margin-top（上边界）、margin-right（右边界）、margin-bottom（下边界）和 margin-left（左边界）。

实例 103+ 视频：制作房产网站欢迎页

margin 属性设置的是元素与相邻元素之间的距离，也称为边界，了解了有关 margin 属性的基础知识，接下来通过实例练习介绍 margin 属性在网页中的实际应用。

源文件：源文件 \ 第 12 章 \12-3-3. html

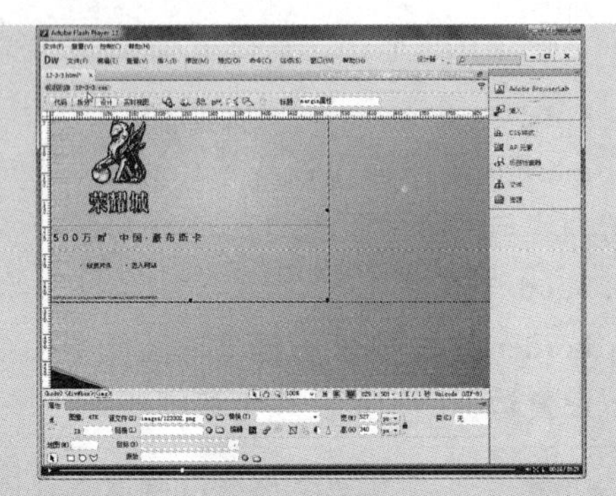

操作视频：视频 \ 第 12 章 \12-3-3. swf

01 执行“文件 > 打开”命令，打开页面“源文件 \ 第 12 章 \12-3-3.html”，可以看到页面效果。

02 将光标移至页面中名为 box 的 Div 中，将多余文字删除，插入图像“源文件 \ 第 12 章 \images\123302.png”。

03 保存页面，在浏览器中预览页面，可以看到页面效果。

```
#box {
    width: 527px;
    height: 340px;
    margin-top: 120px;
    margin-left: 100px;
}
```

04 转换到链接的外部 CSS 样式 12-3-3.css 文件中，定义名为 #box 的 CSS 样式。

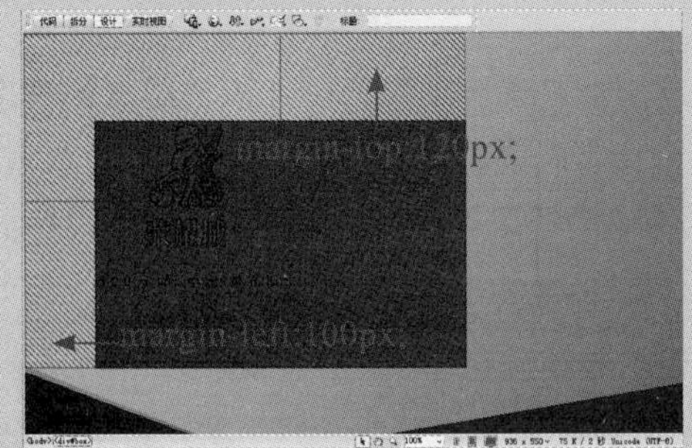

05 返回网页设计视图，选中 id 名为 box 的 Div，可以看到所设置的上边界和左边界的效果。

06 保存页面，并保存外部 CSS 样式文件，在浏览器中预览页面，可以看到页面的效果。

提问：如果直接为 margin 属性设置 4 个值，则分别对应的是什么？

答：在为 margin 属性设置值时，如果提供 4 个参数值，将按顺时针顺序作用于上、右、下、左四边；如果只提供 1 个参数值，将作用于四边；如果提供 2 个参数值，则第 1 个参数值作用于上、下两边，第 2 个参数值作用于左、右两边；如果提供 3 个参数值，第 1 个参数值作用于上边，第 2 个参数值作用于左、右两边，第 3 个参数值作用于下边。

12.3.4 border 属性

border 属性是内边距和外边距的分界线，可以分离不同的 HTML 元素，border 的外边是元素的最外围。在网页设计中，如果计算元素的宽和高，则需要把 border 属性值计算在内。

Border 属性的语法格式如下。

```
border : border-style | border-color | border-width;
```

border 属性有 3 个子属性，分别是 border-style（边框样式）、border-width（边框宽度）和 border-color（边框颜色）。

实例 104+ 视频：制作图片网页

border 属性用于设置元素的边框，通过对网页元素添加边框的效果，可以对网页元素和网页整体起到美化的作用。了解了 border 属性的相关基础知识，接下来通过实例练习介绍 border 属性在网页中的实际应用。

源文件：源文件 \ 第 12 章 \12-3-4.html

操作视频：视频 \ 第 12 章 \12-3-4.swf

01 执行“文件 > 打开”命令，打开页面“源文件 \ 第 12 章 \12-3-4.html”，可以看到页面效果。

```
#box img {
    margin-left: 5px;
    margin-right: 5px;
}
```

02 转换到该网页链接的外部 CSS 样式表 12-3-4.css 文件中，定义名为 #box img 的 CSS 样式。

03 ▶返回网页设计视图，可以看到图像与图像之间的间距效果。

05 ▶返回网页设计视图，为 3 张图像分别应用相应的类 CSS 样式。

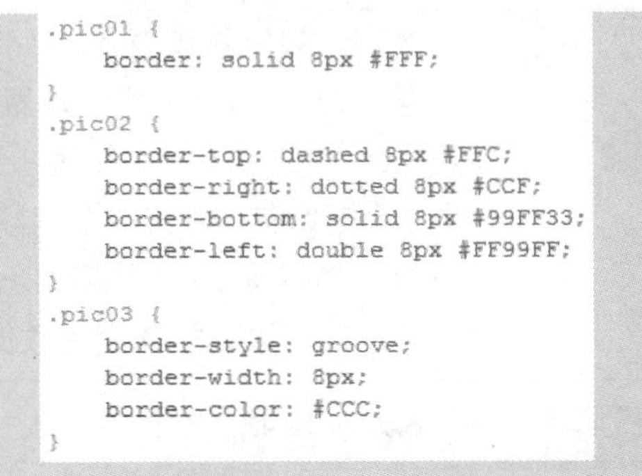

```
.pic01 {
    border: solid 8px #FFF;
}
.pic02 {
    border-top: dashed 8px #FFC;
    border-right: dotted 8px #CCF;
    border-bottom: solid 8px #99FF33;
    border-left: double 8px #FF99FF;
}
.pic03 {
    border-style: groove;
    border-width: 8px;
    border-color: #CCC;
}
```

04 ▶转换到 12-3-4.css 文件中，分别定义 3 个类 CSS 样式。

06 ▶保存页面和外部 CSS 样式文件，在浏览器中预览页面，可以看到图像边框效果。

提问

提问：border 属性除了可以用于图像边框，还可以应用于其他元素吗？

答：border 属性不仅可以设置图像的边框，还可以为其他元素设置边框，如文字、Div 等。在本实例中，主要讲解的是使用 border 属性为图像添加边框，读者可以自己动手试试为其他的页面元素添加边框。

12.3.5 padding 属性

在 CSS 中，可以通过设置 padding 属性定义内容与边框之间的距离，即内边距。

padding 属性的语法格式如下。

```
padding: length;
```

padding 属性值可以是一个具体的长度，也可以是一个相对于上级元素的百分比，但不可以使用负值。

padding 属性包括 4 个子属性，包括 padding-top（上边界）、padding-right（右边界）、padding-bottom（下边界）和 padding-left（左边界），分别可以为盒子定义上、右、下、左各边填充的值。

实例 105+ 视频：控制图像与边界距离

padding 属性设置的是元素边界到元素内容的距离，也称为填充。了解了 padding 属性的相关基础知识，接下来通过实例练习介绍如何在网页中使用 padding 属性控制图像与边界之间的距离。

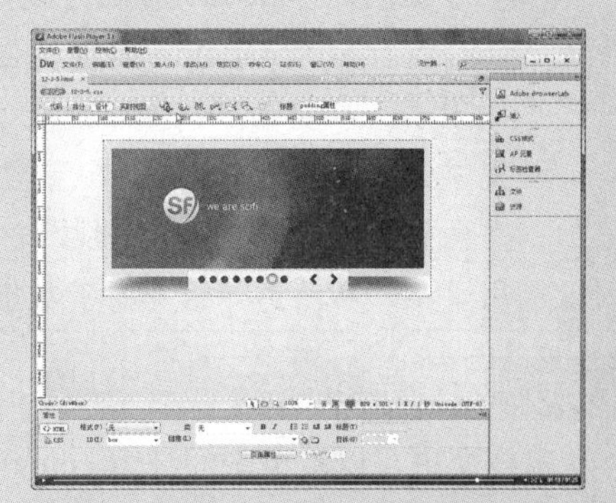

源文件：源文件 \ 第 12 章 \12-3-5. html　　操作视频：视频 \ 第 12 章 \12-3-5. swf

01 ▶执行“文件 > 打开”命令，打开页面“源文件 \ 第 12 章 \12-3-5.html”，可以看到页面效果。

02 ▶将光标移至页面中名为 box 的 Div 中，并将多余文字删除，插入图像“源文件 \ 第 12 章 \images\123502.jpg”。

```
#box {
    width: 610px;
    height: 285px;
    background-image: url(../images/123501.jpg);
    background-repeat: no-repeat;
    margin: 30px auto 0px auto;
}
```

03 ▶转换到 12-3-5.css 文件中，找到名为 #box 的 CSS 样式。

```
#box {
    width: 595px;
    height: 270px;
    background-image: url(../images/123501.jpg);
    background-repeat: no-repeat;
    margin: 30px auto 0px auto;
    padding-top: 15px;
    padding-left: 15px;
}
```

04 ▶在该 CSS 样式代码中添加 padding 属性设置代码。

提示

在 CSS 样式代码中 width 和 height 属性分别定义的是 Div 的内容区域的宽度和高度，并不包括 margin、border 和 padding，此处在 CSS 样式中添加了 padding-top（上填充）为 15 像素，则需要在高度值上减去 15 像素，添加了 padding-left（左填充）为 15 像素，则需要在宽度值上减去 15 像素，这样才能保证 Div 的整体宽度和高度不变。

05 ▶返回设计视图，选中 id 名为 box 的 Div，可以看到填充区域的效果。

06 ▶保存页面和外部 CSS 样式文件，在浏览器中预览页面，可以看到页面的效果。

提问：为 padding 属性设置 4 个属性值，分别表示什么？

答：在为 padding 属性设置值时，如果提供 4 个参数值，将按顺时针顺序作用于上、右、下、左四边；如果只提供 1 个参数值，将作用于四边；如果提供 2 个参数值，则第 1 个参数值作用于上、下两边，第 2 个参数值作用于左、右两边；如果提供 3 个参数值，第 1 个参数值作用于上边，第 2 个参数值作用于左、右两边，第 3 个参数值作用于下边。

12.3.6 content 部分

从盒模型中可以看出中间部分 content（内容），它主要用来显示内容，这部分也是整个盒模型的主要部分，其他的如 margin、border、padding 所做的操作都是对 content 部分所做的修饰。对于内容部分的操作，也就是对文字、图像等页面元素的操作。

12.4 CSS 3 新增弹性盒模型

弹性盒模型是 CSS 3 最新引进的盒子模型处理机制。在 Dreamweaver 中，该模型能够控制元素在盒子中的布局方式以及如何处理盒子的可用空间。通过弹性盒模型的应用，可以轻松地设计出自适应浏览器窗口的流动布局或者自适应大小的弹性布局。

CSS 3 为弹性盒子模型新增了 8 个属性，分别介绍如下。

- **box-orient 属性**

  box-orient 属性用于定义盒子分布的坐标轴。

- **box-align 属性**

  box-align 属性用于定义子元素在盒子内垂直方向上的空间分配方式。

- **box-direction 属性**

  box-direction 属性用于定义盒子的显示顺序。

- **box-flex 属性**

  box-flex 属性定义子元素在盒子内的自适应尺寸。

- **box-flex-group 属性**

  box-flex-group 属性用于定义自适应子元素群组。

- **box-lines 属性**

  box-lines 属性用于定义子元素分布显示。

- **box-ordinal-group 属性**

  box-ordinal-group 属性用于定义子元素在盒子内的显示位置。

- **box-pack 属性**

  box-pack 属性用于定义子元素在盒子内水平方向上的空间分配方式。

12.4.1 box-orient 属性控制盒子取向

盒子取向是指盒子元素内部的流动布局方向，包括横排和竖排两种。在 CSS 中，盒子取向可以通过 box-orient 属性进行控制。

box-orient 属性的语法格式如下。

```
box-orient: horizontal | vertical | inline-axis | block-axis | inherit
```

- **horizontal**

  设置 box-orient 属性为 horizontal，可以将盒子元素从左到右在一条水平线上显示它的子元素。

- **vertical**

  设置 box-orient 属性为 vertical，可以将盒子元素从上到下在一条垂直线上显示它的子元素。

- inline-axis

设置 box-orient 属性为 inline-axis，可以将盒子元素沿着内联轴显示它的子元素。

- block-axis

设置 box-orient 属性为 block-axis，可以将盒子元素沿着块轴显示它的子元素。

- inherit

设置 box-orient 属性为 inherit，表示盒子继承父元素的相关属性。

弹性盒子模型是 W3C 标准化组织在 2009 年发布的，目前还没有主流浏览器对其支持，包括 IE 10 对该属性也不支持，但是采用 Webkit 和 Mozilla 核心的浏览器自定义了一套私有属性用来支持弹性盒子模型。

例如下面的页面代码。

```
<!DOCTYPE html PUBLIC "-//W3C//DTD XHTML 1.0 Transitional//EN" "http://www.w3.org/TR/
xhtml1/DTD/xhtml1-transitional.dtd">
<html xmlns="http://www.w3.org/1999/xhtml">
<head>
<meta http-equiv="Content-Type" content="text/html; charset=utf-8" />
<title>box-orient</title>
<style type="text/css">
body {
   display: box;                                    /*标准声明显示盒子*/
   display: -moz-box;                               /*兼容Mozilla核心浏览器*/
   orient: horizontal;                              /*设置元素为盒子显示*/
   -moz-box-orient: horizontal;         /*兼容Mozilla核心浏览器*/
   box-orient: horizontal;                    /*盒子取向标准设置*/
}
#left {
   width: 200px;
   height: 500px;
   background-color: #9C3;
   border: solid 1px #060;
   text-align: center;
}
#main {
   width: 600px;
   height: 500px;
   background-color: #690;
   border: solid 1px #060;
   text-align: center;
}
#right {
   width: 200px;
```

```
    height: 500px;
    background-color: #9C3;
    border: solid 1px #060;
    text-align: center;
}
</style>
</head>
<body>
<div id="left">左侧盒子</div>
<div id="main">中间盒子</div>
<div id="right">右侧盒子</div>
</body>
</html>
```

在 Firefox 浏览器中预览该页面，可以看到在页面中显示了 3 个盒子，并且这 3 个盒子是并列在一行中显示的，而我们在 CSS 样式代码中并没有设置 Float 属性。

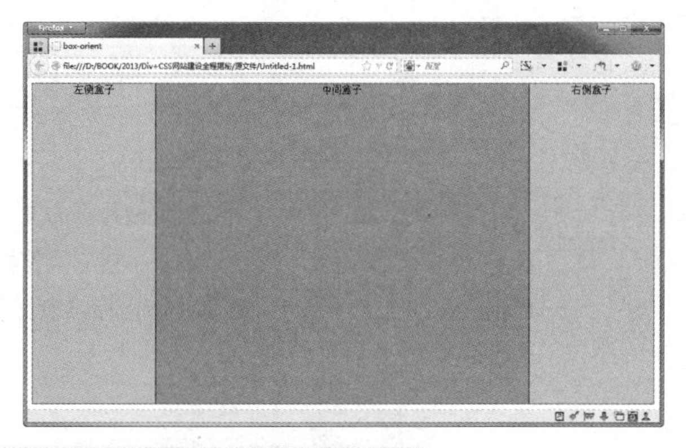

12.4.2 box-direction 属性控制盒子顺序

盒子顺序在 Dreamweaver 中是用来控制子元素的排列顺序，也可以说是控制盒子内部元素的流动顺序。在 CSS 中，盒子顺序可以通过 box-direction 属性进行控制。

box-direction 属性的语法格式如下。

```
box-direction: normal | reverse | inherit
```

- normal

设置 box-direction 属性为 normal，表示盒子顺序为正常显示顺序，即当盒子元素的 box-orient 属性值为 horizontal 时，则其包含的子元素按照从左到右的顺序进行显示，也就是说每个子元素的左边总是靠着前一个子元素的右边；当盒子元素的 box-orient 属性值为 vertical 时，则其包含的子元素按照从上到下的顺序进行显示。

- reverse

设置 box-direction 属性为 reverse，表示盒子所包含的子元素的显示顺序将与 normal 相反。

- inherit

设置 box-direction 属性为 inherit，表示继承上级元素的显示顺序。

例如下面的页面代码。

```
<!DOCTYPE html PUBLIC "-//W3C//DTD XHTML 1.0 Transitional//EN" "http://www.w3.org/TR/
```

```
xhtml1/DTD/xhtml1-transitional.dtd">
<html xmlns="http://www.w3.org/1999/xhtml">
<head>
<meta http-equiv="Content-Type" content="text/html; charset=utf-8" />
<title>box-direction</title>
<style type="text/css">
body {
    display: box;                              /*标准声明显示盒子*/
    display: -moz-box;                         /*兼容Mozilla核心浏览器*/
    orient: horizontal;                        /*设置元素为盒子显示*/
    -moz-box-orient: horizontal;               /*兼容Mozilla核心浏览器*/
    box-orient: horizontal;                    /*盒子取向标准设置*/
    -moz-box-direction: reverse;               /*兼容Mozilla核心浏览器的盒子布局顺序设置*/
    box-direction: reverse;                    /*标准的盒子布局顺序设置*/
}
#left {
    width: 200px;
    height: 500px;
    background-color: #9C3;
    border: solid 1px #060;
    text-align: center;
}
#main {
    width: 600px;
    height: 500px;
    background-color: #690;
    border: solid 1px #060;
    text-align: center;
}
#right {
    width: 200px;
    height: 500px;
    background-color: #9C3;
    border: solid 1px #060;
    text-align: center;
}
</style>
</head>
<body>
```

```
<div id="left">左侧盒子</div>
<div id="main">中间盒子</div>
<div id="right">右侧盒子</div>
</body>
</html>
```

该页面的代码与上一小节页面代码基本是相同的，只是在 body 标签的 CSS 属性设置中添加了 box-direction 属性的设置，设置盒子顺序反向显示。

在 Firefox 浏览器中预览该页面，可以发现页面中的 3 个盒子顺序进行了反向显示。

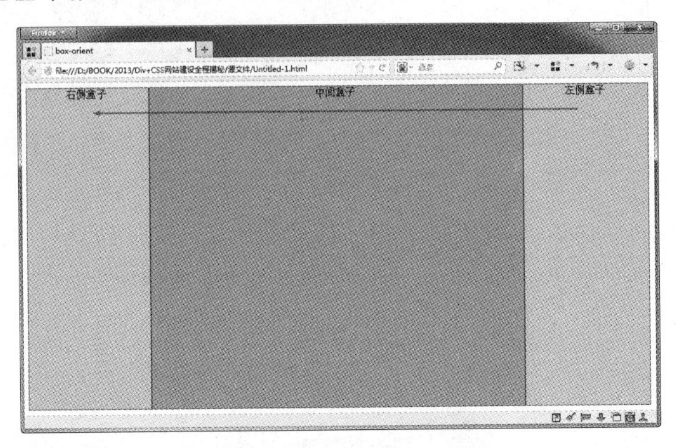

12.4.3 box-ordinal-group 属性控制盒子位置

盒子位置指的是盒子元素在盒子中的具体位置。在 CSS 中，盒子位置可以通过 box-ordinal-group 属性进行控制。

box-ordinal-group 属性的语法格式如下。

```
box-ordinal-group: <integer>
```

参数值 integer 代表的是一个自然数，从 1 开始，用来设置子元素的位置序号，子元素会根据该属性的参数值从小到大进行排列。当不确定子元素的 box-ordinal-group 属性值时，其序号全部默认为 1，并且相同序号的元素会按照其在文档中加载的顺序进行排列。

默认情况下，子元素根据元素的位置进行排列。

例如下面的页面代码。

```
<!DOCTYPE html PUBLIC "-//W3C//DTD XHTML 1.0 Transitional//EN" "http://www.w3.org/TR/
xhtml1/DTD/xhtml1-transitional.dtd">
<html xmlns="http://www.w3.org/1999/xhtml">
<head>
<meta http-equiv="Content-Type" content="text/html; charset=utf-8" />
<title>box-ordinal-group</title>
<style type="text/css">
#box {
    width: 900px;
    margin: 0px auto;
    text-align: center;
```

```
    display: box;
    display: -moz-box;
    box-orient: vertical;
    -moz-box-orient: vertical;
}
#box1 {
    height: 50px;
    background-color: #666;
    border: solid 1px #333;
    box-ordinal-group: 2;
    -moz-box-ordinal-group: 2;
}
#box2 {
    height: 50px;
    background-color: #999;
    border: solid 1px #333;
    box-ordinal-group: 3;
    -moz-box-ordinal-group: 3;
}
#box3 {
    height: 50px;
    background-color: #BBB;
    border: solid 1px #333;
    box-ordinal-group: 1;
    -moz-box-ordinal-group: 1;
}
#box4 {
    height: 50px;
    background-color: #CCC;
    border: solid 1px #333;
    box-ordinal-group: 4;
    -moz-box-ordinal-group: 4;
}
</style>
</head>
<body>
<div id="box">
  <div id="box1">第1个盒子</div>
  <div id="box2">第2个盒子</div>
```

```
    <div id="box3">第3个盒子</div>
    <div id="box4">第4个盒子</div>
</div>
</body>
</html>
```

在 Firefox 浏览器中预览该页面，可以发现第 3 个盒子显示按照 box-ordinal-group 属性所设置的位置，显示在最前面。

12.4.4 box-flex 属性控制盒子弹性空间

在 CSS 中，box-flex 属性能够灵活地控制盒子中的子元素在盒子中的显示空间。显示空间并不仅仅是指子元素所在栏目的宽度，也包括子元素的宽度和高度，因此可以说指的是子元素在盒子中所占的面积。

box-flex 属性的语法格式如下。

```
box-flex: <number>
```

参数值 number 代表的是一个整数或者小数。当盒子中包含了多个定义过 box-flex 属性的子元素时，浏览器则会将这些子元素的 box-flex 属性值全部相加，然后再根据它们各自占总值的比例来分配盒子所剩余的空间。

例如下面的页面代码。

```
<!DOCTYPE html PUBLIC "-//W3C//DTD XHTML 1.0 Transitional//EN" "http://www.w3.org/TR/
xhtml1/DTD/xhtml1-transitional.dtd">
<html xmlns="http://www.w3.org/1999/xhtml">
<head>
<meta http-equiv="Content-Type" content="text/html; charset=utf-8" />
<title>box-flex</title>
<style type="text/css">
#box {
    width: 1000px;
    height: 500px;
    margin: 0px auto;
    text-align: center;
```

```
    overflow: hidden;
    display: box;
    display: -moz-box;
    orient: horizontal;
    box-orient: horizontal;
    -moz-box-orient: horizontal;
}
#left {
    width: 200px;
    height: 500px;
    background-color: #9C3;
    border: solid 1px #060;
}
#main {
    box-flex: 4;
    -moz-box-flex: 4;
    height: 500px;
    background-color: #690;
    border: solid 1px #060;
}
#right {
    box-flex: 2;
    -moz-box-flex: 2;
    height: 500px;
    background-color: #9C3;
    border: solid 1px #060;
}
</style>
</head>
<body>
<div id="box">
  <div id="left">左侧盒子</div>
  <div id="main">中间盒子</div>
  <div id="right">右侧盒子</div>
</div>
</body>
</html>
```

通过 CSS 样式设置中间和右侧的盒子是通过 box-flex 属性设置的显示面积，在 Firefox 浏览器中预览页面效果。

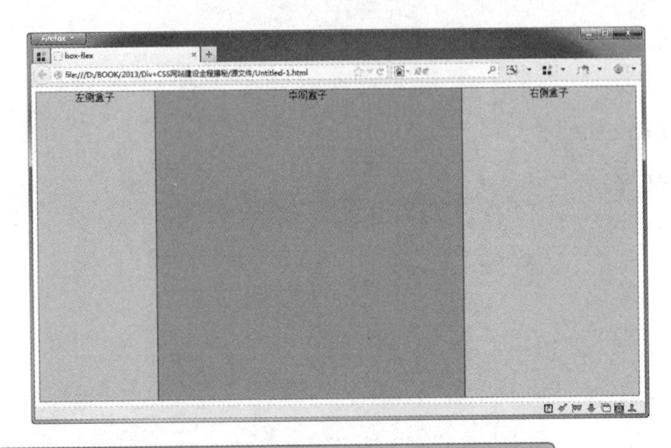

12.4.5 盒子空间管理 box-pack 和 box-align 属性

当弹性元素和非弹性元素混合排版时，可能会出现所有子元素的尺寸大于或者小于盒子的尺寸，从而导致盒子空间不足或者富余的情况，如果子元素的总尺寸小于盒子的尺寸，可以通过 box-align 和 box-pack 属性对盒子的空间进行管理。

box-pack 属性的语法格式如下。

```
box-pack: start | end | center | justify
```

- start

设置 box-pack 属性为 start，表示所有子容器都分布在父容器的左侧，右侧留空。

- end

设置 box-pack 属性为 end，表示所有子容器都分布在父容器的右侧，左侧留空。

- center

设置 box-pack 属性为 center，表示所有子容器平均分布（默认值）。

- justify

设置 box-pack 属性为 justify，表示平均分配父容器中的剩余空间（能压缩子容器的大小，并且具有全局居中的效果）。

在 CSS 中，box-align 属性是用于管理子容器在竖轴上的空间分配方式。

box-align 属性的语法格式如下。

```
box-align: start | end | center | baseline | stretch
```

- start

设置 box-align 属性为 start，表示子容器从父容器的顶部开始排列，富余空间将显示在盒子的底部。

- end

设置 box-align 属性为 end，表示子容器从父容器的底部开始排列，富余空间将显示在盒子的顶部。

- center

设置 box-align 属性为 center，表示子容器横向居中，富余空间在子容器的两侧分配，上下各一半。

- baseline

设置 box-align 属性为 baseline，表示所有盒子沿着它们的基线排列，富余空间可以前后显示。

- stretch

设置 box-align 属性为 stretch，表示每个子元素的高度被调整到适合盒子的高度显示，即所有子容器和父容器将保持同一高度。

例如下面的页面代码。

```
<!DOCTYPE html PUBLIC "-//W3C//DTD XHTML 1.0 Transitional//EN" "http://www.w3.org/TR/
xhtml1/DTD/xhtml1-transitional.dtd">
```

```
<html xmlns="http://www.w3.org/1999/xhtml">
<head>
<meta http-equiv="Content-Type" content="text/html; charset=utf-8" />
<title>box-pack和box-align</title>
<style type="text/css">
body,html {
   height: 100%;
   width: 100%;
}
body {
   margin: 0px;
   padding: 0px;
   background-color: #F1F5F8;
   background-image: url(bg.jpg);
   background-position: top center;
   display: box;
   display: -moz-box;
   box-orient: horizontal;
   -moz-box-orient: horizontal;
   box-pack: center;
   -moz-box-pack: center;
   box-align: center;
   -moz-box-align: center;
}
#box {
   border: solid 5px #FFF;
}
</style>
</head>
<body>
<div id="box"><img src="72.jpg" width="600" height="368" /></div>
</body>
</html>
```

在 CSS 样式中，通过将 box-pack 属性设置为 center，定义盒子两侧空间平均分配，通过将 box-align 属性设置为 center，定义盒子上下两侧空间平均分配，即 id 名为 box 的盒子在页面中水平居中、垂直居中显示，在 Firefox 浏览器中预览页面，可以看到页面的效果。

12.4.6 盒子空间溢出管理 box-lines 属性

弹性布局的盒子与传统盒子模型一样，盒子内的元素很容易出现空间溢出现象，在 CSS 3 中，允许使用 overflow 属性来处理溢出内容的显示，并且使用 box-lines 属性能够有效地避免空间溢出的现象。

box-lines 属性的语法格式如下。

```
box-lines: single | multiple
```

其中参数 single 表示子元素全部单行或者单列显示，参数 multiple 则表示子元素可以多行或者多列显示。

12.5 网页元素定位

CSS 的排版是一种比较新的排版理念，完全有别于传统的排版方式。它将页面首先在整体上进行 <div> 标签的分块，然后对各个块进行 CSS 定位，最后再在各个块中添加相应的内容。通过 CSS 排版的页面，更新十分容易，甚至是页面的拓扑结构，都可以通过修改 CSS 属性来重新定位。

12.5.1 关于 position 属性

在使用 DIV+CSS 布局制作页面的过程中，都是通过 CSS 的定位属性对元素完成位置和大小控制的。定位就是精确地定义 HTML 元素在页面中的位置，可以是页面中的绝对位置，也可以是相对于父级元素或另一个元素的相对位置。

position 属性是最主要的定位属性，position 属性既可以定义元素的绝对位置，又可以定义元素的相对位置。position 属性的语法格式如下。

```
position: static | absolute | fixed | relative;
```

- static

设置 position 属性值为 static，表示无特殊定位，元素定位的默认值，对象遵循 HTML 元素定位规则，不能通过 z-index 属性进行层次分级。

- absolute

设置 position 属性值为 absolute，表示绝对定位，相对于其父级元素进行定位，元素的位置可以通过 top、right、bottom 和 left 等属性进行设置。

- fixed

设置 position 属性为 fixed，表示悬浮，使元素固定在屏幕的某个位置，其包含块是可视区域本身，因此它不随滚动条的滚动而滚动，IE 5.5+ 及以下版本浏览器不支持该属性。

- relative

设置 position 属性为 relative，表示相对定位，对象不可以重叠，可以通过 top、right、bottom 和 left 等属性在页面中偏移位置，可以通过 z-index 属性进行层次分级。

在 CSS 样式中设置了 position 属性后，还可以对其他的定位属性进行设置，包括 width、height、z-index、top、right、bottom、left、overflow 和 clip，其中 top、right、bottom 和 left 只有在 position 属性中使用才会起到作用。

- top、right、bottom 和 left

top 属性用于设置元素垂直距顶部的距离；right 属性用于设置元素水平距右部的距离；bottom 属性用于设置元素垂直距底部的距离；left 属性用于设置元素水平距左部的距离。

- z-index

z-index 属性用于设置元素的层叠顺序。

- width 和 height

width 属性用于设置元素的宽度；height 属性用于设置元素的高度。

- overflow

overflow 属性用于设置元素内容溢出的处理方法。

- clip

clip 属性设置元素剪切方式。

12.5.2 relative 定位方式

设置 position 属性为 relative，即可将元素的定位方式设置为相对定位。对一个元素进行相对定位，首先它将显示在所在的位置上然后通过设置垂直或水平位置，让这个元素相对于它的原始起点进行移动。另外相对定位时，无论是否进行移动，元素仍然占据原来的空间。因此，移动元素会导致它覆盖其他元素。

实例 106+ 视频：实现图像叠加效果

相对定位是相对于元素的原始位置进行移动的定位效果，相对定位在网页中的应用比较多，常见的就是图像相互叠加的效果。接下来通过实例练习介绍如何使用相对定位实现网页中元素的相互叠加。

源文件：源文件 \ 第 12 章 \12-5-2. html

操作视频：视频 \ 第 12 章 \12-5-2. swf

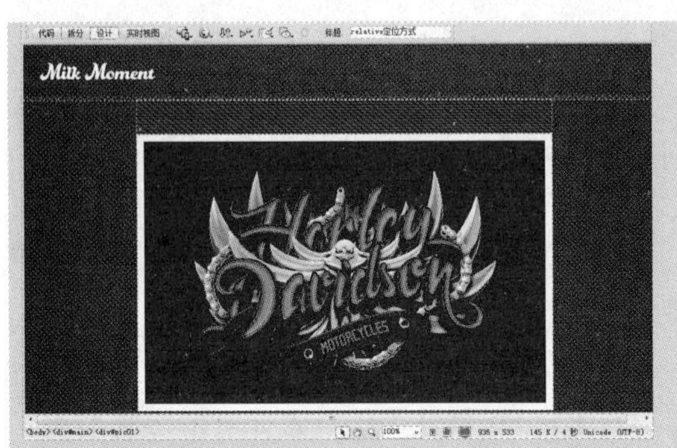

01 ▶执行“文件 > 打开”命令，打开页面“源文件\第 12 章\12-5-2.html”，可以看到页面效果。

02 ▶在页面中名为 pic01 的 Div 之后插入名为 pic02 的 Div。

03 ▶将光标移至刚插入的名为 pic02 的 Div 中，并将多余文字删除，插入图像“源文件\第 12 章\images\125206.png”。

```
#pic02 {
    position: relative;
    width: 130px;
    height: 130px;
    left: 520px;
    top: -420px;
}
```

04 ▶转换到该网页所链接的外部 CSS 样式 12-5-2.css 文件中，创建名为 #pic02 的 CSS 样式。

05 ▶返回网页设计视图，可以看到使用相对定位对网页元素进行定位的效果。

06 ▶保存页面和外部 CSS 样式文件，在浏览器中预览页面，可以看到页面效果。

提问：为什么使用相对定位的元素移动后会覆盖其他框？

答：在使用相对定位时，无论是否进行移动，元素仍然占据原来的空间，因此移动元素会导致它覆盖其他框。

12.5.3 absolute 定位方式

设置 position 属性为 absolute，即可将元素的定位方式设置为绝对定位。绝对定位是参照浏览器的左上角，配合 top、right、bottom 和 left 进行定位的，如果没有设置上述的 4 个值，则默认的依据父级元素的坐标原点为原始点。

在父级元素的 position 属性为默认值时，top、right、bottom 和 left 的坐标原点以 body 的坐标原点为起始位置。

实例 107+ 视频：制作科技公司网站页面

绝对定位可以通过 top、right、bottom 和 left 来设置元素，使其处在页面中任何一个位置。接下来通过实例练习介绍如何使用绝对定位的方法制作科技公司网站页面。

源文件：源文件 \ 第 12 章 \12-5-3. html

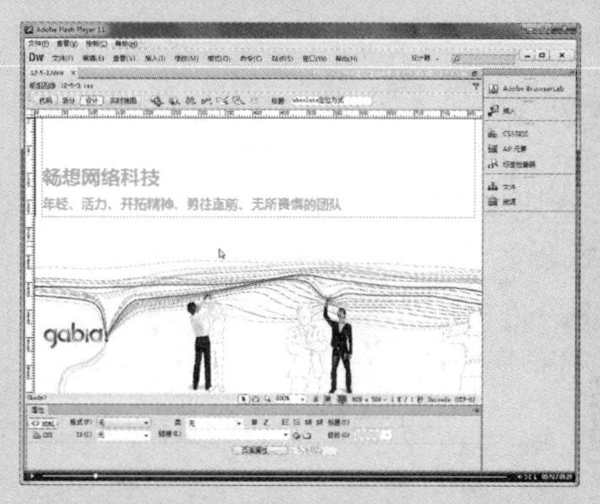

操作视频：视频 \ 第 12 章 \12-5-3. swf

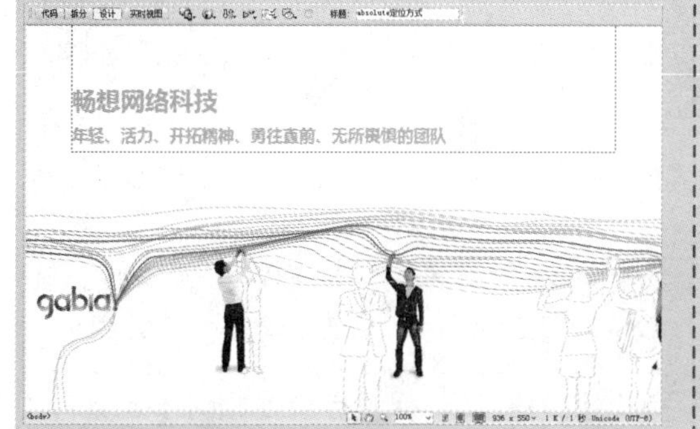

01 ▶执行“文件 > 打开”命令，打开页面“源文件 \ 第 12 章 \12-5-3.html”，可以看到页面效果。

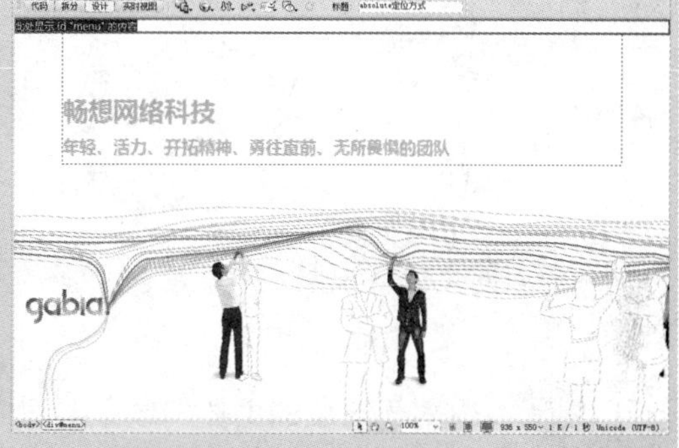

02 ▶在页面中名为 text 的 Div 之前插入名为 menu 的 Div。

```
html,body {
    height: 100%;
}
#menu {
    position: absolute;
    width: 250px;
    height: 100%;
    background-color: rgba(0,102,204,0.7);
    right: 0px;
    padding-left: 20px;
    padding-right: 20px;
}
```

03 ▶转换到该网页所链接的外部 CSS 样式文件中，创建名为 html,body 和名为 #menu 的 CSS 样式。

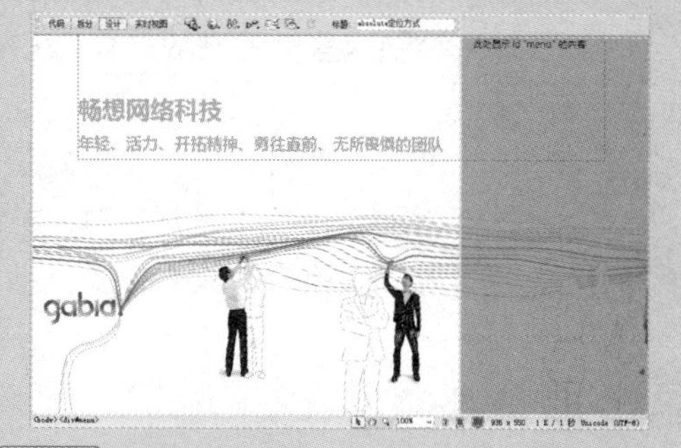

04 ▶返回网页设计视图，可以看到名为 menu 的 Div 的效果。

提示

在名为#menu 的 CSS 样式设置中，通过设置 position 属性为 absolute，将 id 名为 menu 的 Div 设置为绝对定位，通过设置 right 属性为 0，将 id 名为 menu 的 Div 紧靠浏览器的右边界显示。

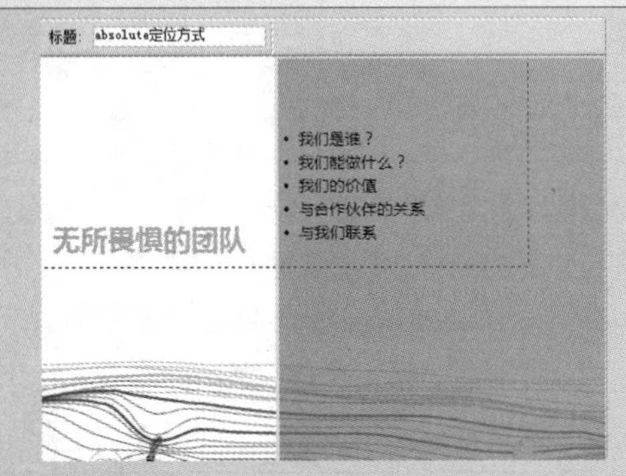

05 ▶将光标移至名为 menu 的 Div 中，并将多余文字删除，输入相应的段落文本，并将段落文本创建为项目列表。

```
#menu li {
    list-style-type: none;
    font-size: 16px;
    font-weight: bold;
    color: #FFF;
    line-height: 50px;
    letter-spacing: 10px;
    border-bottom: dashed 1px #003366;
}
```

06 ▶转换到 12-5-3.css 文件中，创建名为#menu li 的 CSS 样式。

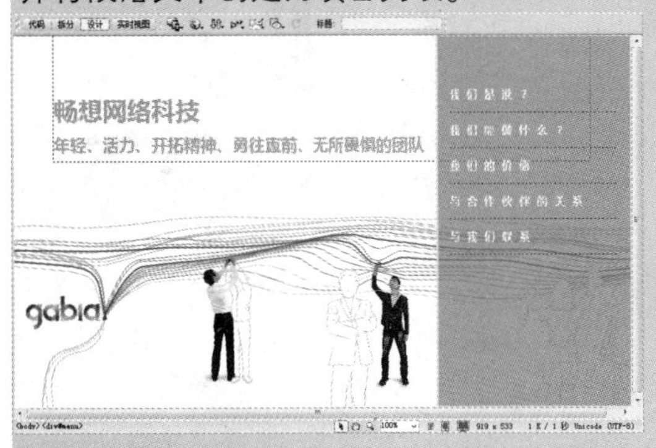

07 ▶返回网页设计视图，可以看到页面的效果。

08 ▶保存页面和外部 CSS 样式文件，在浏览器中预览页面，可以看到页面效果。

提示

对于定位的主要问题是要记住每种定位的意义。相对定位是相对于元素在文档流中的初始位置，而绝对定位是相对于最近的已定位的父元素，如果不存在已定位的父元素，那就相对于最初的包含块。因为绝对定位的框与文档流无关，所以它们可以覆盖页面上的其他元素。可以通过设置 z-index 属性来控制这些框的堆放次序。z-index 属性的值越大，框在堆中的位置就越高。

提问

提问：为什么使用相对定位的元素移动后会覆盖其他框？

答：在使用相对定位时，无论是否进行移动，元素仍然占据原来的空间。因此移动元素会导致它覆盖其他框。

12.5.4 fixed 定位方式

设置 position 属性为 fixed，即可将元素的定位方式设置为固定定位。固定定位和绝对定位比较相似，它是绝对定位的一种特殊形式，固定定位的容器不会随着滚动条的拖动而变化位置。在视线中，固定定位的容器位置是不会改变的。固定定位可以把一些特殊效果固定在浏览器的视线位置。

实例 108+ 视频：固定不动的网站导航菜单

固定定位是一种比较特殊的定位方式，可以使网页中某个元素固定在相应的位置，无论页面中其他内容的位置如何变化，其位置始终不会变动。接下来通过实例练习介绍如何使用固定定位实现网页中固定不动的导航菜单。

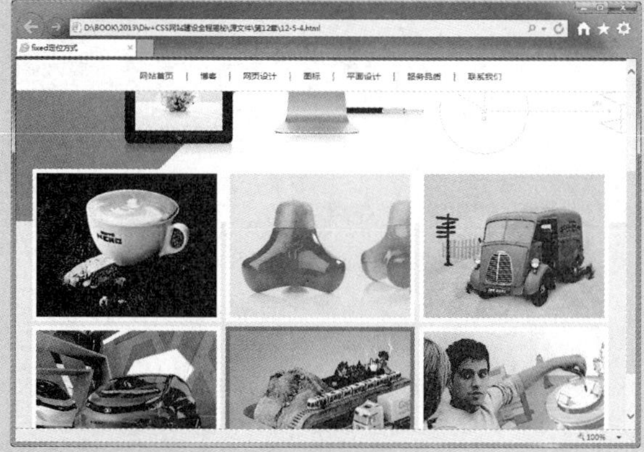

源文件：源文件 \ 第 12 章 \12-5-4. html

操作视频：视频 \ 第 12 章 \12-5-4. swf

01 ▶执行“文件 > 打开”命令，打开页面“源文件 \ 第 12 章 \12-5-4.html”，可以看到页面效果。

02 ▶在浏览器中预览页面，发现顶部的导航菜单会跟着滚动条一起滚动。

```
#top {
    width: 100%;
    height: 50px;
    line-height: 50px;
    text-align: center;
    background-color: #FFF;
    border-top: solid 4px #D31245;
    border-bottom: solid 1px #CCC;
}
```

03 ▶转换到该网页链接的外部 CSS 样式 12-5-4.css 文件中，找到名为 #top 的 CSS 样式。

```
#top {
    position: fixed;
    width: 100%;
    height: 50px;
    line-height: 50px;
    text-align: center;
    background-color: #FFF;
    border-top: solid 4px #D31245;
    border-bottom: solid 1px #CCC;
}
```

04 ▶在该 CSS 样式代码中添加相应的固定定位代码。

05 ▶保存页面和外部 CSS 样式文件，在浏览器中预览页面，可以看到页面效果。

06 ▶拖动浏览器滚动条，发现顶部导航菜单始终固定在浏览器顶部不动。

提问

提问：固定定位的参照位置是什么？

答：固定定位的参照位置不是上级元素而是浏览器窗口。可以使用固定定位来设定类似传统框架样式布局，以及广告框架或导航框架等。使用固定定位的元素可以脱离页面，无论页面如何滚动，始终处在页面的同一位置。

12.5.5 float 定位方式

除了使用 position 属性进行定位外，还可以使用 float 属性定位。float 定位只能在水平方向上定位，而不能在垂直方向上定位。float 属性表示浮动属性，它用来改变元素块的显示方式。

浮动定位是 CSS 排版中非常重要的手段。浮动的框可以左右移动，直到它外边缘碰到包含框或另一个浮动框的边缘。float 属性语法格式如下。

```
float: none | left | right
```

- none

  设置 float 属性为 none，表示元素不浮动。

- left

  设置 float 属性为 left，表示元素向左浮动。

- right

  设置 float 属性为 right，表示元素向右浮动。

实例 109+ 视频：制作图片列表页面

浮动定位是在网页布局制作过程中使用最多的定位方式，通过设置浮动定位可以将网页中的块状元素在一行中显示。了解了浮动定位的相关知识，接下来通过实例练习介绍如何使用浮动定位制作图片列表页面。

源文件：源文件\第 12 章\12-5-5. html

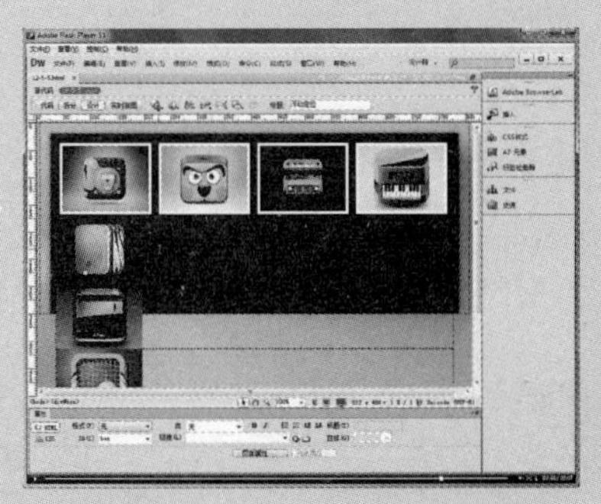

操作视频：视频\第 12 章\12-5-5. swf

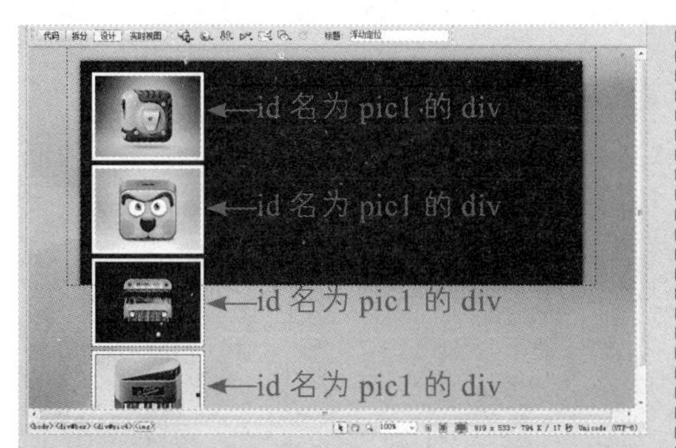

01 执行“文件>打开”命令，打开页面“源文件\第 12 章\12-5-5.html”，可以看到页面效果。

```
<body>
<div id="box">
  <div id="pic1"><img src="images/125503.jpg" width="160" height="120" /></div>
  <div id="pic2"><img src="images/125504.jpg" width="160" height="120" /></div>
  <div id="pic3"><img src="images/125505.jpg" width="160" height="120" /></div>
  <div id="pic4"><img src="images/125506.jpg" width="160" height="120" /></div>
</div>
</body>
```

02 转换到代码视图中，可以看到页面的 HTML 代码。

```
#pic1 {
    width: 160px;
    height: 120px;
    background-color: #FFF;
    margin: 7px;
    padding: 5px;
    float: right;
}
```

03 转换到该网页链接的外部 CSS 样式表 12-5-5.css 文件中，可以看到 #pic1、#pic2、#pic3 和 #pic4 的 CSS 样式，将 id 名为 pic1 的 Div 向右浮动，在名为 #pic1 的 CSS 样式代码中添加右浮动代码。

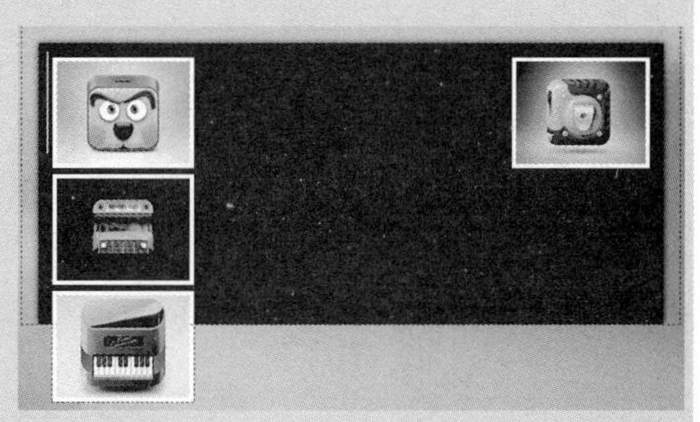

04 id 名为 pic1 的 Div 脱离文档流，并向右浮动，直到该 Div 的边缘碰到包含框 box 的右边框。

```
#pic1 {
    width: 160px;
    height: 120px;
    background-color: #FFF;
    margin: 7px;
    padding: 5px;
    float: left;
}
```

05 转换到 12-5-5.css 文件中，将 id 名为 pic1 的 Div 向左浮动，在名为 #pic1 的 CSS 样式代码中添加左浮动代码。

06 返回网页设计视图，将 id 名为 pic1 的 Div 向左浮动，id 名为 pic2 的 Div 被遮盖了。

提示

当 id 名为 pic1 的 Div 脱离文档流，并向左浮动时，直到它的边缘碰到包含 box 的左边缘。因为它不再处于文档流中，所以它不占据空间，实际上覆盖住了 id 名为 pic2 的 Div，使 pic2 的 Div 从视图中消失，但是该 Div 中的内容还占据着原来的空间。

```
#pic2 {
    width: 160px;
    height: 120px;
    background-color: #FFF;
    margin: 7px;
    padding: 5px;
    float: left;
}
#pic3 {
    width: 160px;
    height: 120px;
    background-color: #FFF;
    margin: 7px;
    padding: 5px;
    float: left;
}
#pic4 {
    width: 160px;
    height: 120px;
    background-color: #FFF;
    margin: 7px;
    padding: 5px;
    float: left;
}
```

07 ▶转换到 12-5-5.css 文件中，分别在 #pic2、#pic3 和 #pic4 的 CSS 样式中添加向左浮动代码。

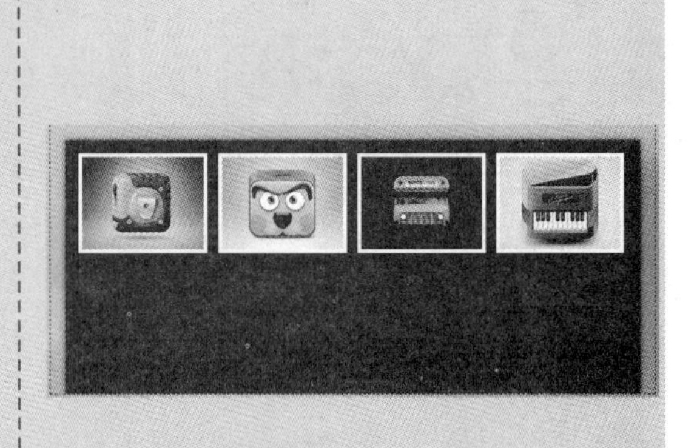

08 ▶将这 3 个 Div 都向左浮动，返回网页设计视图，可以看到页面效果。

提示

将 4 个 Div 都向左浮动，那么 id 名为 pic1 的 Div 向左浮动直到碰到包含框 box 的左边缘，另 3 个 Div 向左浮动直到碰到前一个浮动 Div。

09 ▶返回网页设计视图，在 id 名为 pic4 的 Div 之后分别插入 id 名为 pic5 至 pic8 的 Div，并在各 Div 中插入相应的图像。

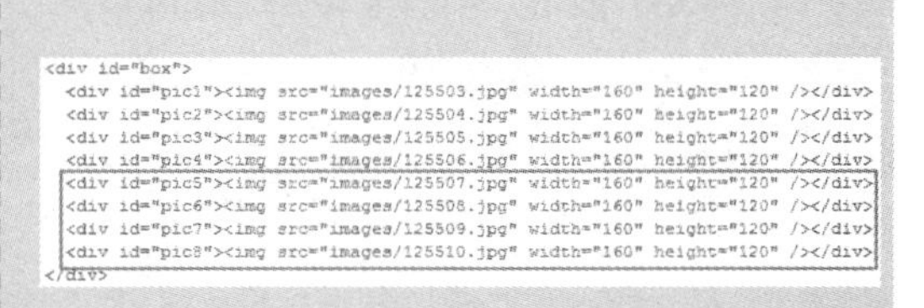

```
<div id="box">
  <div id="pic1"><img src="images/125503.jpg" width="160" height="120" /></div>
  <div id="pic2"><img src="images/125504.jpg" width="160" height="120" /></div>
  <div id="pic3"><img src="images/125505.jpg" width="160" height="120" /></div>
  <div id="pic4"><img src="images/125506.jpg" width="160" height="120" /></div>
  <div id="pic5"><img src="images/125507.jpg" width="160" height="120" /></div>
  <div id="pic6"><img src="images/125508.jpg" width="160" height="120" /></div>
  <div id="pic7"><img src="images/125509.jpg" width="160" height="120" /></div>
  <div id="pic8"><img src="images/125510.jpg" width="160" height="120" /></div>
</div>
```

10 ▶转换到代码视图中，可以看到该部分相应的 HTML 代码。

```
#pic5,#pic6,#pic7,#pic8 {
    width: 160px;
    height: 120px;
    background-color: #FFF;
    margin: 7px;
    padding: 5px;
    float: left;
}
```

11 ▶转换到 12-5-5.css 文件中，定义名为 #pic5,#pic6,#pic7,#pic8 的 CSS 样式。

12 ▶保存页面和外部 CSS 样式文件，在浏览器中预览页面，可以看到页面效果。

如果包含框太窄，无法容纳水平排列的多个浮动元素，那么其他浮动元素将向下移动，直到有足够空间的地方。如果浮动元素的高度不同，那么当它们向下移动时可能会被其他浮动元素卡住。

提问：为什么要设置 float 属性？

答：因为在网页中分为行内元素和块元素，行内元素是可以显示在同一行上的元素，例如 <span>；块元素是占据整行空间的元素，例如 <div>。如果需要将两个 <div> 显示在同一行上，就需要使用 float 属性。

12.5.6 空白边叠加

空白边叠加是一个比较简单的概念，当两个垂直空白边相遇时，它们将形成一个空白边。这个空白边的高度是两个发生叠加的空白边中的高度的较大者。

当一个元素出现在另一个元素上面时，第一个元素的底空白边与第二个元素的顶空白边发生叠加。

实例 110+ 视频：空白边叠加在网页中的应用

空白边叠加是 DIV+CSS 布局中一种比较特殊的情况，当垂直方向上的两个空白边相遇时，就会出现空白边叠加的情况，接下来通过实例练习介绍空白边叠加在网页中的应用。

源文件：源文件 \ 第 12 章 \12-5-6.html

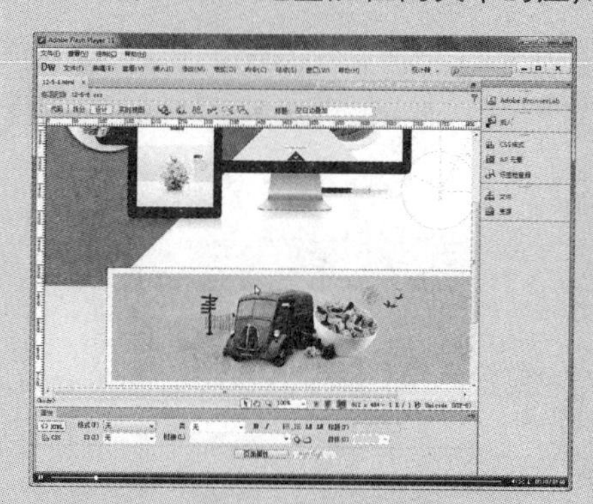

操作视频：视频 \ 第 12 章 \12-5-6.swf

01 ▶ 执行“文件 > 打开”命令，打开页面“源文件 \ 第 12 章 \12-5-6.html”，可以看到页面效果。

```
#pic01 {
    width: 700px;
    height: 200px;
    background-color: #FFF;
    padding: 10px;
    margin-left: auto;
    margin-right: auto;
}
#pic02 {
    width: 700px;
    height: 200px;
    background-color: #FFF;
    padding: 10px;
    margin-left: auto;
    margin-right: auto;
}
```

02 ▶ 转换到该网页链接的外部 CSS 样式 12-5-6.css 文件中，可以看到 #pic01 和 #pic02 的 CSS 样式。

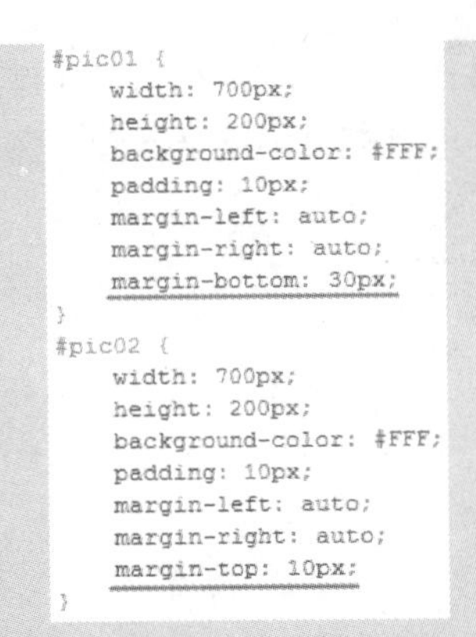

```
#pic01 {
    width: 700px;
    height: 200px;
    background-color: #FFF;
    padding: 10px;
    margin-left: auto;
    margin-right: auto;
    margin-bottom: 30px;
}
#pic02 {
    width: 700px;
    height: 200px;
    background-color: #FFF;
    padding: 10px;
    margin-left: auto;
    margin-right: auto;
    margin-top: 10px;
}
```

03 ▶在名为 #pic01 的 CSS 样式代码中添加下边界的设置，在名为 #pic02 的 CSS 样式代码中添加上边界的设置。

04 ▶返回网页设计视图，选中 id 名为 pic01 的 Div，可以看到所设置的下边界效果。

05 ▶选中 id 名为 pic02 的 Div，可以看到所设置的上边界效果。

06 ▶保存页面，并保存外部 CSS 样式文件，在浏览器中预览页面，可以看到空白边叠加的效果。

空白边的高度是两个发生叠加的空白边中的高度的较大者。当一个元素包含另一个元素时（假设没有填充或边框将空白边隔开），它们的顶和底空白边也会发生叠加。

提问：空白边叠加的情况通常发生在什么情况下？

答：只有普通文档流中块框的垂直空白边才会发生空白边叠加。行内框、浮动框或者是定位框之间的空白边是不会叠加的。

12.6 常用 DIV+CSS 布局解析

CSS 是控制网页布局样式的基础，并真正能够做到网页表现和内容分离的一种样式设计语言。相对于传统 HTML 的简单样式控制来说，CSS 能够对网页中的对象位置排版进行像素级的精确控制，支持几乎所有的字体、字号的样式，还拥有着对网页对象盒模型样式的控制能力，并且能够进行初步页面交互设计，是当前基于文件展示的最优秀的表达设计语言。

12.6.1 内容居中的网页布局

居中的设计目前在网页布局的应用中非常广泛，所以如何在 CSS 中让设计居中显示是大多数开发人员首先要学习的重点之一。实现内容居中的网页布局主要有两种方法，一种是使用自动空白边居中，另一种是使用定位和负值空白边居中。

使用自动空白边居中

假设一个布局，希望其中的容器 Div 在屏幕上水平居中。

```
<body>
<div id="box"></div>
</body>
```

只需定义 Div 的宽度，然后将水平空白边设置为 auto 即可。

```
#box {
      width:720px;
      height: 400px;
      background-color: #F90;
      border: 2px solid #F30;
      margin:0 auto;
}
```

则 id 名为 box 的 Div 在页面中是居中显示的。

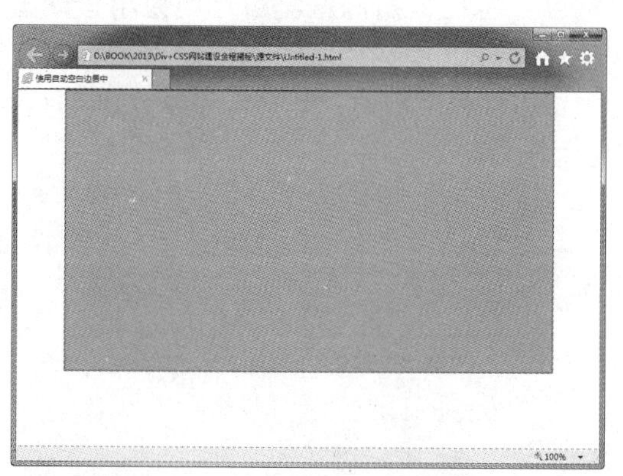

使用定位和负值空白边居中

首先定义容器的宽度，然后将容器的 position 属性设置为 relative，将 left 属性设置为 50%，就会把容器的左边缘定位在页面的中间。CSS 样式设置如下。

```
#box {
      width:720px;
      position:relative;
      left:50%;
      height: 400px;
      background-color: #F90;
      border: 2px solid #F30;
}
```

如果不希望让容器的左边缘居中，而是让容器的中间居中，只要对容器的左边应用一个负值的空白边，宽度等于容器宽度的一半。这样就会把容器向左移动到它的宽度的一半，从而让它在屏幕上居中。CSS 样式设置如下。

```
#box {
      width:720px;
      position:relative;
      left:50%;
      margin-left:-360px;
      height: 400px;
      background-color: #F90;
      border: 2px solid #F30;
}
```

12.6.2 浮动的网页布局

在 DIV+CSS 布局中，浮动布局是使用最多，也是常见的布局方式，浮动的布局又可以分为多种形式，下面分别向大家进行介绍。

两列固定宽度浮动布局

两列宽度布局非常简单，HTML 代码如下。

```
<div id="left">左列</div>
```

```
<div id="right">右列</div>
```

为 id 名为 left 与 right 的 Div 设置 CSS 样式，让两个 Div 在水平行中并排显示，从而形成二列式布局，CSS 代码如下。

```
#left {
    width:400px;
    height:400px;
    background-color:#F90;
    border:2px solid #F30;
    float:left;
}
#right {
    width:400px;
    height:400px;
    background-color:#F90;
    border:2px solid #F30;
    float:left;
}
```

为了实现二列式布局，使用了 float 属性，这样二列固定宽度的布局就能够完整地显示出来，在浏览器中预览可以看到两列固定宽度浮动布局的效果。

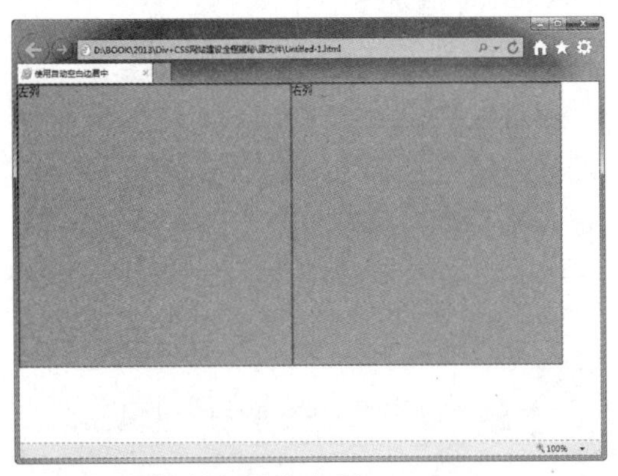

两列宽度自适应布局

设置自适应主要通过宽度的百分比值进行设置，因此在二列宽度自适应布局中也同样是对百分比宽度值进行设定，CSS 样式代码如下。

```
#left {
    width:30%;
    height:400px;
    background-color:#F90;
    float:left;
}
#right {
    width:70%;
    height:400px;
    background-color:#09C;
    float:left;
}
```

左栏宽度设置为 30%，右栏宽度设置为 70%，在浏览器中预览可以看到两列宽度自适应布局的效果。

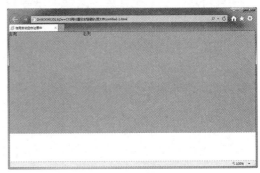

两列右列宽度自适应布局

在实际应用中，有时候需要左栏固定宽度，右栏根据浏览器窗口的大小自动适应。在 CSS 中只需要设置左栏宽度，右栏不设置任何宽度值，并且右栏不浮动。CSS 代码如下。

```
#left {
    width:400px;
    height:400px;
    background-color:#For0;
    float:left;
}
#right {
    height:400px;
    background-color:#09C;
}
```

左栏将呈现 400px 的宽度，而右栏将根据浏览器窗口大小自动适应，二列右列宽度自适应经常在网站中用到，不仅右列，左列也可以自适应，方法是一样的。在浏览器中预览可以看到两列右列宽度自适应布局的效果。

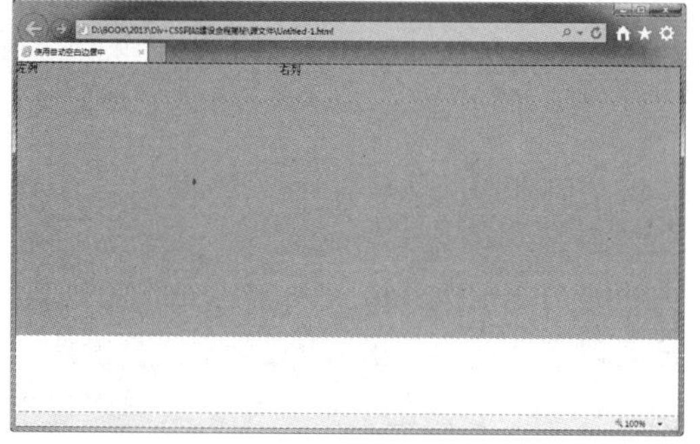

两列固定宽度居中布局

两列固定宽度居中布局可以使用 Div 的嵌套方式来完成，用一个居中的 Div 作为容器，将二列分栏的两个 Div 放置在容器中，从而实现二列的居中显示。HTML 代码结构如下。

```
<div id="box">
<div id="left">左列</div>
<div id="right">右列</div>
</div>
```

为分栏的两个 Div 加上了一个 id 名为 box 的 Div 容器，CSS 代码如下。

```
#box {
    width:808px;
    margin:0px auto;
}
#left {
    width:400px;
    height:400px;
    background-color:#F90;
    border:2px solid #F30;
    float:left;
}
#right {
    width:400px;
    height:400px;
    background-color:#F90;
    border:2px solid #F30;
    float:left;
}
```

id 名称为 box 的 Div 有了居中属性，自然里面的内容也能做到居中，这样就实现了二列的居中显示。

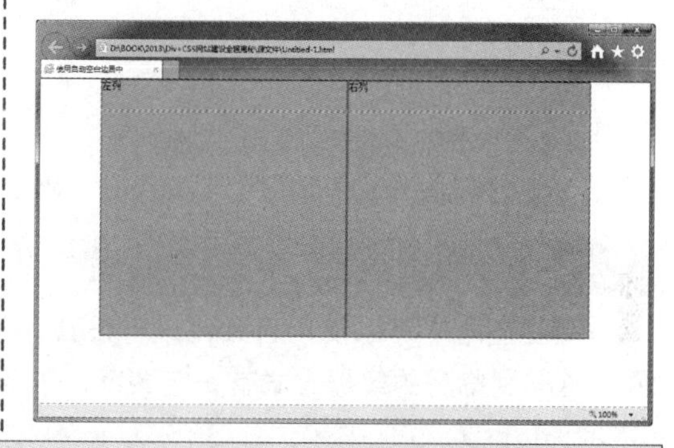

提示　一个对象的宽度，不仅仅由width值来决定，它的真实宽度是由本身的宽、左右外边距，以及左右边框和内边距这些属性相加而成的，而 #left 宽度为 400px，左右都有 2px 的边距，因此，实际宽度为 404，#right 同 #left 相同，所以 #box 的宽度设定为 808px。

三列浮动中间列宽度自适应布局

三列浮动中间列宽度自适应布局，是左栏固定宽度居左显示，右栏固定宽度居右显示，而中间栏则需要在左栏和右栏的中间显示，根据左右栏的间距变化自动适应。单纯使用 float 属性与百分比属性不能实现，这就需要绝对定位来实现了。绝对定位后的对象，不需要考虑它在页面中的浮动关系，只需要设置对象的 top、right、bottom 及 left 4 个方向即可。HTML 代码结构如下。

```
<div id="left">左列</div>
<div id="main">中列</div>
<div id="right">右列</div>
```

首先使用绝对定位将左列与右列进行位置控制，CSS 代码如下。

```
* {
    margin: 0px;
    border: 0px;
    padding: 0px;
}
#left {
    width:200px;
    height:400px;
    background-color:#F90;
    position:absolute;
    top:0px;
    left:0px;
}
#right {
    width:200px;
    height:400px;
    background-color:#F90;
    position:absolute;
    top:0px;
    right:0px;
}
```

而中列则用普通 CSS 样式，CSS 代码如下。

```
#main {
    height:400px;
    background-color: #09C;
    margin:0px 200px 0px 200px;
}
```

对于 id 名为 main 的 Div 来说，不需要再设定浮动方式，只需要让它的左边和右边的边距永远保持 #left 和 #right 的宽度，便实现了两边各让出 200px 的自适应宽度，刚好让 #main 在这个空间中，从而实现了布局的要求，在浏览器中预览可以看到三列浮动中间列宽度自适应布局的效果。

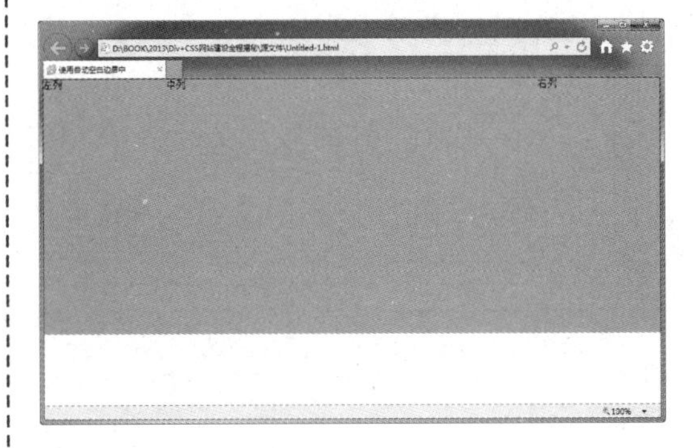

12.6.3 自适应高度的解决方法

高度值同样可以使用百分比进行设置，不同的是直接使用 height:100%; 不会显示效果的，这与浏览器的解析方式有一定关系，下面是实现高度自适应的 CSS 代码。

```
html,body {
    margin:0px;
    height:100%;
}
#box{
    width:800px;
    height:100%;
    background-color:#F90;
}
```

对名为 box 的 Div 设置 height:100% 的同时，也设置了 HTML 与 body 的 height:100%，一个对象高度是否可以使用百分比显示，取决于对象的父级对象，名为 box 的 Div 在页面中直接放置在 body 中，因此它的父级就是 body，而浏览器默认状态下，没有给 body 一个高度属性，因此直接设置名为 box 的 Div 的 height:100% 时，不会产生任何效果，而当给 body 设置了 100% 之后，它的子级对象名为 box 的 Div 的 height:100% 便起了作用，这便是浏览器解析规则引发的高度自适应问题。而给 HTML 对象设置 height:100%，能使 IE 与 Firefox 浏览器都能实现高度自适应，在浏览器中预览可以看到高度自适应的效果。

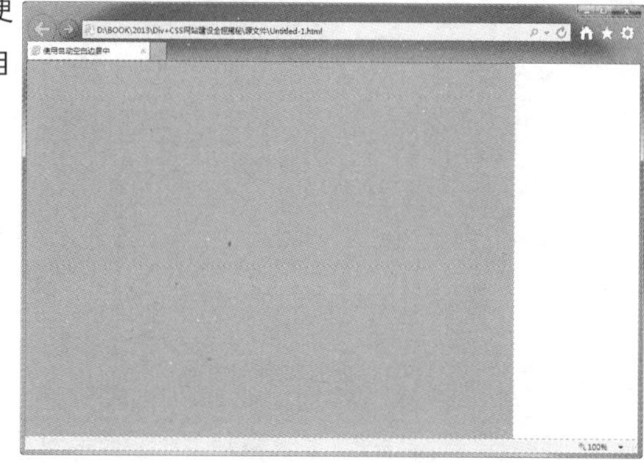

12.7　流体网格布局

在 Dreamweaver CS6 中新增了流体网格布局的功能，该功能主要是针对目前流行的智能手机、平板电脑和桌面电脑 3 种设备。通过创建流体网格布局页面，可以使页面适应 3 种不同的设备，并且可以随时在 3 种不同的设备中查看页面的效果。

实例 111+ 视频：制作适用手机浏览的网页

随着网络及移动设备的迅速发展，现在越来越多的人可以随时随地使用各种移动设备浏览网页，通过 Dreamweaver CS6 中提供的流体网格布局功能即可很方便地制作出适合各种不同设备浏览的网页。接下来通过实例练习介绍如何制作适用手机浏览的网页。

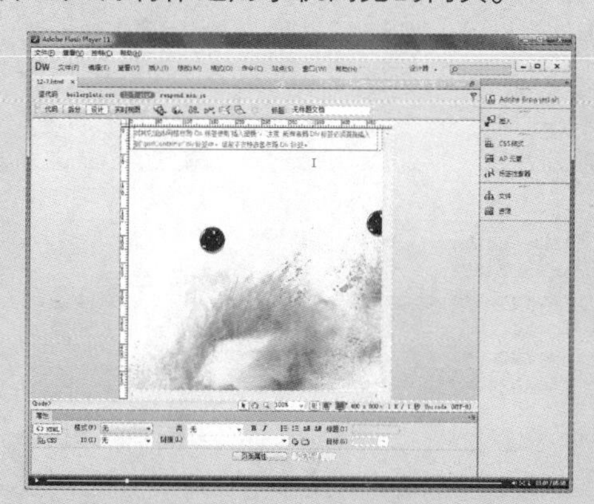

源文件：源文件 \ 第 12 章 \12-7. html

操作视频：视频 \ 第 12 章 \12-7. swf

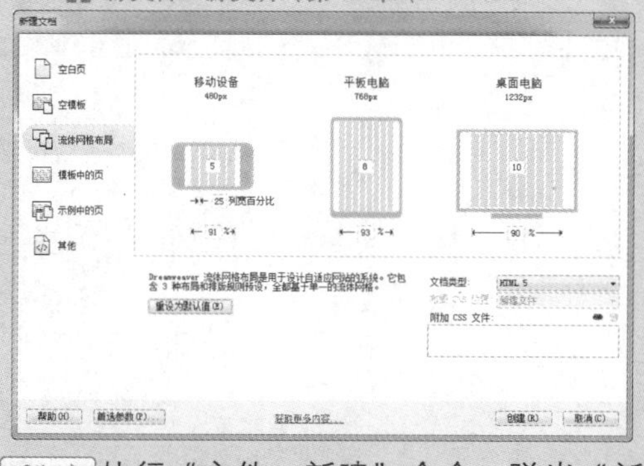

01 执行“文件 > 新建”命令，弹出“新建文档”对话框，选择“流体网格布局”选项。

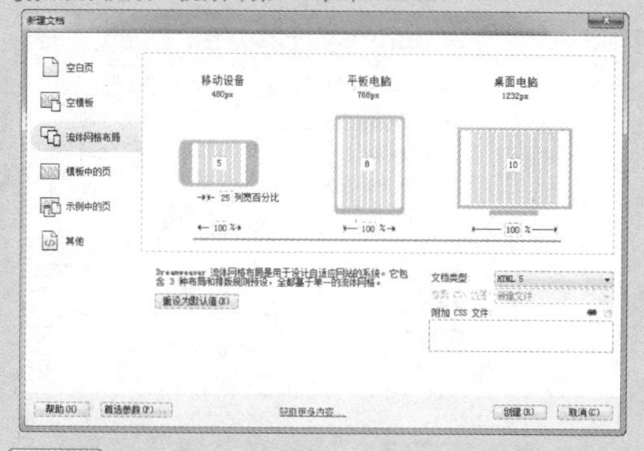

02 将 3 种设备的流体宽度都修改为 100%。

03 ▶单击“创建”按钮，弹出“将样式表文件另存为”对话框，浏览到需要保存外部 CSS 样式文件的位置，并输入名称。

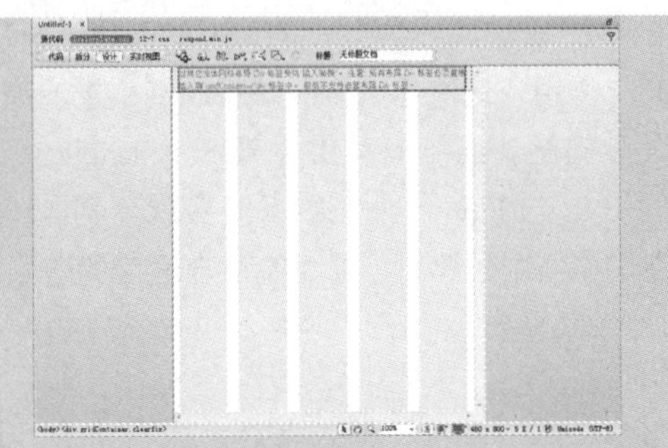

04 ▶单击“保存”按钮，保存外部 CSS 样式文件，并新建流体网格布局页面。

05 ▶执行“文件 > 保存”命令，弹出“另存为”对话框，将该文本保存为“源文件\第 12 章\12-7.html”。

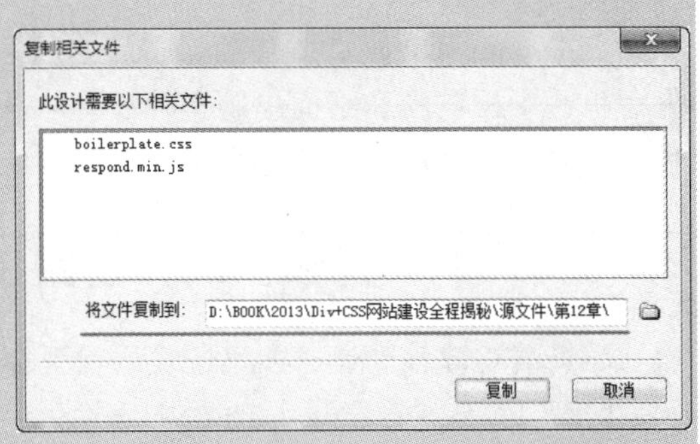

06 ▶单击“保存”按钮，弹出“复制相关文件”对话框，复制相应的 CSS 样式和 js 脚本文件到页面所在位置。

```
body {
    font-size: 12px;
    line-height: 20px;
    color: #666;
    background-color: #ffffe0;
    background-image: url(../images/12701.png);
    background-repeat: no-repeat;
    background-position: center;
}
```

07 ▶转换到所链接的 CSS 样式文件 12-7.CSS 中，创建 body 标签的 CSS 样式。

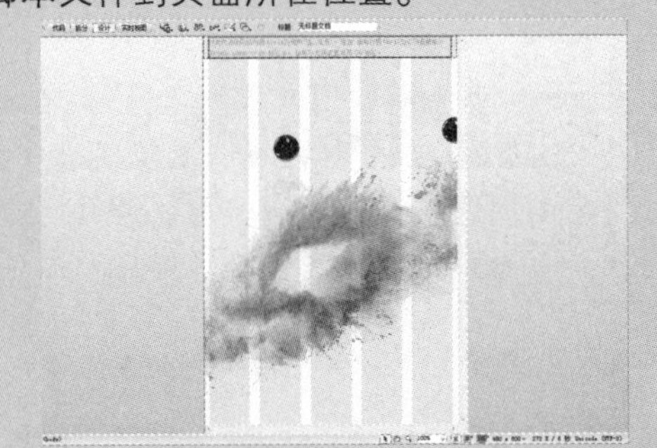

08 ▶返回网页设计页面中，可以看到页面的效果。

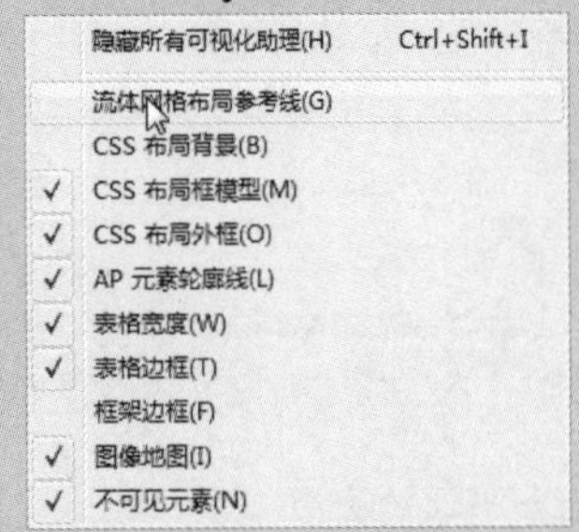

09 ▶单击“文档”工具栏上的“可视化助理”按钮，在弹出的菜单中取消“流体网格布局参考线”选项的勾选。

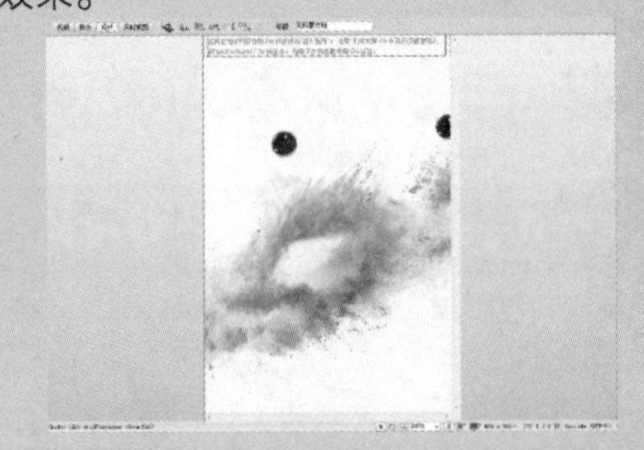

10 ▶这样可以更清楚地看清页面的布局效果。

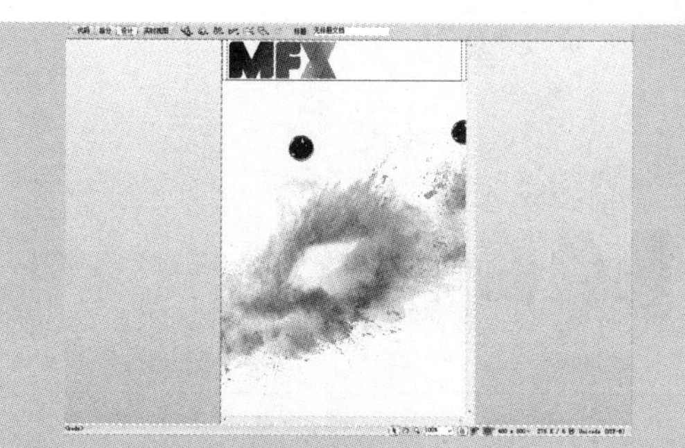

11 ▶将光标移至页面中默认的名为 LayoutDiv1 的 Div 中，将多余的文字删除，插入图像“源文件 \ 第 12 章 \12702.jpg”。

12 ▶将光标移至名为 LayoutDiv1 的 Div 之后，单击“插入”面板上的“插入流体网格布局 Div 标签”按钮。

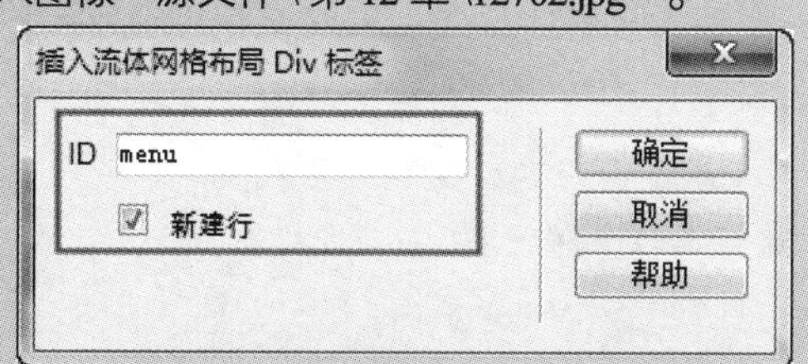

13 ▶弹出“插入流体网格布局 Div 标签”对话框，设置需要插入的 Div 的 ID 为 menu。

14 ▶单击“确定”按钮，即可在光标所在位置插入名为 menu 的 Div。

提示

在流体网格布局中有 3 种 CSS 样式设置代码，分别支持手机、平板电脑和桌面电脑 3 种设备。

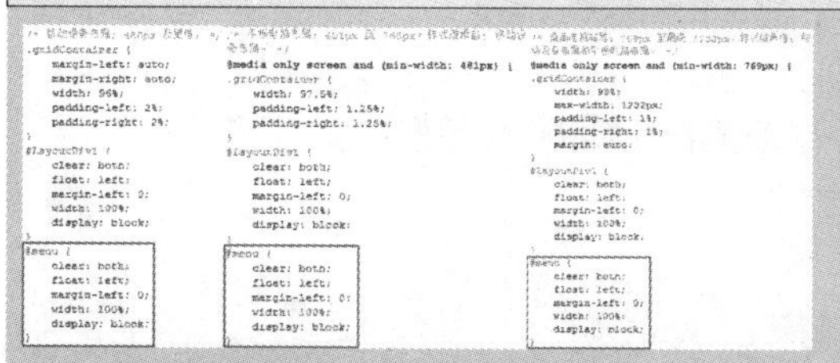

15 ▶转换到 12-7.css 文件中，可以看到刚插入的 ID 名为 menu 的 Div 的相应 CSS 样式，3 种 CSS 样式设置代码分别针对不同设备。

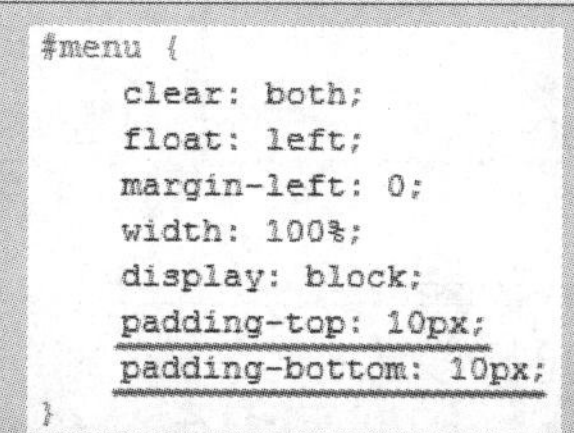

```
#menu {
    clear: both;
    float: left;
    margin-left: 0;
    width: 100%;
    display: block;
    padding-top: 10px;
    padding-bottom: 10px;
}
```

16 ▶修改名为 #menu 的 CSS 样式，注意 3 种的 CSS 样式代码都需要修改。

17 ▶返回网页设计视图，可以看到页面的效果。

18 ▶将光标移至名为 menu 的 Div 中，并将多余文字删除，输入段落文本并创建项目列表。

```
ul {
    margin: 0px;
    padding: 0px;
}
#menu li {
    list-style-type: none;
    width: 100px;
    height: 25px;
    line-height: 25px;
    font-weight: bold;
    text-align: center;
    display: block;
    float: left;
    margin-left: 15px;
    background-color: #FFF;
}
```

19 ▶转换到 12-7.css 文件中，创建名为 ul 的标签 CSS 样式和名为 #menu li 的 CSS 样式。

20 ▶返回设计视图，可以看到页面效果。

```
#menu li:hover {
    background-color: #9C3;
    color: #FFF;
    cursor: pointer;
}
```

21 ▶转换到 12-7.css 文件中，创建名为 #menu li:hover 的 CSS 样式。

22 ▶返回网页设计视图，在实时视图中查看页面，当鼠标移至菜单项上时，可以看到菜单项的效果。

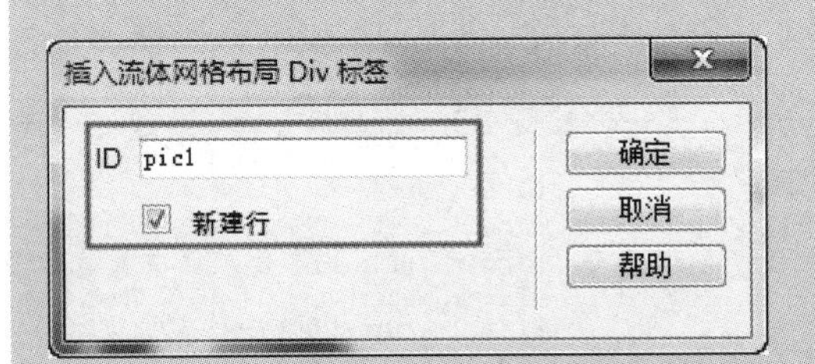

23 ▶将光标移至名为 menu 的 Div 之后，单击“插入”面板上的“插入流体网格布局 Div 标签”按钮，在弹出的对话框中进行设置。

24 ▶单击“确定”按钮，即可在光标所在位置插入名为 pic1 的 Div。

```
#pic1 {
    clear: both;
    float: left;
    width: 139px;
    display: block;
    background-color: #FFF;
    padding: 3px;
    margin: 8px 4px;
}
```

25 ▶转换到 12-7.css 文件中，修改名为 #pic1 的 CSS 样式，注意 3 种的 CSS 样式代码都需要修改。

26 ▶返回网页设计视图，将光标移至名为 pic1 的 Div 中，并将多余文字删除，插入相应的图像。

```
#pic1:hover {
    background-color: #F60;
    cursor: pointer;
}
```

27 ▶转换到 12-7.css 文件中，创建名为 #pic1:hover 的 CSS 样式。

28 ▶返回网页设计视图，在实时视图中查看页面，当鼠标移至图像区域时，可以看到背景颜色的变化。

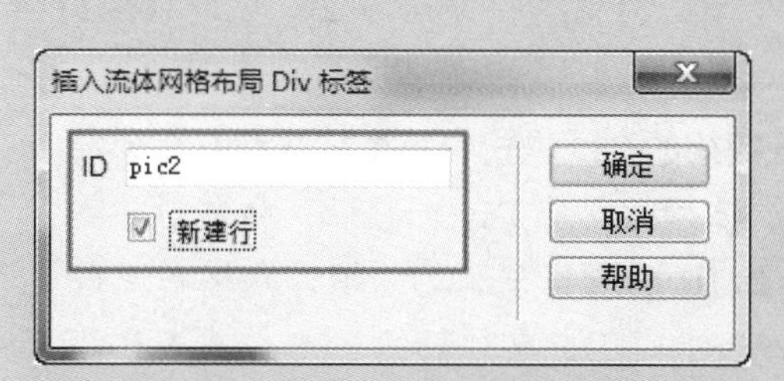

29 ▶将光标移至名为 pic1 的 Div 后，单击“插入”面板上的“插入流体网格布局 Div 标签”按钮，在弹出的对话框中进行设置。

30 ▶单击“确定”按钮，即可在光标所在位置插入名为 pic2 的 Div。

```
#pic2 {
    float: left;
    width: 139px;
    display: block;
    background-color: #FFF;
    padding: 3px;
    margin: 8px 4px;
}
#pic2:hover {
    background-color: #F60;
    cursor: pointer;
}
```

31 ▶转换到 12-7.css 文件中，修改名为 #pic2 的 CSS 样式，并且创建名为 #pic2:hover 的 CSS 样式。

32 ▶返回网页设计视图中，将光标移至名为 pic2 的 Div 中，并将多余文字删除，在该 Div 中插入相应的图像。

33 ▶使用相同的制作方法，完成页面中其他内容的制作，可以看到页面的效果。

34 ▶单击状态栏中的“平板电脑大小”按钮，可以查看页面在平板电脑大小中显示的效果。

35 ▶单击状态栏中的“桌面电脑大小”按钮，可以查看页面在桌面电脑大小中显示的效果。

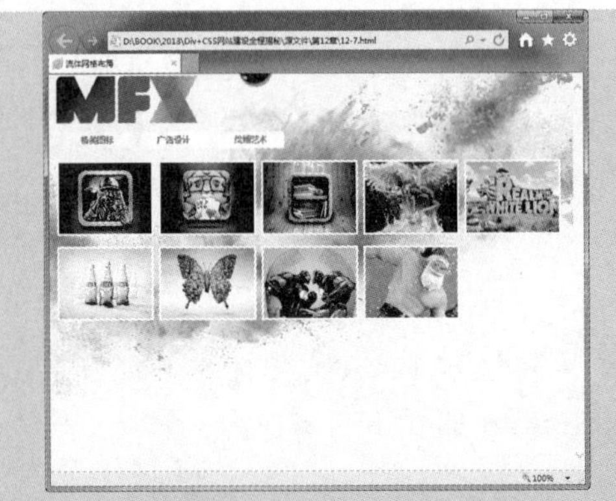

36 ▶保存页面，并保存外部 CSS 样式文件，在浏览器中预览页面，可以看到页面效果。

提问

提问：为什么流体网格布局网页所链接的 CSS 样式中每个样式都有 3 个？

答：在流体网格布局页面中插入流体网格布局 Div 标签后，会自动在其链接外部 CSS 样式表文件中创建相应的 ID CSS 样式，因为流体网格布局是针对手机、平板电脑和桌面电脑 3 种设备的，因此在外部的 CSS 样式表文件中会针对相应的设备在不同的位置创建出 3 个 ID CSS 样式。

12.8　本章小结

本章主要介绍了 DIV+CSS 布局网页的相关知识，包括什么是 Div、id 与 class 的区别和 CSS 盒模型等内容，这些内容都是 DIV+CSS 布局的核心，一个网页布局的好坏，直接影响到网页加载的速度。完成本章内容的学习，希望读者能够掌握 DIV+CSS 布局的方法和相关知识，并能够使用 DIV+CSS 布局制作网页。

第 13 章　CSS 与 JavaScript 实现网页特效

在网页制作中，JavaScript 是常见的脚本语言，它可以嵌入到 HTML 中，在客户端执行，是动态特效网页设计的最佳选择，同时也是浏览器普遍支持的网页脚本语言。JavaScript 是基于对象的语言，JavaScript 可以与 CSS 样式相结合，在网页中实现许多特殊的效果。本章主要介绍有关 JavaScript 的知识，以及使用 JavaScript 与 CSS 样式相结合实现网页特效。

本章知识点

- 了解 JavaScript 的相关基础
- 掌握使用 JavaScript 的方法
- JavaScript 的运算符和程序语句
- 掌握使用 spry 实现网页特效
- 了解常见网页特效制作

13.1　JavaScript 基础

JavaScript 是一种面向对象、结构化和多用途的语言，JavaScript 支持 Web 应用程序的客户端和服务器方面构件的开发。在客户端，利用 JavaScript 脚本语言，可以实现很多网页特效，从而使网页的效果更加丰富。

13.1.1　JavaScript 的发展

JavaScript 是 Netscape 公司与 Sun 公司合作开发的。在 JavaScript 出现之前，Web 浏览器不过是一种能够显示超文本文档的软件的基本部分。而在 JavaScript 出现之后，网页的内容不再局限于枯燥的文本，网页的可交互性得到显著的改善。JavaScript 的第一个版本，即 JavaScript 1.0，出现在 1995 年推出的 Netscape Navigator 2 浏览器中。

在 JavaScript 1.0 发布时，Netscape Navigator 主宰着浏览器市场，微软的 IE 浏览器则扮演着追赶者的角色。微软在推出 IE 3 的时候发布了自己的 VBScript 语言并以 Jscript 为名发布了 JavaScript 的一个版本，因此很快跟上了 Netscape 的步伐。

面对微软公司的竞争，Netscape 和 Sun 公司联合 ECMA（欧洲计算机制作商协会）对 JavaScript 语言进行了标准化。其结果就是 ECMAScript 语言，这使得同一种语言又多了一个名称。虽然说 ECMAScript 这个名字没有流行开来，但人们所说的 JavaScript 实际上就是 ECMAScript。

到 1996 年，Netscape 和微软公司在各自的第 3 版浏览器中都不同程度地提供了对 JavaScript 1.1 语言的支持。

JavaScript 是一种脚本编写语言，它采用小程序段的方式实现编程，像其他脚本语言一样，JavaScript 同样也是一种解释性语言，它提供了一个简易的开发过程。JavaScript 是一种基于对象的语言，同时也可以看做一种面向对象的语言。这意味着它具有定义和使用对象的能力。因此，许多功能可以由脚本环境中对象的方法与脚本之间进行相互写作来实现。

13.1.2 JavaScript 的特点

JavaScript 是被嵌入到 HTML 中的，最大的特点便是和 HTML 的结合。当 HTML 文档在浏览器中被打开时，JavaScript 代码才被执行。JavaScript 作为可以直接在客户端浏览器上运行的脚本程序，有着自身独特的功能和特点，分别介绍如下。

- **编写方便**

JavaScript 是一种脚本编写语言，采用小程序段的方式实现编程，也是一种解释性语言，提供了一个简易的开发过程。JavaScript 与 HTML 标签结合在一起，从而方便用户的使用操作。

- **面向对象**

JavaScript 是一种基于对象的语言，同时也可以看做一种面向对象的语言。这意味着它能够运用自己已经创建的对象，因此许多功能可以来自于脚本环境中对象的方法与脚本的相互作用。

- **简单性**

首先 JavaScript 是一种基于 Java 基本语句和控制流之上的简单而紧凑的设计，其次 JavaScript 的变量类型采用弱类型，并未使用严格的数据类型。

- **安全性**

JavaScript 是一种安全性语言，不允许访问本地磁盘，并且不能将数据存入到服务器上，不允许对网络文档进行修改和删除，只能通过浏览器实现信息浏览或动态交互，从而有效地防止数据丢失。

- **动态性**

JavaScript 可以直接对用户或客户输入做出响应，无须经过 Web 服务程序。JavaScript 对用户的反映响应，是采用以事件驱动的方式进行的。所谓事件驱动，就是指在网页中执行了某种操作所产生的动作，就称为“事件”。例如按下鼠标、移动窗口和选择菜单等都可以看做事件。当事件发生后，可能会引起相应的事件响应。

- **跨平台性**

JavaScript 是依赖于浏览器本身，与操作环境无关，只要能运行浏览器的计算机，并支持 JavaScript 的浏览器就可以正确执行，从而实现其在不同操作系统环境中都能够正常运行。

13.1.3 JavaScript 语法中的基本要求

JavaScript 语言同其他语言一样，有它自身的基本数据类型、表达式和算术运算符及程序的基本框架结构，下面介绍一下关于 JavaScript 语法中的一些基本要求。

- **标识符**

标识符是指 JavaScript 中定义的符号，用来命名变量名、函数名和数组名等。JavaScript 的命名规则和 Java 及其他许多语言的命名规则相同，标识符可以由任意顺序的大小写字母、数字、下划线“_”和美元符号组成，但标识符不能以数字开头，不能是 JavaScript 的保留关键字。

正确的 JavaScript 标识符如下。

```
studentname
student_name
_studentname
$studentname
_$
```

错误的 JavaScript 标识符如下。

```
delete   //delete是JavaScript的保留字
8.student //不能由数字开头，并且标识符中不能含有点号（.）
student name   //标识符中不能含有空格
```

保留关键字

JavaScript 有许多保留关键字，它们在程序中是不能被用做标识符的。这些关键字可以分为 3 种类型：JavaScript 保留关键字、将来的保留字和应该避免的单词。

JavaScript 中的保留关键字包括：break、continue、delete、else、false、for、function、if、in、new、null、return、this、true、typeof、var、void、while 和 with。

JavaScript 将来的保留关键字包括：case、catch、class、const、debugger、default、do、enum、export、extends、finally、import、super、switch、throw 和 try。

要避免的单词是那些已经用做 JavaScript 有内部对象或函数名字的字，例如 string 等。

使用前两类中的任何关键字都会在第一次载入脚本时导致编译错误。如果使用第三类中的保留字，则当试图在同一个脚本中使用其作为变量，同时又要使用其原来的实体时，可能会出现奇怪的问题。

代码格式

在编写脚本语句时，用分号（;）作为当前语句的结束符，输入分号（;）时需要注意英文和中文的区别。例如变量的定义语句。

```
var x=2;
var y=a+b;
```

每条功能执行语句的最后使用分号（;）作为结束符，这主要是为了分隔语句。但是在 JavaScript 中，如果语句放置在不同的行中，就可以省略分号，例如可以写为下面的形式。

```
var x=2
var y=3
```

但是如果代码的格式如下，那么第一个分号就是必须要写的。

```
var x=2;y=3;
```

在 JavaScript 程序中，一个单独的分号（;）也可以表示一条语句，这样的语句叫做空语句。

区分大小写

JavaScript 脚本程序是严格区分大小写的，相同的字母，大小写不同，代表的意义也不同。如在程序中定义一个标识符 World（首字母大写）的同时还可以再定义一个 world（首字母小写），它们是两个完全不同的标识符。在 JavaScript 脚本程序中，变量名、函数名、运算符、关键字等都是对大小写敏感的。

JavaScript 区分大小写，而 HTML 并不区分大小写。在 HTML 中这些标记可以任意的大小写方式书写，但是在 JavaScript 中通常都是小写的，这一点是很容易混淆的。

“\”符号的使用

浏览器读到一行末尾会自动判断本行已结结束，不过我们可以通过在行末添加一个“\”来告诉浏览器本行没有结束，例如下面的代码。

```
document.write("Hello\
World!")
document.write("Hello World!")
```

这两个语句在执行中是相同的。

● 空格

多余的空格是被忽略的，在脚本被浏览器解释执行时无任何作用。空白字符包括空格、制表符和换行符等，例如下面两个语句。

```
x=y+4;
x = y+4;
```

这两个语句在执行中是相同的。

● 注释

为程序添加注释只是用来对程序的内容进行说明，用来解释程序某些部分的作用和功能，提高程序的可读性，有助于别人阅读自己书写的代码，让人比较容易了解编写者的思路。在浏览器中执行JavaScript程序时，会自动将注释的部分去除，对程序的执行部分没有任何影响。

此外，注释语句还可以用做调试语句，先暂时屏蔽某些程序语句，让浏览器暂时不要理会这些语句，而执行程序的其他部分。等到需要时，只需简单地取消注释标记，这些程序语句就又可以发挥作用了，同时也可以发现是否是注释的这条语句引起了错误。

同时在JavaScript中有两种注释：第一种是单行注释，就是在注释内容前面使用两个双斜杠“//”符号开始，直到整行的结束，中间的文字都是注释，不会被程序执行；第二种是多行注释，就是在注释内容前面以单斜杠加一个星号标记开始“/*”，并在注释内容末尾以一个星形标记加单斜杠结束“*/”，当前注释的内容超过一行时，一般使用这种方法。

如下所示为单行注释：

```
<script language = "javascript">
//这是单行注释
document.write(“这是单行注释的例子”);
</script>
```

如下所示为多行注释：

```
<script language = "javascript">
/*
  这是多行注释
*/
document.write(“这是多行注释的例子”);
</script>
```

提示

/**/中可以嵌套//，但不能嵌套/*……*/。注释块/*……*/中不能有/*或*/，因为JavaScript正则表达式中可能会产生这种代码，这样会产生语法错误。

注释的作用就是记录自己在编程时的思路，以便于以后阅读代码时可以马上找到思路。同样，注释也有助于别人阅读自己书写的代码。总之，书写注释是一个良好的编程习惯。

13.1.4 CSS样式与JavaScript

JavaScript与CSS样式都是可以直接在客户端浏览器解析并执行的脚本语言，CSS用于设置网页上的样式和布局，从而使网页更加美观；而JavaScript是一种脚本语言，可以直接在网页上被浏览器解释运行，可以实现许多特殊的网页效果。

通过JavaScript与CSS样式很好地结合，可以制作出很多奇妙而实用的效果，在本章后面的内容中将详细进行介绍，读者也可以将JavaScript实现的各种精美效果应用到自己的页面中。

13.2 使用JavaScript的方法

JavaScript程序本身不能独立存在，JavaScript依附于某个HTML页面，在浏览器端运行。JavaScript 本身作为一种脚本语言可以放在 HTML 页面中的任何位置，但是浏览器解释 HTML 时是按先后顺序的，所以放在前面的程序会被优先执行。

13.2.1　使用 <Script> 标签嵌入 JavaScript 代码

在 HTML 代码中输入 JavaScript 时，需要使用 <script> 标签。在 <script> 标签中，language 属性声明要使用的脚本语言，该属性一般被设置为 JavaScript，不过也可以使用该属性声明 JavaScript 的确切版本，例如 JavaScript 1.2。使用 <script> 标签嵌入 JavaScript 代码的方法如下所示。

```
<html xmlns="http://www.w3.org/1999/xhtml">
<head>
<meta http-equiv="Content-Type" content="text/html; charset=utf-8" />
<title>嵌入JavaScript代码</title>
<script type="text/javascript">
<!--
JavaScript语句
-->
</script>
</head>
<body>
</body>
</html>
```

浏览器通常会忽略未知标签，因此在使用不支持 JavaScript 的浏览器阅读网页时，JavaScript 代码也会被阅读。为了防止这种情况的发生，通过在脚本语言的第 1 行输入“<!--”，在最后一行输入“-->”的方式注销代码。为了不给使用不支持 JavaScript 浏览器的浏览者带来麻烦，在编写 JavaScript 程序时，尽量加上注释代码。

JavaScript 代码可以加入到 HTML 页面中的 <head> 与 </head> 标签之间，也可以加入到 <body> 与 </body> 标签之间。

13.2.2　调用外部 js 脚本文件

在 HTML 文件中可以直接嵌入 JavaScript 脚本代码，还可以将脚本文件保存在外部，通过 <script> 标签中的 src 属性指定 URL 来调用外部 js 脚本文件。外部 JavaScript 脚本文件就是包含 JavaScript 代码的纯文本文件。链接外部 JavaScript 文件的格式如下。

```
<script type="text/javascript" src="***.js"></script>
```

这种方法在多个页面中使用相同的脚本语言时非常有用。通过指定 <script> 标签的 src 属性，就可以使用外部的 JavaScript 文件了。在运行时，这个 js 文件的代码全部嵌入到包含的页面中，页面程序可以自由使用，这样就可以做到代码的重复使用。

13.2.3　直接位于事件处理部分的代码中

一些简单的脚本可以直接放在事件处理部分的代码中。例如下面所示直接将 JavaScript

代码加入到 onClick 事件中。

```
<a href="#" onClick="javascript:window.close()"><img src="images/close.gif" /></a>
```

<a> 标签为 HTML 中的超链接标签，单击该超链接时调用 onClick() 方法。onClick 特性声明一个事件处理函数，即响应特定事件的代码。

13.3 JavaScript 中的数据类型和变量

程序如同计算机的灵魂，JavaScript 更是如此，程序的运行需要操作各种数据值，这些数据值在程序运行时暂时存储在计算机的内存中。本节将介绍 JavaScript 中的数据类型和变量。

13.3.1 数据类型

JavaScript 提供了 6 种数据类型，其中 4 种基本的数据类型用来处理数字和文字，而变量提供存放信息的地方，表达式则可以完成较复杂的信息处理。下面对各种数据类型分别进行介绍。

- **string 字符串类型**

字符串是放在单引号或双引号之间的（可以使用单引号来输入包含双号的字符串，反之亦然），如“student”、“学生”等。

- **数值数据类型**

JavaScript 支持整数和浮点数，整数可以为正数、0 或者负数；浮点数可以包含小数点，也可以包含一个“e”（大小写均可，在科学记数法中表示“10 的幂”），或者同时包含这两项。

- **boolean 类型**

可能的 boolean 值有 true 和 false。这两个特殊值，不能用做 1 和 0。

- **undefined 数据类型**

一个为 undefined 的值就是指在变量被创建后，但未给该变量赋值时具有的值。

- **null 数据类型**

null 值指没有任何值，什么也不表示。

- **object 类型**

除了上面提到的各种常用类型外，对象也是 JavaScript 中的重要组成部分。例如 Window、Document、Date 等，这些都是 JavaScript 中的对象。

13.3.2 变量

在 JavaScript 中，使用 var 关键字来声明变量，JavaScript 中声明变量的语法格式如下。

```
var var_name;
```

在对变量进行命名时，需要遵循以下的规则。

（1）变量名由字母、数字、下划线和美元符号组成。

（2）变量名必须以字母、下划线或美元符号开始。

（3）变量名不能使用 JavaScript 中的保留关键字。

在 JavaScript 中使用等号（=）为变量赋值，等号左边是变量，等号右边是数值。对变量赋值的语法如下。

```
变量 = 值;
```

JavaScript 中的变量分为全局变量和局部变量两种。其中局部变量就是在函数里定义的变量，在这个函数里定义的变量仅在该函数中有效。如果不写 var，直接对变量进行赋值，那么 JavaScript 将自动把这个变量声明为全局变量。

例如，下面的代码是在 JavaScript 中声明变量。

```
var student_name;            //没有赋值
var old=24;                  //数值类型
var male=true;               //布尔类型
var author="isaac"           //字符串
```

13.4 JavaScript 运算符

在定义完变量后，就可以对其进行赋值和计算等一系列操作，这一过程通常又通过表达式来完成，而表达式中的一大部分是在做运算符处理。运算符是用于完成操作的一系列符号。在 JavaScript 中运算符包括算术运算符、逻辑运算符和比较运算符。

13.4.1 算术运算符

在表达式中起运算作用的符号称为运算符。在数学里，算术运算符可以进行加、减、乘、除和其他数学运算。

JavaScript 中的算术运算符包括：+（加）、-（减）、*（乘）、/（除）、%（取模）、++（递增 1）、--（递减 1）。

13.4.2 逻辑运算符

程序设计语言还包含一种非常重要的运算——逻辑运算。逻辑运算符比较两个布尔值（真或假），然后返回一个布尔值。

JavaScript 中的逻辑运算符包括：!（逻辑非）、&&（逻辑与）和 //（逻辑或）。

13.4.3 比较运算符

比较运算符是比较两个操作数的大、小或相等的运算符。比较运算符的基本操作是首先对其操作数进行比较，再返回一个 true 或 false 值，表示给定关系是否成立，操作数的类型可以任意。

JavaScript 中的比较运算符包括：<(小于)、>(大于)、<=(小于等于)、>=(大于等于)、=（等于）和 !=（不等于）。

13.5 JavaScript 程序语句

JavaScript 中提供了多种用于程序流程控制的语句，这些语句可以分为选择和循环两大类。选择语句包括 if、switch 等，循环语句包括 while、for 等。本节将介绍 JavaScript 中常见的程序语句。

13.5.1 if 条件语句

if…else 语句是 JavaScript 中最基本的控制语句，通过该语句可以改变语句的执行顺序。JavaScript 支持 if 条件语句，在 if 语句中将测试一个条件，如果该条件满足测试，则执行相关的 JavaScript 代码。

if…else 条件语句的基本语法如下。

```
if(条件) {
执行语句1
}
else {
执行语句2
}
```

当表达式的值为 true，则执行语句 1，否则执行语句 2。如果 if 后的语句有多行，则必须使用大括号将其括起来。

13.5.2 switch 条件语句

当判断条件比较多时，为了使程序更加清晰，可以使用 switch 语句。使用 switch 语句时，表达式的值将与每个 case 语句中的常量进行比较。如果匹配，则执行该 case 语句后的代码；如果没有一个 case 的常量与表达式的值相匹配，则执行 default 语句。当然，default 语句是可选择的。如果没有匹配的 case 语句，也没有 default 语句，则什么也不执行。

switch 条件语句的基本语法如下。

```
switch(表达式) {
case 条件1;
语句块1
case 条件2;
语句块2
…
default
语句块N
}
```

switch 语句通常使用在有多种出口选择的分支结构上，例如信号处理中心可以对多个信号进行响应，针对不同的信号均有相应的处理。

13.5.3 for 循环语句

遇到重复执行指定次数的代码时，使用 for 循环语句比较合适。在执行 for 循环中的语句前，有 3 个语句将得到执行，这 3 个语句的运行结果将决定是否要进入 for 循环体。

for 循环语句的基本语法如下。

```
for(初始化; 条件表达式; 增量) {
语句;
…
}
```

初始化总是一个赋值语句，用来给循环控制变量赋初始值；条件表达式是一个关系表达式，决定什么时候退出循环；增量定义循环控制变量循环一次后按什么方式变化。这 3 个部分之间使用（;）隔开。

例如 for(i=1; i<=10; i++) 语句，首先给 i 赋初始值为 1，判断 i 是否小于等于 10，如果

是则执行语句，之后值增加 1。再重新判断，直到条件为假，结束循环。

13.5.4 while 循环语句

当重复执行动作的情形比较简单时，就不需要使用 for 循环语句，可以使用 while 循环语句。while 循环语句在执行循环体前测试一个条件，如果条件成立则进入循环体，否则跳到循环体后的第一条语句。

while 循环语句的基本语法如下。

```
while (条件表达式) {
语句;
...
}
```

条件表达式是必选项，以其返回值作为进入循环体的条件。无论返回什么样类型的值，都被作为布尔型处理，为真时进入循环体。语句部分可以由一条或多条语句组成。

13.6 使用 Spry 实现网页特效

Spry 是一个 Dreamweaver 中内置的 JavaScript 库，网页设计人员可以使用它来构建页面效果更加丰富的网站。有了 Spry 就可以使用 HTML、CSS 和 JavaScript 将 XML 数据合并到 HTML 文档中，创建菜单栏、可折叠面板等效果，并向各种网页中添加不同类型的效果。在 Dreamweaver 中使用 Spry 比较简单，但要求用户有一些 HTML、CSS 和 JavaScript 的相关基础知识，本节将介绍如何使用 Spry 实现网页中常见的特效。

13.6.1 Spry 菜单栏

Spry 菜单栏是一组可导航的菜单按钮，使用 Spry 菜单栏可以在紧凑的空间中显示大量的导航信息，并且使浏览者能够清楚网站中的站点目录结构。当用户将鼠标移至某个菜单按钮上时，将显示相应的子菜单。

实例 112+ 视频：制作下拉导航菜单

下拉导航菜单在网页中非常常见，实现的方法主要有 Flash 动画和 JavaScript 两种方式。使用 Dreamweaver 中提供的 Spry 菜单栏，可以自动生成相应的 CSS 样式和 JavaScript 脚本代码，设计者只需要进行一些简单的操作，即可在网页中制作出下拉导航菜单。接下来通过实例练习介绍如何使用 Spry 菜单栏在网页中实现下拉导航菜单。

源文件：源文件\第 13 章\13-6-1.html

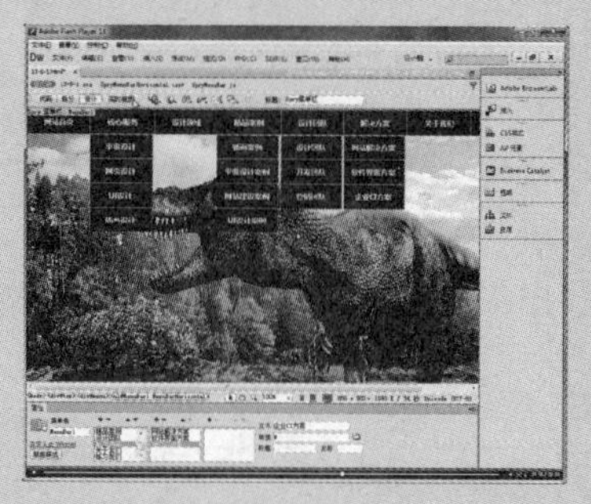

操作视频：视频\第 13 章\13-6-1.swf

01 ▶执行“文件>打开”命令，打开页面“源文件\第13章\13-6-1.html”，可以看到页面的效果。

02 ▶将光标移至名为menu的Div中，并将多余文字删除，单击“插入”面板上“Spry”选项卡中的“Spry 菜单栏”按钮。

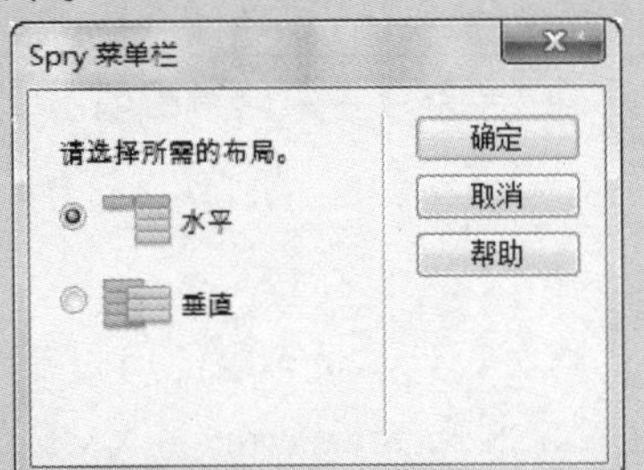

03 ▶弹出“Spry 菜单栏”对话框，选中“水平”复选框。

04 ▶单击“确定”按钮，即可在页面中插入Spry菜单栏。

提示

当在页面中插入Spry构件时，Dreamweaver会自动在该页面所属站点的根目录下创建一个名为SpryAssets的目录，并将相应的CSS样式表文件和JavaScript脚本文件保存在该文件夹中。另外在命名上，与Spry构件相关联的CSS样式表和JavaScript脚本文件应与该Spry构件的命名相一致，从而有利于区别哪些文件应用于哪些构件。

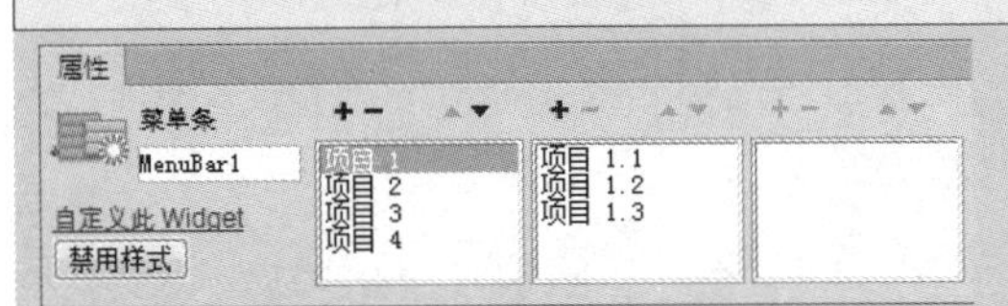

05 ▶选中刚插入的Spry菜单栏，在“属性”面板上的“主菜单项列表”框中选中“项目1”选项，可以在“子菜单项列表”框中看到该菜单项下的子菜单项。

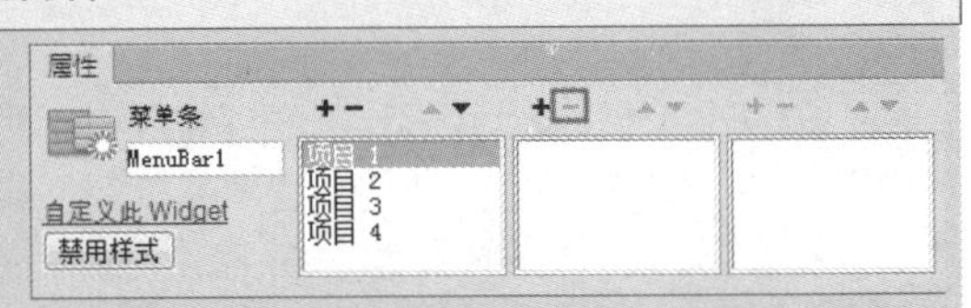

06 ▶在“子菜单项列表”框中选中需要删除的项目，单击其上方的“删除菜单项”按钮━，删除选中的子菜单项。

07 ▶在“主菜单项列表”框中选中“项目1”选项，在“文本”文本框中修改该菜单项的名称。

08 ▶使用相同的方法，修改其他各主菜单项的名称。

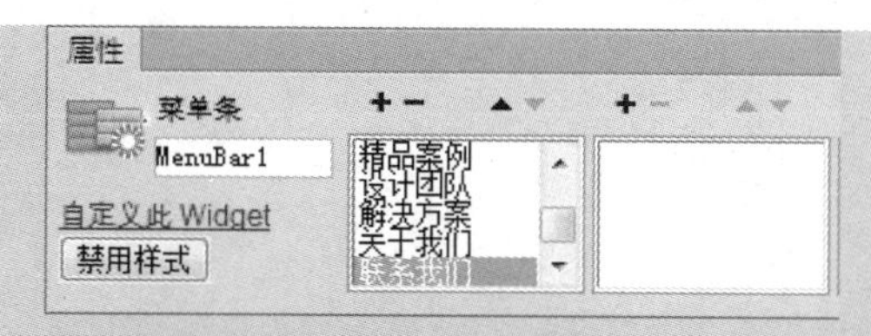

09 单击“主菜单项列表”框上的“添加菜单项”按钮+，添加主菜单项并修改其名称。

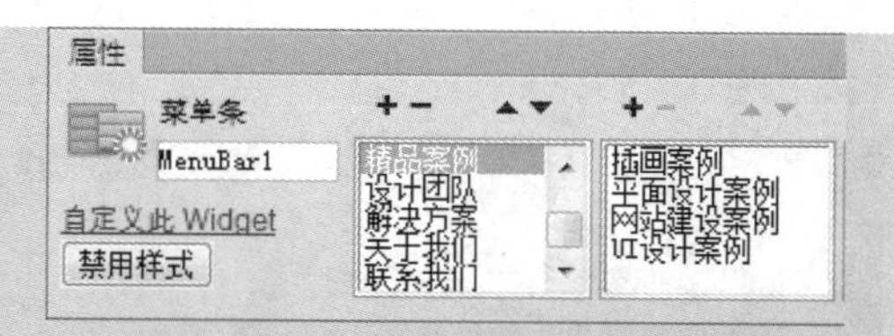

10 在“主菜单项列表”框中选中第二个主菜单项，在“子菜单列表”框中可以添加相应的子菜单项。使用相同的制作方法，完成 Spry 菜单栏中各菜单项的设置。

```
ul.MenuBarHorizontal li
{
    margin: 0;
    padding: 0;
    list-style-type: none;
    font-size: 100%;
    position: relative;
    text-align: left;
    cursor: pointer;
    width: 8em;
    float: left;
}
```

11 切换到 Spry 菜单栏的外部 CSS 样式文件 SpryMenuBarHorizontal.css 中，找到名为 ul.MenuBarHorizontal li 的 CSS 样式。

```
ul.MenuBarHorizontal li
{
    margin: 0;
    padding: 0;
    list-style-type: none;
    font-size: 100%;
    position: relative;
    cursor: pointer;
    float: left;
    text-align: center;
    width: 120px;
    height: 45px;
    background-color: #333;
}
```

12 对该 CSS 样式进行相应的修改。

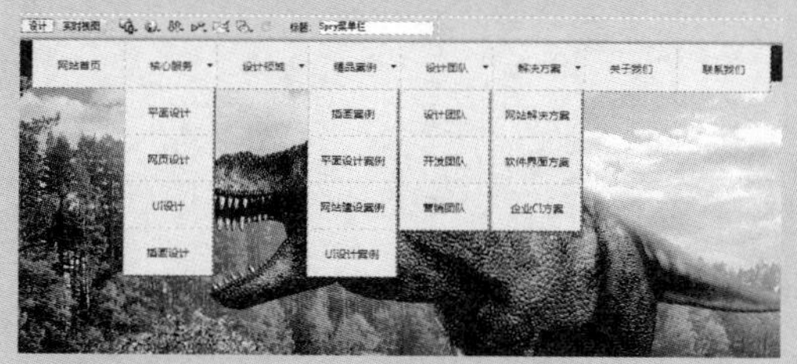

13 返回网页设计视图，可以看到下拉菜单的效果。

```
ul.MenuBarHorizontal ul
{
    border: 1px solid #CCC;
}
```

14 转换到 SpryMenuBarHorizontal.css 文件中，找到名为 ul.MenuBarHorizontal ul 的 CSS 样式，将其删除。

```
ul.MenuBarHorizontal a
{
    display: block;
    cursor: pointer;
    background-color: #EEE;
    padding: 0.5em 0.75em;
    color: #333;
    text-decoration: none;
}
```

15 找到名为 ul.MenuBarHorizontal a 的 CSS 样式。

```
ul.MenuBarHorizontal a
{
    display: block;
    cursor: pointer;
    text-decoration: none;
    font-weight: bold;
    color: #FFF;
    text-align: center;
}
```

16 对该 CSS 样式进行相应的修改。

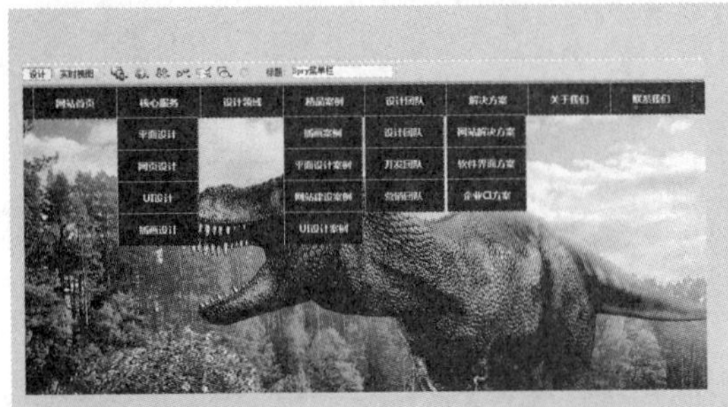

17 ▶返回网页设计视图，可以看到下拉菜单的效果。

```
ul.MenuBarHorizontal ul
{
    margin: 0;
    padding: 0;
    list-style-type: none;
    font-size: 100%;
    z-index: 1020;
    cursor: default;
    width: 8.2em;
    position: absolute;
    left: -1000em;
}
```

18 ▶转换到 SpryMenuBarHorizontal.css 文件中，找到名为 ul.MenuBarHorizontal ul 的 CSS 样式。

```
ul.MenuBarHorizontal ul
{
    margin: 0;
    padding: 0;
    list-style-type: none;
    font-size: 100%;
    z-index: 1020;
    cursor: default;
    width: 120px;
    position: absolute;
    left: -1000em;
}
```

19 ▶对该 CSS 样式进行相应的修改。

```
ul.MenuBarHorizontal ul li
{
    width: 8.2em;
}
```

20 ▶找到名为 ul.MenuBarHorizontal ul li 的 CSS 样式。

```
ul.MenuBarHorizontal ul li
{
    width: 120px;
}
```

21 ▶对该 CSS 样式进行相应的修改。

```
ul.MenuBarHorizontal a.MenuBarItemHover,
ul.MenuBarHorizontal a.MenuBarItemSubmenuHover,
ul.MenuBarHorizontal a.MenuBarSubmenuVisible
{
    background-color: #33C;
    color: #FFF;
}
```

22 ▶使用相同的方法，再找到相应的CSS样式。

```
ul.MenuBarHorizontal a.MenuBarItemHover,
ul.MenuBarHorizontal a.MenuBarItemSubmenuHover,
ul.MenuBarHorizontal a.MenuBarSubmenuVisible
{
    background-color: #F7B112;
    color: #333;
}
```

23 ▶对该 CSS 样式进行相应的修改。

```
@media screen, projection
{
    ul.MenuBarHorizontal li.MenuBarItemIE
    {
        display: inline;
        f\loat: left;
        background: #333;
    }
}
```

24 ▶找到名为 ul.MenuBarHorizontal li.MenuBarItemIE 的 CSS 样式，对其进行修改。

25 ▶保存页面和外部 CSS 样式文件，在浏览器中预览页面，可以看到页面的效果。

26 ▶将光标移至导航菜单中，可以看到使用 spry 制作的下拉导航菜单的效果。

提问：在网页中插入 Spry 菜单栏有什么其他的方法？

答：在页面中插入 Spry 构件之前，需要将该页面进行保存，否则将会弹出提示对话框，提示用户必须先存储页面。在页面中插入 Spry 菜单栏的另一种方法是通过执行“插入 >Spry>Spry 菜单栏”命令来实现。

13.6.2　Spry 选项卡式面板

Spry 选项卡式面板构件是一组面板，用来将较多的内容放置在紧凑的空间中，当浏览者单击不同的选项卡时，即可打开构件相应的面板。浏览者可以通过单击面板选项卡来隐藏或显示放置在选项卡式面板中的内容。

实例 113+ 视频：制作网页新闻选项卡

新闻选项卡是很多网站中新闻部分所采用的方式，几乎每一个门户网站中都能看到，使用这种方式可以大大节省网页空间，并可以将新闻进行分类，方便浏览者的浏览和阅读，使用 Dreamweaver 中的 Spry 选项卡式面板可以轻松地制作出新闻选项卡。

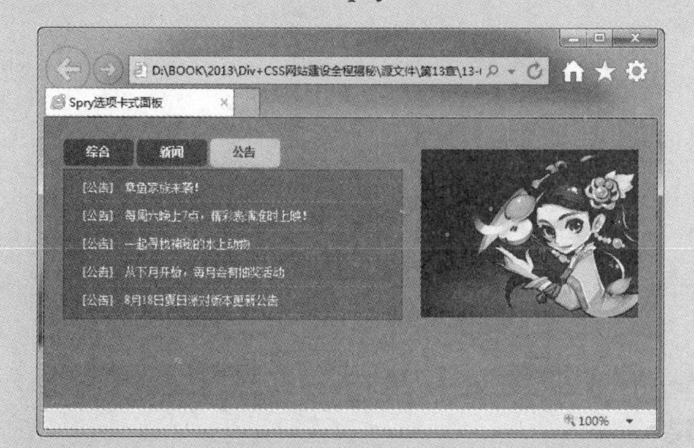

源文件：源文件 \ 第 13 章 \13-6-2. html

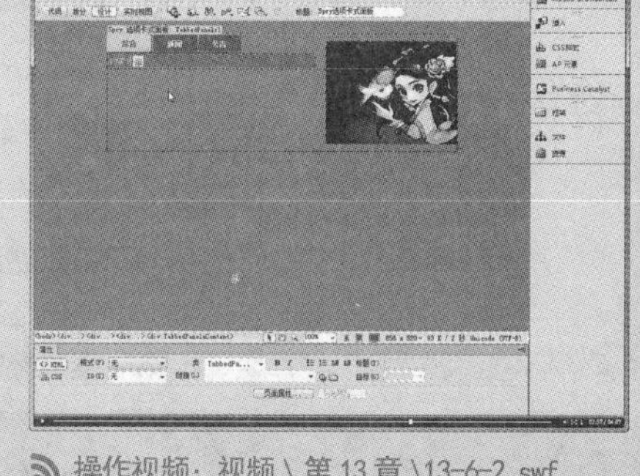

操作视频：视频 \ 第 13 章 \13-6-2. swf

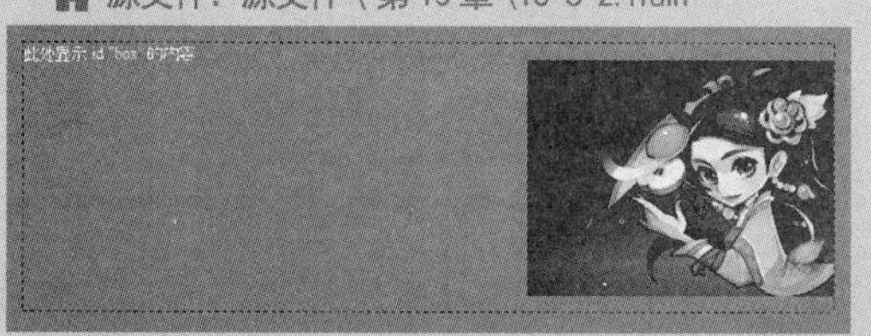

01 ▶执行“文件 > 打开”命令，打开页面“源文件 \ 第 13 章 \13-6-2.html”，可以看到页面的效果。

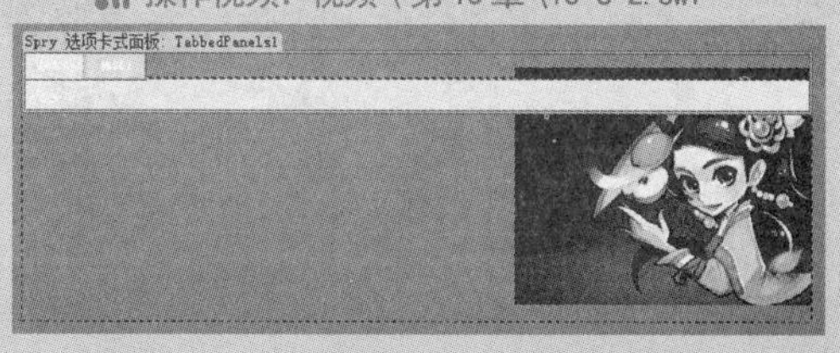

02 ▶将光标移至名为 box 的 Div 中，并将多余文字删除，单击“插入”面板上 Spry 选项卡中的“Spry 选项卡式面板”按钮，插入 Spry 选项卡式面板。

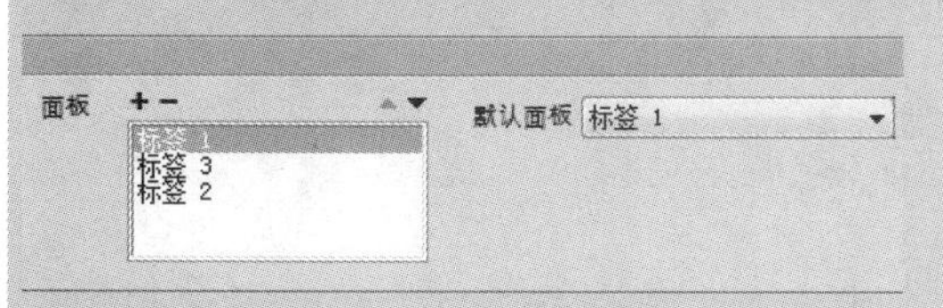

03 ▶选中刚插入的 Spry 选项卡式面板，在“属性”面板中为其添加标签。

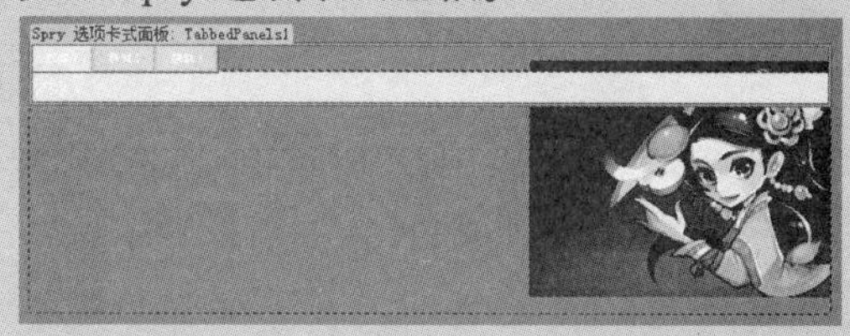

04 ▶可以看到 Spry 选项卡式面板的效果。

提示　虽然使用“属性”面板可以非常便捷地对 Spry 选项卡式面板构件进行编辑，但“属性”面板并不支持自定义的样式设置任务，因此用户如果更改 Spry 选项卡式面板的外观样式，可以通过修改选项卡式面板构件的 CSS 规则来实现。

```
.TabbedPanelsTab {
    position: relative;
    top: 1px;
    float: left;
    padding: 4px 10px;
    margin: 0px 1px 0px 0px;
    font: bold 0.7em sans-serif;
    background-color: #DDD;
    list-style: none;
    border-left: solid 1px #CCC;
    border-bottom: solid 1px #999;
    border-top: solid 1px #999;
    border-right: solid 1px #999;
    -moz-user-select: none;
    -khtml-user-select: none;
    cursor: pointer;
}
```

05 ▶切换到 Spry 选项卡式面板的外部 CSS 样式文件 SpryTabbedPanels.css 中，找到名为 .TabbedPanelsTab 的 CSS 样式。

```
.TabbedPanelsTab {
    position: relative;
    top: 1px;
    float: left;
    list-style: none;
    -moz-user-select: none;
    -khtml-user-select: none;
    cursor: pointer;
    width: 74px;
    height: 30px;
    background-image: url(136202.gif);
    background-repeat: no-repeat;
    font-weight: bold;
    line-height: 30px;
    text-align: center;
    margin-right: 3px;
    margin-bottom: 3px;
}
```

06 ▶对该 CSS 样式进行相应的修改。

提示　首先修改的 .TabbedPanelsTab 样式表，主要定义了选项卡式面板标签的默认状态，接着修改的 .TabbedPanelsTabSelected 样式表，主要定义了选项卡面板中当前选中标签的状态，最后修改的 .TabbedPanelsContentGroup 样式表，定义了选项卡式面板内容部分的外观。

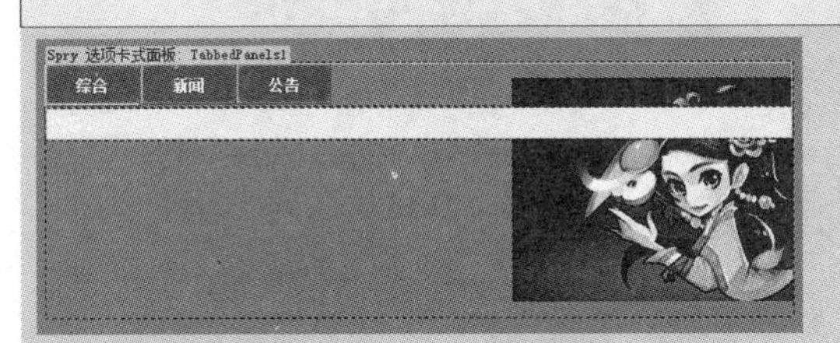

07 ▶返回网页设计视图，修改各标签中的文字内容。

```
.VTabbedPanels .TabbedPanelsTabSelected {
    background-color: #EEE;
    border-bottom: solid 1px #999;
}
```

08 ▶切换到 SpryTabbedPanels.css 文件中，找到名为 .VTabbedPanels .TabbedPanelsTabSelected 的 CSS 样式。

```
.VTabbedPanels {
    width: 74px;
    height: 30px;
    background-image: url(136203.gif);
    background-repeat: no-repeat;
}
.TabbedPanelsTabSelected {
    color: #AF0055;
    background-image: url(136203.gif);
    background-repeat: no-repeat;
}
```

09 ▶将该 CSS 样式拆分为两个 CSS 样式设置，并分别进行相应的修改。

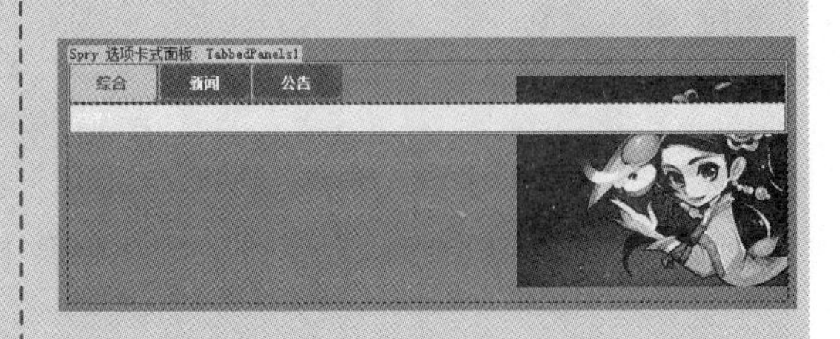

10 ▶返回网页设计视图，可以看到 Spry 选项卡式面板的效果。

```
.TabbedPanelsContentGroup {
    clear: both;
    border-left: solid 1px #CCC;
    border-bottom: solid 1px #CCC;
    border-top: solid 1px #999;
    border-right: solid 1px #999;
    background-color: #EEE;
}
```

11 ▶切换到 SpryTabbedPanels.css 文件中，找到名为 .TabbedPanelsContentGroup 的 CSS 样式。

```
.TabbedPanelsContentGroup {
    clear: both;
    width: 355px;
    background-color: #C52D78;
    border: solid 1px #9A255F;
}
```

12 ▶对该 CSS 样式进行相应的修改。

```
.TabbedPanelsTabSelected {
    background-color: #EEE;
    border-bottom: 1px solid #EEE;
}
```

13 ▶找到名为 .TabbedPanelsTabSelected 的 CSS 样式，将其删除。

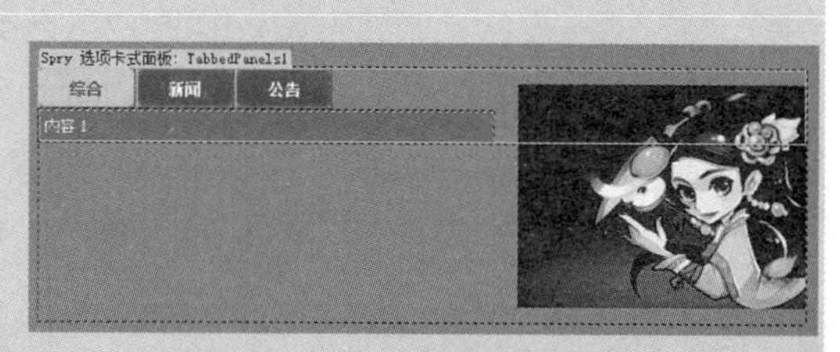

14 ▶返回网页设计视图中，可以看到页面的效果。

Spry 选项卡式面板: TabbedPanels1
综合　新闻　公告
[公告] 8月18日夏日派对版本更新公告
[新闻] 章鱼家族来袭!
[新闻] 一起寻找神秘的水上动物
[新闻] 参加尖叫跳水! 一起狂欢吧!
[新闻] 谁动了我的萌宠? ?

15 ▶将光标移至第 1 个标签的内容中，并将“内容 1”文字删除，输入段落文字，并将段落文字创建为项目列表。

```
.list01 {
    width: 315px;
    list-style-type: none;
    line-height: 28px;
    border-bottom: dashed 1px #E1569F;
    margin-left: 16px;
}
```

16 ▶转换到 13-6-2.css 文件中，创建名为 .list01 的 CSS 样式。

Spry 选项卡式面板: TabbedPanels1
综合　新闻　公告
[公告] 8月18日夏日派对版本更新公告
[新闻] 章鱼家族来袭!
[新闻] 一起寻找神秘的水上动物
[新闻] 参加尖叫跳水! 一起狂欢吧!
[新闻] 谁动了我的萌宠? ?

17 ▶返回网页设计视图，分别为各列表项应用刚定义的名为 list01 的类 CSS 样式。

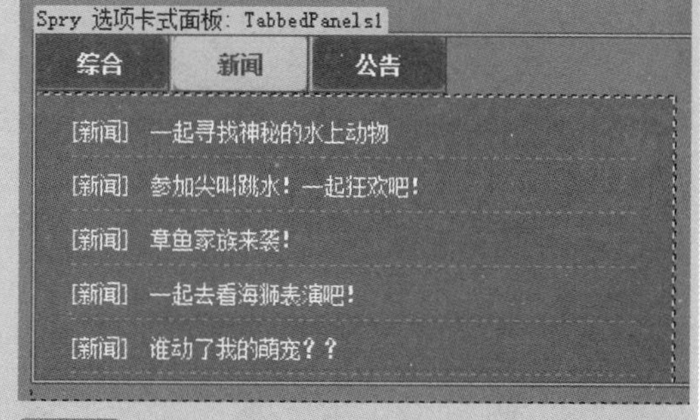

18 ▶使用相同的方法，可以完成其他两个选项卡中内容的制作。

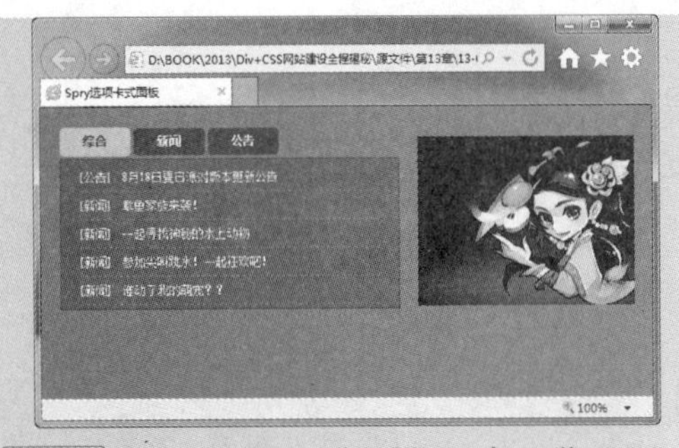

19 ▶保存该页面，在浏览器中预览页面，可以看到页面的效果。

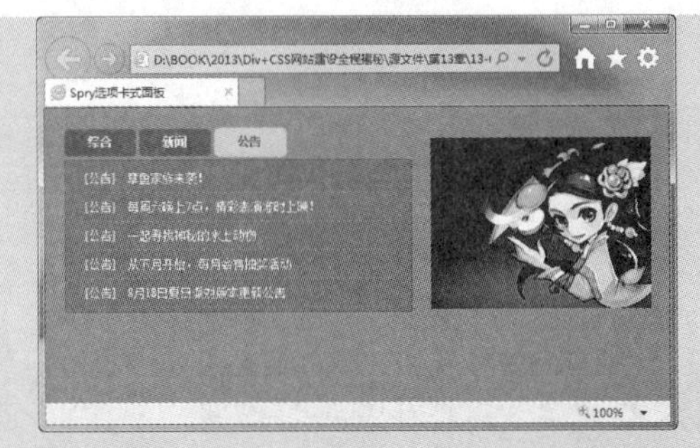

20 ▶单击不同的新闻选项卡，可以切换到相应的内容显示。

提问：如何在设计视图中显示其他标签中的内容？

答：在 Dreamweaver 的设计视图中选中 Spry 选项卡式面板，在其“属性”面板上的“面板”列表中选择需要制作的标签，即可在设计视图中对该标签中的内容进行编辑和修改。

13.6.3 Spry 折叠式

Spry 折叠式面板可以将大量页面内容放置在一个紧凑的空间中，从而达到为网页节省空间的作用。浏览者只需要单击该构件的选项卡就可以显示或隐藏该面板中的内容，非常方便。当浏览者单击不同的选项卡时，折叠式构件的面板会相应展开或收缩。

实例 114+ 视频：制作产品介绍页面

本实例制作产品介绍页面，在网页中插入 Spry 折叠式，通过修改该 Spry 折叠式的 CSS 样式，即可实现网页中的折叠效果，使得该栏目在网页中既节省了空间，又具有很强的交互性。

源文件：源文件\第 13 章\13-6-3.html

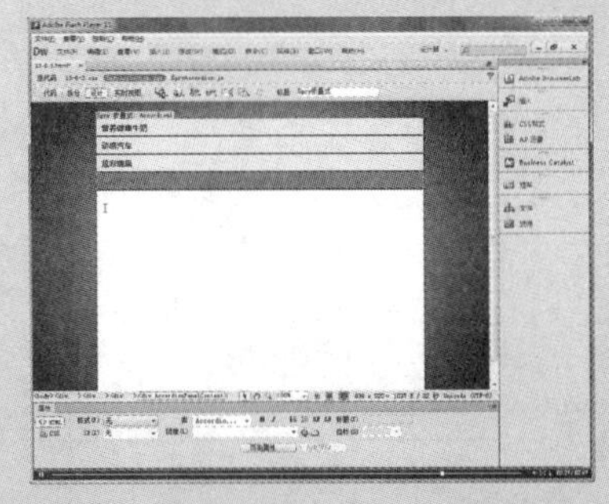

操作视频：视频\第 13 章\13-6-3.swf

01 ▶执行“文件>打开”命令，打开页面“源文件\第 13 章\13-6-3.html”，可以看到页面的效果。

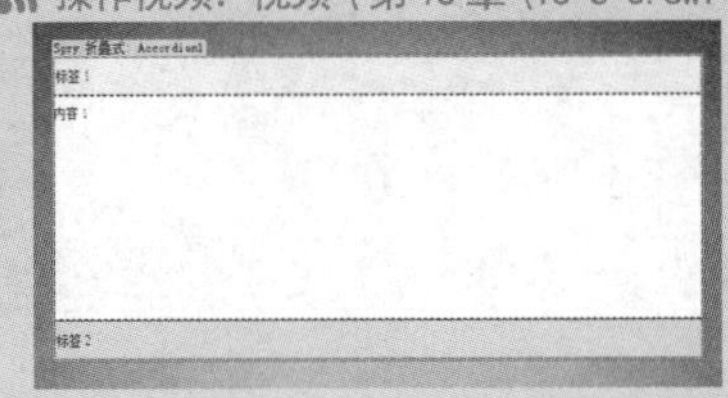

02 ▶将光标移至名为 box 的 Div 中，将多余文字删除，单击“插入”面板上的“Spry 折叠式”按钮，插入 Spry 折叠式面板。

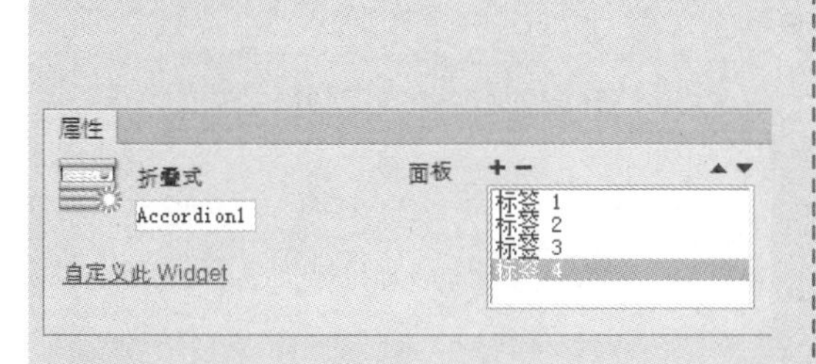

03 ▶选中刚插入的 Spry 折叠式，在“属性”面板中为其添加标签。

04 ▶可以在设计视图中看到 Spry 折叠式的效果。

```
.Accordion {
    border-left: solid 1px gray;
    border-right: solid 1px black;
    border-bottom: solid 1px gray;
    overflow: hidden;
}
```

05 ▶转换到 Spry 折叠式的外部 CSS 样式文件 SpryAccordion.css 中，找到名为 .Accordion 的 CSS 样式。

```
.Accordion {
    overflow: hidden;
}
```

06 ▶对该 CSS 样式进行相应的修改。

```
.AccordionPanelTab {
    background-color: #CCCCCC;
    border-top: solid 1px black;
    border-bottom: solid 1px gray;
    margin: 0px;
    padding: 2px;
    cursor: pointer;
    -moz-user-select: none;
    -khtml-user-select: none;
}
```

07 ▶找到名为 .AccordionPanelTab 的 CSS 样式。

```
.AccordionPanelTab {
    background-color: #CEE9F0;
    border-bottom: solid 2px #223448;
    padding-left: 10px;
    font-family: 微软雅黑;
    font-weight: bold;
    font-size: 14px;
    cursor: pointer;
    -moz-user-select: none;
    -khtml-user-select: none;
}
```

08 ▶对该 CSS 样式进行相应的修改。

09 ▶返回网页设计视图，可以看到 Spry 折叠式的效果。

```
.AccordionPanelContent {
    overflow: auto;
    margin: 0px;
    padding: 0px;
    height: 200px;
}
```

10 ▶切换到 SpryAccordion.css 文件中，找到名为 .AccordionPanelContent 的 CSS 样式。

```
.AccordionPanelContent {
    width: 600px;
    height: 360px;
    padding-top: 10px;
}
```

11 ▶对该 CSS 样式进行相应的修改。

```
.AccordionPanelTabHover {
    color: #555555;
}
.AccordionPanelOpen .AccordionPanelTabHover {
    color: #555555;
}
```

12 ▶找到名为 .AccordionPanelTabHover 和名为 .AccordionPanelOpen .AccordionPanelTabHover 的 CSS 样式。

```
.AccordionPanelTabHover {
    color: #F30;
}
.AccordionPanelOpen .AccordionPanelTabHover {
    color: #F30;
}
```

13 ▶对该 CSS 样式进行相应的修改。

```
.AccordionFocused .AccordionPanelTab {
    background-color: #3399FF;
}
```

```
.AccordionPanelOpen .AccordionPanelTab {
    background-color: #EEEEEE;
}
```

14 ▶找到名为 .AccordionPanelOpen .AccordionPanelTab 的 CSS 样式。

```
.AccordionPanelOpen .AccordionPanelTab {
    background-color: #369;
    color: #F30;
}
```

```
.AccordionFocused .AccordionPanelOpen
.AccordionPanelTab {
    background-color: #33CCFF;
}
```

15 ▶对该 CSS 样式进行相应的修改。

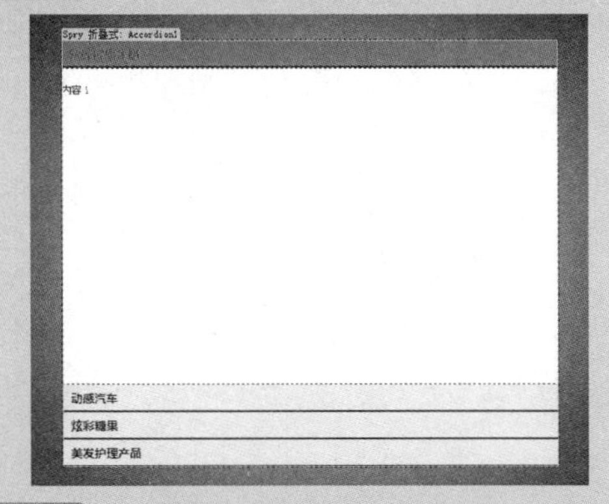

16 ▶找到相应的 CSS 样式，将其删除。

17 ▶返回网页设计视图，修改各个标签的文字内容，可以看到 Spry 折叠式的效果。

18 ▶将光标移至第 1 个标签的内容中，并将“内容 1”文字删除，插入相应的图像。

19 ▶使用相同的方法，完成其他内容的制作。保存该页面，在浏览器中预览页面。

20 ▶单击相应的选项卡，可以打开该选项卡并将其他选项卡折叠。

提问：如何在 Spry 折叠式构件中添加或删除面板？

答：选中网页中插入的 Spry 折叠式，在“属性”面板上的“面板”列表中列出了所选中的 Spry 折叠式构件中各面板，单击其上方的“添加面板”按钮+，即可添加面板；在列表中选中某个面板，单击列表上方的“删除面板”按钮−，即可将选中的面板删除；另外还可以调整面板的前后顺序。

13.6.4 Spry 可折叠面板

Spry 可折叠面板与 Spry 折叠式相似，都是将页面内容放在一个小的空间里，达到节省页面空间的作用，只是在外观上有所区别。Spry 可折叠面板是网页中一个可以自由展示和折叠起来的空间。

实例 115+ 视频：制作家居网站

本实例制作的是一个家居网站，将页面中介绍的内容使用 Spry 可折叠面板来实现，在网页中可以通过单击相应的标题来自由展示或折叠相关的介绍内容，既保证了页面的美观，也兼顾了内容的完整性。

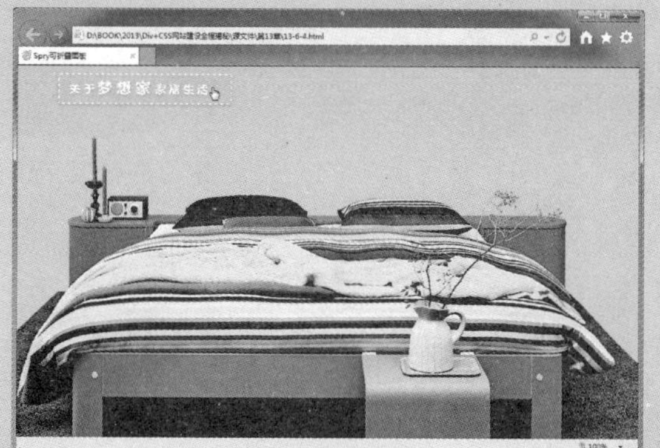

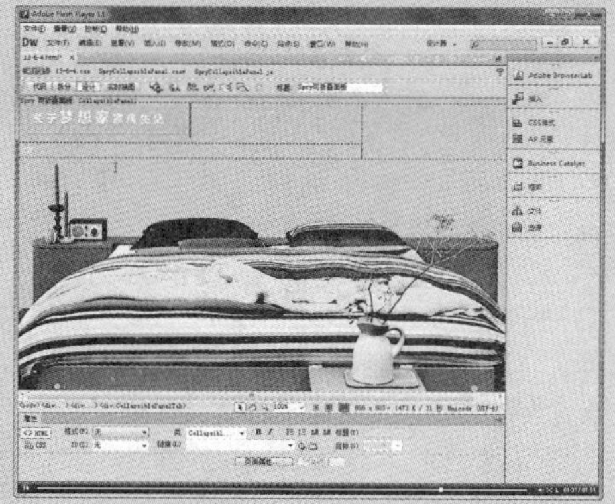

源文件：源文件\第 13 章\13-6-4.html

操作视频：视频\第 13 章\13-6-4.swf

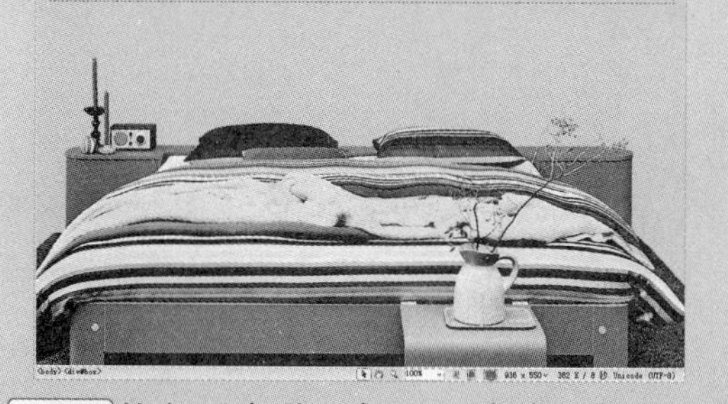

01 执行“文件 > 打开”命令，打开页面“源文件\第 13 章\13-6-4.html”，可以看到页面的效果。

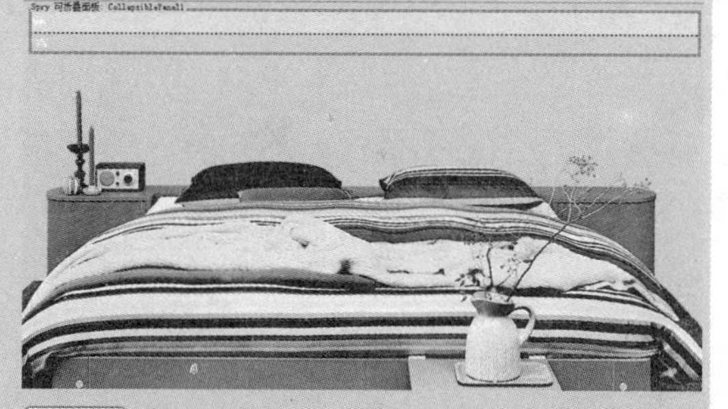

02 将光标移至名为 box 的 Div 中，并将多余文字删除，单击“插入”面板上的“Spry 可折叠面板”按钮，插入 Spry 可折叠面板。

```
.CollapsiblePanel {
    margin: 0px;
    padding: 0px;
    border-left: solid 1px #CCC;
    border-right: solid 1px #999;
    border-top: solid 1px #999;
    border-bottom: solid 1px #CCC;
}
```

03 切换到 Spry 可折叠面板的外部 CSS 样式文件 SpryCollapsiblePanel.css 中，找到名为 .CollapsiblePanel 的 CSS 样式。

```
.CollapsiblePanel {
    margin: 0px;
    padding: 0px;
    width: 600px;
}
```

04 对该 CSS 样式进行相应的修改。

```
.CollapsiblePanelTab {
    font: bold 0.7em sans-serif;
    background-color: #DDD;
    border-bottom: solid 1px #CCC;
    margin: 0px;
    padding: 2px;
    cursor: pointer;
    -moz-user-select: none;
    -khtml-user-select: none;
}
```

05 ▶找到名为.CollapsiblePanelTab的CSS样式。

```
.CollapsiblePanelTab {
    height: 59px;
    padding-bottom: 10px;
    cursor: pointer;
    -moz-user-select: none;
    -khtml-user-select: none;
}
```

06 ▶对该CSS样式进行相应的修改。

07 ▶返回网页设计视图中，可以看到Spry可折叠面板的效果。

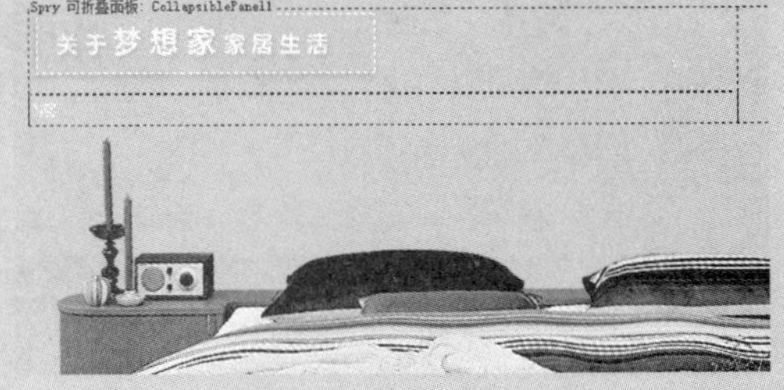

08 ▶将标签中的文字删除，并插入相应的图像。

```
.CollapsiblePanelOpen .CollapsiblePanelTab {
    background-color: #EEE;
}
```

09 ▶转换到SpryCollapsiblePanel.css文件中，找到名为.CollapsiblePanelOpen .CollapsiblePanelTab的CSS样式，将其删除。

```
.CollapsiblePanelTabHover,  .CollapsiblePanelOpen
.CollapsiblePanelTabHover {
    background-color: #CCC;
}
```

10 ▶找到名为.CollapsiblePanelTabHover, .CollapsiblePanelOpen .CollapsiblePanelTabHover的CSS样式，将其删除。

```
.CollapsiblePanelFocused .CollapsiblePanelTab {
    background-color: #3399FF;
}
```

11 ▶找到名为.CollapsiblePanelFocused .CollapsiblePanelTab的CSS样式，将其删除。

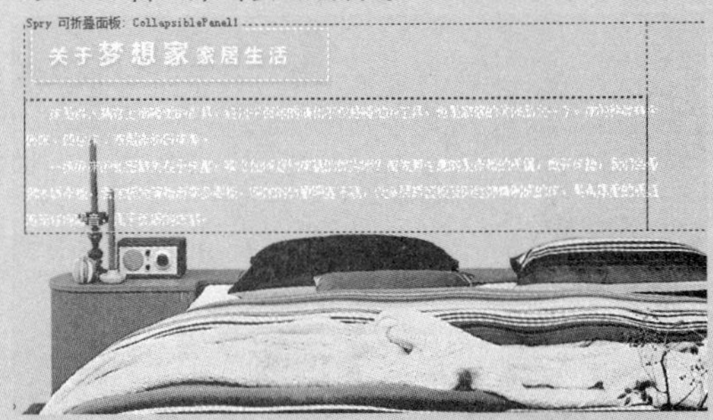

12 ▶返回网页设计视图中，将内容标签中的文字删除，并输入相应的文字。

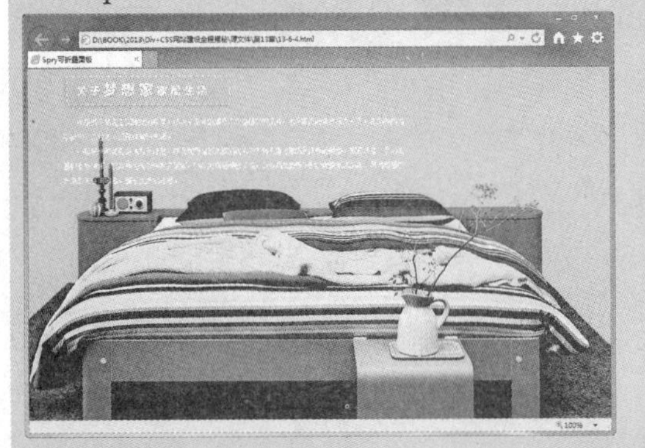

13 ▶保存页面，在浏览器中预览页面，可以看到页面的效果。

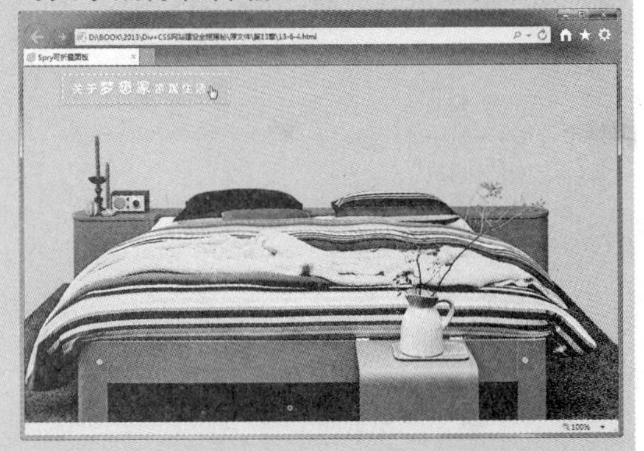

14 ▶单击标题部分，可以将介绍内容折叠起来，再次单击即可展开。

提问：Dreamweaver 中的 Spry 主要由几个部分组成？

答：Spry 就是网页中的一个页面元素，通过使用 Spry 可以轻松地实现更加丰富的网页交互效果，Spry 主要由 3 个部分组成。构件结构，用来定义 Spry 构件结构组成的 HTML 代码块；构件行为，用来控制 Spry 构件如何响应用户启动事件的 JavaScript 脚本；构件样式，用来指定 Spry 构件外观的 CSS 样式。

13.6.5 Spry 工具提示

Spry 工具提示在网页中是给浏览者提供额外的信息，当浏览者将鼠标指针移至网页中某个特定的元素上时，Spry 工具提示会显示该特定元素的其他信息内容；反之，当用户移开鼠标指针时，显示的额外信息便会消失，使得网页的交互更加强大。

实例 116+ 视频：制作作品展示网页

本实例将制作一个作品展示页面，在该网页中使用 Spry 工具提示实现将鼠标移至图上显示该图像的大图效果，增强了页面的交互性和实用性，方便浏览者查看页面中的内容。

源文件：源文件 \ 第 13 章 \13-6-5. html

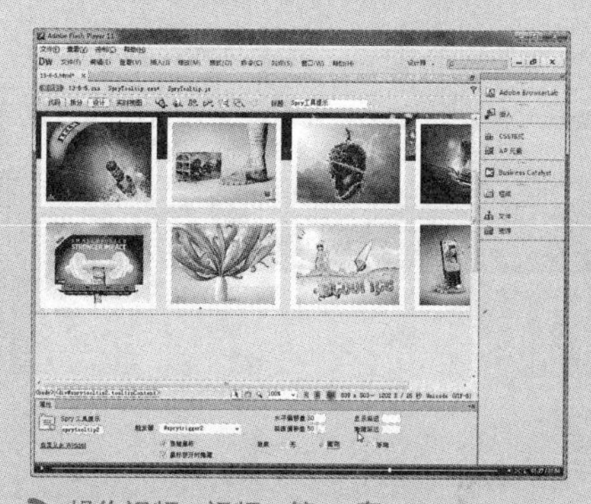

操作视频：视频 \ 第 13 章 \13-6-5. swf

01 ▶执行“文件 > 打开”命令，打开页面“源文件 \ 第 13 章 \13-6-5.html”，可以看到页面的效果。

Spry 工具提示：sprytooltip1
比处为工具提示内容。
<body><div#sprytooltip1.tooltipContent>

02 ▶选中第 1 张图像，单击“插入”面板上 Spry 选项卡中的“Spry 工具提示”按钮，插入 Spry 工具提示。

在网页中插入 Spry 工具提示时，Dreamweaver 会使用 Div 标签创建一个工具提示容器，并使用 span 标签环绕激活工具提示的页面元素。对于 Spry 工具提示和激活工具提示的元素标签，用户可以在插入 Spry 工具提示后再进行修改。

03 ▶选中刚插入的 Spry 工具提示，在“属性”面板上对其相关属性进行设置。

```
.tooltipContent
{
    border: solid 5px #FFF;
    height: auto;
    overflow: hidden;
}
```

05 ▶对该 CSS 样式进行相应的修改。

07 ▶使用相同的方法，可以为网页中其他的图像插入 Spry 工具提示。保存页面，在浏览器中预览页面，可以看到页面效果。

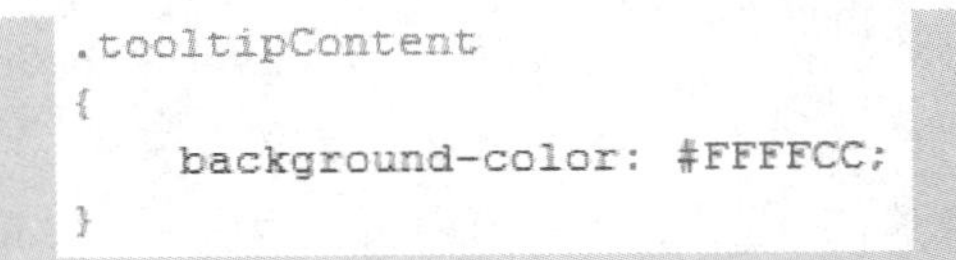

```
.tooltipContent
{
    background-color: #FFFFCC;
}
```

04 ▶切换到 Spry 工具提示的外部 CSS 样式文件 SpryTooltip.css 中，找到名为 .tooltipContent 的 CSS 样式。

06 ▶返回网页设计视图，在 Spry 工具提示中插入相应的图像。

08 ▶将光标移至页面中的图像上，可以看到 Spry 工具提示所实现的效果。

提问

提问：Spry 工具提示包括哪些元素？

答：在网页中插入的 Spry 工具提示包含 3 个元素，分别是：工具提示器、激活工具提示的页面元素和构造函数脚本。工具提示器包含在用户激活工具提示时要显示的内容；构造函数脚本是实现 Spry 工具提示功能的 JavaScript 脚本。

13.7 常见网页特效

由于 JavaScript 脚本语言具有效率高、功能强等特点，可以完成许多工作。例如表单数据合法性验证、网页特效、交互式导航菜单、动态页面和数值计算等。并且在增加网站的交互功能，提高用户体验等方面获得了广泛应用。发展到今天，JavaScript 的应用范围已经大大超出了一般人的想象。现在在大部分人眼中，JavaScript 表现最出色的领域仍然是用户的浏览器，即通常所说的 Web 应用客户商。

在上一节中已经介绍了如何使用 Dreamweaver 中的 Spry 在网页中实现常见的特效，这种方法比较简单，并不需要设计者自己编写 JavaScript 脚本代码，只需要对 CSS 样式进行相应的修改即可。但是 Dreamweaver 中提供的 Spry 效果比较有限，如果需要实现一些比较特别的效果，还是需要通过编写 JavaScript 脚本程序来实现。

13.7.1 广告切换效果

广告是网页中很常见的元素，网页中的广告常见的实现方法主要有静态图片、Flash 动画和 JavaScript 实现的动态广告效果 3 种，静态图片太过于普通，并且在一定的空间中只能展示一张，局限性较大；Flash 动画制作起来相对比较麻烦，并且更新起来也不是太方便；JavaScript 实现的广告效果在网页中的应用非常广泛，不仅形式多样，而且使网页具有一定的交互动感，更新起来也非常方便。

实例 117+ 视频：制作简洁的左右轮换广告效果

使用 JavaScript 实现的广告切换效果非常多，可以是渐隐切换、上下切换和左右切换等，本实例制作的是左右轮换的广告效果，通过 JavaScript 实现多张广告图片按设定的时间可以自动轮换，浏览者也可以通过单击左右的按钮来实现手动切换。

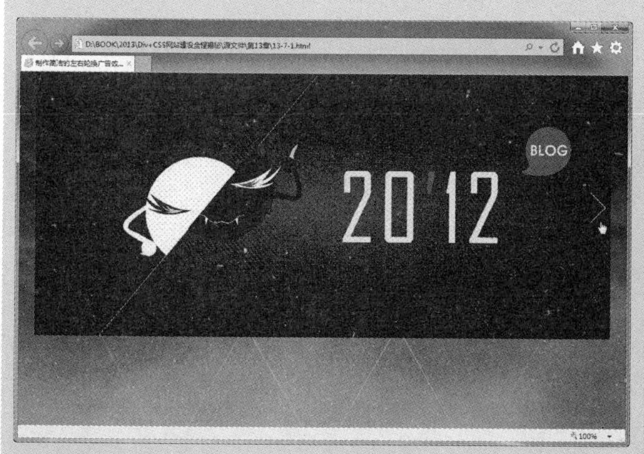

源文件：源文件 \ 第 13 章 \13-7-1.html

操作视频：视频 \ 第 13 章 \13-7-1.swf

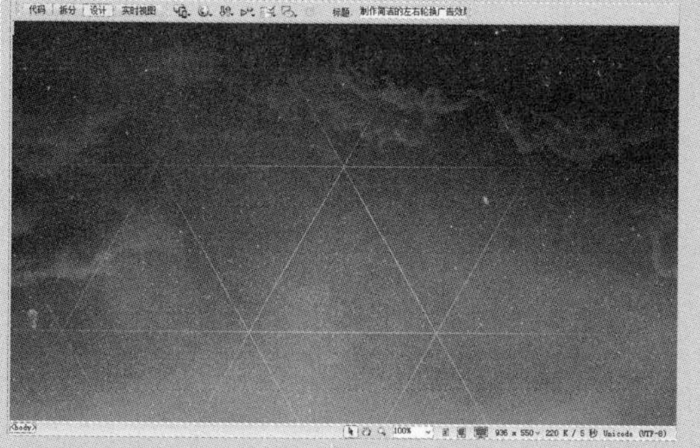

01 ▶执行“文件>打开”命令，打开页面“源文件 \ 第 13 章 \13-7-1.html”，可以看到页面的效果。

02 ▶在网页中插入一个 Div，该 Div 不设置 id 名称。

```
.bannerbox {
    width: 1000px;
    height: 445px;
    overflow: hidden;
    margin: 0px auto;
}
```

03 ▶转换到该网页所链接的外部 CSS 样式 13-7-1.css 文件中，创建名为 . bannerbox 的 CSS 样式。

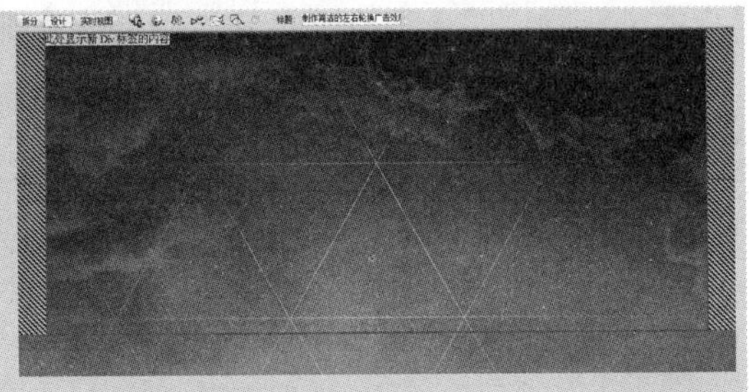

04 ▶返回网页设计视图，选中刚插入的 Div，在“类”下拉列表中选择刚定义的名为 bannerbox 的类 CSS 样式应用。

```
#focus {
    width: 1000px;
    height: 445px;
    overflow: hidden;
    position: relative;
}
```

05 ▶将光标移至 Div 中，并将多余文字删除，在该 Div 中插入 id 名为 focus 的 Div，转换到 13-7-1.css 文件中，创建名为 #focus 的 CSS 样式。

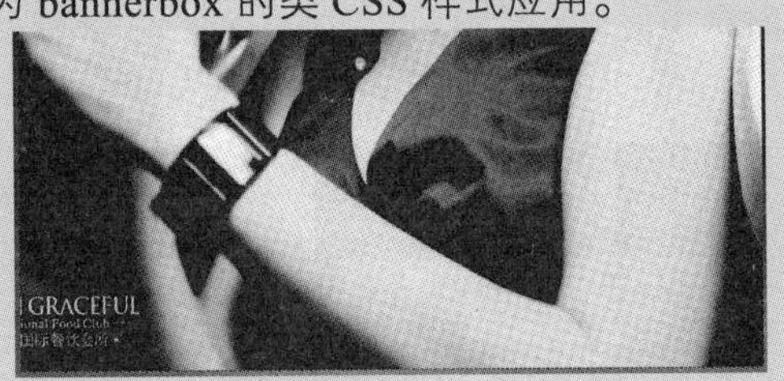

06 ▶返回网页设计视图，将光标移至名为 focus 的 Div 中，并将多余文字删除，插入相应的图像。

```
<div class="bannerbox">
  <div id="focus">
    <img src="images/137102.jpg" width="1000"
height="445" /><img src="images/137103.jpg" width
="1000" height="445" /><img src=
"images/137104.jpg" width="1000" height="445" />
<img src="images/137105.jpg" width="1000" height=
"445" /></div>
</div>
```

07 ▶将光标移至刚插入的图像后，插入其他图像，转换到代码视图，可以看到该部分 HTML 代码。

```
<div id="focus">
 <ul>
   <li><img src="images/137102.jpg" width="1000"
height="445" /></li>
   <li><img src="images/137103.jpg" width="1000"
height="445" /></li>
   <li><img src="images/137104.jpg" width="1000"
height="445" /></li>
   <li><img src="images/137105.jpg" width="1000"
height="445" /></li>
 </ul>
 </div>
```

08 ▶为该部分 HTML 代码添加 <ul> 和 <li> 标签，形成项目列表，并在 <ul> 标签中设置 id 属性。

```
#focus ul {
    width: 1000px;
    height: 445px;
    position: absolute;
}
#focus li {
    float: left;
    width: 1000px;
    height: 445px;
    overflow: hidden;
    position: relative;
}
```

09 ▶转换到 13-7-1.css 文件中，分别创建名为 #focus ul 和名为 #focus li 的 CSS 样式。

```
#focus .preNext {
    width: 500px;
    height: 445px;
    position: absolute;
    top: 0px;
    cursor: pointer;
}
#focus .pre {
    left: 0;
    background-image: url(../images/137106.png);
    background-repeat: no-repeat;
    background-position: left center;
}
#focus .next {
    right: 0;
    background-image: url(../images/137107.png);
    background-repeat: no-repeat;
    background-position: right center;
}
```

10 ▶分别创建名为 #focus .preNext、#focus .pre 和 #focus .next 的 CSS 样式。

提示

在使用 JavaScript 实现网页中元素的动态效果中，CSS 样式的设置也非常重要，只有通过 CSS 样式正确地控制网页元素的外观和位置，JavaScript 所实现的效果才能正确显示。此处所定义的名为 #focus .preNext、#focus .pre 和 #focus .next 的 CSS 样式主要用于控制网页中广告的左右切换按钮位置，这 3 个 CSS 样式是在 JavaScript 脚本代码中使用的。

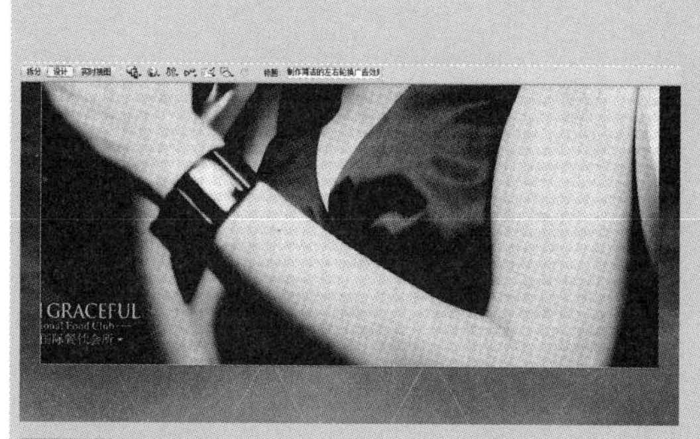

11 返回网页设计视图，可以看到页面的效果。

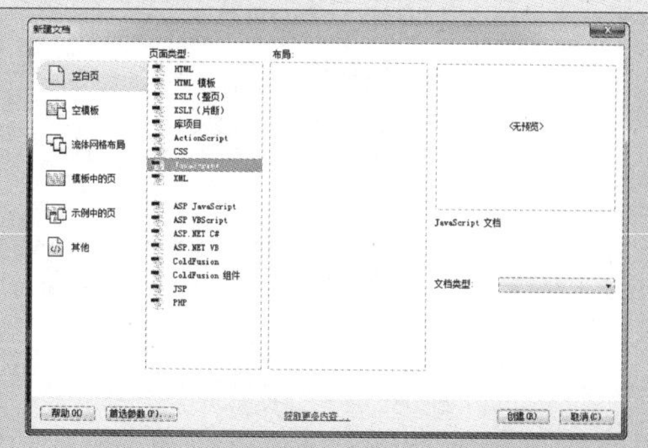

12 执行“文件 > 新建”命令，新建一个 JavaScript 文件，将其保存为“源文件 \ 第 13 章 \js\focus.js”。

13 在刚刚新建的外部 js 脚本文件中编写 JavaScript 脚本代码，如下所示。

```
$(function () {
    var sWidth = $("#focus").width();
    var len = $("#focus ul li").length;
    var index = 0;
    var picTimer;
    var btn = "<div class='btnBg'></div><div class='btn'>";
    for (var i = 0; i < len; i++) {
        btn += "<span></span>";
    }
    btn += "</div><div class='preNext pre'></div><div class='preNext next'></div>";
    $("#focus").append(btn);
    $("#focus .btnBg").css("opacity", 0);
    $("#focus .btn span").css("opacity", 0.4).mouseenter(function () {
        index = $("#focus .btn span").index(this);
        showPics(index);
    }).eq(0).trigger("mouseenter");
    $("#focus .preNext").css("opacity", 0.0).hover(function () {
        $(this).stop(true, false).animate({ "opacity": "0.5" }, 300);
    }, function () {
        $(this).stop(true, false).animate({ "opacity": "0" }, 300);
    });
    $("#focus .pre").click(function () {
```

```
        index -= 1;
        if (index == -1) { index = len - 1; }
        showPics(index);
    });
    $("#focus .next").click(function () {
        index += 1;
        if (index == len) { index = 0; }
        showPics(index);
    });
    $("#focus ul").css("width", sWidth * (len));
    $("#focus").hover(function () {
        clearInterval(picTimer);
    }, function () {
        picTimer = setInterval(function () {
            showPics(index);
            index++;
            if (index == len) { index = 0; }
        }, 2800);
    }).trigger("mouseleave");
    function showPics(index) {
        var nowLeft = -index * sWidth;
        $("#focus ul").stop(true, false).animate({ "left": nowLeft }, 300);
        $("#focus .btn span").stop(true, false).animate({ "opacity": "0.4" }, 300).
eq(index).stop(true, false).animate({ "opacity": "1" }, 300);
    }
});
```

```
<head>
<meta http-equiv="Content-Type" content="text/html;
charset=utf-8" />
<title>制作简洁的左右轮换广告效果</title>
<link href="style/13-7-1.css" rel="stylesheet" type=
"text/css" />
<script type="text/javascript" src=
"js/jquery-1.9.1.min.js"></script>
<script type="text/javascript" src="js/focus.js">
</script>
</head>
```

14 ▶ 返回到 13-7-1.html 页面代码视图中，在 <head> 与 </head> 标签之间添加 <script> 标签链接外部 JQuery 库文件和刚创建的 focus.js 文件。

15 ▶ 保存页面，在浏览器中预览页面，可以看到左右轮换的广告效果，可以自动轮换，也可以手动进行轮换。

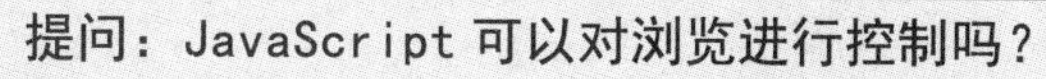

提问：JavaScript 可以对浏览进行控制吗？

答：有些 JavaScript 对象允许对浏览器的行为进行控制。Windows 对象支持弹出对话框以向用户显示简单消息的方法，还支持从用户处获取简单输入信息的方法。JavaScript 没有定义可以在浏览器窗口中直接创建并操作框架的方法，但是能够动态生成 HTML 的能力却可以让用户使用 HTML 标签创建任何想要的框架布局。JavaScript 还可以控制在浏览器中显示哪个网页。Location 对象可以在浏览器的任何一个框架或窗口中加载并显示出任意的 URL 所指的文档。History 对象则可以在用户的浏览历史中前后移动模拟浏览器的“前进”和“后退”按钮的功能。

13.7.2 页面切换

使用 JavaScript 脚本语言，结合 DOM 和 CSS 样式能够为网页创建出绚丽多彩的特效。上一节中已经介绍了使用 JavaScript 实现广告切换的动态效果，本节将介绍如何使用 JavaScript 实现网页的全屏切换，使整个网站页面的效果更加绚丽。

实例 118+ 视频：全屏页面切换效果

使用 JavaScript 不仅可以实现网页中某一个元素的特效，还可以实现整个网站页面的特效表现，其实现起来相对比较复杂，并且很多操作都需要在网页的 HTML 代码中进行，在制作过程中需要仔细对待。接下来通过实例练习介绍如何使用 JavaScript 实现全屏页面切换效果。

源文件：源文件 \ 第 13 章 \13-7-2. html

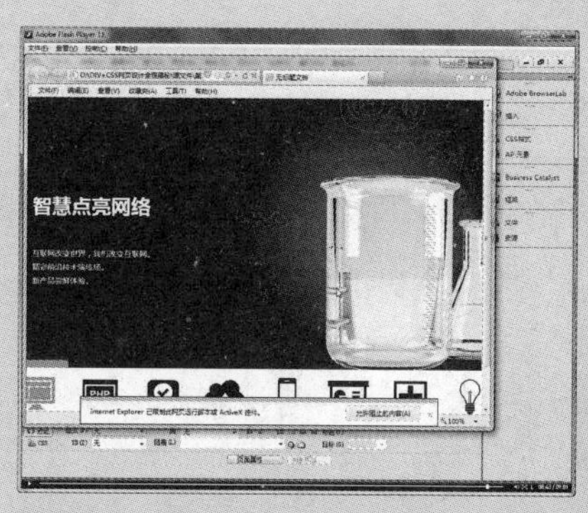

操作视频：视频 \ 第 13 章 \13-7-2. swf

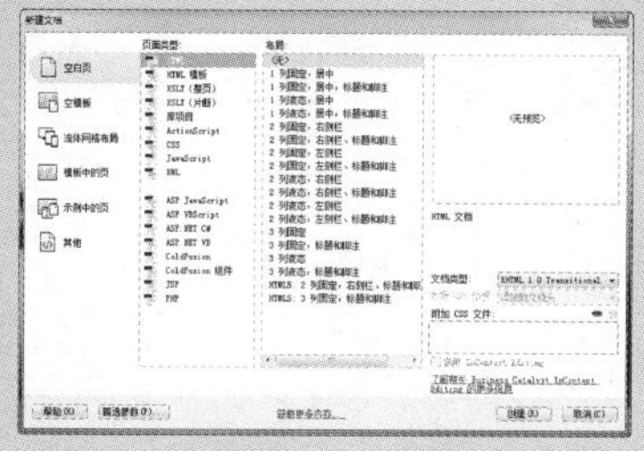

01 执行“文件 > 新建”命令，新建 HTML 页面，将该页面保存为“源文件 \ 第 13 章 \13-7-2.html”。

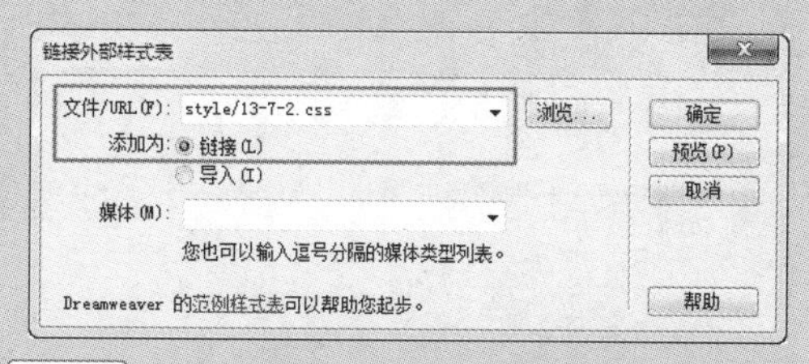

02 使用相同的方法，新建外部 CSS 样式文件，将其保存为“源文件 \ 第 13 章 \style\13-7-2.css”，返回 13-7-2.html 页面中，链接刚创建的外部 CSS 样式文件。

```
* {
    margin: 0px;
    padding: 0px;
    border: 0px;
}
body {
    font-family: 微软雅黑;
    font-size: 14px;
    line-height: 25px;
    background-color: #FFF;
    color: #666;
}
```

03 ▶转换到 13-7-2.css 文件中，创建名为 * 和 body 的 CSS 样式。

04 ▶返回网页设计视图，在页面中插入名为 banner 的 Div。

```
#banner {
    position: relative;
    width: 100%;
    height: 650px;
    background-color: #000;
    overflow: hidden;
}
```

05 ▶转换到 13-7-2.css 文件中，创建名为 #banner 的 CSS 样式。

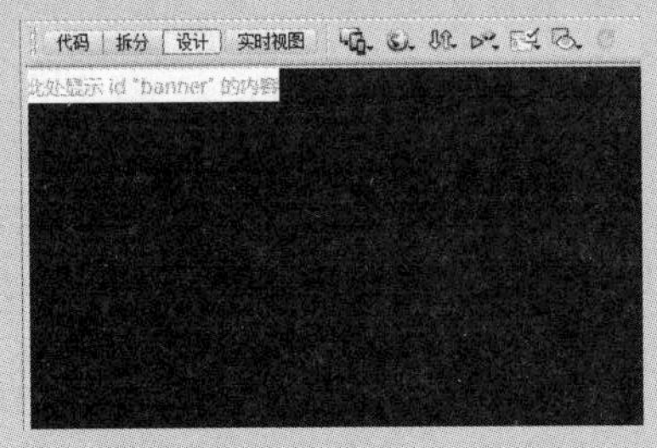

06 ▶返回网页设计视图，可以看到页面中该 Div 的效果。

```
<div id="banner">
  <ul id="banner_img">
    <li></li>
    <li></li>
    <li></li>
    <li></li>
    <li></li>
    <li></li>
    <li></li>
    <li></li>
  </ul>
</div>
```

07 ▶转换到代码视图中，在 <div id="banner"> 与 </div> 标签之间添加 <ul> 和 <li> 标签，并在 <ul> 标签中添加 id 属性设置。

```
#banner_img {
    display: block;
    position: relative;
}
#banner_img li {
    list-style-type: none;
    position: absolute;
    top: 0;
    left: 0;
    width: 100%;
    height: 650px;
    background-position: center;
    background-size: cover;
    display: none;
}
```

08 ▶转换到 13-7-2.css 文件中，创建名为 #banner_img 和名为 #banner_img li 的 CSS 样式。

```
.wrapper {
    width: 986px;
    margin: 0 auto;
    position: relative;
}
#banner_img li.item1 {
    background-image: url(../images/137201.jpg);
    display: block;
}
```

09 ▶创建名为 .wrapper 和名为 #banner_img li.item1 的类 CSS 样式。

```
<div id="banner">
  <ul id="banner_img">
    <li class="item1">
      <div class="wrapper">

      </div>
    </li>
    <li></li>
    <li></li>
    <li></li>
    <li></li>
    <li></li>
    <li></li>
    <li></li>
  </ul>
</div>
```

10 ▶返回网页代码视图，在第 1 个 <li> 标签中应用名为 item1 的类 CSS 样式，添加 <div> 标签，并为其应用名为 wrapper 的类 CSS 样式。

```
<li class="item1">
  <div class="wrapper">
    <div>
      <h2>互联网品牌传播解决方案</h2><br />
      <br />
      国内顶级品牌网站建设公司-天马网络！<br />
      基于互联网的品牌行销策略的策划与执行。<br />
      品牌形象挖掘、梳理、包装、表现与传播。<br />
      辅助企业实现品牌战略目标的互联网解决方案。
    </div>
  </div>
</li>
```

11 在 <div class="wrapper"> 与 </div> 标签之间添加 <div> 标签，输入相应的文字并为相应的文字添加 <h2> 标签。

```
.ad_txt {
    position: absolute;
    left: 10px;
    top: 170px;
    color: #fff;
}
.ad_txt h2 {
    font-size: 36px;
    line-height: 48px;
    font-weight: bold;
}
```

12 转换到 13-7-2.css 文件中，创建名为 .ad_txt 和名为 .ad_txt h2 的 CSS 样式。

```
<li class="item1">
  <div class="wrapper">
    <div class="ad_txt">
      <h2>互联网品牌传播解决方案</h2><br />
      <br />
      国内顶级品牌网站建设公司-天马网络！<br />
      基于互联网的品牌行销策略的策划与执行。<br />
      品牌形象挖掘、梳理、包装、表现与传播。<br />
      辅助企业实现品牌战略目标的互联网解决方案。
    </div>
  </div>
</li>
```

13 返回网页代码视图，为刚刚添加的 <div> 标签应用名为 ad_txt 的类 CSS 样式。

```
<li class="item1">
  <div class="wrapper">
    <div class="ad_txt">
      <h2>互联网品牌传播解决方案</h2><br />
      <br />
      国内顶级品牌网站建设公司-天马网络！<br />
      基于互联网的品牌行销策略的策划与执行。<br />
      品牌形象挖掘、梳理、包装、表现与传播。<br />
      辅助企业实现品牌战略目标的互联网解决方案。
    </div>
    <div><img src="images/p01.png" width="506"
height="440" /></div>
  </div>
</li>
```

14 添加 <div> 标签，并在该 <div> 标签之间插入相应的图像。

```
.ad_img {
    position: absolute;
    right: 10px;
    top: 80px;
    width: 506px;
    height: 440px;
}
```

15 转换到 13-7-2.css 文件中，创建名为 .ad_img 的 CSS 样式。

```
<li class="item1">
  <div class="wrapper">
    <div class="ad_txt">
      <h2>互联网品牌传播解决方案</h2><br />
      <br />
      国内顶级品牌网站建设公司-天马网络！<br />
      基于互联网的品牌行销策略的策划与执行。<br />
      品牌形象挖掘、梳理、包装、表现与传播。<br />
      辅助企业实现品牌战略目标的互联网解决方案。
    </div>
    <div class="ad_img"><img src=
"images/p01.png" width="506" height="440" /></div>
  </div>
</li>
```

16 返回网页代码视图，为刚刚添加的 <div> 标签应用名为 ad_img 的类 CSS 样式。

17 返回网页设计视图中，可以看到页面的效果。

```
#banner_img li.item2 {
    background-image: url(../images/137202.jpg);
    display: block;
}
```

18 转换到 13-7-2.css 文件中，创建名为 #banner_img li.item2 的 CSS 样式。

```
<li class="item2">

</li>

<li></li>
<li></li>
<li></li>
<li></li>
<li></li>
<li></li>
</ul>
```

19 ▶返回网页代码视图，为第 2 个 <li> 标签应用刚创建的名为 item2 的类 CSS 样式。

```
<li class="item2">
  <div class="wrapper">
    <div class="ad_txt">
      <h2>Web应用(B/S)定制开发</h2><br />
      <br />
      自主研发、完善的开发框架。<br />
      详细的需求调研及解决方案。<br />
      实施项目经验丰富的项目团队。<br />
    </div>
    <div class="ad_img"><img src=
"images/p02.png" width="506" height="440" /></div>
  </div>
</li>
```

20 ▶将第 1 个 <li> 标签之间所有的代码复制到第 2 个 <li> 标签之间，并对相关内容进行修改。

提示

该网页中共包括 8 个页面，所以有 8 对 <li></li> 标签，每一对 <li></li> 标签中的内容即为该页面中所显示的内容。在该实例中，这 8 个页面的表现形式是基本相同的，只是背景图像、图像和文字有所不同，读者也可以将每个页面中的内容做的不一样。

```
#banner_img li.item3 {
    background-image: url(../images/137203.jpg);
    display: block;
}
#banner_img li.item4 {
    background-image: url(../images/137204.jpg);
    display: block;
}
#banner_img li.item5 {
    background-image: url(../images/137205.jpg);
    display: block;
}
#banner_img li.item6 {
    background-image: url(../images/137206.jpg);
    display: block;
}
#banner_img li.item7 {
    background-image: url(../images/137207.jpg);
    display: block;
}
#banner_img li.item8 {
    background-image: url(../images/137208.jpg);
    display: block;
}
```

21 ▶转换到 13-7-2.css 文件中，创建名为 #banner_img li.item3 至 #banner_img li.item8 的 CSS 样式。

```
<li class="item7">
  <div class="wrapper">
    <div class="ad_txt">
      <h2>医院网站管理系统(HMS)</h2><br />
      <br />
      与大型医院密切合作。<br />
      诊疗挂号很轻松，检验结果实时查询，在线医患服务。<br />
      便捷的数据处理能力，稳定的软件基础架构。<br />
    </div>
    <div class="ad_img"><img src="images/p07.png" width="506" height="440" /></div>
  </div>
</li>

<li class="item8">
  <div class="wrapper">
    <div class="ad_txt">
      <h2>智慧点亮网络</h2><br />
      <br />
      互联网改变世界，我们改变互联网。<br />
      精彩前沿技术演练场。<br />
      新产品尝鲜体验。<br />
    </div>
    <div class="ad_img"><img src="images/p08.png" width="506" height="440" /></div>
  </div>
</li>
</ul>
```

22 ▶返回网页代码视图，使用相同的制作方法，完成其他 <li> 标签中内容的制作。

```
  </ul>
  <div id="banner_ctr">

  </div>
</div>
```

23 ▶在 </ul> 标签之后添加 <div> 标签，并设置该 <div> 标签的 id 属性。

```
#banner_ctr {
    position: absolute;
    width: 960px;
    height: 122px;
    margin-left: -480px;
    left: 50%;
    bottom: 40px;
    z-index: 1;
}
```

24 ▶转换到 13-7-2.css 文件中，创建名为 #banner_ctr 的 CSS 样式。

```
</ul>
<div id="banner_ctr">
<div id="drag_ctr"></div>

<div id="drag_arrow"></div>
</div>
</div>
```

25 ▶返回网页代码视图，在 <div id="banner_ctr"> 与 </div> 标签之间添加两个 <div> 标签，并分别设置两个 <div> 标签的 id 属性。

```
#drag_ctr {
    position: absolute;
    top: -14px;
    left: 20px;
    width: 115px;
    height: 156px;
    -webkit-border-radius: 5px;
    -moz-border-radius: 5px;
    border-radius: 5px;
    bottom: 170px;
    background: #0084cf;
}
#drag_arrow {
    position: absolute;
    top: -14px; left:
    20px; width: 115px;
    height: 156px;
    background-image: url(../images/137210.gif);
    background-position: center 14px;
    background-repeat: no-repeat;
}
```

26 ▶转换到 13-7-2.css 文件中，创建名为 #drag_ctr 和名为 #drag_arrow 的 CSS 样式。

```
</ul>
<div id="banner_ctr">
<div id="drag_ctr"></div>
  <ul>
    <li>网站建设</li>
    <li>品牌网站建设</li>
    <li>应用系统开发</li>
    <li>网络整合营销</li>
    <li>网络运维托管</li>
    <li>手机APP开发</li>
    <li>学术会议系统</li>
    <li>医院网站系统</li>
    <li>实验室</li>
    <li>网站设计</li>
  </ul>
<div id="drag_arrow"></div>
</div>
</div>
```

27 ▶返回网页代码视图，在相应的位置添加 <ul> 和 <li> 标签，并输入相应的文字。

```
#banner_ctr ul {
    width: 960px;
    height: 122px;
    background-image: url(../images/137209.png);
    background-position: center;
    background-repeat: no-repeat;
    font-size: 0;
    line-height: 0;
    position: relative;
}
#banner_ctr li {
    display: block;
    float: left;
    width: 115px;
    height: 122px;
    cursor: pointer;
}
```

28 ▶转换到 13-7-2.css 文件中，创建名为 #banner_ctr ul 和名为 #banner_ctr li 的 CSS 样式。

```
#banner_ctr li.first-item {
    background: #fff;
    width: 20px;
    -webkit-border-radius: 20px 0 0 20px;
    -moz-border-radius: 20px 0 0 20px;
    border-radius: 20px 0 0 20px;
    cursor: default;
}
#banner_ctr li.last-item {
    background: #fff;
    width: 20px;
    -webkit-border-radius: 0 20px 20px 0;
    -moz-border-radius: 0 20px 20px 0;
    border-radius: 0 20px 20px 0;
    cursor: default;
}
```

29 ▶创建名为 #banner_ctr li.first-item 和名为 #banner_ctr li.last-item 的 CSS 样式。

```
<div id="banner_ctr">
<div id="drag_ctr"></div>
  <ul>
    <li class="first-item">网站建设</li>
    <li>品牌网站建设</li>
    <li>应用系统开发</li>
    <li>网络整合营销</li>
    <li>网络运维托管</li>
    <li>手机APP开发</li>
    <li>学术会议系统</li>
    <li>医院网站系统</li>
    <li>实验室</li>
    <li class="last-item">网站设计</li>
  </ul>
<div id="drag_arrow"></div>
</div>
```

30 ▶返回网页代码视图，为刚刚添加的项目列表中第 1 个和最后一个 <li> 标签分别应用相应的类 CSS 样式。

31 ▶执行“文件 > 新建”命令，新建一个外部 JavaScript 脚本文件，将该文件保存为“源文件\第 13 章\js\fashionfoucs.js”，在该文件中编写 JavaScript 脚本代码如下。

```
var curIndex = 0;
var time = 800;
```

```
    var slideTime = 5000;
    var adTxt = $("#banner_img>li>div>.ad_txt");
    var adImg = $("#banner_img>li>div>.ad_img");
    var int = setInterval("autoSlide()", slideTime);
    $("#banner_ctr>ul>li[class!='first-item'][class!='last-item']").click(function () {
        show($(this).index("#banner_ctr>ul>li[class!='first-item'][class!='last-item']"));
        window.clearInterval(int);
        int = setInterval("autoSlide()", slideTime);
    });
    function autoSlide() {
        curIndex + 1 >= $("#banner_img>li").size() ? curIndex = -1 : false;
        show(curIndex + 1);
    }
    function show(index) {
        $.easing.def = "easeOutQuad";
        $("#drag_ctr,#drag_arrow").stop(false, true).animate({ left: index * 115 + 20 }, 300);
        $("#banner_img>li").eq(curIndex).stop(false, true).fadeOut(time);
        adTxt.eq(curIndex).stop(false, true).animate({ top: "340px" }, time);
        adImg.eq(curIndex).stop(false, true).animate({ right: "120px" }, time);
        setTimeout(function () {
            $("#banner_img>li").eq(index).stop(false, true).fadeIn(time);
            adTxt.eq(index).children("p").css({ paddingTop: "50px", paddingBottom: "50px" }).stop(false,
    true).animate({ paddingTop: "0", paddingBottom: "0" }, time);
            adTxt.eq(index).css({ top: "0", opacity: "0" }).stop(false, true).animate({ top: "170px", opacity:
     "1" }, time);
            adImg.eq(index).css({ right: "-50px", opacity: "0" }).stop(false, true).animate({ right: "10px",
    opacity: "1" }, time);
        }, 200)
        curIndex = index;
    }
```

```
<head>
<meta http-equiv="Content-Type" content="text/html;
charset=utf-8" />
<title>全屏页面切换效果</title>
<link href="style/13-7-2.css" rel="stylesheet" type=
"text/css" />
<script type="text/javascript" src=
"js/jquery-1.9.1.min.js"></script>
<script type="text/javascript" src=
"js/jquery.plugin.min.js"></script>
</head>
```

32 ▶返回 13-7-2.html 页面代码视图，在 <head> 与 </head> 标签之间添加 <script> 标签链接两个外部 JQuery 库文件。

```
  <div id="drag_arrow"></div>
  </div>
</div>
<script type="text/javascript" src=
"js/fashionfoucs.js"></script>
</body>
</html>
```

33 ▶在页面主体的结束标签 </body> 之前添加 <script> 标签，链接刚编写的 JavaScript 文件。

34 ▶保存页面，在浏览器中预览该网页，可以看到页面的效果。

35 ▶网页中的各个页面会自动进行切换，也可以通过页面底部的菜单进行切换。

提问

提问：JavaScript 如何实现与用户交互？

答：JavaScript 脚本语言能够定义事件处理器，即在特定的事件发生时要执行的代码段。这些事件通常都是用户触发的，例如把鼠标移动到一个超文本链接或单击了表单中的“提交”按钮。JavaScript 可以触发任意一种类型的动作来响应用户事件。

13.8　本章小结

在网页应用领域中，JavaScript 的应用范围非常广泛。本章主要介绍了如何使用 CSS 样式与 JavaScript 相结合在网页中实现各种常见的特效。完成本章的学习，需要对 JavaScript 的相关基础知识、基本语法、函数和表达式等有一定的了解，并且能熟练掌握常见网页特效的实现方法。

本章知识点

- ☑ 理解商业网站设计
- ☑ 掌握 DIV+CSS 布局方法
- ☑ 企业网站设计制作
- ☑ 儿童用品网站设计制作
- ☑ 游戏网站设计制作

第 14 章　商业案例实战

在前面的章节中已经详细介绍了使用 CSS 样式对网站页面进行布局制作的相关知识，每个 CSS 样式属性都结合了相应的案例进行讲解，使读者能够更容易理解和掌握 CSS 样式的精髓。本章将通过 3 个具有代表性的商业网站案例，讲解使用 DIV+CSS 布局制作网页的方法和技巧，使读者能够熟练掌握使用 DIV+CSS 布局制作网站页面。

14.1　企业网站

企业网站页面是非常常见的一种网站类型，企业类网站页面不同于其他网站页面，整个页面的设计不仅要体现出企业的鲜明形象，而且还要注重对企业产品的展示与宣传，以方便浏览者了解企业的性质。另外在页面布局上还要体现出大方、简洁的风格，只有这样才能体现出网站的真正意义。

14.1.1　设计分析

本实例制作一个企业网站页面，该企业是一家建筑、节能和新能源科技公司，页面使用蓝天白云的素材图像作为背景，突出绿色、节能、低碳和环保的企业理念，整个页面使用深蓝色作为主色调，局部使用明亮的黄色进行点缀，突出重点。整个页面给人感觉环保、清新、简洁和大方。

14.1.2　布局分析

该网站页面采用上、中、下的布局方式，页面顶部为宽度为 100% 的页面导航部分，中间部分为页面的正文内容，在该部分又分为多个 Div 分别进行制作，包括宣传广告、技术展示和媒体报道等多个部分内容，底部宽度 100% 的版底信息部分。

14.1.3 案例制作

该网站页面的布局结构并不是很复杂，首先使用 CSS 样式对页面的整体效果进行控制，接下来在网页中插入 Div，并使用 CSS 样式对 Div 的外观和位置进行控制，从而完成整个网站页面的制作。

源文件：源文件 \ 第 14 章 \14-1. html

操作视频：视频 \ 第 14 章 \14-1. swf

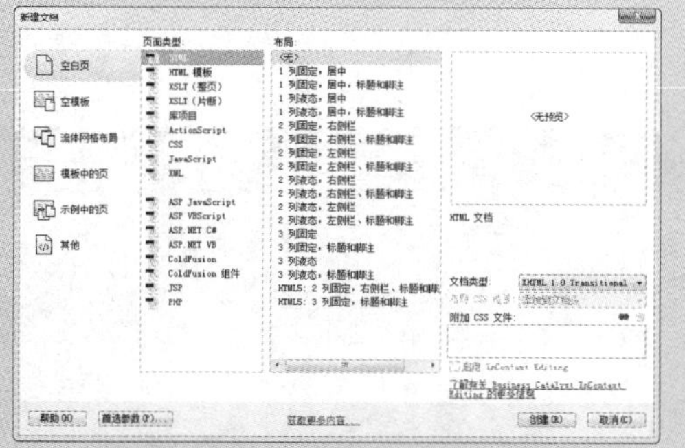

01 ▶执行“文件 > 新建”命令，弹出“新建文档”对话框，新建一个 HTML 页面，将该页面保存为“源文件 \ 第 14 章 \14-1.html”。

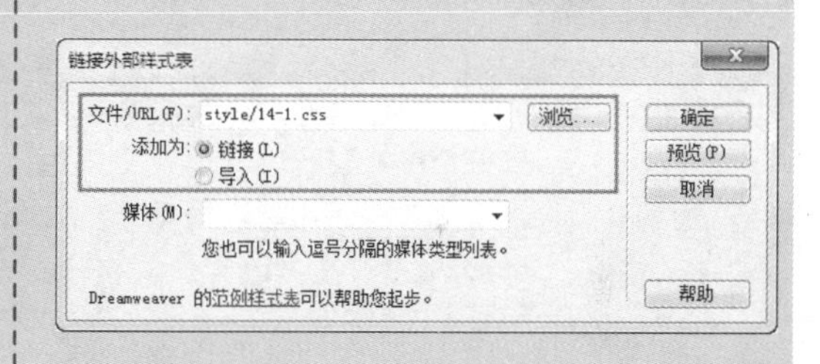

02 ▶新建一个外部 CSS 样式文件，将其保存为“源文件 \ 第 14 章 \style\14-1.css”，返回 14-1.html 页面中，链接外部 CSS 样式文件。

```
* {
    margin: 0px;
    padding: 0px;
    border: 0px;
}
body {
    font-family: 微软雅黑;
    font-size: 12px;
    line-height: 25px;
    background-image: url(../images/14301.jpg);
    background-repeat: no-repeat;
    background-position: center top;
}
```

03 ▶转换到 14-1.css 文件中，创建通配符 * 和 body 标签的 CSS 样式。

04 ▶返回页面设计视图，可以看到页面的背景效果。

```
#top-bg {
    width: 100%;
    height: 85px;
    background-color: rgba(0,0,0,0.7);
    box-shadow: 0px 5px 10px rgba(51,51,51,0.5);
}
```

05 ▶在页面中插入一个名为 #top-bg 的 Div，转换到 14-1.css 文件中，创建名为 #top-bg 的 CSS 样式。

```
#top {
    width: 940px;
    height: 60px;
    margin: 0px auto;
    padding-top: 25px;
}
```

07 ▶将光标移至名为 top-bg 的 Div 中，并将多余文字删除，在该 Div 中插入名为 #top 的 Div，转换到 14-1.css 文件中，创建名为 #top 的 CSS 样式。

```
#menu {
    width: 600px;
    height: 40px;
    font-size: 14px;
    font-weight: bold;
    color: #DDD;
    line-height: 40px;
    padding-top: 20px;
    float: right;
}
```

09 ▶将光标移至名为 top 的 Div 中，并将多余文字删除，在该 Div 中插入名为 menu 的 Div，转换到 14-1.css 文件中，创建名为 #menu 的 CSS 样式。

11 ▶将光标移至名为 menu 的 Div 中，并将多余文字删除，输入相应段落文本，并将段落创建为项目列表。

06 ▶返回网页设计视图，可以看到页面的效果。

08 ▶返回网页设计视图，可以看到页面中名为 top 的 Div 的效果。

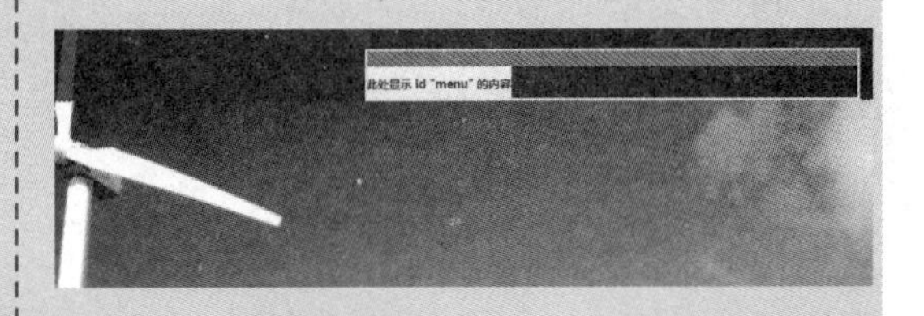

10 ▶返回网页设计视图，可以看到页面中名为 menu 的 Div 效果。

```
#menu li {
    list-style-type: none;
    width: 120px;
    float: left;
    text-align: center;
}
```

12 ▶转换到 14-1.css 文件中，创建名为 #menu li 的 CSS 样式。

13 ▶返回网页设计视图，可以看到页面导航菜单的效果。

```
#box {
    width: 940px;
    height: auto;
    overflow: hidden;
    margin: 0px auto;
    padding-top: 30px;
}
```

15 ▶在名为 top-bg 的 Div 之后插入名为 box 的 Div，转换到 14-1.css 文件中，创建名为 #box 的 CSS 样式。

```
#help {
    font-size: 14px;
    line-height: 36px;
    font-weight: bold;
    background-color: #FFDA10;
    background-image: url(../images/14303.png);
    background-repeat: no-repeat;
    padding-left: 225px;
}
```

17 ▶将光标移至名为 box 的 Div 中，并将多余文字删除，在该 Div 中插入名为 help 的 Div，转换到 14-1.css 文件中，创建名为 #help 的 CSS 样式。

19 ▶将光标移至名为 help 的 Div 中，并将多余文字删除，输入相应的文字。

```
#help span {
    color: #E5C203;
    margin-left: 40px;
    margin-right: 40px;
}
```

21 ▶转换到 14-1.css 文件中，创建名为 #help span 的 CSS 样式。

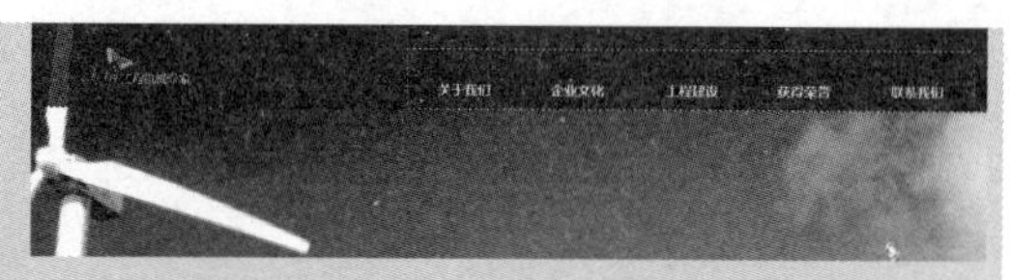

14 ▶将光标移至名为 menu 的 Div 之后，插入图像“源文件 \ 第 14 章 \images\14302.png”。

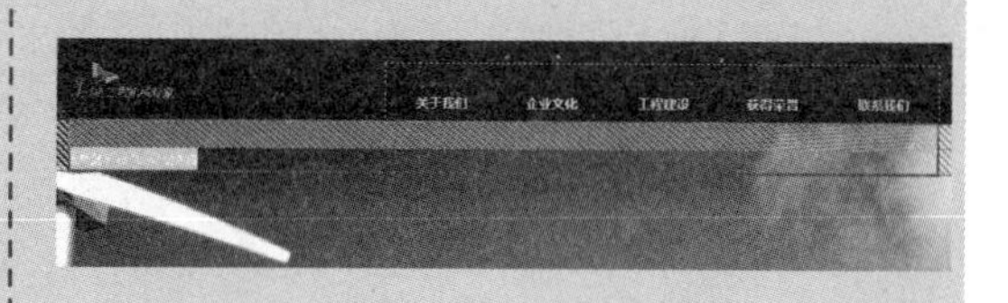

16 ▶返回网页设计视图，可以看到页面中名为 box 的 Div 效果。

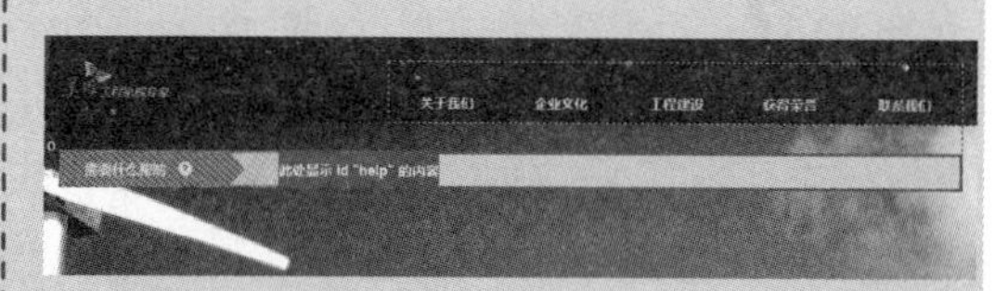

18 ▶返回网页设计视图，可以看到页面中名为 help 的 Div 效果。

```
<div id="box">
  <div id="help">清洁新能源<span>|</span>风力项目设备<span>|</span>模拟控制<span>|</span>建筑装备<span>|</span>所有产品</div>
</div>
```

20 ▶转换到代码视图中，在刚刚输入的文字中添加相应的 <span> 标签。

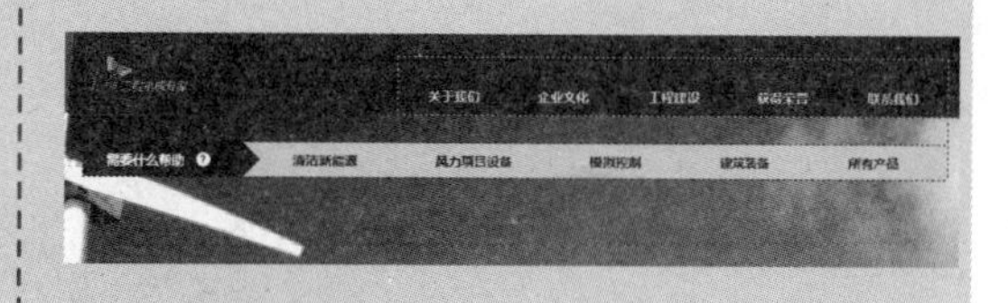

22 ▶返回网页设计视图，可以看到页面的效果。

```
#banner {
    width: 940px;
    height: 254px;
    background-color: rgba(0,0,0,0.7);
    background-image: url(../images/14304.png);
    background-repeat: no-repeat;
    margin-top: 40px;
}
```

23 ▶在名为 help 的 Div 之后插入名为 banner 的 Div，转换到 14-1.css 文件中，创建名为 #banner 的 CSS 样式。

24 ▶返回网页设计视图，将名为 banner 的 Div 中多余的文字删除。

```
#main {
    height:auto;
    overflow: hidden;
    background-color: #FFF;
    padding-left: 50px;
    padding-right: 50px;
}
```

25 ▶在名为 banner 的 Div 之后插入名为 main 的 Div，转换到 14-1.css 文件中，创建名为 #main 的 CSS 样式。

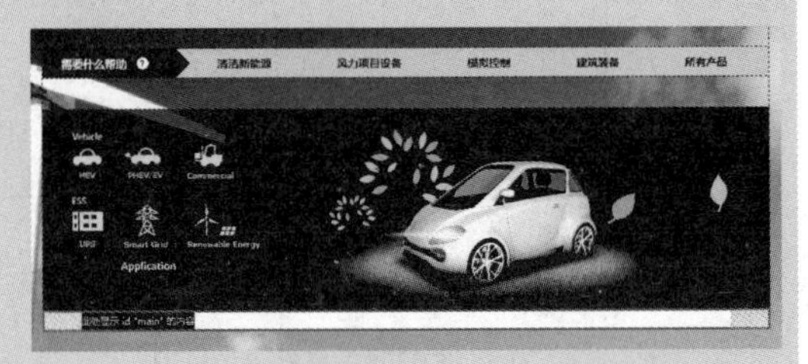

26 ▶返回网页设计视图，可以看到页面中名为 main 的 Div 效果。

```
#title1 {
    height: 69px;
    font-size: 20px;
    font-weight: bold;
    line-height: 69px;
    padding-left: 10px;
}
```

27 ▶将光标移至名为 main 的 Div 中，并将多余文字删除，在该 Div 中插入名为 title1 的 Div，转换到 14-1.css 文件中，创建名为 #title1 的 CSS 样式。

28 ▶返回网页设计视图，将名为 title1 的 Div 中的多余文字删除并输入相应的文字。

```
#hot {
    height: 230px;
    font-weight: bold;
    line-height: 35px;
}
```

29 ▶在名为 title1 的 Div 之后插入名为 hot 的 Div，转换到 14-1.css 文件中，创建名为 #hot 的 CSS 样式。

30 ▶返回网页设计视图，可以看到页面中名为 hot 的 Div 效果。

```
#pic1 {
    width: 260px;
    height: 230px;
    float: left;
    margin-left: 10px;
    margin-right: 10px;
}
```

31 ▶将光标移至名为 hot 的 Div 中，并将多余文字删除，在该 Div 中插入名为 pic1 的 Div，转换到 14-1.css 文件中，创建名为 #pic1 的 CSS 样式。

32 ▶返回网页设计视图，将名为 pic1 的 Div 中的多余文字删除，插入相应的图像并输入文字。

```
#pic2 {
    width: 260px;
    height: 230px;
    float: left;
    margin-left: 10px;
    margin-right: 10px;
}
#pic3 {
    width: 260px;
    height: 230px;
    float: left;
    margin-left: 10px;
    margin-right: 10px;
}
```

33 ▶使用相同的制作方法，在名为 pic1 的 Div 之后依次插入名为 pic2 和 pic3 的 Div，在 14-1.css 文件中定义相应的 CSS 样式。

34 ▶返回网页设计视图，完成该部分内容的制作，可以看到页面的效果。

```
#button {
    height: 93px;
    padding-top: 40px;
    padding-bottom: 40px;
}
```

35 ▶在名为 hot 的 Div 之后插入名为 button 的 Div，转换到 14-1.css 文件中，创建名为 #button 的 CSS 样式。

36 ▶返回网页设计视图，可以看到页面中名为 button 的 Div 效果。

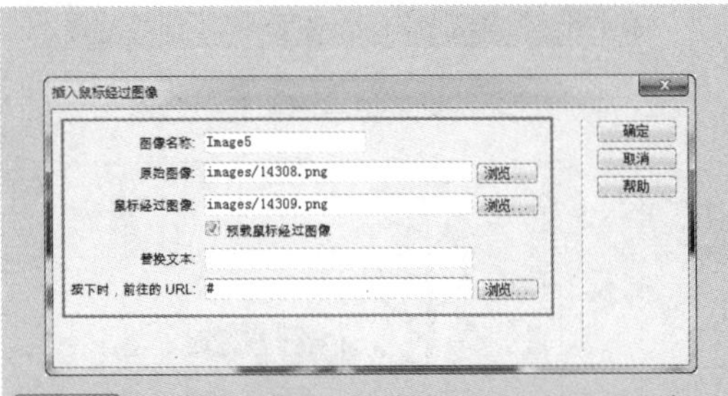

37 ▶将光标移至名为 button 的 Div 中，并将多余文字删除，单击“插入”面板上的“鼠标经过图像”按钮，在弹出的对话框中进行设置。

38 ▶单击“确定”按钮，在光标所在位置插入鼠标经过图像。

```
#button img {
    margin-left: 10px;
    margin-right: 10px;
}
```

39 ▶使用相同的制作方法，在刚插入的图像后插入其他鼠标经过图像，转换到 14-1.css 文件中，创建名为 #button img 的 CSS 样式。

40 ▶返回网页设计视图，可以看到页面的效果。

41 ▶使用相同的制作方法，可以完成页面中其他部分内容的制作，可以看到页面的效果。

42 ▶保存页面，并保存外部 CSS 样式文件，在浏览器中预览页面，可以看到该企业网站页面的效果。

提问：在什么情况下才能够通过“属性”面板为文字创建项目列表？

答：如果想通过单击“属性”面板上的“项目列表”按钮生成项目列表，则所选中的文本必须是段落文本，Dreamweaver CS6 才会自动将每一个段落转换成一个项目列表。

14.2 儿童用品网站

儿童用品网站通常会使用非常鲜明的色调与一些卡通动画的形象进行搭配，并且尽量为整个页面的氛围营造一种生命的活力与朝气，这样才能够真切地表现出儿童世界的欢乐与纯真。

14.2.1 设计分析

本案例制作的是儿童用品网站页面，在整体的色彩搭配上使用黄绿色作为主色调，局部使用绿色和褐色进行搭配，整个页面色彩非常丰富，给人一种轻松、舒适的视觉感受，让人感觉清新、富有活力。

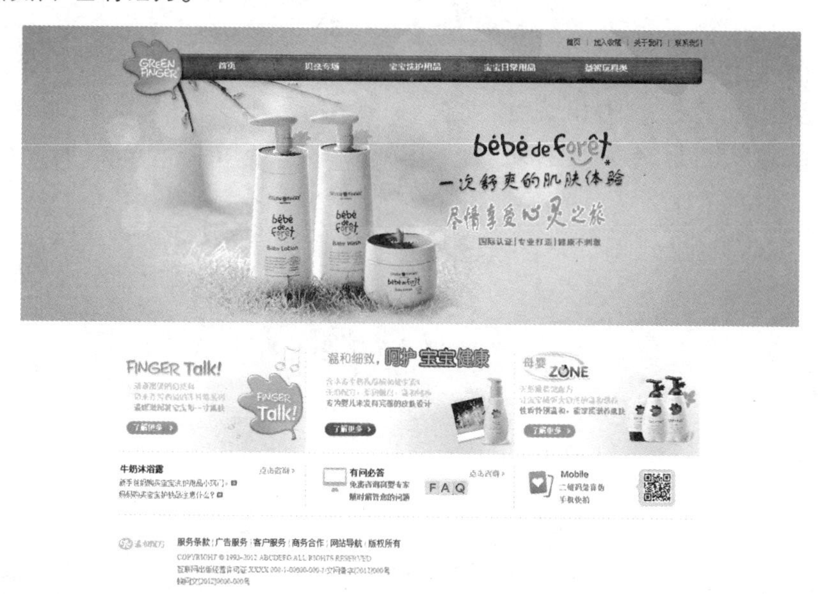

14.2.2 布局分析

该网站页面的布局比较简单，页面使用黄绿色的背景图像进行衬托，页面内容采用居中显示的布局方式，整体上采用上、中、下的布局方式，顶部为页面的导航菜单和宣传广告展示部分，中间部分为页面的主体内容，底部为页面的版底信息。

14.2.3 案例制作

该网站页面的布局结构简单，主要是以产品展示为主，文字介绍内容较少，通过精美的产品图像展示页面内容，在该网站页面的制作过程中注意学习使用 CSS 样式对背景图像的控制。

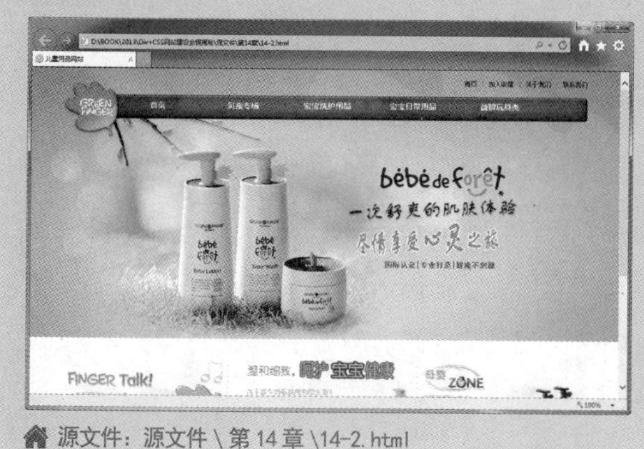

源文件：源文件\第 14 章\14-2.html　　操作视频：视频\第 14 章\14-2.swf

01 ▶执行“文件 > 新建”命令，弹出“新建文档”对话框，新建一个 HTML 页面，将该页面保存为“源文件 \ 第 14 章 \14-2.html”。

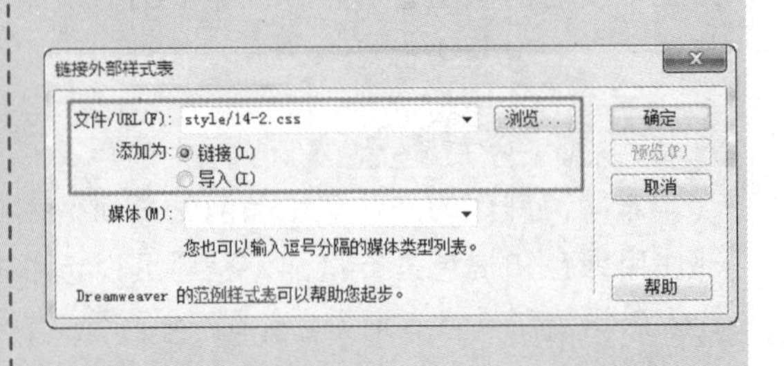

02 ▶新建一个外部 CSS 样式文件，将其保存为“源文件 \ 第 14 章 \style\14-2.css”，返回 14-2.html 页面中，链接外部 CSS 样式文件。

```
*{
    margin:0px;
    padding:0px;
    border:0px;
}
body{
    background-image:url(../images/14211.gif);
    background-repeat:no-repeat;
    background-position:top center;
}
```

03 ▶转换到 14-2.css 文件中，创建名为 * 的通配符 CSS 样式和名为 body 的标签 CSS 样式。

04 ▶返回网页设计视图，可以看到页面的背景效果。

```
#box{
    width:1000px;
    height:100%;
    margin:0px auto;
}
```

05 ▶在页面中插入名为 box 的 Div，转换到 14-2.css 文件中，创建名为 #box 的 CSS 样式。

06 ▶返回网页设计视图，可以看到页面中名为 box 的 Div 的效果。

```
#top{
    width:1000px;
    height:500px;
    background-image:url(../images/14215.png);
    background-repeat:no-repeat;
    background-position:bottom center;
}
```

07 ▶将光标移至名为 box 的 Div 中，并将多余文字删除，在该 Div 中插入名为 top 的 Div，转换到 14-2.css 文件中，创建名为 #top 的 CSS 样式。

08 ▶返回网页设计视图，可以看到页面中名为 top 的 Div 效果。

```
#top_title{
    width:895px;
    float:left;
    line-height:50px;
    height:50px;
    float:left;
    text-align:right;
    padding-left:105px;
    font-size:12px;
}
```

09 ▶将光标移至名为 top 的 Div 中，并将多余文字删除，在该 Div 中插入名为 top_title 的 Div，转换到 14-2.css 文件中，创建名为 #top_title 的 CSS 样式。

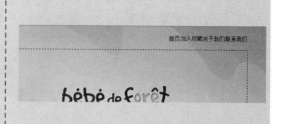

10 ▶返回网页设计视图，将光标移至名为 top_title 的 Div 中，并将多余文字删除，然后输入文字。

```
.font01{
    margin:0px 10px;
}
```

11 ▶转换到 14-2.css 文件中，创建名为 .font01 的类 CSS 样式。

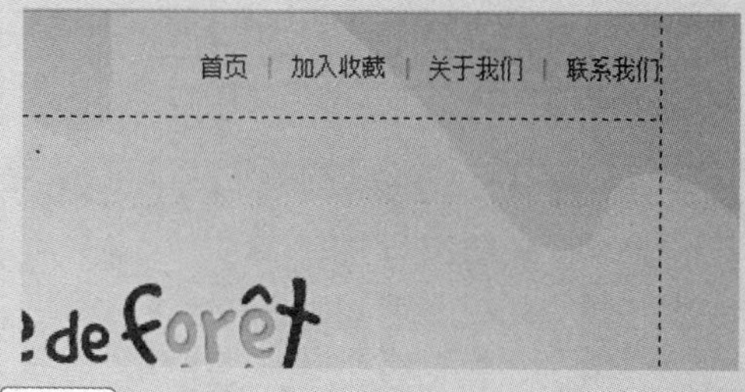

12 ▶返回网页设计视图，选中相应的文字，为其应用名为 font01 的类 CSS 样式。

```
#nav{
    width:880px;
    height:44px;
    padding-left:120px;
    clear:left;
    background-image:url(../images/14216.png);
    background-position:center left;
}
```

13 ▶在名为 top_title 的 Div 后插入名为 nav 的 Div，转换到 14-2.css 文件中，创建名为 #nav 的 CSS 样式。

14 ▶返回网页设计视图，可以看到页面中名为 nav 的 Div 效果。

15 ▶将光标移至名为 nav 的 Div 中，并将多余文字删除，单击“插入”面板上的“鼠标经过图像”按钮。

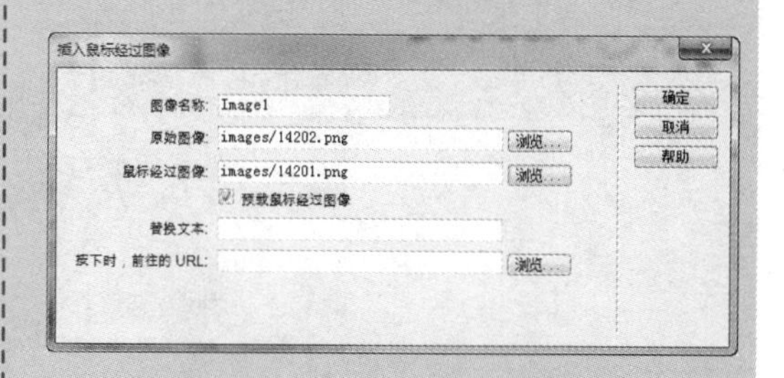

16 ▶弹出“插入鼠标经过图像”对话框，对相关选项进行设置。

17 ▶单击“确定”按钮，在光标所在位置插入鼠标经过图像。

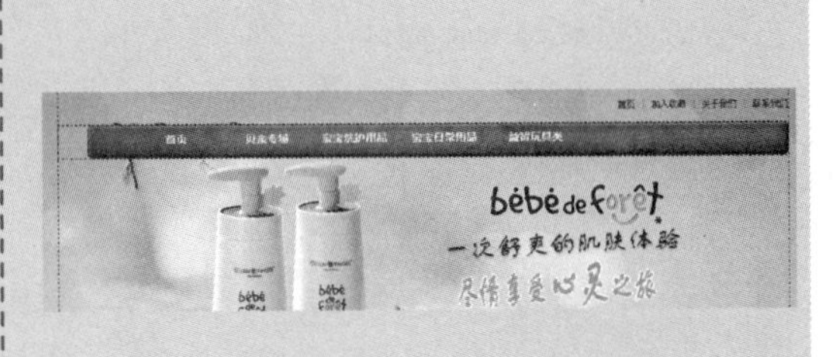

18 ▶使用相同的方法，在刚刚插入的鼠标经过图像后插入其他鼠标经过图像。

```
.img01{
    width:123px;
    padding-right:20px;
    margin-right:20px;
    background-image:url(../images/14217.png);
    background-repeat:no-repeat;
    background-position:right center;
}
```

19 ▶转换到 14-2.css 文件中，创建名为 .img01 的类 CSS 样式。

20 ▶返回网页设计视图，为刚刚插入的鼠标经过图像分别应用 img01 类 CSS 样式。

```
#top_img{
    width:105px;
    height:110px;
    position:absolute;
    top:22px;
}
```

21 ▶在名为 top 的 Div 后插入名为 top_img 的 Div，转换到 14-2.css 文件中，创建名为 #top_img 的 CSS 样式。

22 ▶返回网页设计视图，可以看到页面中名为 top_img 的 Div 的效果。

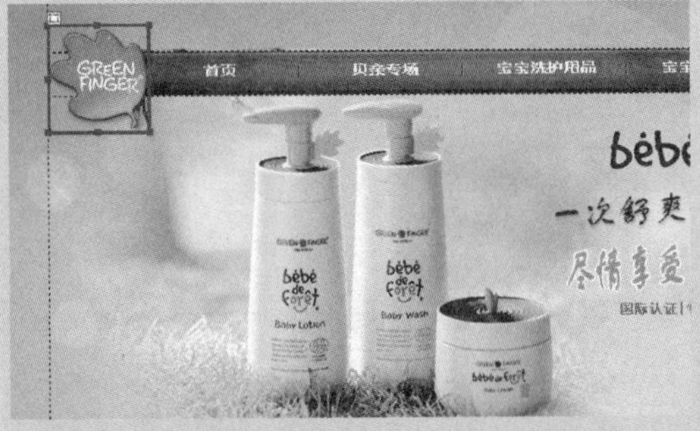

23 ▶将光标移至名为 top_img 的 Div 中，并将多余文字删除，插入相应的图像。

```
#center{
    width:1000px;
    margin-top:30px;
}
```

24 ▶在名为 top 的 Div 后插入名为 center 的 Div，切换到 14-2.css 文件中，创建名为 #center 的 CSS 样式。

25 ▶返回网页设计视图，可以看到页面中名为 center 的 Div 的效果。

27 ▶返回网页设计视图，可以看到页面中名为 pic01 的 Div 效果。

```
.img02{
    padding-right:1px;
    background-image:url(../images/14212.gif);
    background-repeat:no-repeat;
    background-position:right center;
}
```

29 ▶转换到 14-2.css 文件中，创建名为 .img02 的 CSS 类样式。

```
#pic02{
    width:1000px;
    height:107px;
    background-image:url(../images/14218.gif);
    background-repeat:no-repeat;
    background-position:bottom;
}
```

31 ▶在名为 pic01 的 Div 后插入名为 pic02 的 Div，转换到 14-2.css 文件中，创建名为 #pic02 的 CSS 样式。

```
#text{
    width:321px;
    height:106px;
    float:left;
    background-image:url(../images/14213.gif);
    background-repeat:no-repeat;
    background-position:right center;
    font-size:12px;
    color:#62635f;
    line-height:20px;
}
```

33 ▶将光标移至名为 pic02 的 Div 中，并将多余文字删除，在该 Div 中插入名为 text 的 Div，转换到 14-2.css 文件中，创建名为 #text 的 CSS 样式。

```
#pic01{
    width:1000px;
    height:188px;
    background-image:url(../images/14218.gif);
    background-repeat:no-repeat;
    background-position:center bottom;
}
```

26 ▶将光标移至名为 center 的 Div 中，并将多余文字删除，在该 Div 中插入名为 pic01 的 Div，转换到 14-2.css 文件中，创建名为 #pic01 的 CSS 样式。

28 ▶将光标移至名为 pic01 的 Div 中，并将多余文字删除，插入相应的图像。

30 ▶返回网页设计视图中，分别为刚插入的第 1 张和第 2 张图像应用 img02 样式。

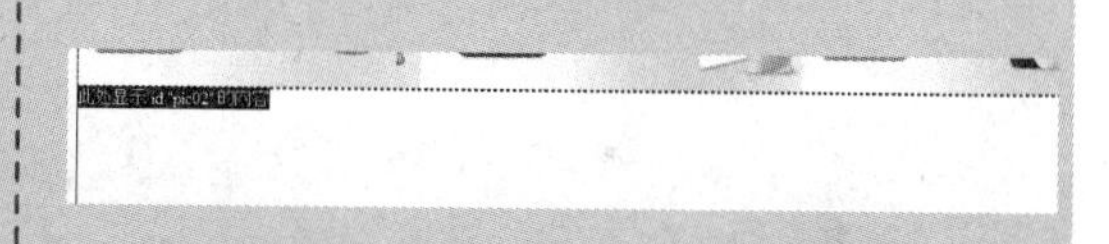

32 ▶返回网页设计视图，可以看到页面中名为 pic02 的 Div 效果。

34 ▶返回网页设计视图，可以看到页面中名为 pic02 的 Div 效果。

牛奶沐浴露　点击咨询 >
新手爸妈购买宝宝洗护用品小窍门。
妈妈购买宝宝护肤品注意什么？

35 ▶将光标移至名为 text 的 Div 中，并将多余文字删除，插入图片并输入文字。

36 ▶使用相同的方法，可以完成其他内容的制作。

```
#bottom{
    margin-top:30px;
    width:1000px;
    height:90px;
    line-height:20px;
    color:#666;
    font-size:12px;
}
```

37 ▶在名为 center 的 Div 后插入名为 bottom 的 Div，切换到 14-2.css 文件中，创建名为 #bottom 的 CSS 样式。

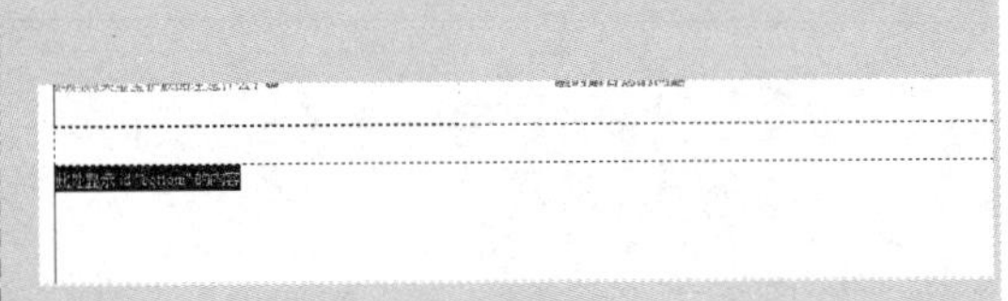

38 ▶返回网页设计视图，可以看到页面中名为 bottom 的 Div 效果。

服务条款 | 广告服务 | 客户服务 | 商务合作 | 网站导航 | 版权所有
COPYRIGHT © 1992-2012 ABCDEFG.ALL RIGHTS RESERVED.

39 ▶将光标移至名为 bottom 的 Div 中，并将多余文字删除，插入图像并输入文字。

```
.img04{
    float:left;
    margin:8px 20px 62px 0px;
}
.font02{
    line-height:30px;
    color:#333;
    font-size:14px;
}
```

40 ▶转换到 14-2.css 文件中，创建名为 .img04 和 .font02 的类 CSS 样式。

41 ▶返回网页设计视图，为刚插入的图像应用 img03 的类 CSS 样式，为相应的文字应用名为 font02 的类 CSS 样式。

42 ▶完成该页面的制作，执行“文件 > 保存”命令，保存该页面，在浏览器中预览页面。

提问

提问：CSS 样式的主旨是什么？

答：在 Dreamweaver 中，CSS 样式的主旨就是将格式和结构分离。因此，使用 CSS 样式可以将站点上所有的网页都指向单一的一个外部 CSS 样式文件，当修改 CSS 样式文件中的某一个属性设置，整个站点的网页便会随之修改。

14.3 游戏网站

游戏网站页面与其他类型的网站页面相比，在 Flash 动画和交互效果方面可能会相对复杂一些，游戏类的网站页面不但要尽到宣传的作用，还要在视觉效果上能够充分地吸引浏览者的眼球。

14.3.1 设计分析

本案例遵循了大部分游戏网站页面的设计风格，使用游戏卡通场景作为页面的背景图像，在页面中多处应用游戏卡通形象来突出页面的整体效果，使整个页面显得活泼、欢乐。该页面主要使用紫色和粉色作为页面的主体颜色，给人一种悠闲、自由和欢乐的感觉。

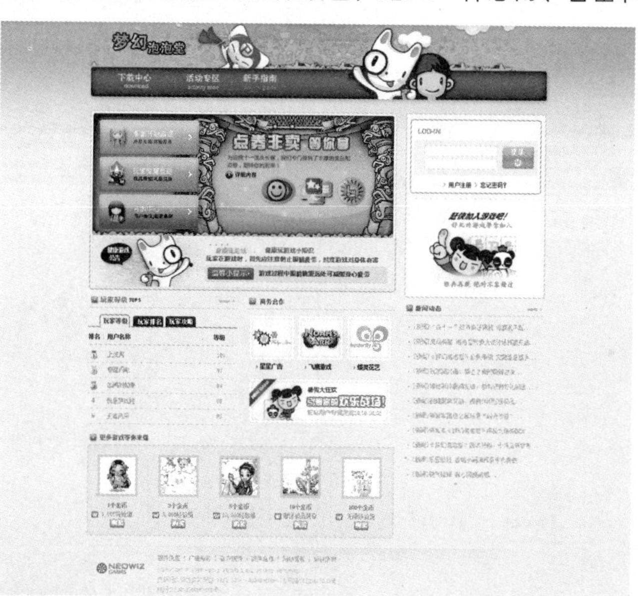

14.3.2 布局分析

该游戏网站页面的布局相对较复杂，页面整体采用居中显示的方式，页面主体内容采用上、中、下的布局方式，顶部为网站的导航栏，中间部分是页面的主体内容，该部分又采用左右的布局方式，左侧为页面的展示动画、玩家排行和游戏道具等栏目内容，右侧为网站的登录和新闻动态内容，底部为页面的版底信息部分。

14.3.3 案例制作

使用 DIV+CSS 布局方式制作该游戏网站页面，首先使用 CSS 样式对网页的整体外观进行控制，接着使用 CSS 样式对页面中各 Div 的外观和位置进行控制，在制作过程中注意学习 CSS 样式的综合运用方法以及网页中 Flash 动画和鼠标经过图像的实现方法。

源文件：源文件 \ 第 14 章 \14-3. html

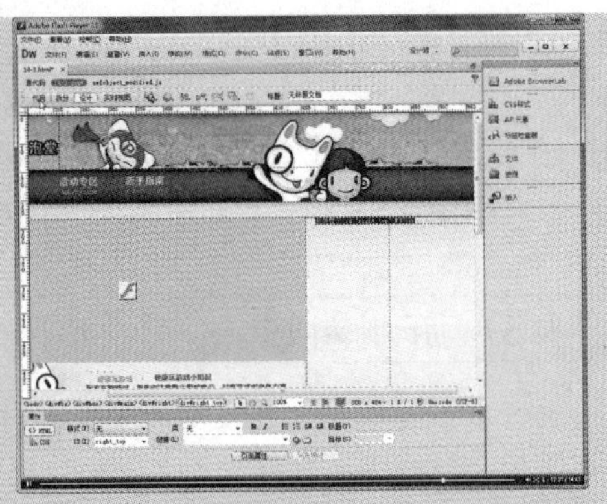

操作视频：视频 \ 第 14 章 \14-3. swf

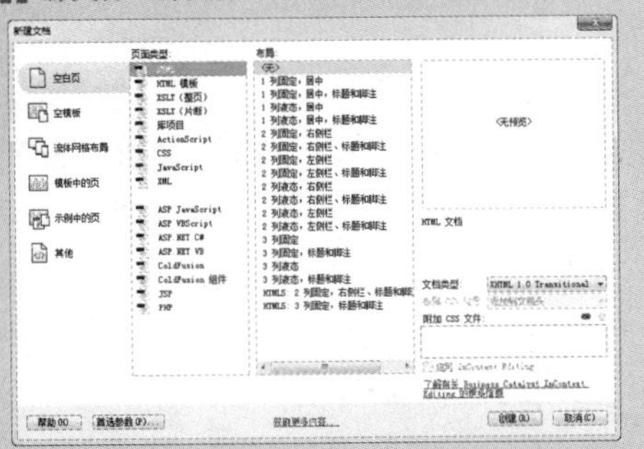

01 ▶执行“文件 > 新建”命令，弹出“新建文档”对话框，新建一个 HTML 页面，将该页面保存为“源文件 \ 第 14 章 \14-3.html”。

```
*{
    margin:0px;
    padding:0px;
    border:0px;
}
body{
    font-family:"宋体";
    font-size:12px;
    background-image:url(../images/14102.gif);
    background-repeat:repeat-x;
    background-color:#f5f1ef;
}
```

03 ▶转换到 14-3.css 文件中，创建名为 * 的通配符 CSS 样式和名为 body 的标签 CSS 样式。

```
#bg{
    width:100%;
    height:100%;
    background-image:url(../images/14103.jpg);
    background-repeat:no-repeat;
    background-position:center top;
}
```

05 ▶在页面中插入名为 bg 的 Div，转换到 14-3.css 文件中，创建名为 #bg 的 CSS 样式。

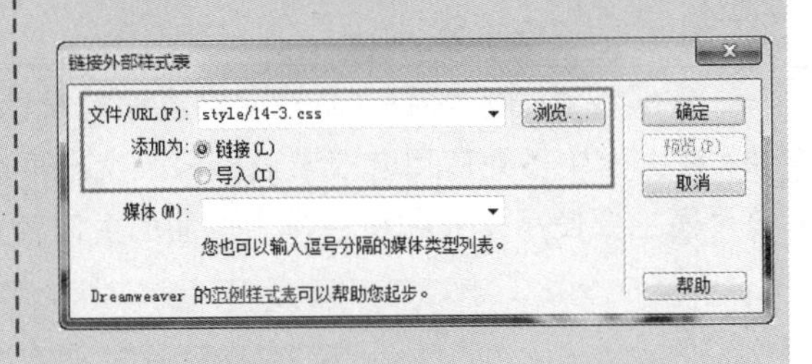

02 ▶新建一个外部 CSS 样式文件，将其保存为“源文件 \ 第 14 章 \style\14-3.css”，返回 14-2.html 页面中，链接外部 CSS 样式文件。

04 ▶返回网页设计视图，可以看到页面的背景效果。

06 ▶返回网页设计视图，可以看到页面中名为 bg 的 Div 效果。

```
#box{
    width:980px;
    height:100%;
    margin:0px auto;
    overflow:hidden;
}
```

07 ▶将光标移至名为 bg 的 Div 中，并将多余文字删除，在该 Div 中插入名为 box 的 Div，转换到 14-3.css 文件中，创建名为 #box 的 CSS 样式。

08 ▶返回网页设计视图，可以看到页面中名为 box 的 Div 的效果。

```
#top{
    width:980px;
    height:184px;
    background-image:url(../images/14104.jpg);
    background-position:center top;
}
```

09 ▶将光标移至名为 box 的 Div 中，并将多余文字删除，在该 Div 中插入名为 top 的 Div，转换到 14-3.css 文件中，创建名为 #top 的 CSS 样式。

10 ▶返回网页设计视图，可以看到页面中名为 top 的 Div 的效果。

```
#logo{
    width:159px;
    height:71px;
    padding-top:25px;
    margin-left:50px;
}
```

11 ▶将光标移至名为 top 的 Div 中，并将多余文字删除，在该 Div 中插入名为 logo 的 Div，转换到 14-3.css 文件中，创建名为 #logo 的 CSS 样式。

12 ▶返回网页设计视图，将光标移至名为 logo 的 Div 中，并将多余文字删除，插入相应的图像。

```
#menu{
    width:958px;
    padding-left:22px;
}
```

13 ▶在名为 logo 的 Div 后插入名为 menu 的 Div，转换到 14-3.css 文件中，创建名为 #menu 的 CSS 样式。

14 ▶返回网页设计视图，可以看到页面中名为 menu 的 Div 效果。

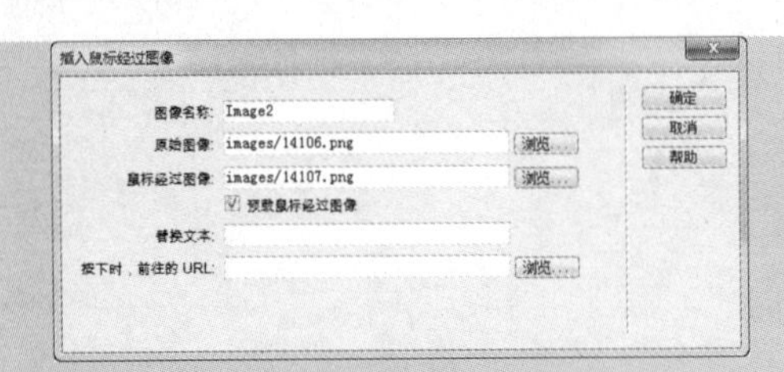

15 ▶将光标移至名为 menu 的 Div 中，并将多余文字删除，单击“插入”面板上的“鼠标经过图像”按钮，在弹出的对话框中进行设置。

16 ▶单击“确定”按钮，在光标所在位置插入鼠标经过图像。

17 ▶将光标移至刚插入的鼠标经过图像后，使用相同的方法，插入其他鼠标经过图像。

```
#top img{
    margin-right:2px;
}
```

18 ▶转换到 14-3.css 文件中，创建名为 #top img 的 CSS 样式。

19 ▶返回网页设计视图，可以看到页面中导航菜单的效果。

```
#main{
    width:964px;
    height:100%;
    overflow:hidden;
    margin:0px auto;
}
```

20 ▶在名为 top 的 Div 后插入名为 main 的 Div，转换到 14-3.css 文件中，创建名为 #main 的 CSS 样式。

21 ▶返回网页设计视图，可以看到页面中名为 main 的 Div 效果。

```
#left{
    float:left;
    width:648px;
    height:100%;
    overflow:hidden;
    margin-bottom:20px;
}
```

22 ▶将光标移至名为 main 的 Div 中，并将多余文字删除，在该 Div 中插入名为 left 的 Div，转换到 14-3.css 文件中，创建名为 #left 的 CSS 样式。

23 ▶返回网页设计视图，可以看到页面中名为 left 的 Div 效果。

```
#flash{
    width:648px;
    height:365px;
    background-image:url(../images/14112.png);
    background-repeat:no-repeat;
    background-position:center bottom;
}
```

24 ▶将光标移至名为 left 的 Div 中，并将多余文字删除，在该 Div 中插入名为 flash 的 Div，转换到 14-3.css 文件中，创建名为 #flash 的 CSS 样式。

25 ▶返回网页设计视图，将光标移至名为 flash 的 Div 中，并将多余文字删除，插入 flash 动画“源文件 \ 第 12 章 \images\1012.swf”。

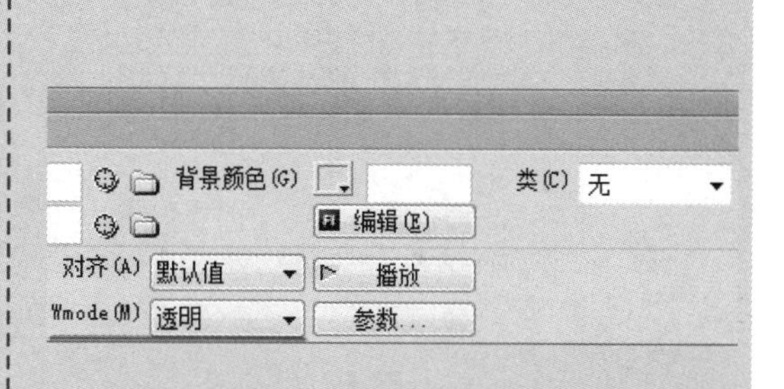

26 ▶选中刚插入的 flash 动画，在“属性”面板上对其相关属性进行设置。

```
#rank{
    float:left;
    width:314px;
    height:230px;
    padding-top:50px;
    background-image:url(../images/14113.png);
    background-repeat:no-repeat;
    background-position:center 15px;
}
```

27 ▶在名为 flash 的 Div 后插入名为 rank 的 Div，切换到 14-3.css 文件中，创建名为 #rank 的 CSS 样式。

28 ▶返回网页设计视图，可以看到页面中名为 rank 的 Div 的效果。

29 ▶将光标移至名为 rank 的 Div 中，并将多余文字删除，插入相应的图像。

```
#rank_title{
    width:314px;
    height:30px;
    color:#5d463f;
    font-weight:bold;
    line-height:30px;
    padding-top:5px;
    border-bottom:#ebb8d1 solid 1px;
}
```

30 ▶将光标移至图像后，插入名为 rank_title 的 Div，转换到 14-3.css 文件中，创建名为 # rank_title 的 CSS 样式。

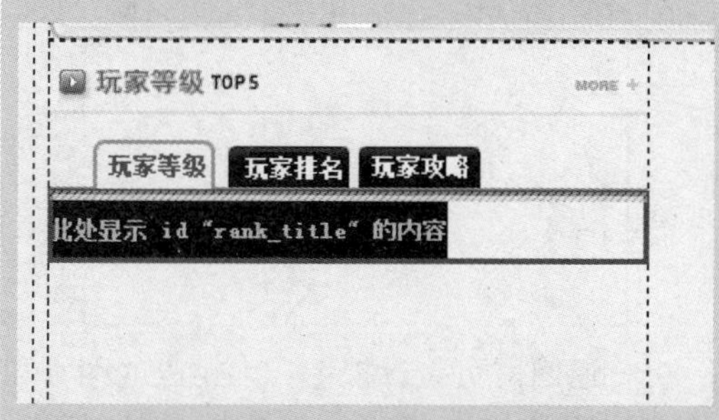

31 ▶返回网页设计视图，可以看到页面中名为 rank_title 的 Div 效果。

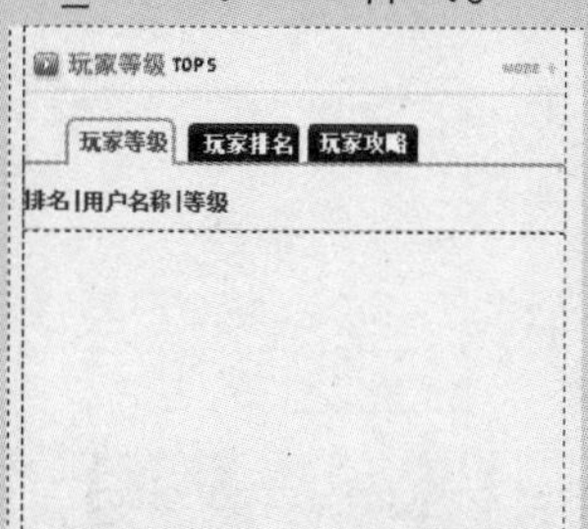

32 ▶将光标移至名为 rank_title 的 Div 中，并将多余文字删除，输入文字。

```
.a{
    color:#c5c0bd;
    margin-left:5px;
    margin-right:5px;
    font-weight:normal;
}
.b{
    color:#c5c0bd;
    margin-left:150px;
    margin-right:20px;
    font-weight:normal;
}
```

33 ▶转换到 14-3.css 文件中，创建名为 .a 和 .b 的类 CSS 样式。

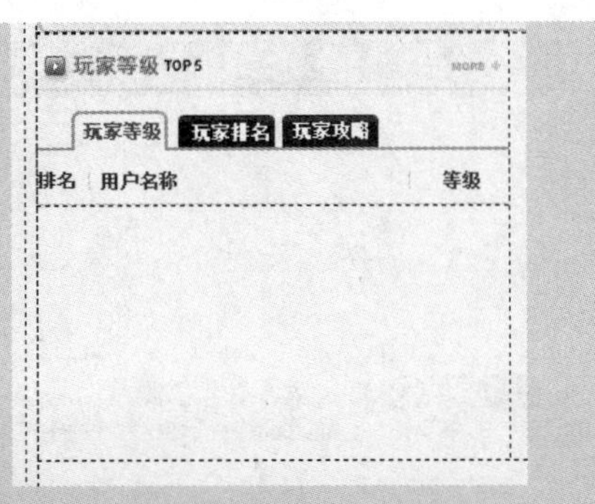

34 ▶返回网页设计视图，为相应文字分别应用名为 a 和 b 的类 CSS 样式。

```
#rank_text{
    width:314px;
    height:155px;
    margin-top:5px;
    color:#8d7869;
}
```

35 ▶在名为 rank_title 的 Div 后插入名为 rank_text 的 Div，转换到 14-3.css 文件中，创建名为 #rank_text 的 CSS 样式。

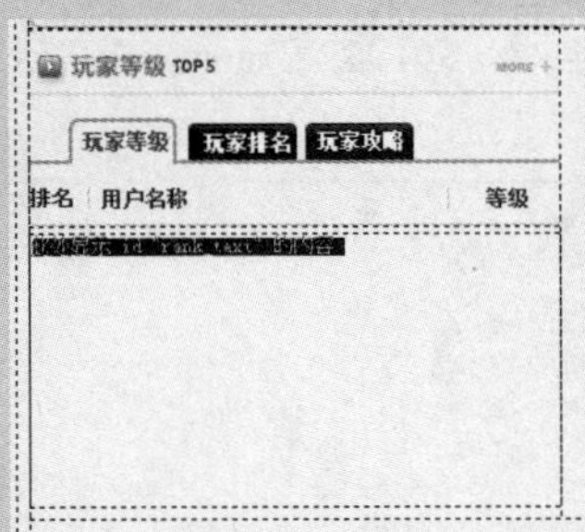

36 ▶返回网页设计视图，可以看到页面中名为 rank_text 的 Div 效果。

37 ▶将光标移至名为 rank_text 的 Div 中，将多余文字删除，插入图像并输入文字。

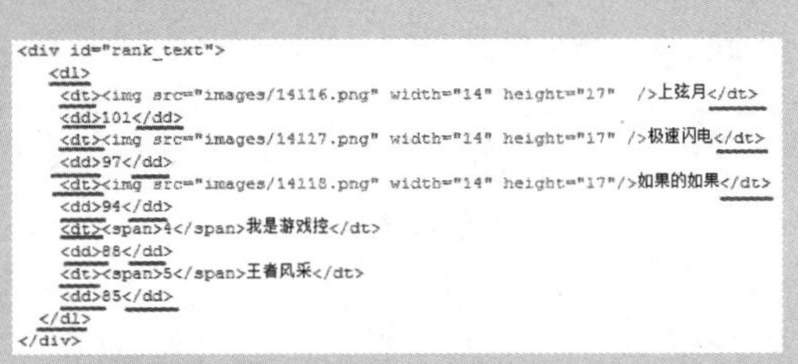

```
<div id="rank_text">
   <dl>
    <dt><img src="images/14116.png" width="14" height="17"  />上弦月</dt>
    <dd>101</dd>
    <dt><img src="images/14117.png" width="14" height="17" />极速闪电</dt>
    <dd>97</dd>
    <dt><img src="images/14118.png" width="14" height="17"/>如果的如果</dt>
    <dd>94</dd>
    <dt><span>4</span>我是游戏控</dt>
    <dd>88</dd>
    <dt><span>5</span>王者风采</dt>
    <dd>85</dd>
  </dl>
</div>
```

38 ▶转换到代码视图，添加相应的 <dl>、<dt> 和 <dd> 标签。

```
#rank_text dt{
    float:left;
    width:268px;
    height:30px;
    border-bottom:#ebb8d1 dotted 1px;
    padding-left:5px;
    line-height:30px;
}
#rank_text dd{
    float:left;
    width:41px;
    height:30px;
    border-bottom:#ebb8d1 dotted 1px;
    line-height:30px;
}
.img{
    vertical-align:middle;
    margin-right:22px;
}
.font{
    font-weight:bold;
    font-size:14px;
    margin-left:3px;
    margin-right:25px;
}
```

39 ▶转换到 14-3.css 文件中，创建名为 #rank_text dt 和 #rank_text dd 的 CSS 样式，以及名为 .img 和 .font 的类 CSS 样式。

40 ▶返回网页设计视图，为相应的图片和文字应用类 CSS 样式。

```
#business{
    float:left;
    width:312px;
    height:218px;
    margin-left:20px;
    background-image:url(../images/14119.png);
    background-repeat:no-repeat;
    background-position:center 15px;
    padding-top:50px;
    padding-left:2px;
}
```

41 ▶在名为 rank 的 Div 后插入名为 business 的 Div，转换到 14-3.css 文件中，创建名为 #business 的 CSS 样式。

42 ▶返回网页设计视图，可以看到页面中名为 business 的 Div 效果。

```
#pic{
    float:left;
    width:95px;
    height:118px;
    color:#3c3b3b;
    font-weight:bold;
    margin-left:4px;
    margin-right:4px;
    line-height:28px;
    text-align:center;
}
```

43 ▶将光标移至名为 business 的 Div 中，并将多余文字删除，在该 Div 中插入名为 pic 的 Div，转换到 14-3.css 文件中，创建名为 #pic 的 CSS 样式。

44 ▶返回网页设计视图，可以看到页面中名为 pic 的 Div 效果。

45 ▶将光标移至名为 pic 的 Div 中，并将多余文字删除，插入图片并输入文字。

```
.font01{
    background-image:url(../images/14124.png);
    background-repeat:no-repeat;
    background-position:15px center;

}
```

46 ▶转换到 14-3.css 文件中，创建名为 .font01 的 CSS 样式。

47 ▶返回网页设计视图，为文字应用名为 font01 的类 CSS 样式。

48 ▶使用相同的方法，可以完成该部分内容的制作。

```
#dohua{
    clear:both;
    width:648px;
    height:185px;
    background-image:url(../images/14127.png);
    background-repeat:no-repeat;
    background-position:left 15px;
    padding-top:36px;
}
```

49 ▶在名为 business 的 Div 后插入名为 dohua 的 Div，切换到 14-3.css 文件中，创建名为 #dohua 的 CSS 样式。

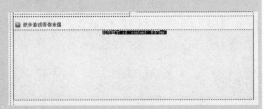

50 ▶返回网页设计视图，可以看到页面中名为 dohua 的 Div 效果。

```
#content{
    width:648px;
    height:185px;
    background-image:url(../images/14125.png);
    text-align:center;
}
```

51 ▶将光标移至名为 dohua 的 Div 中，并将多余文字删除，在该 Div 中插入名为 content 的 Div，转换到 14-3.css 文件中，创建名为 #content 的 CSS 样式。

52 ▶返回网页设计视图，可以看到页面中名为 content 的 Div 效果。

```
#img01{
    width:129px;
    height:145px;
    float:left;
    text-align:center;
    color:#ff5e00;
    font-size:12px;
    font-weight:bold;
    line-height:18px;
    padding:20px 0px;
    background-image:url(../images/14126.gif);
    background-repeat:no-repeat;
    background-position:right center;
}
```

53 ▶将光标移至名为 content 的 Div 中，并将多余文字删除，在该 Div 中插入名为 img01 的 Div，转换到 14-3.css 文件中，创建名为 #img01 的 CSS 样式。

54 ▶返回网页设计视图，可以看到页面中名为 img01 的 Div 效果。

55 ▶将光标移至名为 img01 的 Div 中，并将多余文字删除，插入图像并输入文字。

```
.img01{
    border:solid 5px #e8c9e5;
    margin-bottom:10px;
}
.font02{
    color:#7b7b7b;
    font-size:12px;
    font-weight:normal;
    background-image:url(../images/14133.gif);
    background-repeat:no-repeat;
    background-position:10px center;
}
```

56 ▶转换到 14-3.css 文件中，创建名为 .img01 和 .font02 的 CSS 样式。

57 ▶返回网页设计视图中，为相应的图片和文字应用刚刚定义的 img02 和 font02 类 CSS 样式。

58 ▶使用相同的方法，可以完成该部分页面内容的制作。

```
#right{
    float:left;
    width:297px;
    height:100%;
    overflow:hidden;
    margin-left:19px;
}
```

59 ▶在名为 left 的 Div 后插入名为 right 的 Div，转换到 14-3.css 文件中，创建名为 #right 的 CSS 样式。

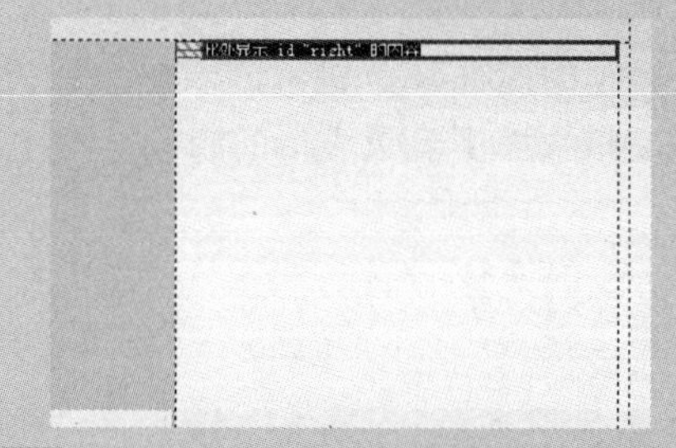

60 ▶返回网页设计视图，可以看到页面中名为 right 的 Div 效果。

```
#right_top{
    width:293px;
    height:372px;
    border:solid #efc3da 2px;
    background-color:#fef7ff;
}
```

61 ▶将光标移至名为 right 的 Div 中，将多余文字删除，在该 Div 中插入名为 right_top 的 Div，转换到 14-3.css 文件中，创建名为 #right_top 的 CSS 样式。

62 ▶返回网页设计视图，可以看到页面中名为 right_top 的 Div 效果。

```
#login{
    width:277px;
    height:98px;
    margin:10px auto;
    background-image:url(../images/14136.gif);
    padding-top:53px
}
```

63 ▶将光标移至名为 right_top 的 Div 中，并将多余文字删除，在该 Div 中插入名为 login 的 Div，转换到 14-3.css 文件中，创建名为 #login 的 CSS 样式。

64 ▶返回网页设计视图，可以看到页面中名为 login 的 Div 效果。

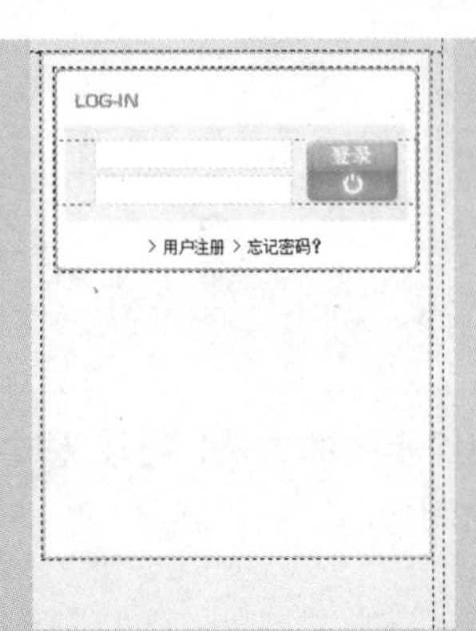

65 ▶根据前面章节讲解的表单制作方法，可以完成页面中登录表单的制作。

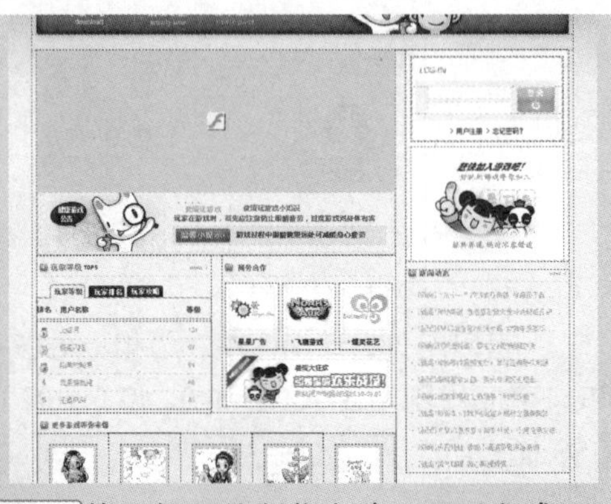

66 ▶使用相同的制作方法，可以完成页面右侧部分内容的制作。

```
#bottom{
    width:980px;
    height:90px;
    color:#cfbfbf;
    line-height:20px;
    padding-top:10px;
    background-image:url(../images/14145.png);
    background-position:top center;
    background-repeat:no-repeat;
}
```

67 ▶在名为 main 的 Div 后插入名为 bottom 的 Div，转换到 14-3.css 文件中，创建名为 #bottom 的 CSS 样式。

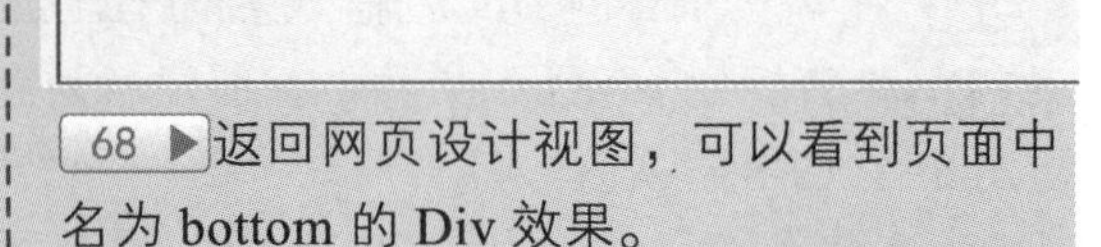

68 ▶返回网页设计视图，可以看到页面中名为 bottom 的 Div 效果。

69 ▶将光标移至名为 bottom 的 Div 中，并将多余文字删除，插入图像并输入文字。

```
.img02{
    float:left;
    margin-top:14px;
    margin-left:20px;
    margin-bottom:34px;
    margin-right:20px;
}
.font04{
    line-height:30px;
    color:#989391;
}
```

70 ▶转换到 14-3.css 文件中，创建名为 .img02 和 .font04 的类 CSS 样式。

71 ▶返回网页设计视图，为刚插入的图像应用名为 img02 的类 CSS 样式，为相应的文字应用名为 font04 的类 CSS 样式。

72 ▶完成该页面的制作，执行“文件 > 保存”命令，保存该页面，在浏览器中预览页面。

提问：鼠标经过图像的构成以及形成的条件是什么？

答：鼠标经过图像实际上由两个图像组成：主图像（当首次载入页面时显示的图像）和次图像（当鼠标指针经过主图像时显示的图像）。鼠标经过图像中的这两个图像大小应该相等；如果图像大小不同，Dreamweaver 将自动调整次图像的大小来匹配主图像的属性。

14.4　本章小结

本章通过 3 个不同类型的商业网站案例的制作，全面展示了使用 DIV+CSS 布局制作网站页面的方法和技巧。要想熟练掌握 DIV+CSS 布局制作网站页面，最重要的还是需要多加练习，希望通过本章中 3 个案例的制作练习，能够提升读者在使用 DIV+CSS 布局制作网站页面方面的技能。